普通高等教育一流本科专业建设成果教材

石油和化工行业“十四五”规划教材

工程有限元法及数值分析

王维民　李启行　张　娅　编

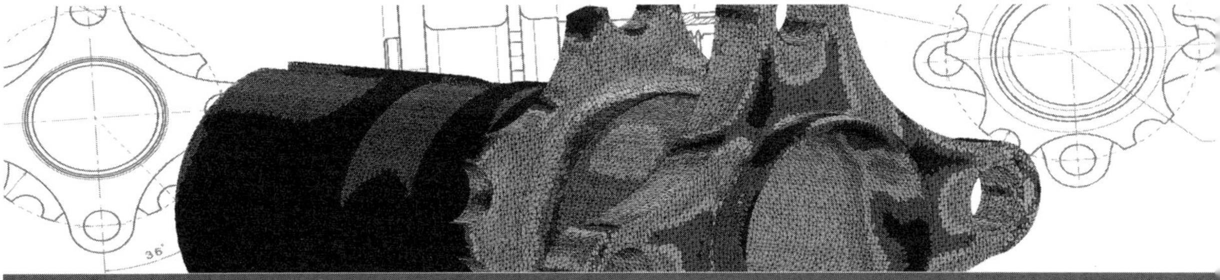

Engineering Finite Element Method and Numerical Analysis

化学工业出版社
·北京·

内容简介

有限元数值分析方法是动力机械、流体机械和化工过程机械等机械装备设计和优化中必不可少的工具。压力容器等化工过程机械的共性问题是复杂结构的应力分析、强度判定和蠕变及疲劳问题。对于透平压缩机和火箭涡轮泵等动力装备，其共性问题是盘/轴类零件的强度与疲劳、轴/叶盘/叶片的动力学、盘轴的可靠连接。本教材梳理这些装备的共性问题，又结合有限元法的二维平面问题、三维问题、杆-梁问题以及传热问题等展开论述，并融入了本领域新的科研成果。

本书可以作为过程装备与控制工程、能源与动力机械相关专业的本科生和研究生教材，也可以作为相关领域工程技术人员的参考书。

图书在版编目（CIP）数据

工程有限元法及数值分析 / 王维民，李启行，张娅编. -- 北京 : 化学工业出版社，2024. 8. --（普通高等教育一流本科专业建设成果教材）. -- ISBN 978-7-122-46559-7

Ⅰ. TB115.1

中国国家版本馆 CIP 数据核字第 2024B6R255 号

责任编辑：丁文璇　　文字编辑：孙月蓉
责任校对：李　爽　　装帧设计：张　辉

出版发行：化学工业出版社
（北京市东城区青年湖南街 13 号　邮政编码 100011）
印　　装：大厂回族自治县聚鑫印刷有限责任公司
787mm×1092mm　1/16　印张 15¼　字数 391 千字
2025 年 5 月北京第 1 版第 1 次印刷

购书咨询：010-64518888　　售后服务：010-64518899
网　　址：http://www.cip.com.cn
凡购买本书，如有缺损质量问题，本社销售中心负责调换。

定　　价：59.00 元

前 言

有限元方法自20世纪40年代被提出以来，在工程领域得到了越来越广泛的应用。计算机技术的发展，使得学生和企业的工程师可以更充分地应用该技术来解决当前面临的复杂工程问题，有限元法已日益成为装备设计、研发和运维所必不可少的工具。随着数字孪生及人工智能等新技术的运用程度不断加深，有限元技术展现出更加广阔的应用前景。

动力机械、流体机械和化工过程机械等在国民经济中发挥着非常重要的作用，很多“卡脖子”问题亟待突破，例如航空发动机和燃气轮机被列为国家“十四五”规划100个重大项目之首，以透平压缩机为代表的流体机械支撑起多项国家重大工程建设和新能源行业的发展，以压力容器为代表的化工过程机械更是国民经济的支柱产业。有限元数值分析方法是这些机械装备设计和优化中必不可少的工具。对于航空发动机、燃气轮机、离心压缩机、火箭发动机等动力装备，其共性问题是盘类零件的强度与疲劳、叶盘/叶片的动力学、盘轴的可靠连接、轴类零件的强度与动力学等问题。对于压力容器等化工过程机械，共性问题是复杂结构的应力分析、强度判定和蠕变及疲劳问题。本教材梳理动力机械、流体机械和化工过程机械中的共性问题，又结合有限元法的二维平面问题、三维问题、杆-梁问题以及传热、流场问题等展开论述，并融入本领域最新的科研成果，使课堂知识点同国家重大需求紧密结合起来。

在新工科背景下，培养学生解决复杂工程问题的能力成为重点，结合工程认证标准，“工程有限元法及数值分析”课程主要培养以下三个方面的能力：①使学生能够针对机械工程问题应用有限元法建立数学模型并求解，培养学生数值分析的能力；②使学生掌握用有限元法分析材料力学和弹性力学问题的方法，培养学生综合应用所学知识对简单结构采用不同方法进行受力分析，为分析复杂结构问题打下基础；③使学生掌握有限元法平面问题程序，掌握有限元法的程序编写方法，培养学生利用软件分析工程实际问题和解决工程实际问题的能力。

本书编者从事大型机械及装备的强度分析、动力设计、故障机理及故障诊断研究二十余年，为企业解决了多起疑难问题，长期在教学一线从事过程装备与控制工程专业的教学工作，综合了大量工程问题和教学实践中的痛点和难点问题，编成此书。本书亦是北京化工大学国家级一流本科专业——过程装备与控制工程专业建设成果。

本书章节安排和主要内容如下：

第 1 章：基于 ANSYS 软件，主要针对工程中诸如动力和流体机械轮盘的强度问题，分析盘类零件应力和变形的分析计算方法。通过对比弹性力学解析解、平面应力、平面应变、实体单元、对称单元和壳单元的分析，比较高速旋转圆盘的径向和周向应力随半径的变化关系。通过本章学习，一方面让学生学会基本的有限元软件操作，另一方面让学生体会不同单元分析计算同一个问题的差异，理解对不同工程问题的单元选择思路。

第 2 章：讲述有限元数值分析基本知识，包括数值分析基本概念及误差、数值微分与数值积分、插值与逼近、方程的解、Python 编程计算案例。通过本章学习，让学生掌握数值分析的基本方法。

第 3 章：讲解平面问题的有限元分析方法，并以盘类零件为对象，讲解有限元法的基本概念和有限元技术的基本路线，明确有限元法的实质，掌握简单有限元问题的求解过程，并能够完成简单平面问题的程序设计。

第 4 章：讲解空间轴对称问题的有限元分析方法，包括轴对称问题的适用条件、插值格式、单元刚度矩阵和载荷等效方法，掌握实际的轴对称问题的建模和边界条件施加方法。

第 5 章：将轮盘作为三维实体模型，讲解三维问题的有限元分析方法；了解空间问题的数学描述、四结点四面体单元的概念和单元分析过程，了解长方体单元和六面体等参元等空间单元的内涵，能运用三维有限元解决工程问题。

第 6 章：讲解传热问题的有限元分析方法。讲解基本的传热问题有限元的格式，并以 IGBT 热疲劳为例，给出了热分析的工程案例。

第 7 章：讲解动力学问题的基本公式和不同结构的质量矩阵导出方法、特征值和特征向量的求解方法，并围绕轮盘的动力学问题，分析旋转圆盘的模态分析、谐响应分析、节径式振动分析。

第 8 章：讲解工程中的非线性问题，并以离心压缩机轴与叶轮的接触强度的计算为例，分析过盈量的设计，并介绍了材料的非线性和几何非线性问题。

第 9 章：讲解杆件结构的有限元问题，引入管道振动分析、转子动力学和齿轮轴系的动力学问题；讲解杆单元的有限元方法。

第 10 章：主要为工程案例分析，紧密结合航空发动机及燃气轮机等重大装备研发需要，引入三个典型案例：气流激振下的叶片振动及动应力分析、转子轴系的动力学分析、基于干气密封流-热-固耦合的可靠性分析。

限于编者水平，本书中难免存在疏漏之处，欢迎广大读者批评指正。

编者

2024 年 5 月

目 录

第 1 章　用有限元方法解决工程问题案例

【工程问题分析】

随着计算机算力的提升和有限元技术的发展，越来越多的高端装备的开发离不开有限元方法。例如，以航空发动机和燃气轮机为代表的透平机械，在现代国防和国民经济中扮演着重要角色，作为驱动核心被广泛用于航空航天、冶金、石油石化、能源运输等领域。透平机械的安全运行与振动密不可分，若存在零部件或整个机组振动过大的情况，均会产生严重的后果。据统计，大部分旋转设备出现的严重故障多是由振动引起的，这些故障中，由叶片/轮盘振动引起的故障比例很大（见图 1-1、图 1-2）。叶片/轮盘在透平机械中数量众多且十分重要，然而恶劣的工作环境会导致叶片/轮盘容易出现损伤，如果在运行过程中出现故障，会给工业生产带来严重的财产损失，甚至造成人身伤亡事故。叶片出现裂纹，轻则导致设备振动异常，机组效率下降，重则导致非计划停车，更换或修理故障部件需要数周时间。如果末级叶片发生断裂，则会导致整个机组的损坏，若未得到及时处理，将会造成巨大的经济损失。

(a)　　(b)

图 1-1　叶片疲劳断裂故障

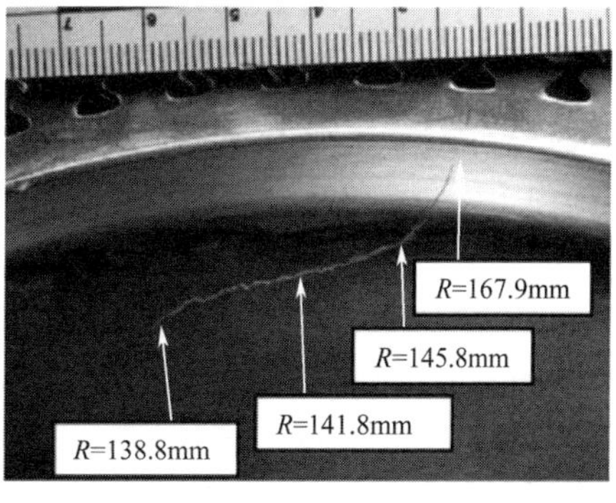

图 1-2　轮盘裂纹故障

有限元法为求解以上问题提供了很好的视角。通过有限元方法，可以在设计阶段分析叶片/轮盘的在离心力及气动载荷作用下的静应力和动应力，获得叶片/轮盘的固有频率等动态特性，研究涡轮叶片在高温环境下的蠕变及疲劳寿命。

【学习目标】

① 学会 ANSYS 软件的基本操作。

② 理解不同有限元分析方法的应用场合及优缺点，分别以平面应力、平面应变、轴对称、周期对称、实体单元和壳单元方法，分析圆盘内的应力分布，并将分析结果同解析解进行对比。

③ 掌握应用有限元软件解决工程结构应力及振动问题的方法。

1.1 旋转圆盘应力分析

高速旋转部件因离心惯性力而引起应力，现以等厚旋转圆盘为例，说明用 ANSYS 软件求解这类问题的方法，通过施加旋转角速度来实现离心惯性力的施加。

1.1.1 问题描述

如图 1-3 所示，一个等厚旋转圆盘，内径 $d=50\text{mm}$，外径 $D=200\text{mm}$，厚度 $h=40\text{mm}$，旋转角速度 $\omega=1000\text{rad/s}$。弹性模量 $E=200\text{GPa}$，泊松比 $\mu=0.3$，密度 $\rho=7800\text{kg/m}^3$。计算旋转圆盘的位移和应力。

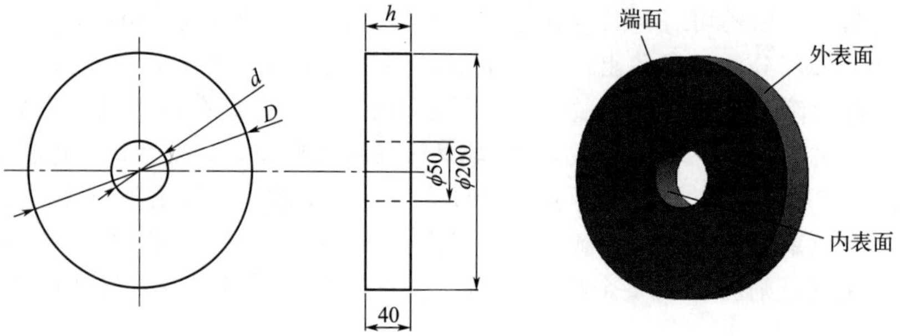

图 1-3 旋转圆盘问题描述

对于等厚圆盘，径向和周向应力分量沿厚度均匀分布，并且沿厚度方向的轴向应力为零。圆盘以等匀角速度旋转时，仅受径向离心惯性力的作用，可将它作为静力问题。圆盘内存在径向和环向应力分量，但切应力分量为零。圆盘内半径相同的各点离心惯性力相同，且与圆周角度无关，因此等厚旋转圆盘可处理成**周期对称问题**。

当用有限元方法考虑离心力的作用时，不是对圆盘真的施加旋转速度，而是在静止的圆盘表面上施加离心惯性力。同时为防止圆盘产生宏观的旋转刚体位移，需要给出适当的位移条件约束。将等厚旋转圆盘处理成周期对称问题，由于周期对称平面是一个圆盘轴向切面，径向不存在刚体位移，可不用约束径向位移；轴向不受载荷作用，也不存在轴向刚体位移。由于周期对称问题有径向位移和轴向位移自由度，虽然轴向不受载荷，但用有限元进行计算时，也需要在柱坐标系下约束圆盘内侧轴向位移。

采用 SI 单位制，长度单位为 mm，弹性模量和应力单位为 MPa，密度 7800kg/m^3，转速单位为 rad/s。

1.1.2　弹性力学分析

对于空心圆盘，内孔表面与外边界为自由边界，$r=a$ 和 $r=b$ 处无面力

$$\sigma_r|_{r=a}=\sigma_r|_{r=b}=0$$

应力分量
$$\sigma_r=\frac{3+\mu}{8}\rho\omega^2\left(b^2+a^2-\frac{a^2b^2}{r^2}-r^2\right)$$

$$\sigma_\theta=\frac{3+\mu}{8}\rho\omega^2\left(b^2+a^2+\frac{a^2b^2}{r^2}-\frac{1+3\mu}{3+\mu}r^2\right)$$

$$\sigma_{\theta\max}=\frac{3+\mu}{4}\rho\omega^2\left(b^2+\frac{1-\mu}{3+\mu}a^2\right)\quad(r=a)$$

应变分量
$$\varepsilon_r=\frac{3+\mu}{8E}\rho\omega^2\left[(1-\mu)(b^2+a^2)-(1+\mu)\frac{a^2b^2}{r^2}-\frac{3(1-\mu^2)}{3+\mu}r^2\right]$$

$$\varepsilon_\theta=\frac{3+\mu}{8E}\rho\omega^2\left[(1-\mu)(b^2+a^2)+(1+\mu)\frac{a^2b^2}{r^2}-\frac{1-\mu^2}{3+\mu}r^2\right]$$

位移分量
$$u=\frac{3+\mu}{8E}\rho\omega^2 r\left[(1-\mu)(b^2+a^2)+(1+\mu)\frac{a^2b^2}{r^2}-\frac{1-\mu^2}{3+\mu}r^2\right]$$

解析解
$$\frac{\sigma_r}{q}=1+\frac{1}{K^2}\left(1-\frac{1}{k'^2}\right)-k'^2$$

$$\frac{\sigma_\theta}{q}=1+\frac{1}{K^2}\left(1+\frac{1}{k'^2}\right)-\frac{1+3\mu}{3+\mu}k'^2$$

$$\frac{u}{r}=\frac{q}{E}\left[(1-\mu)\frac{K^2+1}{K^2}+(1+\mu)\frac{1}{k^2}-\frac{1-\mu^2}{3+\mu}k'^2\right]$$

$$K=\frac{b}{a};k=\frac{r}{a};k'=\frac{r}{b};q=\frac{(3+\mu)\rho\omega^2b^2}{8}$$

式中　a，b——内、外表面半径；

r——所求点半径；

μ——材料的泊松比；

ρ——材料的密度；

σ_r，σ_θ——径向与周向应力；

u——径向位移。

1.1.3　平面应力法

（1）建立 2D（二维）平面模型

在 SolidWorks 软件中根据尺寸建立几何模型，如图 1-4 所示。

图 1-4　建立 2D 平面模型

（2）创建结构静力分析

在工具箱【Toolbox】的【Analysis Systems】中双击或拖动结构静力分析模块【Static Structural】到项目分析流程图，如图 1-5 所示。

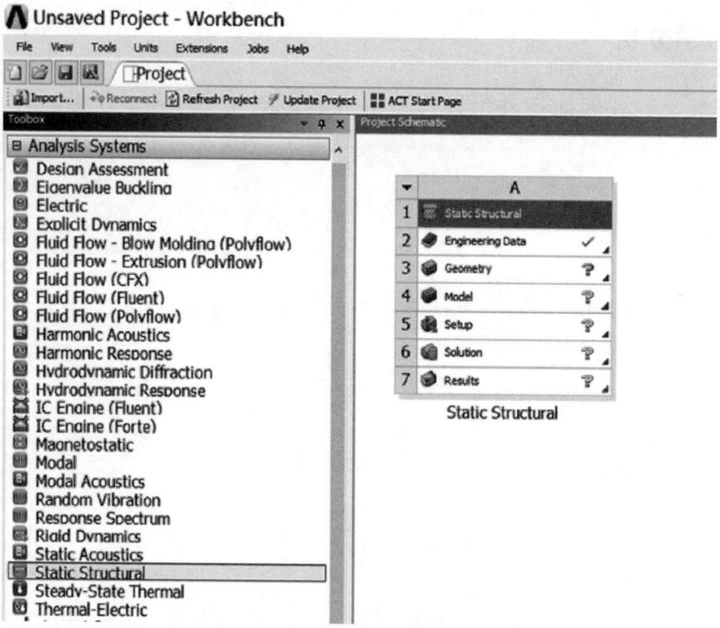

图 1-5　创建结构静力分析

(3) 设置材料参数

① 编辑工程数据单元，右键单击【Engineering Data】→【Edit】(或双击【Engineering Data】)，进入材料参数设置界面。

② 进入界面后，系统默认显示一种材料【Structural Steel】，因该圆盘材料也为Structural Steel，故在该材料属性下进行参数设置即可。

③ 在【Properties of Outline Row 3:Structural Steel】中，该材料的各项参数系统已默认给定，其中【Density】为7850kg/m^3，【Young's Modulus】为2E+11Pa（即2×10^{11}Pa)，【Poisson's Ratio】为0.3，与该圆盘材料参数一致，不用做参数修改，如图1-6所示。

④ 单击工具栏中的【A2:Engineering Data】的关闭按钮，返回到【Workbench】界面，完成材料创建。

(4) 导入几何模型

① 在结构静力分析模块中，右键单击【Geometry】→【New DesignModeler Geometry】进入【DesignModeler】界面。

② 单击【File】→【Import External Geometry File...】，如图1-7(a) 所示，从当前计算机中找到模型文件（命名为“yuan pan”），打开导入几何模型。

③ 选中【Import1】，点击【Generate】，生成模型，如图1-7(b) 所示。

(5) 进入Mechanical分析环境

① 在结构静力分析上，右键单击【Model】→【Edit】(或双击【Model】)，进入Mechanical分析环境。

② 在Mechanical的主菜单【Units】中设置单位为【Metric(mm,kg,N,s,mV,mA)】，

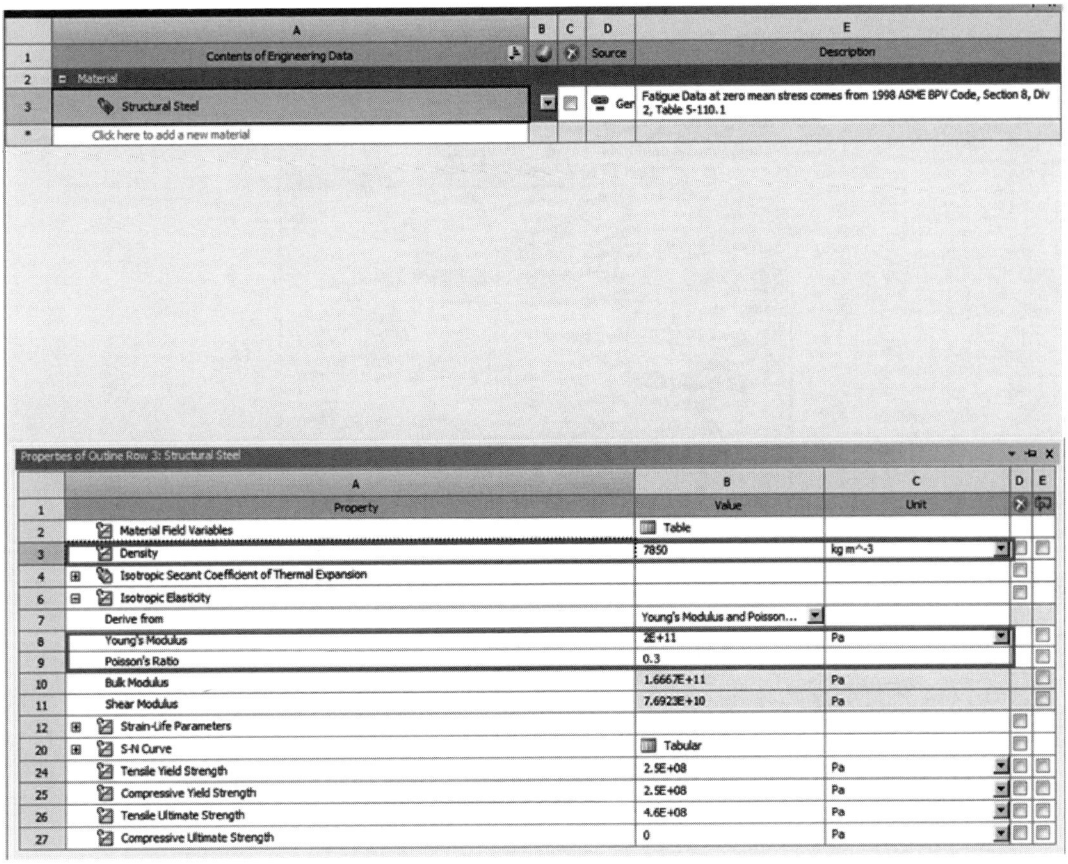

图 1-6　材料参数设置

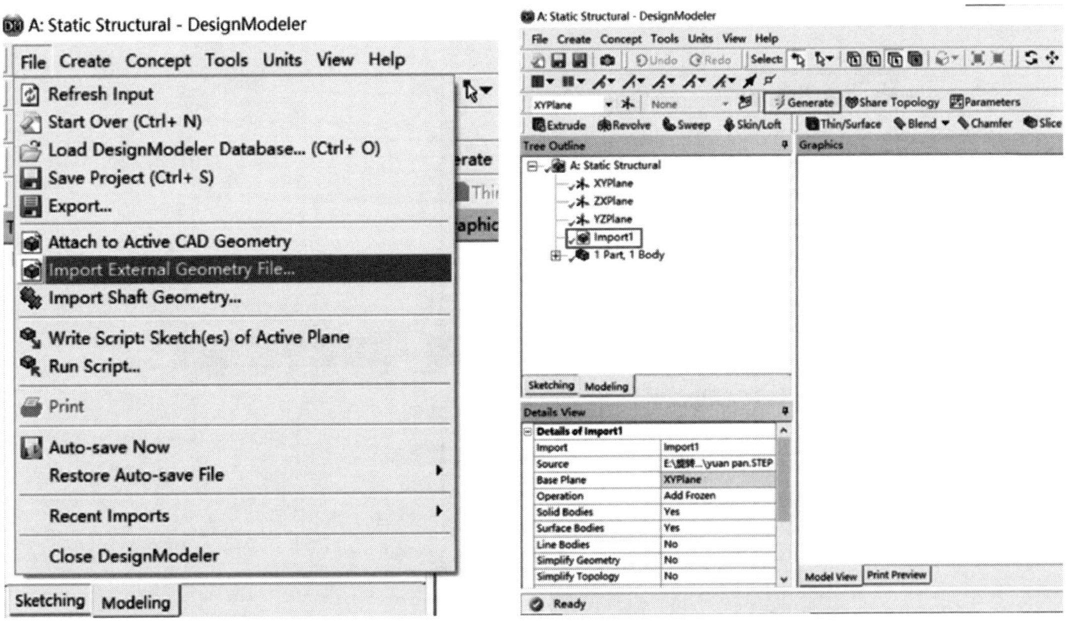

(a)　　(b)

图 1-7　导入模型文件

如图 1-8 所示。

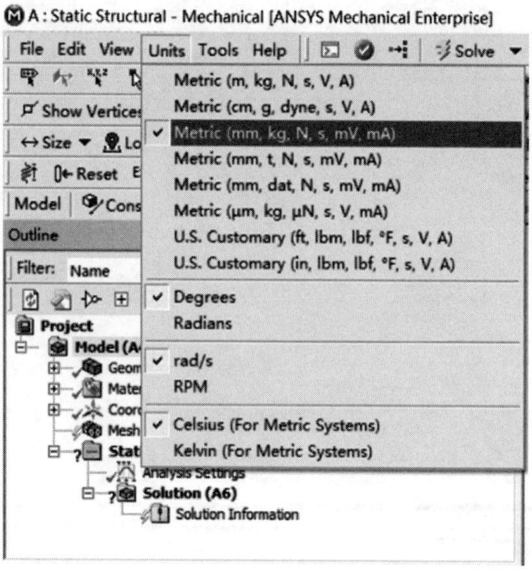

图 1-8　更改标准单位

(6) 为几何模型分配材料

在导航树上单击【Geometry】展开，选择【yuan pan】→【Details of "yuan pan"】→【Material】→【Assignment】→【Structural Steel】，其他默认不变。

(7) 创建柱坐标系

因为圆盘为柱体，故需在三维直角坐标系的基础上再创建出柱坐标系和直角坐标系。

① 在导航树上单击【Model(A4)】展开，右击【Coordinate Systems】→【Insert】→【Coordinate System】，创建新的坐标系，如图 1-9 所示。

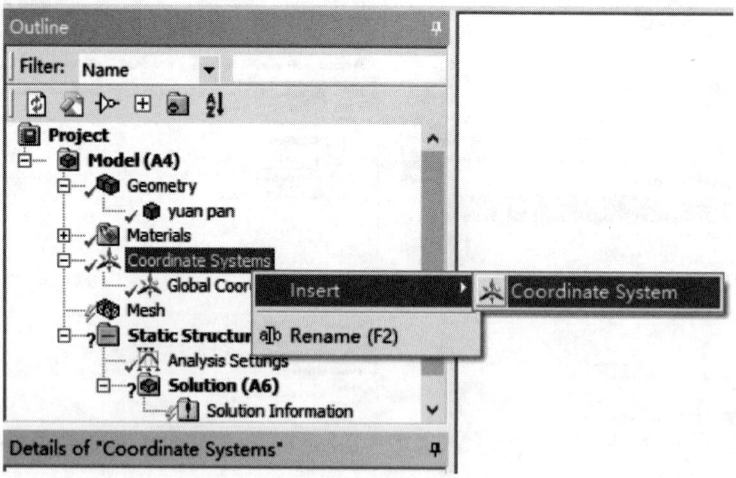

图 1-9　插入坐标系

② 点击刚刚创建的【Coordinate System】，在【Details of "Coordinate System"】中做更改设置，【Definition】下【Type】改为【Cylindrical】，【Origin】下【Define By】改为【Global Coordinates】，设置为全局圆柱坐标系；系统默认 X 方向为径向，Y 方向为周向，

其他默认。这样就得到了一个以 Z 轴为旋转轴，X 轴为径向，Y 轴为周向的柱坐标系，如图 1-10 所示。

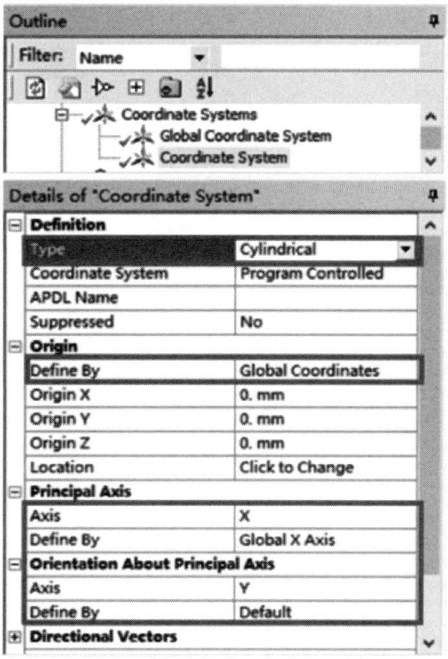

图 1-10　创建圆柱坐标系

(8) 划分网格

在导航树上右键单击【Mesh】→【Insert】→【Face Meshing】，进入面网格划分模块，如图 1-11(a) 所示。

在导航树上选择该平面，然后在【Details of "Mesh"】下【Defaults】中将【Element Size】设置为 2mm，右键单击【Mesh】→【Generate Mesh】，其他默认不变，生成网格，如图 1-11(b) 所示。

(9) 施加边界条件

① 右击【Static Structural(A5)】→【Insert】→【Rotational Velocity】，施加角速度，如图 1-12 所示。

② 在【Details of "Rotational Velocity"】中，【Scope】下【Scoping Method】设为【Geometry Selection】，【Definition】下【Define By】改为【Components】，【Coordinate System】设为【Global Coordinate System】，并在【Z Component】后输入值 1000，单位是 rad/s，其他保持不变，如图 1-13 所示。

③ 右击【Static Structural(A5)】→【Insert】→【Displacement】，施加位移约束，如图 1-14 所示。

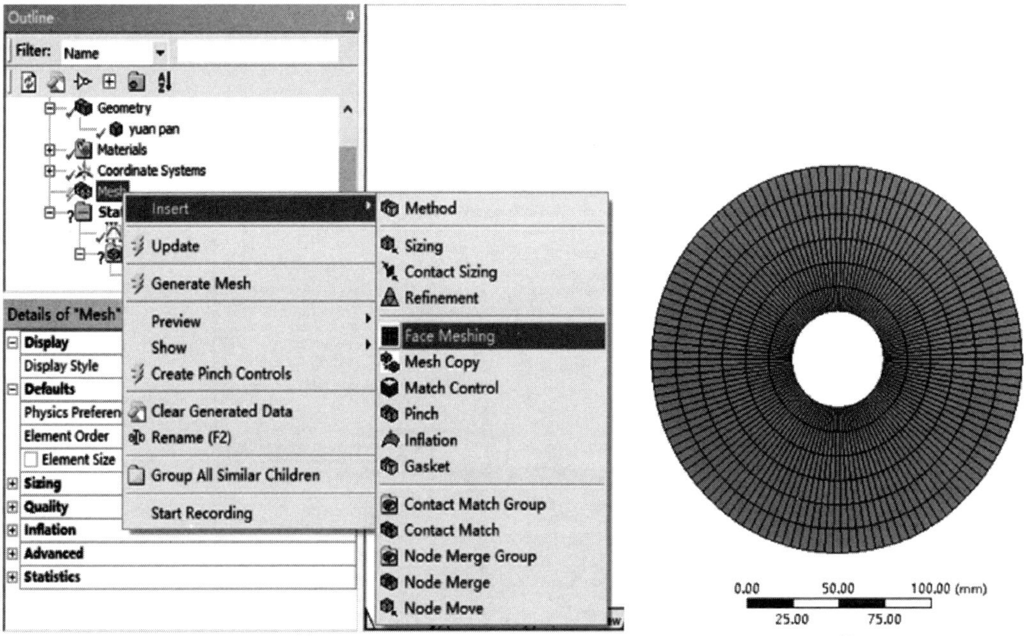

(a)　　　　(b)

图 1-11　插入面网格划分方法生成网格

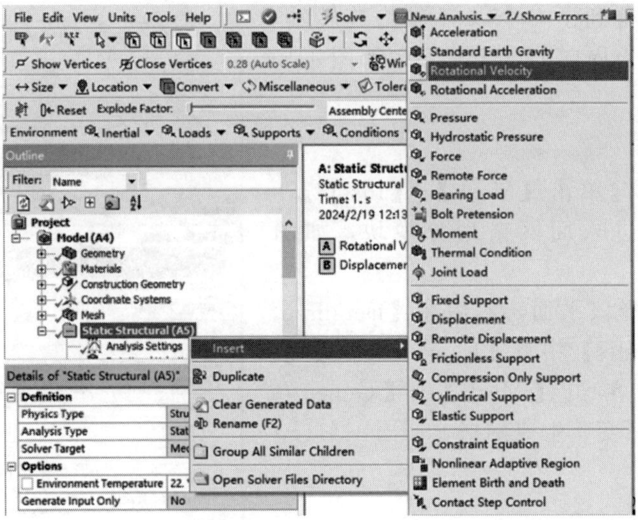

图 1-12 施加角速度

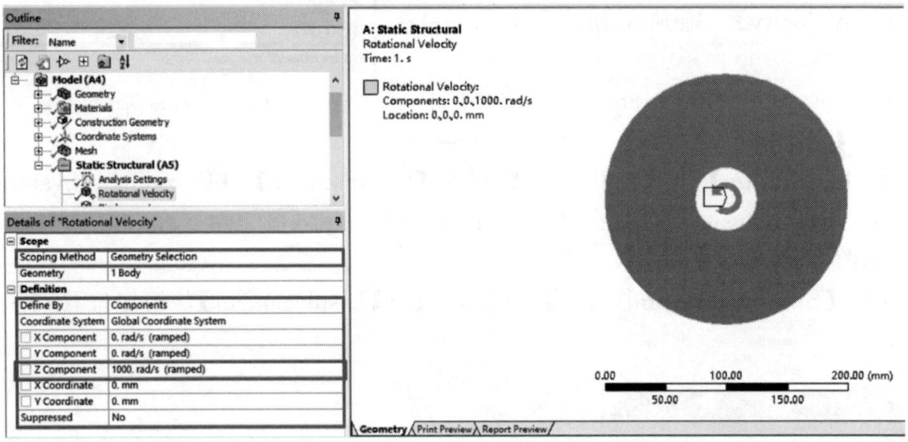

图 1-13 设置转轴角速度

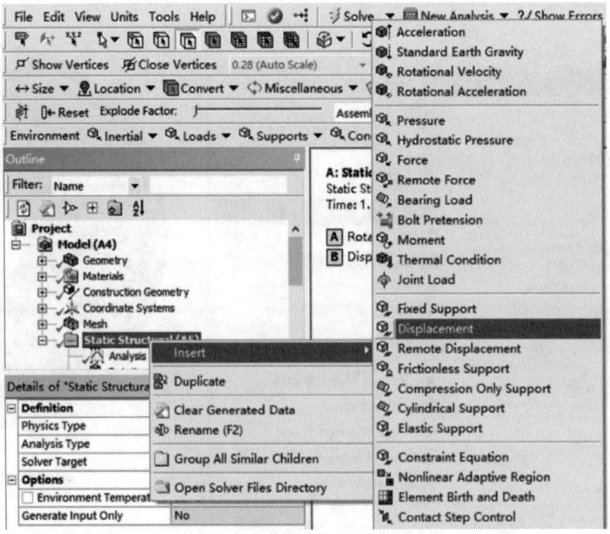

图 1-14 施加位移约束（一）

④ 在【Details of "Displacement"】中，【Geometry】选中圆盘内圆边，【Coordinate System】设为【Coordinate System】圆柱坐标系，并将【Y Component】的值输入为 0，其他默认不变，如图 1-15 所示。

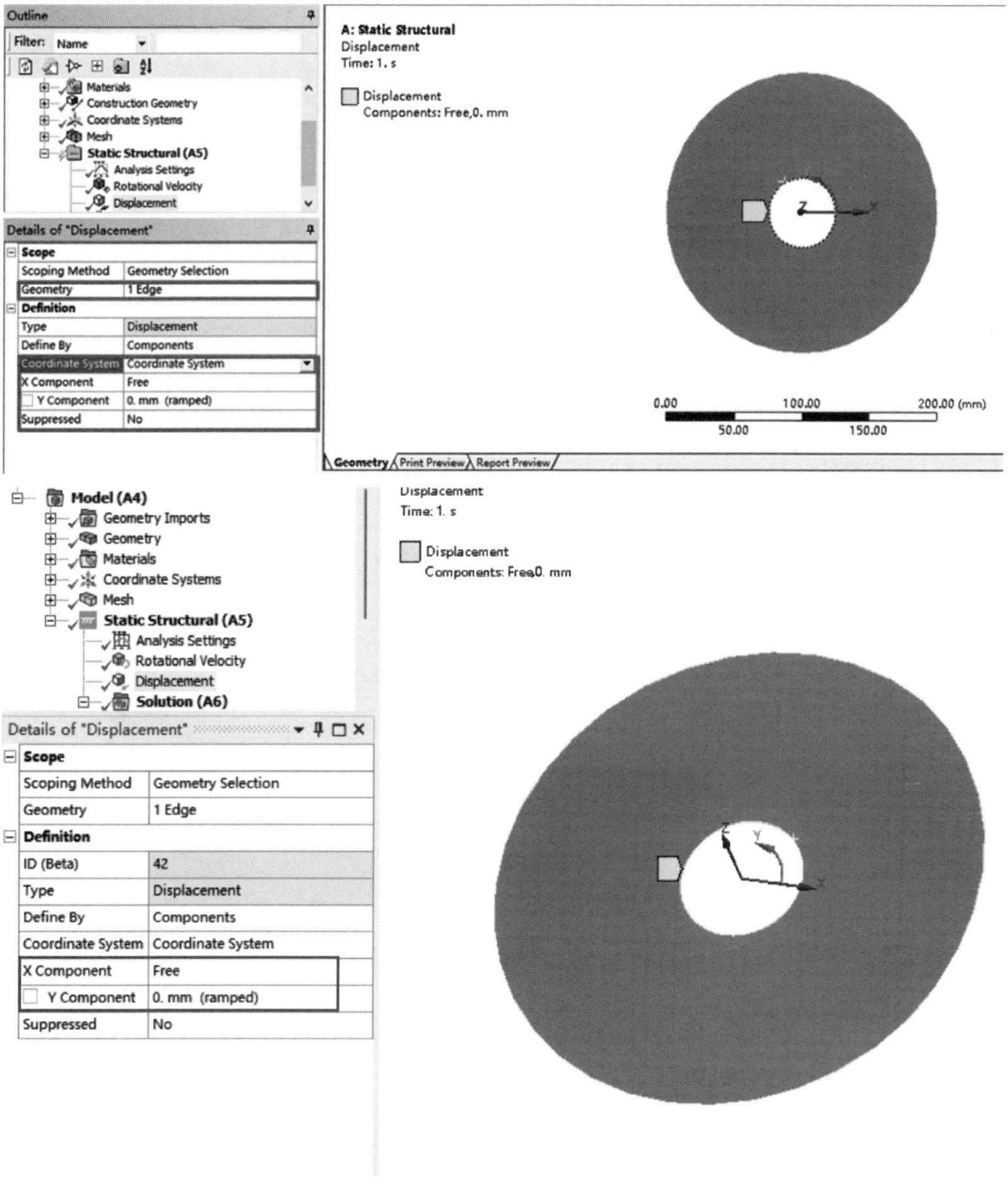

图 1-15　施加位移约束（二）

（10）设置需要的结果

在导航树上右键单击【Solution(A6)】设置需要的分析结果。

① 创建径向应力与环向应力分析结果。创建径向应力，右击【Solution(A6)】→【Insert】→【Stress】→【Normal】，【Orientation】设置为【X Axis】，【Coordinate System】设置为【Coordinate System】。用同样的方法，创建环向应力，插入一个【Normal Stress 2】，【Orientation】设置为【Y Axis】，【Coordinate System】设置为【Coordinate System】，如图 1-16 所示。

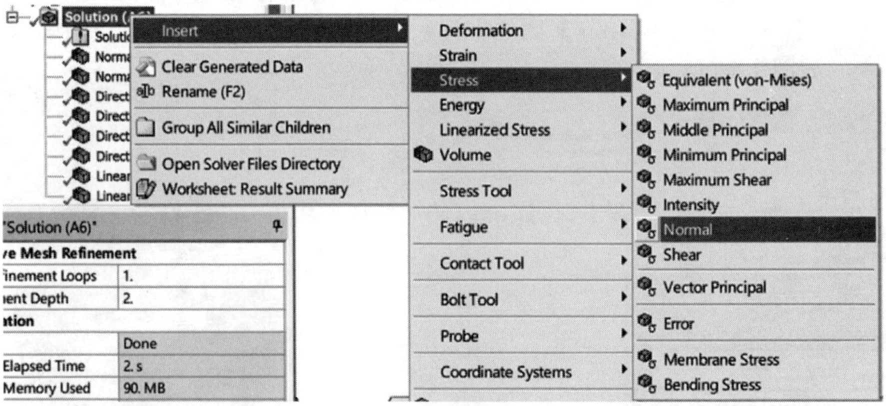

(a) 创建新的应力分析结果

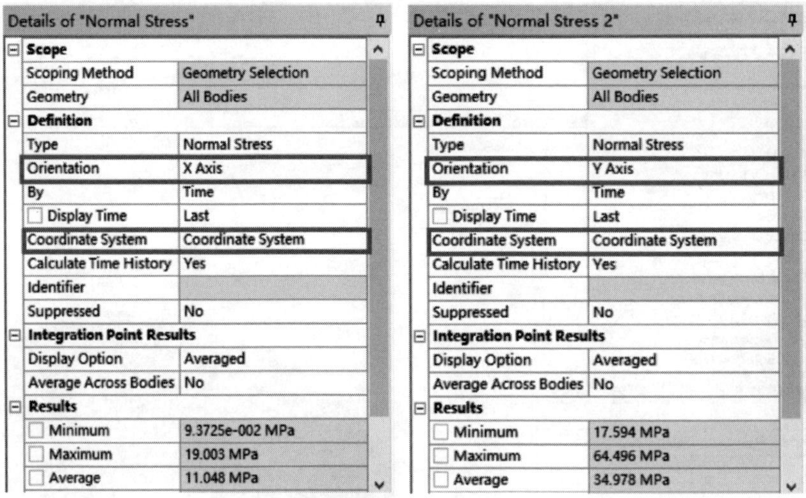

(b) 创建径向应力和环向应力

图 1-16　设置径向应力和环向应力分析结果

② 创建内外表面径向位移分析结果。创建内表面径向位移，右击【Solution(A6)】→【Insert】→【Deformation】→【Directional】,【Geometry】选择为内表面，并将【Coordinate System】设置为【Coordinate System】,【Orientation】设置为【X Axis】。用同样的方法创建外表面位移，创建【Directional Deformation 2】，如图 1-17 所示。

(11) 求解与结果显示

① 在 Mechanical 标准工具栏上单击 Solve 进行求解运算。

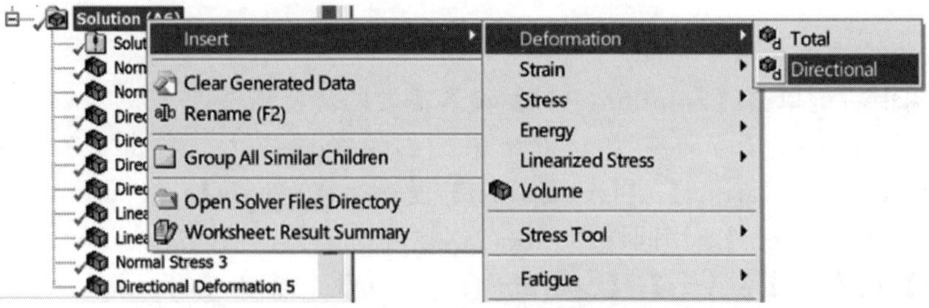

(a)

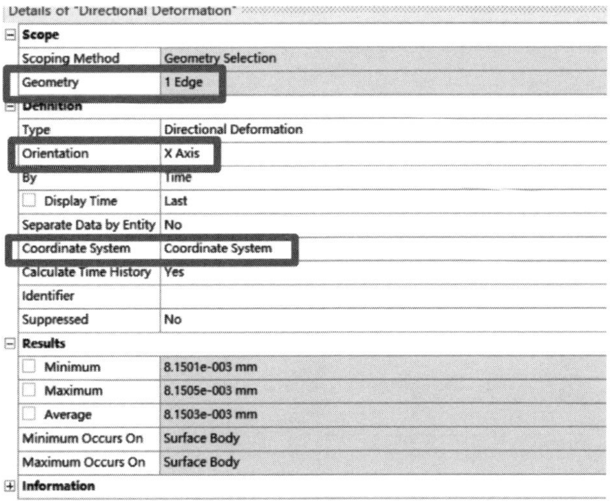

Details of "Directional Deformation"

Scope	
Scoping Method	Geometry Selection
Geometry	1 Edge
Definition	
Type	Directional Deformation
Orientation	X Axis
By	Time
Display Time	Last
Separate Data by Entity	No
Coordinate System	Coordinate System
Calculate Time History	Yes
Identifier	
Suppressed	No
Results	
Minimum	8.1501e-003 mm
Maximum	8.1505e-003 mm
Average	8.1503e-003 mm
Minimum Occurs On	Surface Body
Maximum Occurs On	Surface Body
Information	

(b)

图 1-17　创建圆盘内外表面位移分析结果

② 运算结束后，左键单击【Solution(A6)】，图形区域显示分析得到该圆盘在旋转过程中内、外表面的径向位移变化，及径向应力分布和环向应力分布，如图 1-18～图 1-21 所示。

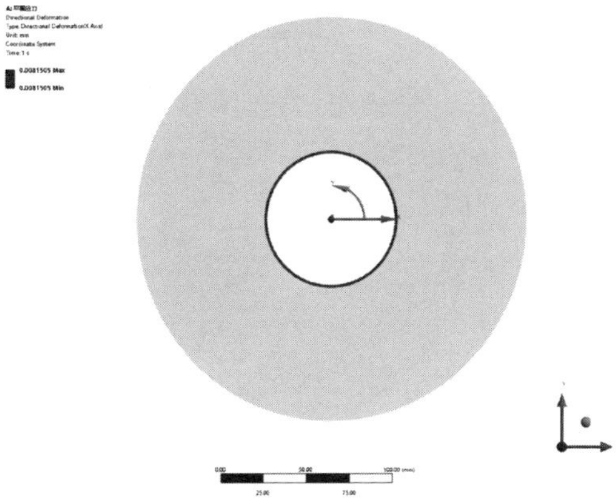

图 1-18　圆盘内表面径向位移变化

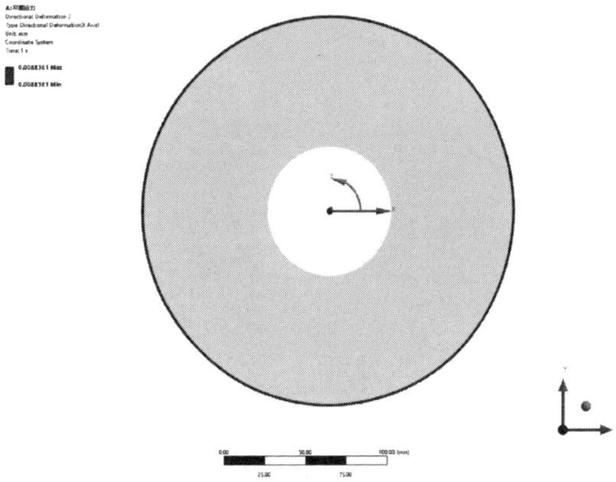

图 1-19　圆盘外表面径向位移变化

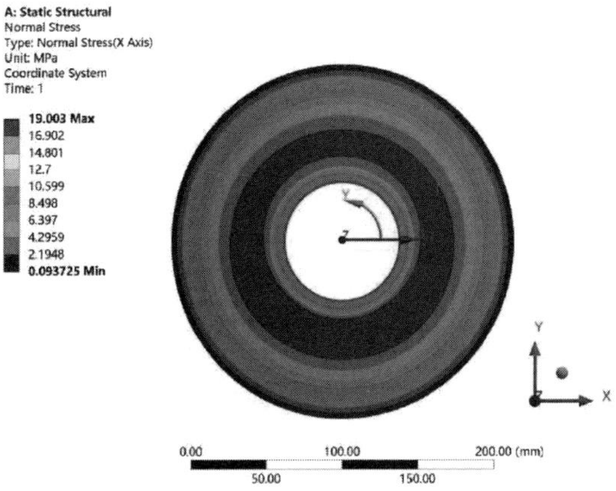

图 1-20　圆盘径向应力分布

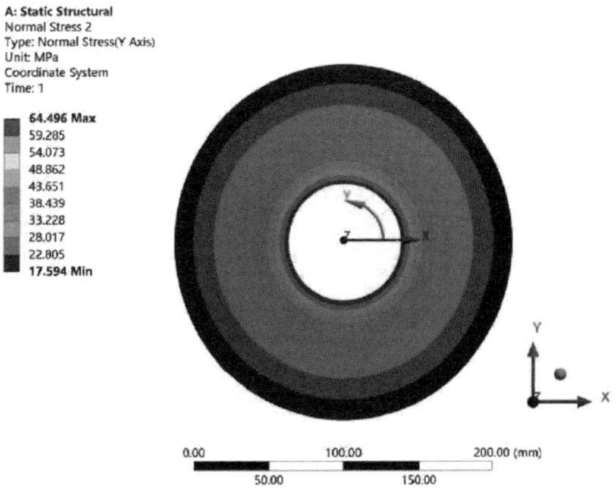

图 1-21　圆盘环向应力分布

1.1.4　平面应变法

（1）前处理与后处理设置

在导航树上单击【Geometry】展开，在【Details of "Geometry"】下【Definition】中，将【2D Behavior】更改为【Plane Strain】，完成平面应变模型的定义，如图 1-22 所示。

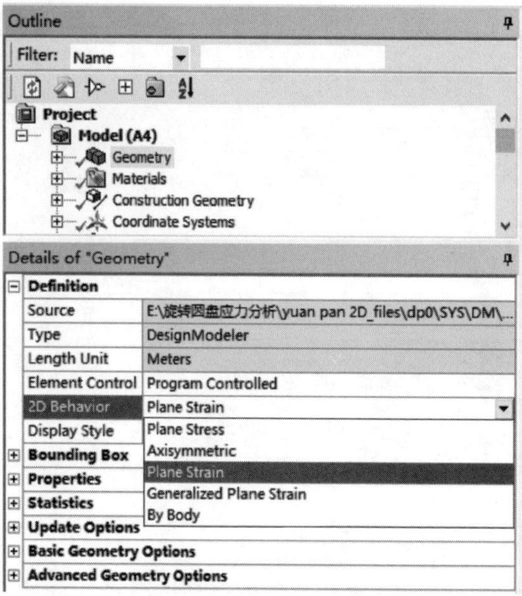

图 1-22　完成平面应变模型定义

（2）求解与结果显示

① 在 Mechanical 标准工具栏上单击 Solve 进行求解运算。

② 运算结束后，单击【Solution (A6)】，图形区域显示分析得到该圆盘在旋转过程中内、外表面的径向位移变化，及径向应力分布和环向应力分布，如图 1-23～图 1-26 所示。

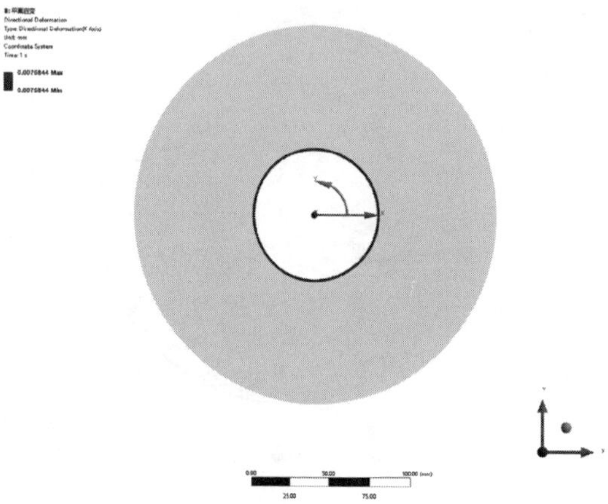

图 1-23　圆盘内表面径向位移变化

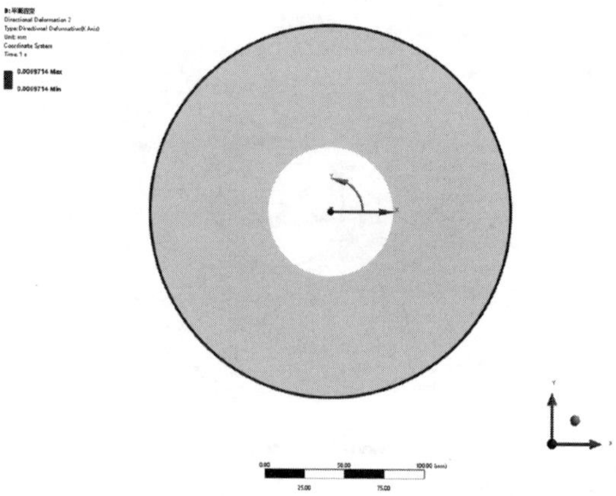

图 1-24　圆盘外表面径向位移变化

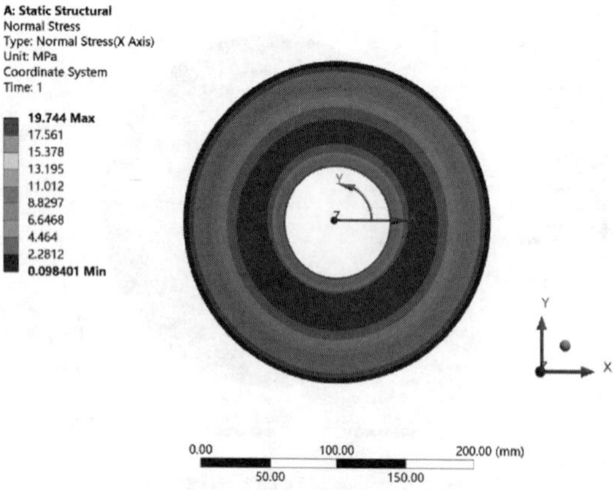

图 1-25　圆盘径向应力分布

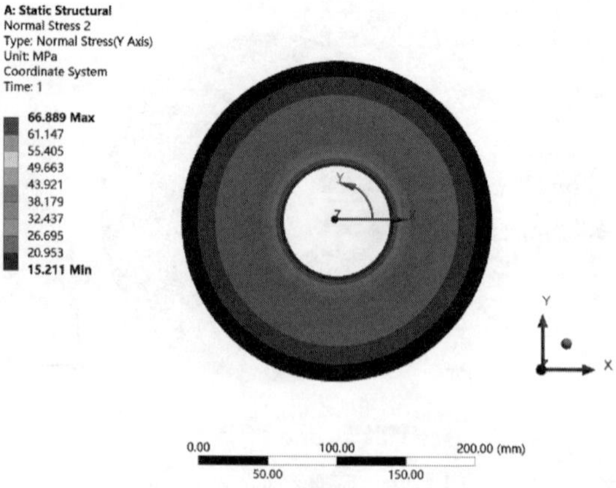

图 1-26　圆盘环向应力分布

1.1.5　实体单元法

（1）建立 3D（三维）几何模型

在 SolidWorks 软件中根据尺寸建立几何模型，如图 1-27 所示。

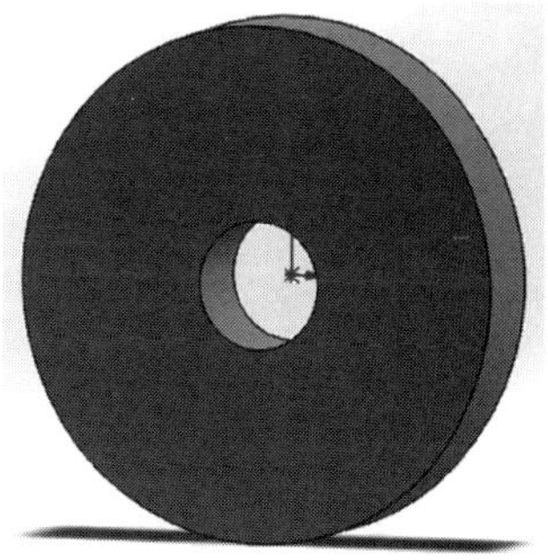

图 1-27　建立三维立体模型

创建结构静力分析、设置材料参数、导入几何模型、进入 Mechanical 分析环境、为几何模型分配材料、创建柱坐标系等步骤与 1.1.3 节（2）～（7）一致。

（2）划分网格

① 在导航树上右键单击【Mesh】→【Insert】→【Face Meshing】，进入面网格划分模块【Details of "Face Meshing"】，将【Geometry】选择为几何体的上（或下）表面，如图 1-28 所示。

② 在导航树上选择该圆盘体，单击【Mesh】→【Insert】→【Sizing】，然后在【Details of "Body Sizing"】下【Definition】中将【Element Size】设置为 5mm，【Geometry】选择为此几何体，点击确认后显示为【1 Body】。右键单击【Mesh】→【Generate Mesh】，其他默认不变，生成网格。

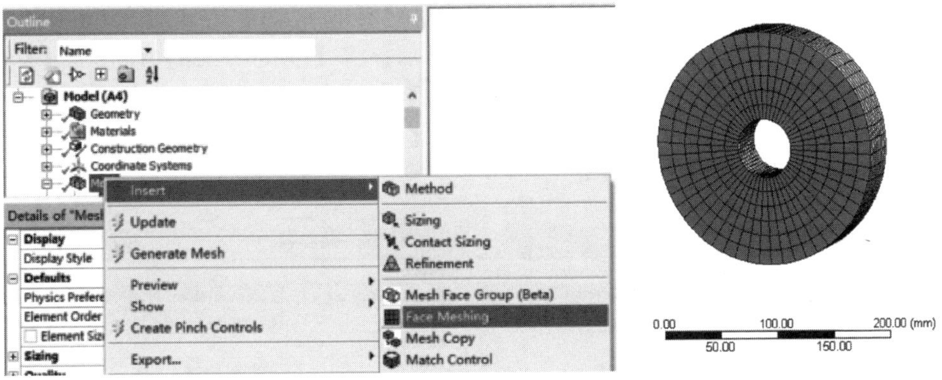

图 1-28　插入面网格划分方法并生成网格

（3）施加边界条件

边界条件施加步骤与 1.1.3 节中（9）一致，是在【Details of "Displacement"】中，【Geometry】选中圆盘内表面。角速度设置后示意图、位移约束施加后示意图见图 1-29。

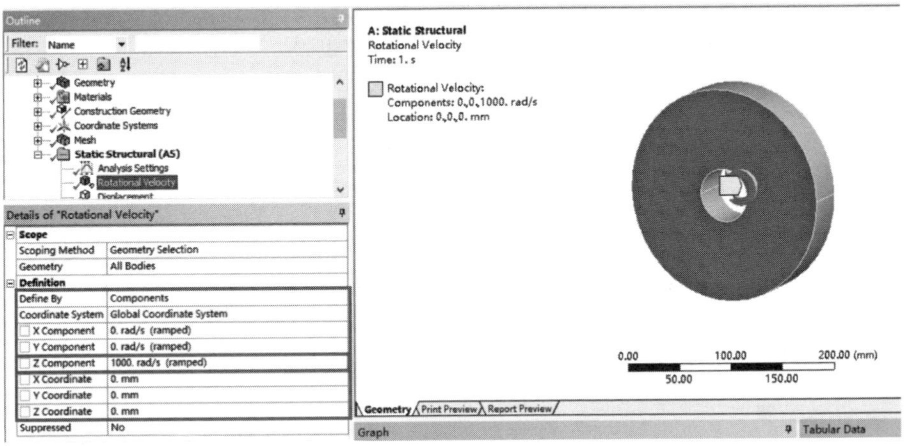

(a) 设置转轴角速度

图 1-29

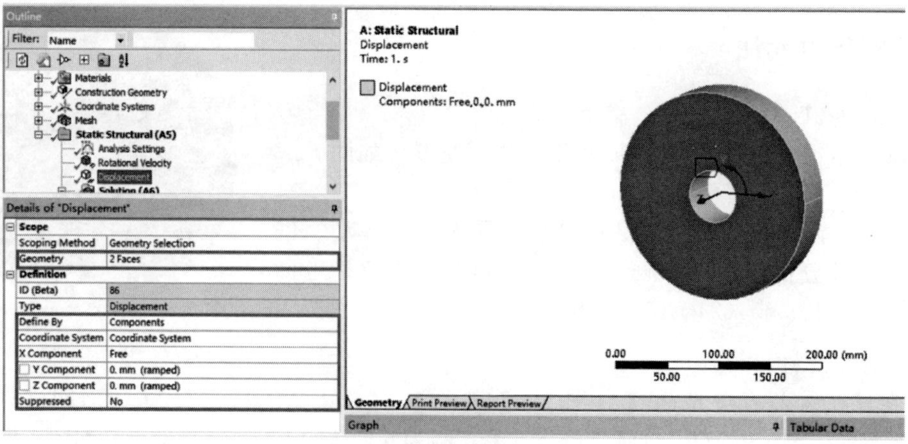

(b) 施加位移约束

图 1-29　施加边界条件

(4) 设置需要的结果

在导航树上右键单击【Solution(A6)】设置需要的分析结果。

① 创建径向应力与环向应力分析结果。创建径向应力，右击【Solution(A6)】→【Insert】→【Stress】→【Normal】，如图 1-16(a) 所示。将【Orientation】设置为【X Axis】，【Coordinate System】设置为【Coordinate System】。用同样的方法，创建环向应力，插入一个【Normal Stress 2】，【Orientation】设置为【Y Axis】，【Coordinate System】设置为【Coordinate System】，如图 1-30 所示。

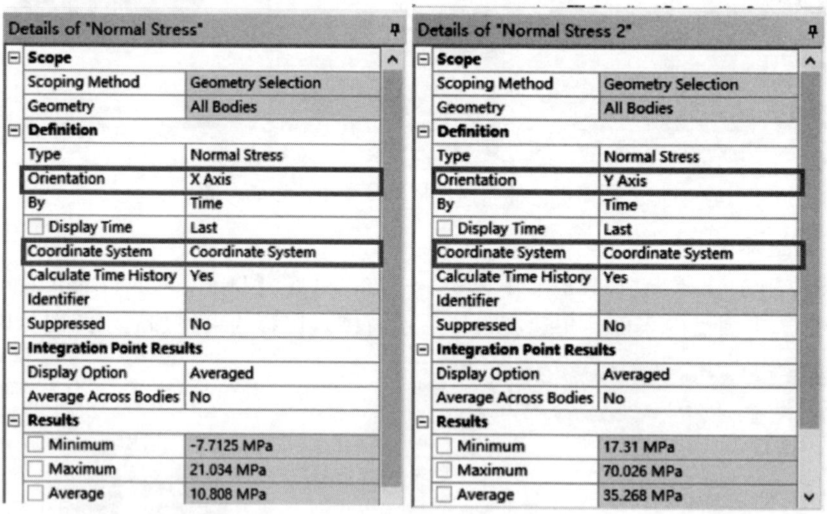

图 1-30　创建径向应力和环向应力

② 创建内外表面径向位移分析结果。创建内表面径向位移，右击【Solution(A6)】→【Insert】→【Deformation】→【Directional】，如图 1-17(a) 所示。【Geometry】选择为内表面，并将【Coordinate System】设置为【Coordinate System】，【Orientation】设置为【X Axis】。用同样的方法创建外表面位移，创建【Directional Deformation 2】，如图 1-31 所示。

(5) 求解与结果显示

① 在 Mechanical 标准工具栏上单击 Solve 进行求解运算。

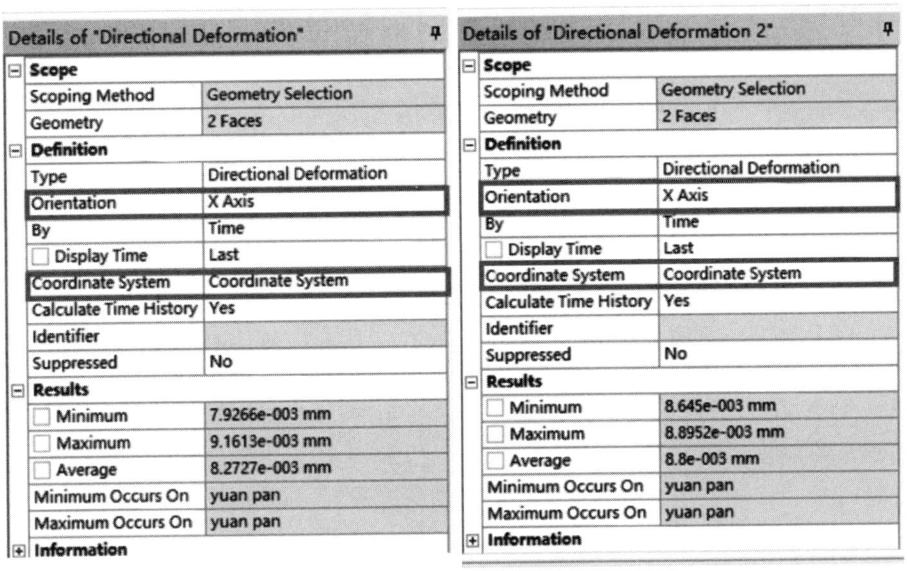

Details of "Directional Deformation"

Scope	
Scoping Method	Geometry Selection
Geometry	2 Faces
Definition	
Type	Directional Deformation
Orientation	X Axis
By	Time
Display Time	Last
Coordinate System	Coordinate System
Calculate Time History	Yes
Identifier	
Suppressed	No
Results	
Minimum	7.9266e-003 mm
Maximum	9.1613e-003 mm
Average	8.2727e-003 mm
Minimum Occurs On	yuan pan
Maximum Occurs On	yuan pan
Information	

Details of "Directional Deformation 2"

Scope	
Scoping Method	Geometry Selection
Geometry	2 Faces
Definition	
Type	Directional Deformation
Orientation	X Axis
By	Time
Display Time	Last
Coordinate System	Coordinate System
Calculate Time History	Yes
Identifier	
Suppressed	No
Results	
Minimum	8.645e-003 mm
Maximum	8.8952e-003 mm
Average	8.8e-003 mm
Minimum Occurs On	yuan pan
Maximum Occurs On	yuan pan
Information	

图 1-31　创建圆盘内外表面位移分析结果

② 运算结束后，左键单击【Solution(A6)】，图形区域显示分析得到该实体圆盘在旋转过程中内、外表面的径向位移变化，及径向应力分布和环向应力分布，如图 1-32～图 1-35 所示。

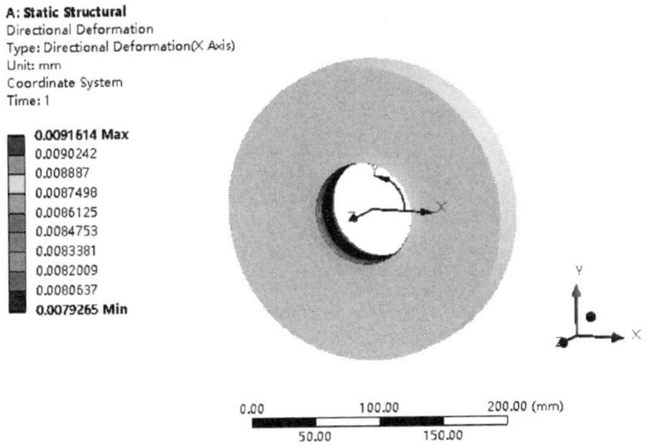

图 1-32　实体圆盘内表面径向位移变化

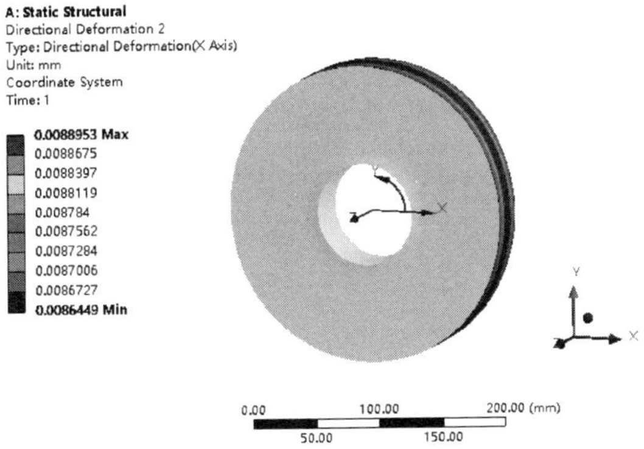

图 1-33　实体圆盘外表面径向位移变化

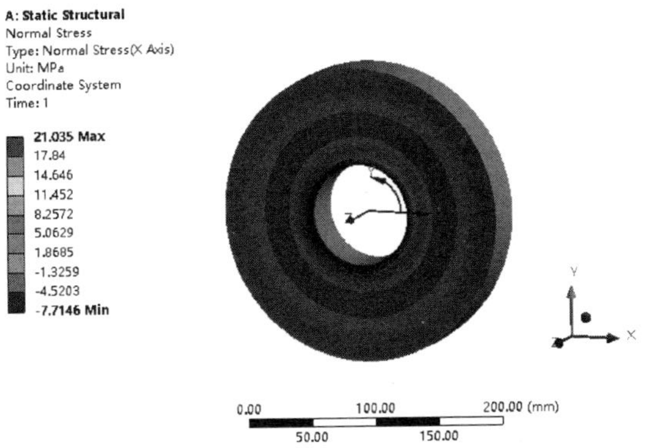

图 1-34　实体圆盘径向应力分布

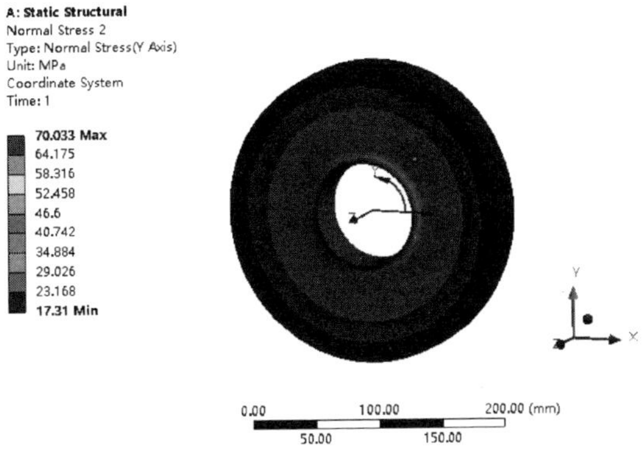

图 1-35　实体圆盘环向应力分布

图 1-36 建立 3D 几何模型

1.1.6 对称法

1.1.6.1 周期对称分析法

（1）建立 3D 几何模型

在 SolidWorks 软件中根据尺寸建立几何模型，如图 1-36 所示。

（2）创建结构静力分析项目

① 在工具箱【Toolbox】的【Analysis Systems】中双击或拖动结构静力分析【Static Structural】到项目分析流程图，如图 1-5 所示。

② 在工具栏中单击【Save】，保存项目实例名为“yuan pan symmetry 1.0”。将工程实例文件保存在合理的文件夹中。

设置材料参数、导入几何模型、为几何模型分配材料、创建柱坐标系等步骤同 1.1.3 节（3）、（4）、（6）。

（3）对称性设置

① 鼠标单击【Model(A4)】，并在上方工具栏找到【Symmetry】并单击，如图 1-37 所示。

② 在导航树中鼠标右击【Symmetry】→【Insert】→【Cyclic Region】，并在【Details of "Cyclic Region"】中对【Low Boundary】【High Boundary】两项分别选择两个侧面，如图 1-38 所示。

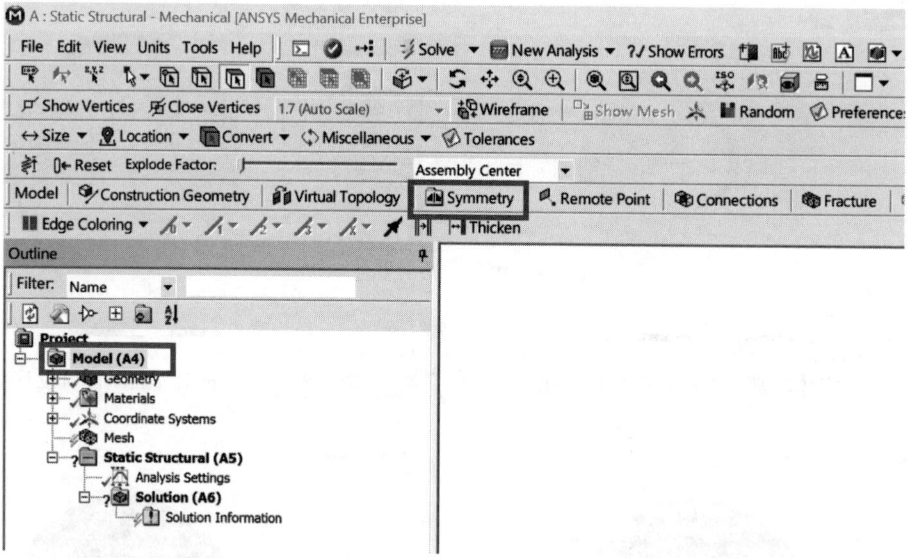

图 1-37 插入对称性选项

（4）划分网格

① 在导航树上选择所有体，然后右键单击【Mesh】，从弹出的菜单中选择【Insert】→【Sizing】，在【Details of "Body Sizing"】下【Geometry】中选择为此几何体，设置【Element Size】为 5mm，如图 1-39（a）。再次右键单击【Mesh】，从弹出的菜单中选择【Insert】→【Face Meshing】，在【Details of "Face Meshing"-Mapped Face Meshing】下【Geometry】中选择为上表面，如图 1-39(b) 所示。

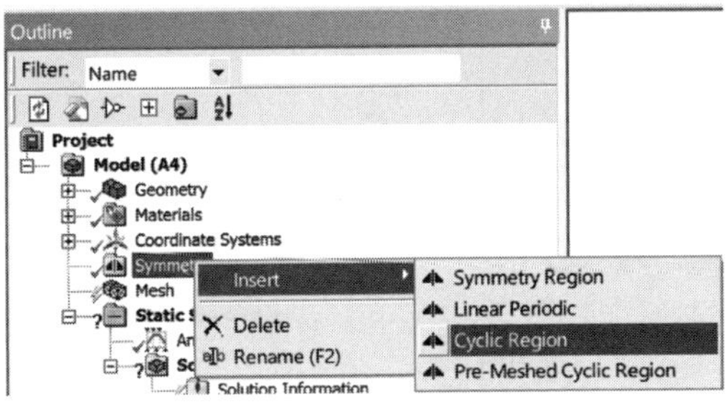

(a)

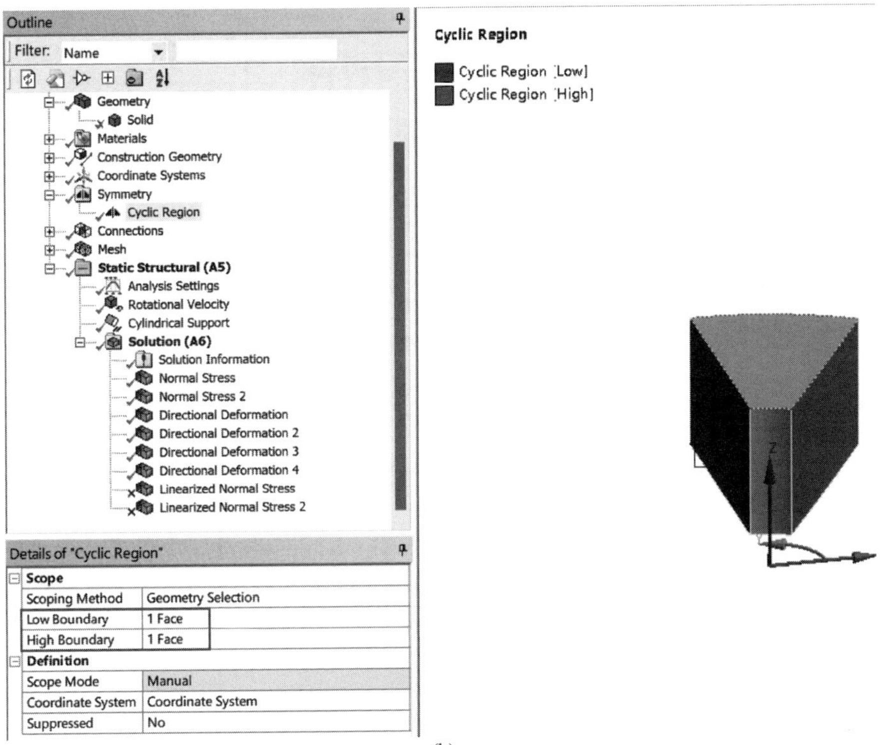

(b)

图 1-38 选择边界区域

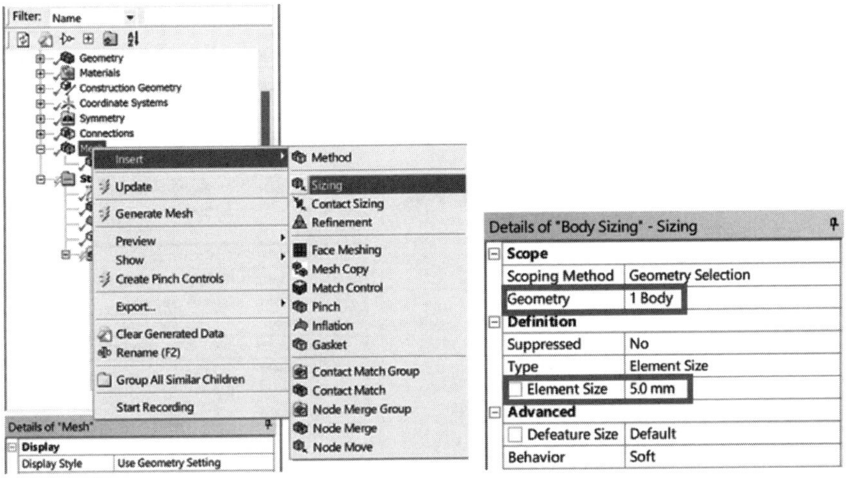

(a)

图 1-39

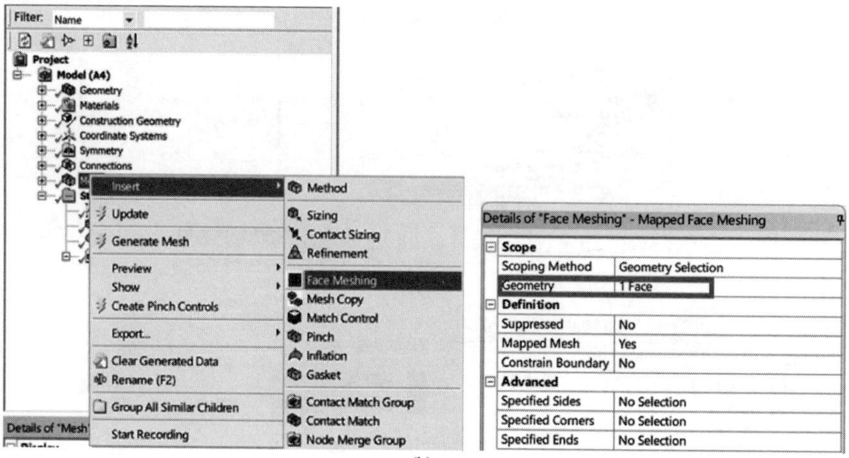

(b)

图 1-39　设置网格

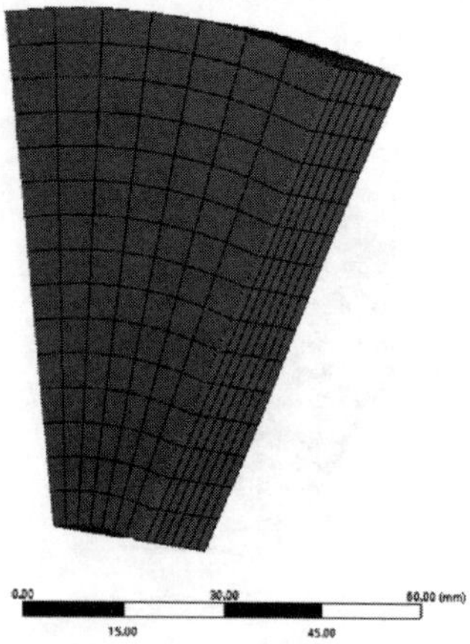

图 1-40　生成网格

② 生成网格，右键单击【Mesh】→【Generate Mesh】，图形区域显示程序生成的网格模型，如图 1-40 所示。

(5) 施加边界条件

① 设置角速度。右击【Static Structural (A5)】→【Insert】→【Rotational Velocity】，左键单击【Rotational Velocity】，并在【Details of "Rotational Velocity"】一栏中，【Geometry】一项选择此几何体，在【Coordinate System】选择【Global Coordinate System】，并在【Z Component】输入值“1000”，单位是 rad/s，其他保持不变，如图 1-41 所示。

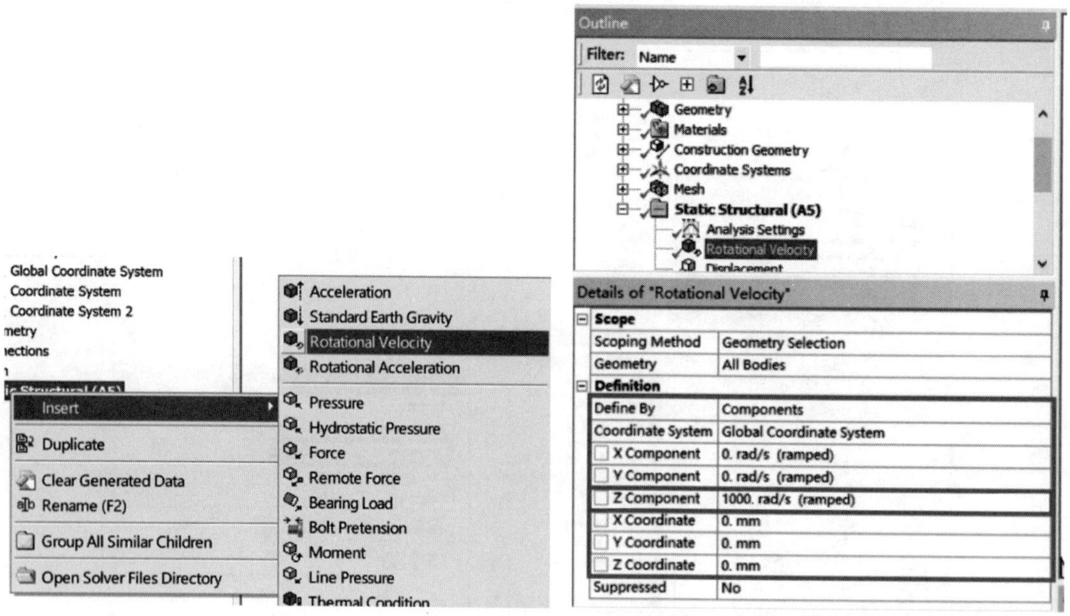

(a)　　　(b)

图 1-41　设置转轴角速度

② 设置约束条件。右击【Static Structural(A5)】，选择【Insert】→【Displacement】，并在【Details of "Displacement"】一栏中，将【Coordinate System】设置为圆柱坐标系【Coordinate System】，【Geometry】一项选择此几何体的内表面，并将【Y Component】和【Z Component】数值改为 0，其他保持不变，如图 1-42 所示。

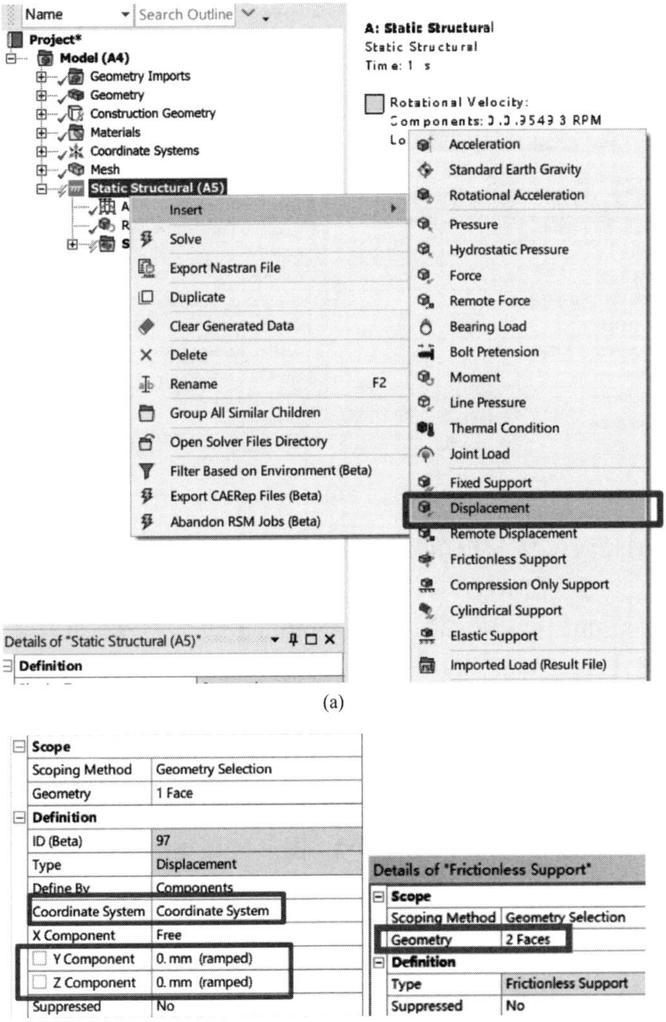

图 1-42　设置约束条件

具体几何体【Geometry】的选择如图 1-43 所示。

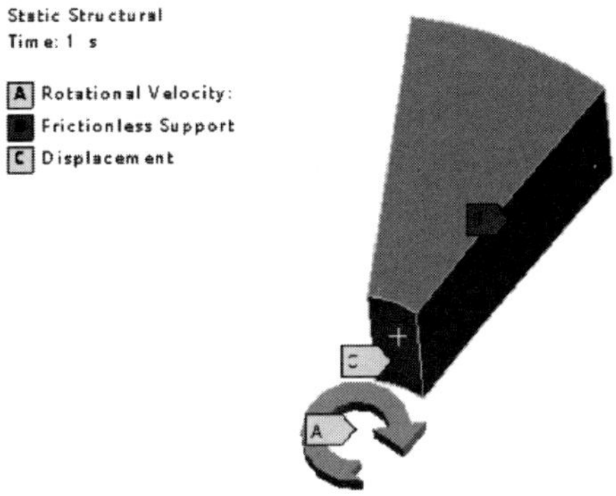

图 1-43　具体几何体【Geometry】的选择

（6）设置需要的结果

在导航树上右键单击【Solution(A6)】设置需要的分析结果。

① 创建径向应力与环向应力分析结果。创建径向应力，右击【Solution(A6)】→【Insert】→【Stress】→【Normal】，【Orientation】设置为【X Axis】，【Coordinate System】设置为【Coordinate

System】。用同样的方法，创建环向应力。插入一个【Normal Stress 2】,【Orientation】设置为【Y Axis】,【Coordinate System】设置为【Coordinate System】，如图 1-16（a）、图 1-44 所示。

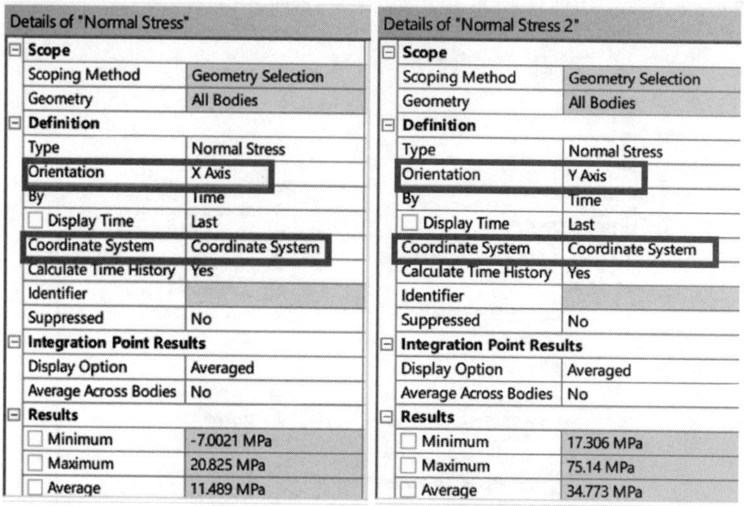

图 1-44 创建径向应力和环向应力

② 创建内外表面径向位移分析结果。创建内表面径向位移，右击【Solution(A6)】→【Insert】→【Deformation】→【Directional】,【Geometry】选择为内表面，并将【Coordinate System】设置为【Coordinate System】,【Orientation】设置为【X Axis】。用同样的方法创建外表面位移，创建【Directional Deformation 4】，如图 1-17(a)、图 1-45 所示。

至此，分析结果设置完毕。

（7）求解与结果显示

① 在 Mechanical 标准工具栏上单击 Solve 进行求解运算。

② 运算结束后，左键单击【Solution(A6)】，图形区域显示分析得到该圆盘在旋转过程中内、外环表面的径向位移变化，及径向应力分布和环向应力分布，如图 1-46～图 1-49 所示。

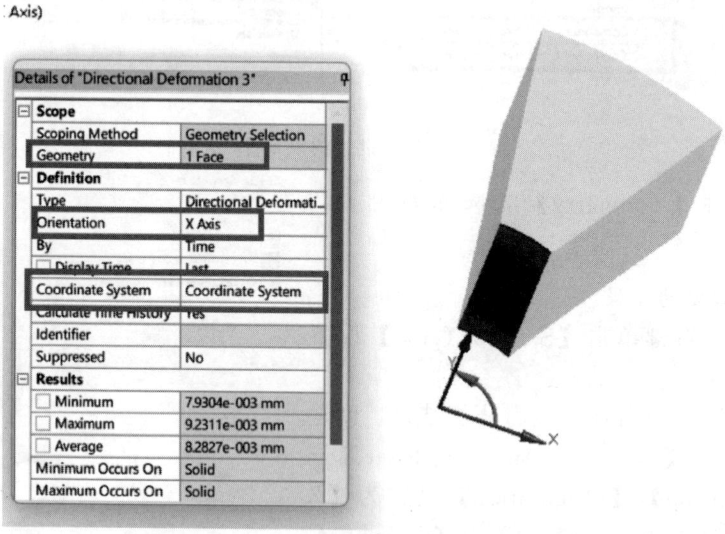

(a) 内表面

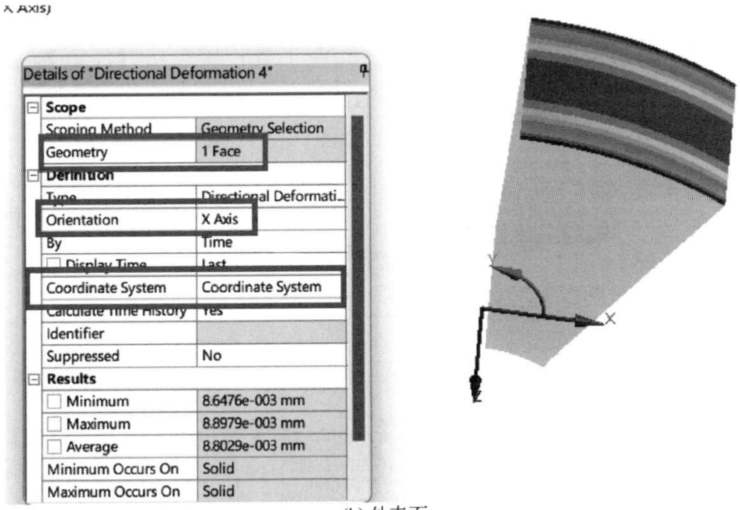

(b) 外表面

图 1-45　创建圆盘内外表面位移

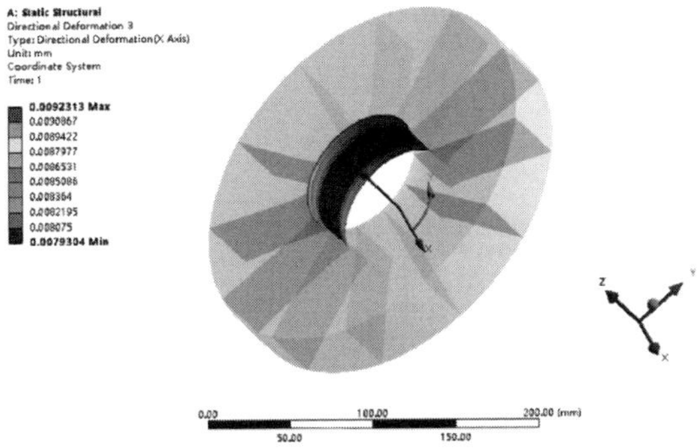

图 1-46　1/12 圆盘内表面径向位移变化

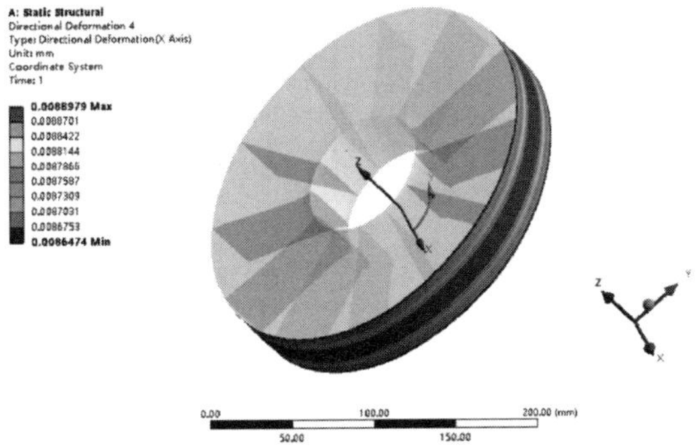

图 1-47　1/12 圆盘外表面径向位移变化

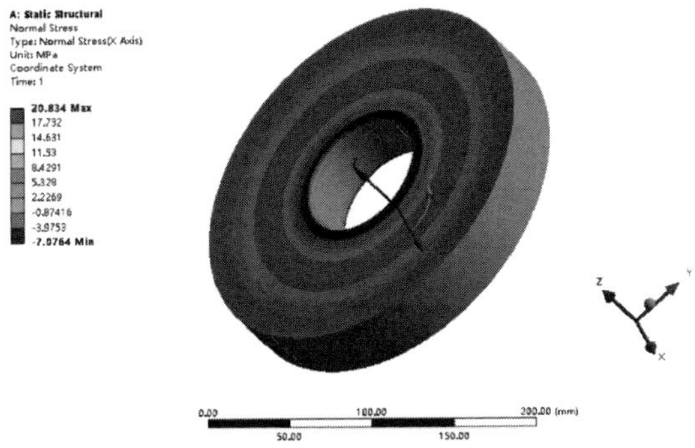

图 1-48　1/12 圆盘径向应力分布

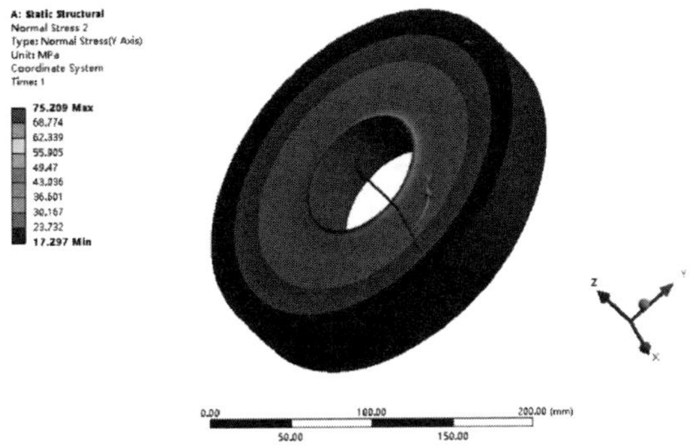

图 1-49　1/12 圆盘环向应力分布

1.1.6.2　轴对称分析法

(1) 建立 3D 几何模型

在 SolidWorks 软件中根据尺寸建立几何模型，如图 1-50 所示。

(2) 创建结构静力分析项目

① 在工具箱【Toolbox】的【Analysis Systems】中双击或拖动结构静力分析【Static

图 1-50　建立 3D 几何模型

Structural】到项目分析流程图，如图 1-5 所示。

② 在工具栏中单击【Save】，保存项目实例名为“yuan pan symmetry 2.0”。将工程实例文件保存在合理的文件夹中。

设置材料参数、导入几何模型、进入 Mechanical 分析环境、为几何模型分配材料、创建柱坐标系等步骤同 1.1.3 节（3）～（7）。

（3）对称性设置

① 鼠标单击【Model(A4)】，并在上方工具栏找到【Symmetry】并单击，如图 1-37 所示。

② 在导航树中鼠标右击【Symmetry】→【Insert】→【Symmetry Region】，并在【Details of "Symmetry Region"】中将【Geometry】设置为图示两个面，并将【Symmetry Normal】设置为垂直这两个面的轴，在这里为【Y Axis】。如图 1-51(a)、(b) 所示。

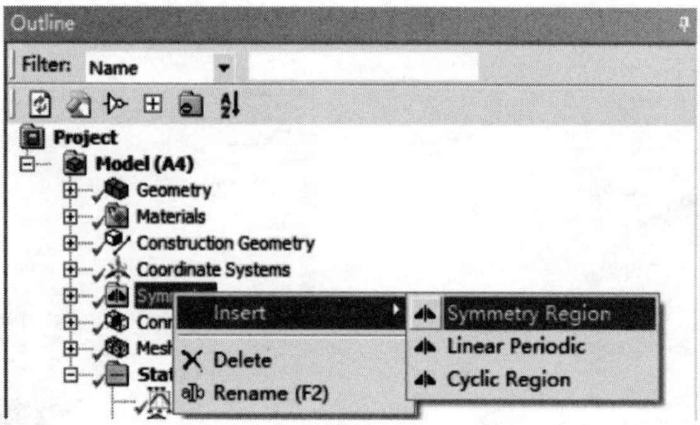

(a) 插入对称区域

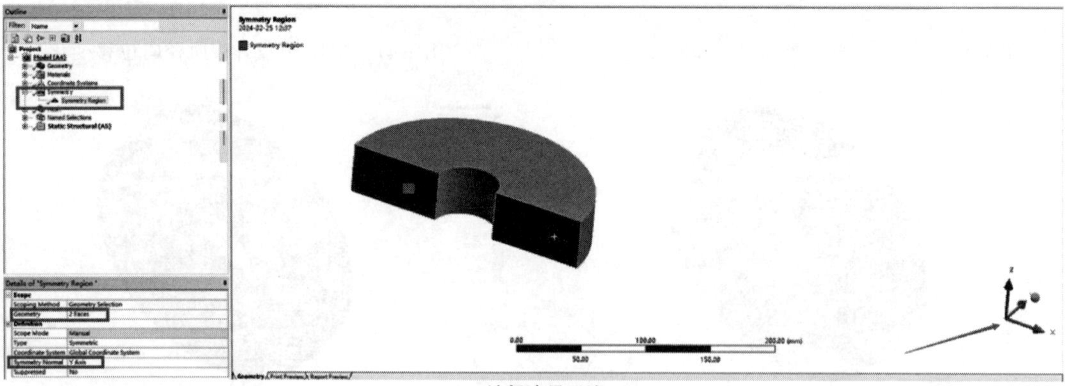

(b) 选择边界区域

图 1-51　设置边界区域

（4）划分网格

网格划分步骤同 1.1.6.1 节中（4），图形区域显示程序生成的网格模型，如图 1-52 所示。

（5）施加边界条件

① 设置角速度。右击【Static Structural(A5)】→【Insert】→【Rotational Velocity】，左键单击【Rotational Velocity】，并在【Details of "Rotational Velocity"】一栏中，【Geometry】

一项选择此几何体，在【Coordinate System】选择【Global Coordinate System 2】，并在【Z Component】输入值“1000”，单位是 rad/s，其他保持不变，如图 1-53 所示。

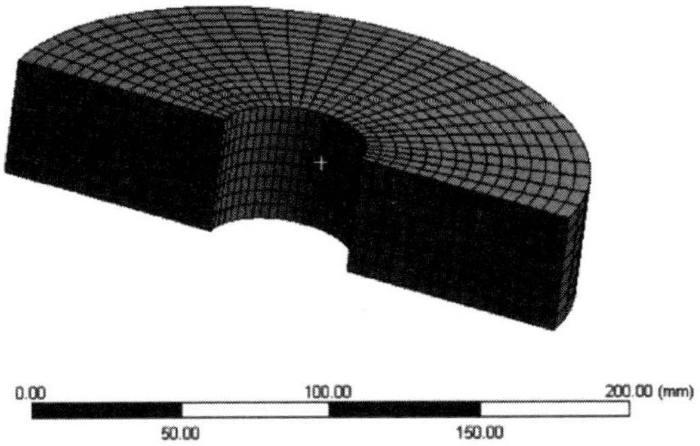

图 1-52　生成网格

Details of "Rotational Velocity"

Scope	
Scoping Method	Geometry Selection
Geometry	All Bodies
Definition	
Define By	Components
Coordinate System	Global Coordinate System
X Component	0. rad/s (ramped)
Y Component	0. rad/s (ramped)
Z Component	1000. rad/s (ramped)
X Coordinate	0. mm
Y Coordinate	0. mm
Z Coordinate	0. mm
Suppressed	No

图 1-53　设置转轴角速度

② 设置约束条件。右击【Static Structural(A5)】，选择【Insert】→【Displacement】，并在【Details of "Displacement"】一栏中，将【Coordinate System】设置为圆柱坐标系【Coordinate System】，【Geometry】一项选择此几何体的内表面，并将【Y Component】和【Z Component】数值改为 0，其他保持不变，如图 1-54 所示。

具体几何体【Geometry】的选择如图 1-55 所示。

Scope	
Scoping Method	Geometry Selection
Geometry	1 Face
Definition	
ID (Beta)	219
Type	Displacement
Define By	Components
Coordinate System	Coordinate System
X Component	Free
Y Component	0. mm (ramped)
Z Component	0. mm (ramped)
Suppressed	No

图 1-54　设置约束

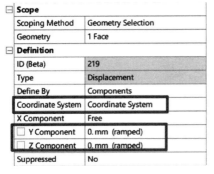

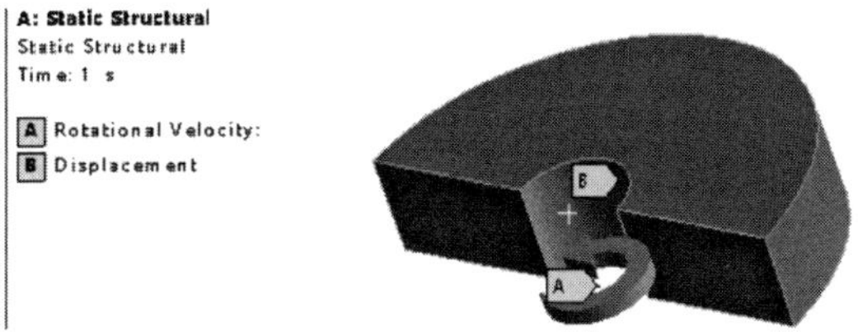

图 1-55　具体几何体【Geometry】的选择

(6) 设置需要的结果

在导航树上右键单击【Solution(A6)】设置需要的分析结果。

① 创建径向应力与环向应力分析结果。创建径向应力，右击【Solution(A6)】→【Insert】→【Stress】→【Normal】，【Orientation】设置为【X Axis】，【Coordinate System】设置为【Coordinate System】。用同样的方法，创建环向应力。插入一个【Normal Stress 2】，【Orientation】设置为【Y Axis】，【Coordinate System】设置为【Coordinate System】，如图 1-16(a)、图 1-56 所示。

② 创建内外表面径向位移分析结果。创建内表面径向位移，右击【Solution(A6)】→【Insert】→【Deformation】→【Directional】，【Geometry】选择为内表面，并将【Coordinate System】设置为【Coordinate System】，【Orientation】设置为【X Axis】。用同样的方法创建外表面位移，创建【Directional Deformation 4】，如图 1-17(a)、图 1-57 所示。

至此，分析结果设置完毕。

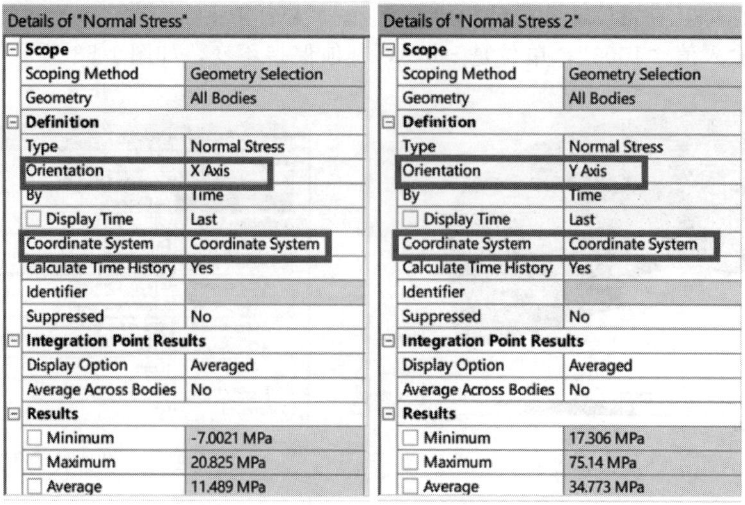

图 1-56　创建径向应力和环向应力

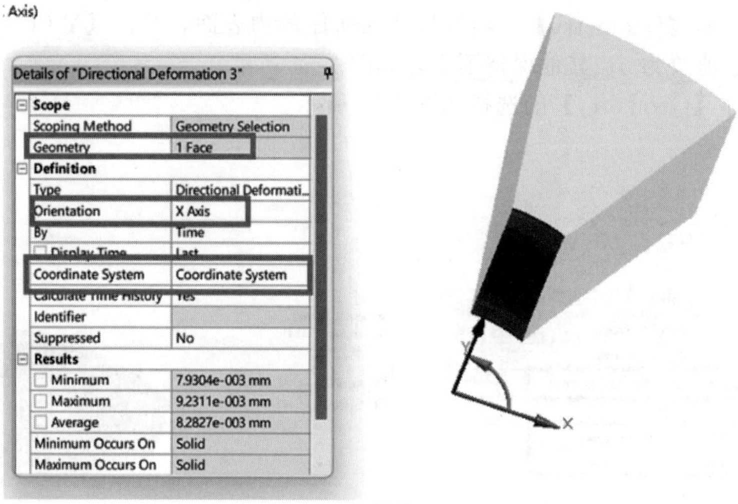

(a) 内表面

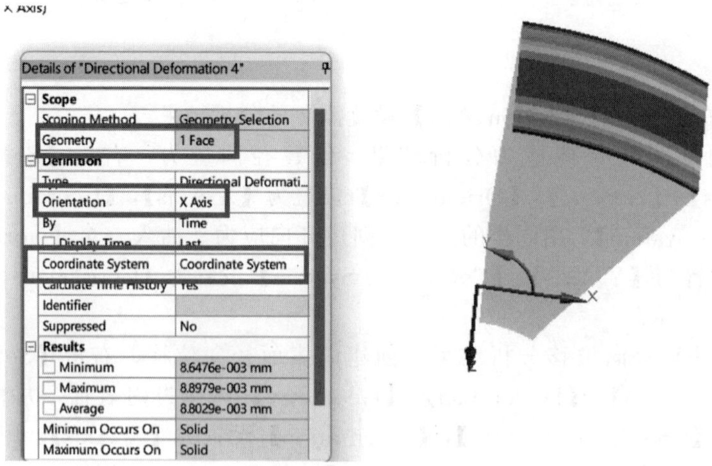

(b) 外表面

图 1-57　创建圆盘内外表面位移

（7）求解与结果显示

① 在 Mechanical 标准工具栏上单击 Solve 进行求解运算。

② 运算结束后，左键单击【Solution(A6)】，图形区域显示分析得到该圆盘在旋转过程中内、外表面的径向位移变化，及径向应力分布和环向应力分布，如图 1-58～图 1-61 所示。

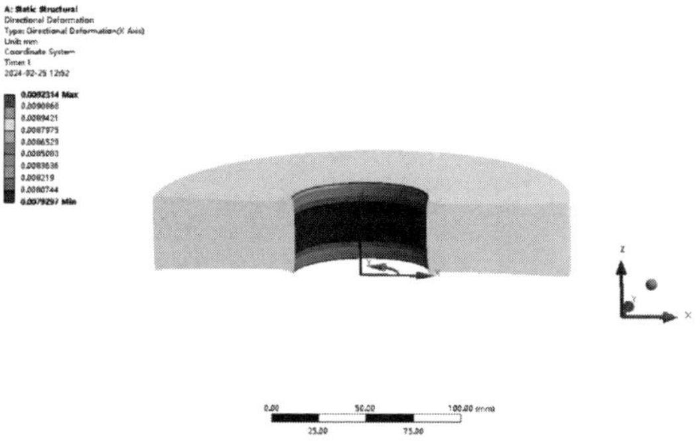

图 1-58　半圆盘内表面径向位移变化

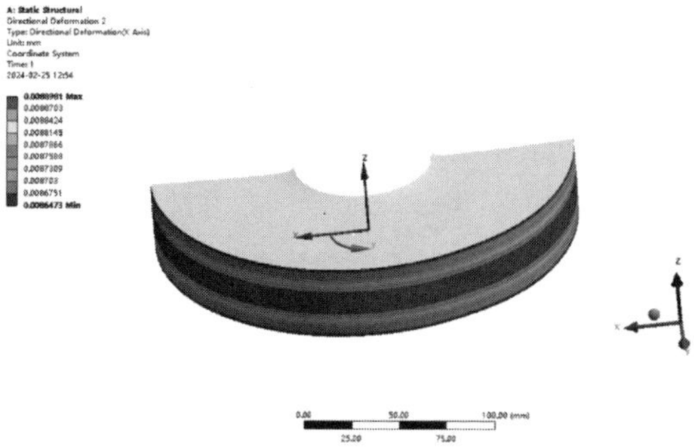

图 1-59　半圆盘外表面径向位移变化

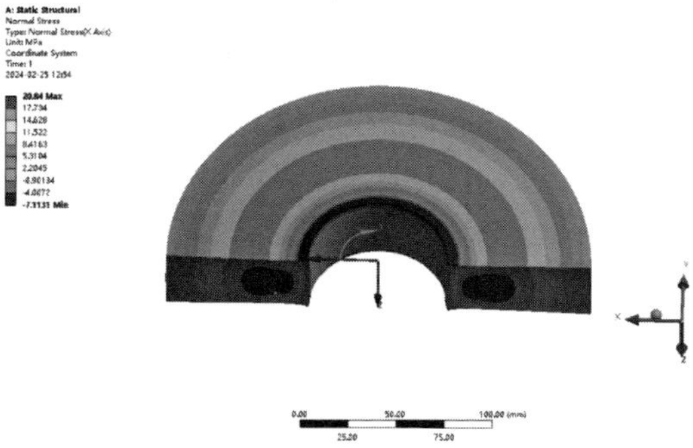

图 1-60　半圆盘径向应力分布

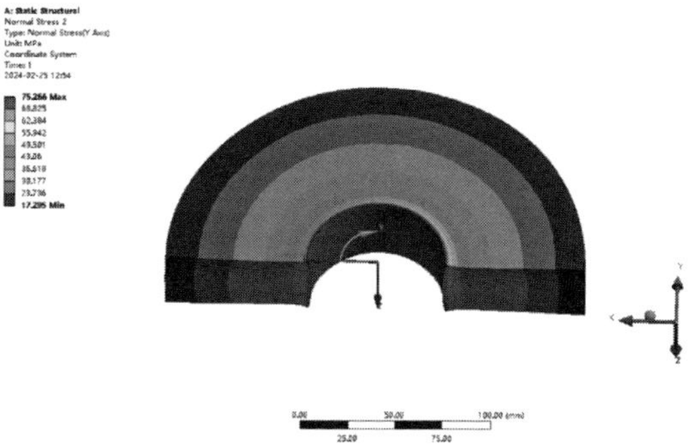

图 1-61　半圆盘环向应力分布

1.1.7　壳单元法

（1）建立 3D 几何模型

在 SolidWorks 软件中根据尺寸建立几何模型，如图 1-27 所示。

（2）导入模型

创建结构静力分析、设置材料参数、导入几何模型的步骤同 1.1.3 节中（2）～（4）。

要建立壳单元，这里介绍一种较为简单的方法，即对称平面抽取。点击工具栏【Tools】→【Mid-Surface】（图 1-62），在【Details View】下的【Details of "Mid-Surface"】中将表面对【Face Pairs】设置为圆盘的上下两个面（按住 Ctrl 键加鼠标单击）。后点击【Generate】生成操作。可在

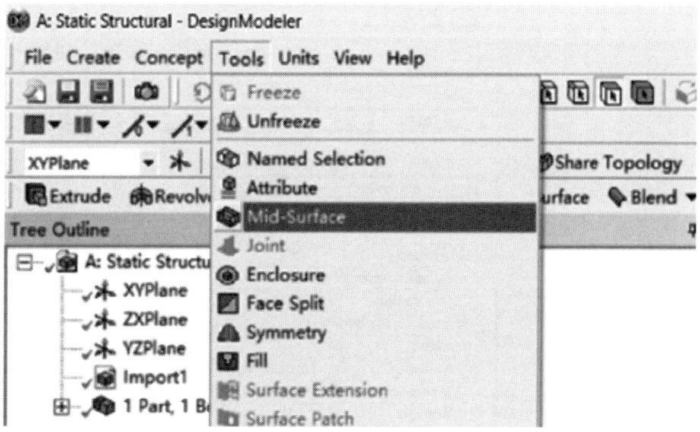

图 1-62　插入中间表面方法

导航树中点击【yuan pan】，在【Details View】下方【Thickness(>=0)】可以看到已经继承了壳单元的厚度，为 0.04m，如图 1-63 所示。

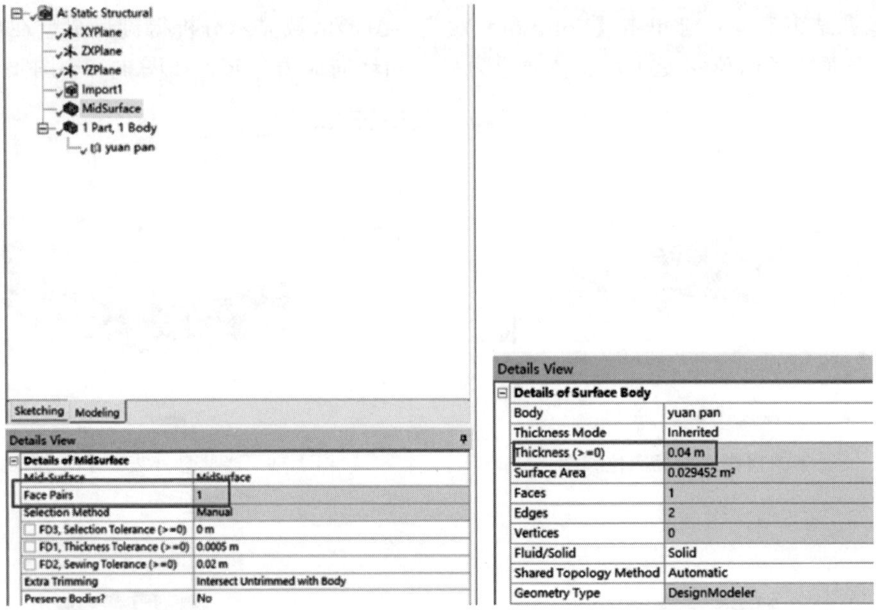

图 1-63　选择平面对并查看壳单元厚度

进入 Mechanical 分析环境、为几何模型分配材料、创建柱坐标系等步骤同 1.1.3 节(5)～(7)。

划分网格步骤同 1.1.5 节中 (2)。

边界条件施加步骤同 1.1.3 节中 (9)。

(3) 设置需要的结果

在导航树上右键单击【Solution(A6)】设置需要的分析结果。

① 创建径向应力与环向应力分析结果。创建径向应力，右击【Solution(A6)】→【Insert】→【Stress】→【Normal】，【Orientation】设置为【X Axis】，【Coordinate System】设置为【Coordinate System】。用同样的方法，创建环向应力，插入一个【Normal Stress 2】，【Orientation】设置为【Y Axis】，【Coordinate System】设置为【Coordinate System】。如图 1-64 所示。

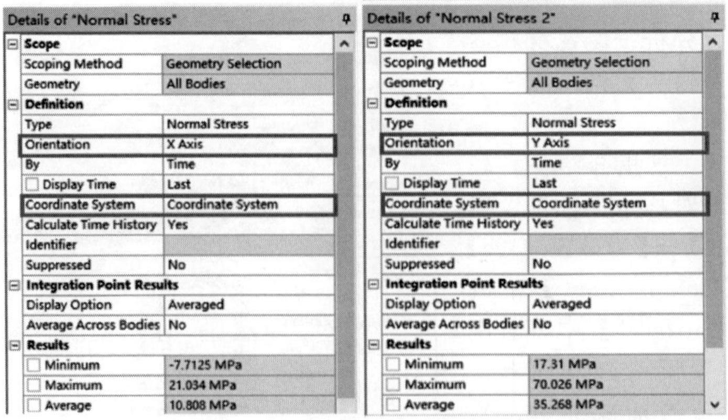

图 1-64　创建径向应力和环向应力

② 创建内外表面径向位移分析结果。创建内表面径向位移，右击【Solution(A6)】→【Insert】→【Deformation】→【Directional】，【Geometry】选择为内边线，并将【Coordinate System】设置为【Global Coordinate System】，【Orientation】设置为【X Axis】。用同样的方法创建外表面位移，创建【Directional Deformation 2】。如图 1-65 所示。

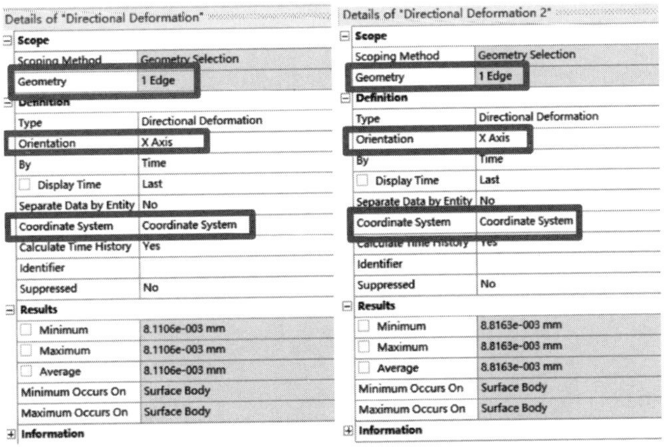

图 1-65　创建圆盘内外表面位移分析结果

(4) 求解与结果显示

① 在 Mechanical 标准工具栏上单击 Solve 进行求解运算。

② 运算结束后，单击【Solution(A6)】，图形区域显示分析得到该实体圆盘在旋转过程中内、外表面的径向位移变化，及径向应力分布和环向应力分布，如图 1-66～图 1-69 所示。

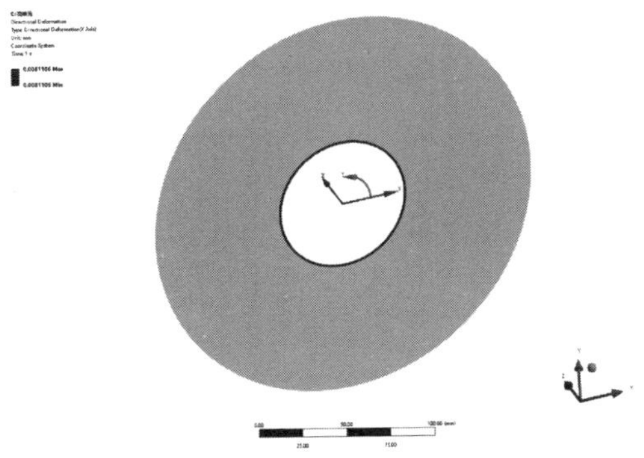

图 1-66　壳单元圆盘内表面径向位移变化

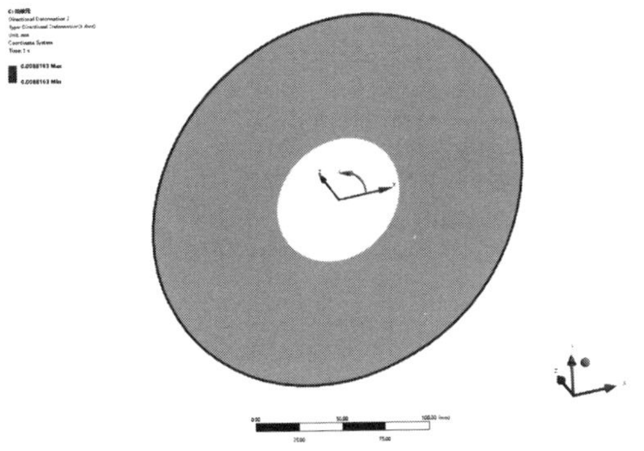

图 1-67　壳单元圆盘外表面径向位移变化

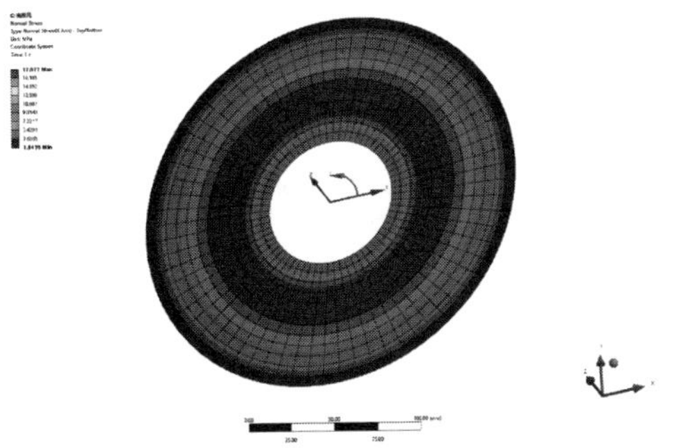

图 1-68　壳单元圆盘径向应力分布

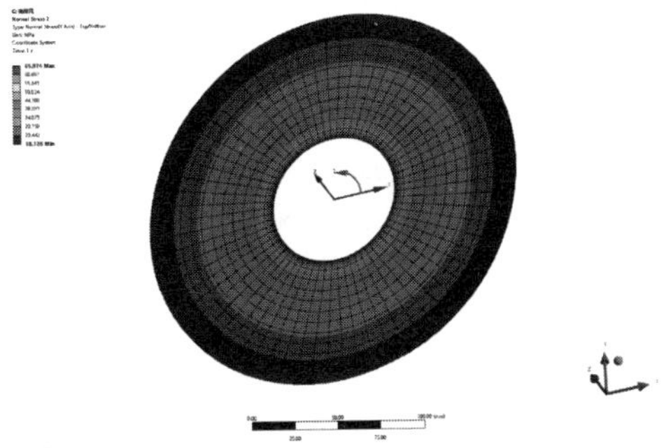

图 1-69　壳单元圆盘环向应力分布

1.2 计算结果对比

现分别查看三种计算方法下圆盘沿着径向和环向的应力分布情况，以更好地对这三种计算结果进行对比。在进行结果对比之前，要选取内表面到外表面沿径向的一条直线对其进行应力分析。其中平面应力法和实体单元法的创建方法大致相同，而周期对称分析法创建路径在应力分析时略有差异，下面分两种情况进行介绍。

（1）方法一：平面应力法和实体单元法

① 首先创建一条路径，鼠标单击【Model(A4)】，在上方工具栏找到【Construction Geometry】并单击，如图 1-70 所示。右击【Construction Geometry】→【Insert】→【Path】。将【Definition】中【Path Type】设置为【Two Points】，将【Path Coordinate System】设置为【Coordinate System】，下方的【Start】与【End】中的【Coordinate System】设置为【Global Coordinate System】，并按照图 1-71 坐标输入。

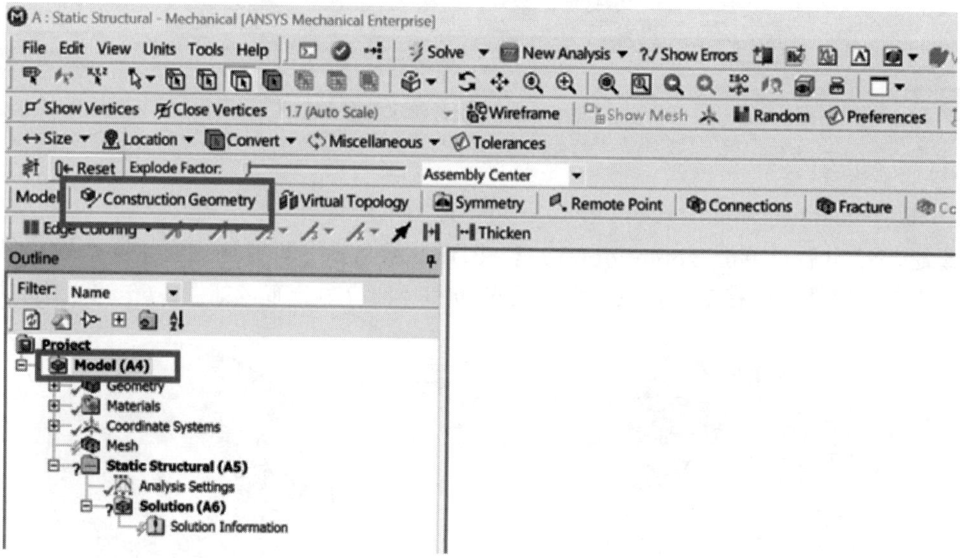

图 1-70 创建几何体

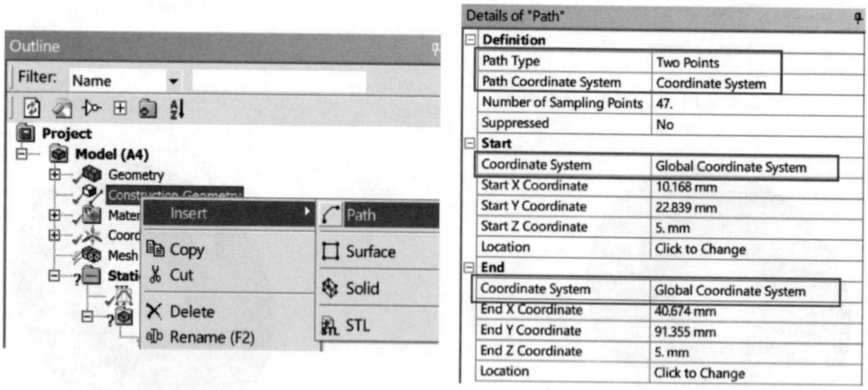

图 1-71 创建路径

② 创建径向线性路径应力，右击【Solution(A6)】→【Insert】→【Stress】→【Normal】，将【Scoping Method】设置为【Path】，并在下方【Path】中选择所创建的路径，【Orientation】

设置为【X Axis】，【Coordinate System】设置为【Coordinate System】。用同样的方法，创建环向线性路径应力。插入一个【Linearized Normal Stress 2】，将【Scoping Method】设置为【Path】，并在下方【Path】中选择所创建的路径，【Orientation】设置为【Y Axis】，【Coordinate System】设置为【Coordinate System】。如图 1-16(a)、图 1-72 所示。

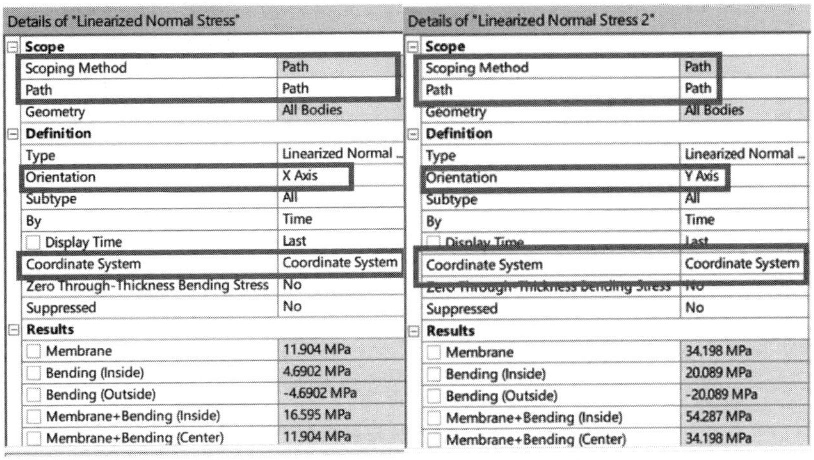

图 1-72　设置正应力

(2) 方法二：周期对称法

① 首先对导航树中【Symmetry】下的【Cyclic Region】进行右击，选择【Suppress】，如图 1-73 所示。

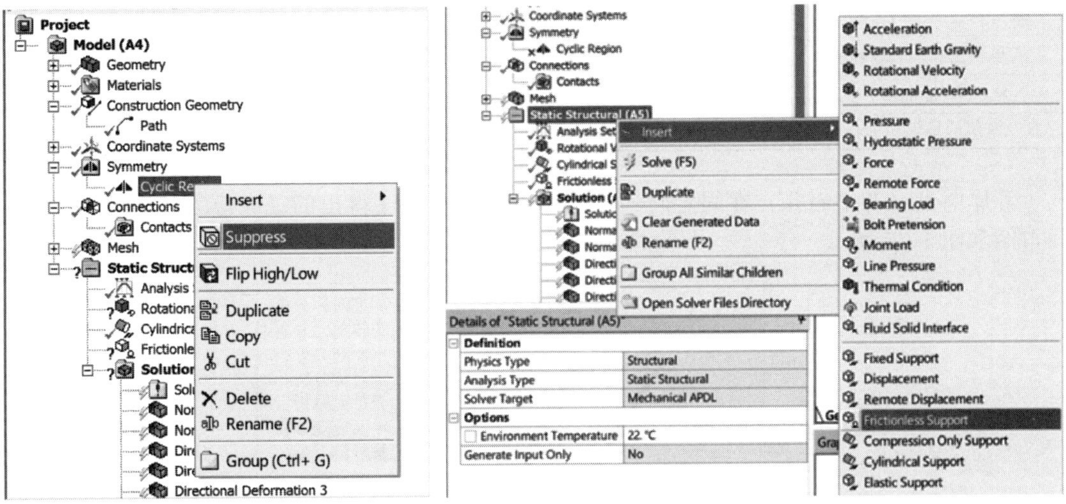

图 1-73　抑制周期性区域并插入无摩擦约束

② 找到【Static Structural(A5)】并用鼠标右击，选择【Insert】→【Frictionless Support】，【Details of "Frictionless Support"】下的【Geometry】设置为两个侧面，如图 1-74 所示。

完成上述两点操作后，可按照方法一继续操作，即可创建径向线性路径应力。将 ANSYS 有限元分析软件的计算结果与弹性力学分析计算解析解的一系列结果进行对比，如表 1-1 所示。

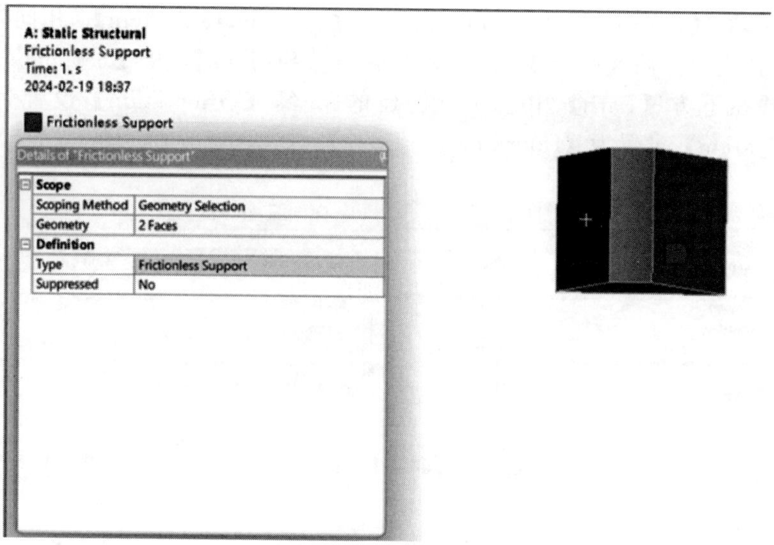

图 1-74　设置无摩擦约束几何面

表 1-1　ANSYS 解与解析解对比

对比	内表面径向位移/mm	外表面径向位移/mm	最大径向应力/MPa	最大环向应力/MPa	结点数	计算时间/s
平面应力法 ANSYS 解	8.151×10^{-3}	8.836×10^{-3}	18.198	64.597	2584	3
平面应变法 ANSYS 解	7.684×10^{-3}	6.971×10^{-3}	18.906	69.926	2584	3
实体单元法 ANSYS 解	8.193×10^{-3}	8.915×10^{-3}	18.455	64.845	40732	4
周期对称法 ANSYS 解	8.193×10^{-3}	8.915×10^{-3}	18.368	65.168	5190	4
轴对称法 ANSYS 解	8.183×10^{-3}	8.914×10^{-3}	18.260	66.833	190	3
壳单元法 ANSYS 解	8.110×10^{-3}	8.816×10^{-3}	17.971	65.974	884	3
解析解(标准值)	8.150×10^{-3}	8.836×10^{-3}	18.098	65.203	—	—
ANSYS 解的最大相对误差	5.7%	22.4%	4.4%	6.1%	—	—

等厚圆盘（有中心孔）在固定转速下通过六类分析方法得出的径向应力和周向应力曲线分布图如图 1-75 所示。

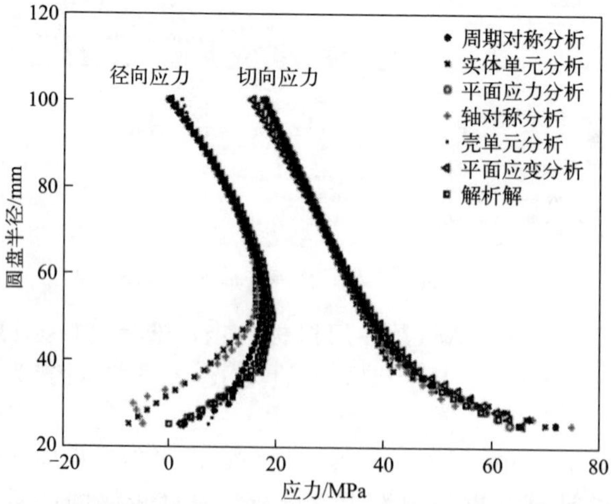

图 1-75　等厚圆盘在某转速状态下用六种分析方法得出的曲线分布图

由六类 ANSYS 解与解析解的对比可见，旋转圆盘内外表面的径向位移、最大径向应力和最大环向应力与解析解十分吻合，且运用 ANSYS 有限元分析软件更加省时，说明有限元分析计算在解决实际工程问题上有很大的实用性帮助。

本章初步介绍了有限元的应用，以旋转圆盘为例，详细介绍了 ANSYS 软件的使用方法，并以同一圆盘，分别用平面应力、平面应变、轴对称分析、周期对称分析、三维实体和壳单元等多种单元分析方法分析了高速旋转圆盘的应力随半径的变化关系。更多案例可扫二维码。

有限元应用案例

习　题

1-1　熟练地使用 ANSYS 软件，进行旋转圆盘的应力分析。

1-2　一个等厚旋转圆盘，内径 $d=100\text{mm}$，外径 $D=200\text{mm}$，厚度 $h=20\text{mm}$，旋转角速度 $\omega=1500\text{rad/s}$。弹性模量 $E=120\text{GPa}$，泊松比 $\mu=0.3$，密度 $\rho=4500\text{kg/m}^3$。试计算旋转圆盘的位移和应力。

第 2 章　数值分析及其编程实现

【工程问题分析】

工程领域的有限元法理论建模和工程问题分析涉及插值、线性方程求解、迭代、拟合等多个方面，需要综合运用数值分析和工程知识，以解决工程中的复杂问题并进行有效的工程分析与设计。

在有限元分析中，数值微分常用于计算应力、应变等场量，而数值积分常用于计算离散单元内部的刚度矩阵、质量矩阵和载荷向量等。常用插值方法构建形函数，用于在有限元网格中逼近未知场量，如位移、应力等。需要线性方程组的数值求解方法（如高斯消元法），来解决有限元分析中产生的大规模线性方程组。需要掌握牛顿-拉弗森法、割线法等迭代方法，来求解非线性方程组和结构非线性动力学问题。插值方法在工程中的应用，则用于处理材料属性参数以及有限元计算结果的分析和处理。

【学习目标】

通过本章的学习，需要掌握以下内容。

① 掌握数值分析中，计算机数值存储精度、误差传递对数值计算结果的影响，掌握数值运算中的若干准则，并能够用计算机语言设计相应的数值计算程序进行数值计算相关准则的验证。

② 掌握数值微分基本方法。掌握等距结点积分公式的基本原理，能够针对被积函数的阶次选择合理的求积公式。重点掌握高斯积分方法，并能够编制相应的计算机程序，实现函数的数值积分和数值微分。

③ 理解拉格朗日插值和样条插值方法的基本原理，能够根据数据特征选择合适的插值方法对散点数进行插值，学会使用计算机语言进行数据点的插值。

④ 理解牛顿迭代公式的推导过程，学会使用牛顿法求解方程近似根；能利用计算机语言编制求解线性方程组，实现静力作用下有限元方程中结点位移列阵系数的求解。

2.1 数值计算中的误差

2.1.1 基本概念

数值误差产生于近似表示精确的数学运算和数量。用 E_t 表示真实误差值，其为真实值（真值）与近似值（估计值）之差：

$$E_t = \text{真值} - \text{估计值} \tag{2-1}$$

下标 t 的含义为真实。在上述情况下，必须采用误差的近似估计，这与其他情况相反。注意，真实误差通常表示为绝对值，称为绝对误差。

这个定义的缺点是它没有考虑被检查的值的数量级。例如，一厘米的误差出现在铆钉的测量上就比出现在桥梁的测量上显得误差更大。一种评估量级的方法是将误差归一化到真实值，将其定义为真实误差相对真值的百分率——相对误差 ε_t，表达式为

$$\varepsilon_t = \frac{\text{真值} - \text{估计值}}{\text{真值}} \times 100\% \tag{2-2}$$

注意，对于式(2-1) 和式(2-2) 计算得到的 E_t 和 ε_t，两者下标 t 的含义均为误差是基于真值的。然而，在数字计算的实际情况中，真值往往是无法预先获得的。如何在缺乏真值的情况下来估计误差成为数值计算面临的挑战，这与传统物理测量学上的误差是不一样的。

数值计算往往是通过设计迭代式，进行迭代计算来估计出与真值无限接近的“真实值”。因此，在迭代计算时，采用相对误差的近似估计值（近似相对误差），即

$$\varepsilon_a = \frac{\{\text{估计值}\}_n - \{\text{估计值}\}_{n-1}}{\{\text{估计值}\}_n} \times 100\% = \frac{\text{当前估计值} - \text{前一估计值}}{\text{当前估计值}} \times 100\% \tag{2-3}$$

式(2-3) 符号可能是正的，也可能是负的。通常计算时并不关心误差的符号，而是关注其绝对值是否低于设定的容差 ε_s。因此，通常使用 $|\varepsilon_a|$ 进行参照，重复计算直到

$$|\varepsilon_a| < \varepsilon_s \tag{2-4}$$

这种条件被称为停止条件。如果满足此条件，则假定的结果在预设 ε_s 的范围内。注意，对于本书的其余部分，均使用近似相对误差的绝对值。

将这些误差与近似值中有效数字的数目联系起来也是很方便的。可以证明，如果满足以下标准，可以保证结果至少有 n 位有效数字是正确的：

$$\varepsilon_s = (0.5 \times 10^{2-n})\% \tag{2-5}$$

【例 2-1】 迭代方法的误差估计。指数函数可以用无穷级数表示为

$$e^x = 1 + x + \frac{x^2}{2} + \frac{x^3}{3!} + \cdots + \frac{x^n}{n!}$$

随着序列中加入更多的项，这个近似值就会越来越好地估计出 e^x 的真值。该方程被称为麦克劳林级数展开。逐次增加各项，直到近似误差估计的绝对值 $|\varepsilon_a|$ 低于符合三位有效数字的误差准则 ε_s。（注：真值是 $e^{0.5} = 1.648721\cdots$）

解　首先，可以使用式(2-5) 来确定误差准则，以确保结果至少对三个有效数字是正确的：

$$\varepsilon_s = (0.5 \times 10^{2-3})\% = 0.05\%$$

因此，将向级数中添加项，直到 ε_a 降至 ε_s 水平以下。

第一个估计值，代入展开方程可以得到，只有一个单独的项。因此，第一个估计值等于

1。然后通过添加第二个项，生成第二个估计值，代入 $x=0.5$ 得

$$e^{0.5}=1+0.5=1.5$$

利用等式(2-3) 和式(2-5) 分别计算真实相对误差和近似相对误差值为

$$\varepsilon_t=\left|\frac{1.648721-1.5}{1.648721}\right|\times 100\%=9.02\%$$

$$\varepsilon_a=\left|\frac{1.5-1}{1.5}\right|\times 100\%=33.3\%$$

因为 ε_a 不小于 ε_s 的要求值，将继续计算，增加下一项 $x^2/2!$，并重复误差计算。该过程一直持续到 $|\varepsilon_a|<\varepsilon_s$，整个计算过程可以总结为表 2-1。可见仅需计算 6 项，相对误差近似估计值就降至 $\varepsilon_s=0.05\%$ 以下。

表 2-1 迭代计算过程

项数	结果	$\varepsilon_t/\%$	$\varepsilon_a/\%$
1	1	39.3	
2	1.5	9.02	33.3
3	1.625	1.44	7.69
4	1.645833333	0.175	1.27
5	1.648437500	0.0172	0.158
6	1.648697917	0.00142	0.0158

2.1.2 误差来源

误差的来源通常可以分为四类，分别为模型误差、观测误差、舍入误差、截断误差。从实际问题中抽象出数学模型时，由于不能完全地复现实际情况或选择性忽视微小的因素，会产生模型误差。例如，计算一个实心铁球从空中做自由落体运动的滞空时间，选择的模型是否考虑空气阻力对最终的结果影响不大。假如是一片羽毛下落，计算模型就不能不考虑空气阻力了。数学模型中包含某些变量，如长度、电压、重力加速度等，它们是通过观测来获得的。观测得到的数据与实际数据之间有误差，这种误差叫作观测误差。由于计算机的字长有限，当用有限位数的浮点数来表示实数的时候（理论上存在无限位数的浮点数）就会产生舍入误差。由实际问题建立起来的数学模型，在很多情况下要得到准确解是困难的，通常要用数值方法求它的近似解，例如常把无限的计算过程用有限的计算过程代替，这种模型的准确解和由数值方法求出的近似解之间的误差称为截断误差。

在实际工程有限元问题求解过程中，由于模型和观测数据往往都是既定的，所以本书不太关注前两类误差，而是着重对舍入误差和截断误差进行阐述。

2.1.2.1 舍入误差

由于数字计算机不能准确地表示某些数值，所以出现了舍入误差。舍入误差对解决工程和科学问题很重要，因为它们可能导致错误的结果。在某些情况下，它们会导致计算变得不稳定，并产生明显错误的结果，甚至产生“病态”计算结果。更危险的是，它们可能会导致难以察觉的细微差异。

其中，在数值计算中涉及的舍入误差主要有两个方面：

① 数字计算机表示数字的能力有大小和精度的限制　例如，64 位的计算机存储数据的

长度要比 32 位的要高，双精度的浮点数比单精度的浮点数表示的小数位数更长。

② 某些数值操作对舍入误差非常敏感　这可能来自数学上的考虑，也可能由计算机执行算术运算的方式引起。常见可能出现的是“大数吃小数”的问题、小分母问题（分母小会造成浮点溢出）。即使初始的舍入误差很小，经过多次累积，误差也会变大，形成可观的累积误差。

为了简化讨论，将使用假设的具有 4 位尾数和 1 位指数的十进制计算机来说明。

① 当 2 位浮点数相加时，需将其表达为同样的指数，例如 3.1415＋0.01234，电脑将数字表达为 $0.31415\times10^1+0.001234\times10^1$。之后位数相加得到 0.315384×10^1。现在由于假设的计算机只有 4 位尾数，多出来的数位会被舍去，结果就是 0.3153×10^1。注意最后两位数被移动到最右边，最终在计算中被舍去，形成舍入误差。

② 减法除了符号与加法相反，操作与加法一致。例如，从 31.41 中减去 21.46。可以列出式子：

$$\begin{array}{r} 0.3141\times10^2 \\ -0.2146\times10^2 \\ \hline 0.0995\times10^2 \end{array}$$

对于这种情况，结果必须归一化，因为首位的零是不必要的。所以必须将小数点向右移一位得到 $0.9950\times10^1=9.950$。注意尾数末尾加的零没有意义，而仅仅是为了填充由移位而造成的空位。当数字接近的时候，没有意义的尾数 0 会更多。

③ 假设一个大数和小数相加，如 0.0010 与 4000 相加，根据上述的计算规则得到的最终结果为 0.4000×10^4，造成小数在相加后被大数掩盖。因此求和时从小到大相加，可使和的误差减小，降低累积误差。

再例如 $a_1=0.12345$，$a_2=0.12346$，各有 5 位有效数字。而 $a_2-a_1=0.00001$，只剩下 1 位有效数字，会造成误差急剧增大的现象。为避免此种现象，列出两种经验方法：

$$\sqrt{x+\varepsilon}-\sqrt{x}=\frac{\varepsilon}{\sqrt{x+\varepsilon}+\sqrt{x}} \tag{2-6}$$

$$\ln(x+\mathrm{e})-\ln x=\ln\left(1+\frac{\mathrm{e}}{x}\right) \tag{2-7}$$

这两种方法通过变换公式避免了两数直接相减，保留了比较多的有效数字位数，可以观察到避免了较大误差的产生。

2.1.2.2 误差累积

随着计算机计算存储精度的提高，舍入误差通常不是最为关键的，如何设计合理的迭代计算式，使得计算结果收敛才是最为关键的。这就涉及误差的传播知识，在设计迭代算法时，需选用稳定的算法来避免误差在迭代过程中逐渐累积。在分析算法的误差时，往往需要从误差的定义入手，分析其在迭代算法中的递增或递减趋势，使得设计符合数值计算的精度要求。下面通过构造不同的迭代式，举例说明避免误差累积的重要性。

【例 2-2】 计算 $I_n=\frac{1}{\mathrm{e}}\int_0^1 x^n\mathrm{e}^x\,\mathrm{d}x$，$n=0,1,2,\cdots$。

解　(1) 方法一

由于 $\frac{1}{\mathrm{e}}\int_0^1 x^n\mathrm{e}^x\,\mathrm{d}x=\frac{1}{\mathrm{e}}\left[x^n\mathrm{e}^x\Big|_0^1-n\int_0^1 x^{n-1}\mathrm{e}^x\,\mathrm{d}x\right]=1-\frac{n}{\mathrm{e}}\int_0^1 x^{n-1}\mathrm{e}^x\,\mathrm{d}x$，可得迭代公式：

$$I_n = 1 - nI_{n-1} \quad (n \geqslant 1)$$

首先计算出 $I_0 = \frac{1}{e}\int_0^1 e^x dx = 1 - \frac{1}{e} \approx 0.63212056$，可得初始误差为

$$|E_0| = |I_0 - I_0^*| < 0.5 \times 10^{-8}$$

由 $\frac{1}{e}\int_0^1 x^n e^0 dx < I_n < \frac{1}{e}\int_0^1 x^n e^1 dx$，可得$\frac{1}{e(n+1)} < I_n < \frac{1}{n+1}$。

通过迭代计算式得到的计算值如表 2-2 所示。

表 2-2　两种迭代路径的对比

$I_n = 1 - nI_{n-1}$	计算值	$I_{n-1} = \frac{1}{n}(1 - I_n)$	计算值
I_0^*	0.63212056	I_{15}^*	0.042746233
I_1^*	0.36787944	I_{14}^*	0.063816918
…	…	I_{13}^*	0.066870220
I_{10}^*	0.08812800	I_{12}^*	0.071779214
I_{11}^*	0.03059200	I_{11}^*	0.077351732
I_{12}^*	0.63289600	I_{10}^*	0.083877115
I_{13}^*	−7.2276480	…	…
I_{14}^*	94.959424	I_1^*	0.36787944
I_{15}^*	−1423.3914	I_0^*	0.63212056

容易发现后面的函数值超出了合理的范围，结果发散了。这是因为误差产生累积。

下面通过计算误差来说明其不稳定。第 n 步的误差可以推导为

$$\begin{aligned}|E_n| &= |I_n - I_n^*| = |(1 - nI_{n-1}) - (1 - nI_{n-1}^*)| \\ &= n|E_{n-1}| = \cdots = n!\ |E_0|\end{aligned}$$

可见初始的小扰动$|E_0| < 0.5 \times 10^{-8}$迅速累积，误差出现递增。

(2) 方法二

在方法一得到的迭代公式 $I_n = 1 - nI_{n-1}$ 的基础上，将迭代公式改为

$$I_{n-1} = \frac{1}{n}(1 - I_n)$$

直接进行误差分析：

$$|E_{N-1}| = \left|\frac{1}{N}(1 - I_N) - \frac{1}{N}(1 - I_N^*)\right| = \frac{1}{N}|E_N|$$

式中，I_N^* 为 $n = N$ 时的估算值。

以此类推，对 $n < N$ 有

$$|E_n| = \frac{1}{N(N-1)\cdots(n+1)}|E_N|$$

由此可以先估计一个 I_N，再反推要求的 I_n $(n \ll N)$。如表 2-2 所示，最终得到了符合误差要求的解。

2.1.2.3　截断误差

截断误差是指用近似方法代替精确的数学过程而产生的误差，通常指的是在使用数值方

法（如数值逼近或数值积分）来近似解析解时，由于计算过程中对无限级数或积分进行有限次截断而产生的误差。在数值计算中，通常无法进行无限次的计算，因此必须对计算过程进行截断。截断误差是由于这种截断导致的近似解与真实解之间的差异。截断误差的大小通常取决于所采用的数值计算方法、步长大小以及计算精度等因素。降低截断误差的方法包括增加计算精度、减小步长、采用更精确的数值方法等。在数值计算中，理解和控制截断误差是非常重要的，以确保数值结果的准确性和可靠性。为了深入了解这些误差的性质，现在讨论一个在数值方法中被广泛使用的近似方式表示函数——泰勒级数。

本质上，泰勒定理表明任何平滑函数都可以近似为一个多项式，泰勒级数展开为

$$f(x_{i+1})=f(x_i)+f'(x_i)h+\frac{f''(x_i)}{2!}h^2+\frac{f^{(3)}(x_i)}{3!}h^3+\cdots+\frac{f^{(n)}(x_i)}{n!}h^n+R_n \tag{2-8}$$

式中，$h=x_{i+1}-x_i$。请注意，因为式(2-8) 是一个无穷级数，所以用等号代替等式中使用的近似号。还包括一个余数，用来说明从 $n+1$ 到∞的所有项：

$$R_n=\frac{f^{(n+1)}(\xi)}{(n+1)!}h^{n+1} \tag{2-9}$$

下标 n 表示其为 n 阶逼近的余数，ξ 是介于 x_i 和 x_{i+1} 之间的 x 的值。

一般来说，n 阶泰勒级数展开对于 n 阶多项式是精确成立的。对于其他可微和连续函数(如指数函数和正弦函数)，有限的项不能产生精确的估计。只有当添加无限多项时，这个级数才会产生一个精确的结果。但是在大多数情况下，泰勒级数展开只包含少数项的近似，就足以接近真值。需要多少项才能达到“足够接近”的评估是基于扩展的余项［式(2-9)］。

【例 2-3】 用泰勒级数展开求函数的近似。

根据 $f(x)=\cos x$ 的值及其导数 $f'(x)$，使用 $n=0\sim6$ 的泰勒级数展开将 $f(x_{i+1})$在 x_i 处展开（$x_{i+1}=\frac{\pi}{3}$，$x_i=\frac{\pi}{4}$）来求函数的近似。可知 $h=\pi/3-\pi/4=\pi/12$。

解　通过函数表达式，可以获得 $f(\pi/3)=0.5$（为真实值）。

$n=0$ 时零阶近似值为

$$f\left(\frac{\pi}{3}\right)\approx\cos\left(\frac{\pi}{4}\right)=0.707106781$$

相对误差为

$$|\varepsilon_t|=\left|\frac{0.5-0.707106781}{0.5}\right|\times100\%=41.4\%$$

对于一阶近似（$n=1$），还要加上一阶导数项，其中

$$f'(x)=-\sin x$$

所以

$$f\left(\frac{\pi}{3}\right)\approx\cos\left(\frac{\pi}{4}\right)-\sin\left(\frac{\pi}{4}\right)\left(\frac{\pi}{12}\right)=0.521986659$$

其相对误差为$|\varepsilon_t|=4.40\%$。对于二阶近似（$n=2$），还要加上二阶导数项，其中

$$f''(x)=-\cos x$$

所以

$$f\left(\frac{\pi}{3}\right)\approx\cos\left(\frac{\pi}{4}\right)-\sin\left(\frac{\pi}{4}\right)\left(\frac{\pi}{12}\right)-\frac{\cos(\pi/4)}{2}\left(\frac{\pi}{12}\right)^2=0.497754491$$

其相对误差为$|\varepsilon_t|=0.449\%$。因此，加入更高阶的项会使得估计值得到改进。这个过程可以继续，结果如表 2-3。注意，导数不会像多项式那样趋于零。因此，每增加一项都会使估计值有所改善。在这种情况下，当加入三阶项时，误差减小到 0.026%，这意味着已经达到了真值的 99.974%。因此，虽然增加更多的项会进一步减少误差，但改善变得微不足道。

表 2-3 计算过程

阶次 n	$f^{(n)}(x)$	$f(\pi/3)$	$\lvert\varepsilon_t\rvert$/%
0	$\cos x$	0.707106781	41.4
1	$-\sin x$	0.521986659	4.40
2	$-\cos x$	0.497754491	0.449
3	$\sin x$	0.499869147	2.62×10^{-2}
4	$\cos x$	0.500007551	1.51×10^{-3}
5	$-\sin x$	0.500000304	6.08×10^{-5}
6	$-\cos x$	0.499999988	2.44×10^{-6}

2.1.3 总体误差分析

总体误差是截断误差和舍入误差的总和。一般来说，减少舍入误差的唯一方法是增加计算机的有效数字的数量。此外，注意到舍入误差可能会由于减法抵消或因分析中计算次数的增加而增加。相比之下，截断误差可以通过减小步长来减小。由于步长的减小会导致减法抵消或计算量的增加，所以截断误差随着舍入误差的增加而减小。

因此，面临以下困境：减少总误差的一个分量会导致另一个分量的增加。在计算中，可以减小步长以最小化截断误差，但在这样做的过程中，舍入误差开始主导解的误差，导致总误差增长。因此，补救措施就变成了关键。目前面临的一个挑战是为特定的计算确定适当的步长。人们希望选择较大的步长，可以减少计算量和舍入误差，而不会导致较大的截断误差。接下来，以数值微分的误差分析为例进行分析。

一阶导数的中心差分近似可以写成

$$\underset{\text{真值}}{f'(x_i)}=\underset{\text{有限差分估计值}}{\frac{f(x_{i+1})-f(x_{i-1})}{2h}}-\underset{\text{截断误差}}{\frac{f^{(3)}(\xi)}{6}h^2} \tag{2-10}$$

因此，如果有限差分近似的分子上的两个函数值没有舍入误差，唯一的误差就是截断误差。

然而，由于使用的是数字计算机，函数值肯定会包括舍入误差。

$$\begin{cases}f(x_{i-1})=\tilde{f}(x_{i-1})+e_{i-1}\\ f(x_{i+1})=\tilde{f}(x_{i+1})+e_{i+1}\end{cases} \tag{2-11}$$

其中，$\tilde{f}$ 属于被舍入过的函数值，e 属于相关的舍入错误。将这些值代入式(2-10) 得到

$$\underset{\text{真值}}{f'(x_i)}=\underset{\text{有限差分估计值}}{\frac{\tilde{f}(x_{i+1})-\tilde{f}(x_{i-1})}{2h}}+\underset{\text{舍入误差}}{\frac{e_{i+1}-e_{i-1}}{2h}}-\underset{\text{截断误差}}{\frac{f^{(3)}(\xi)}{6}h^2} \tag{2-12}$$

可以看到，有限差分近似的总误差由随步长增大而减小的舍入误差和随步长增大而增大的截断误差组成。

假设舍入误差的每个分量的绝对值都有上界 ε，将 $e_{i+1}-e_{i-1}$ 的最大值定义为 2ε。进一步，假设三阶导数有最大绝对值 M。因此，总误差绝对值的上界可以表示为

$$\text{总误差}=\left|f'(x_i)-\frac{\tilde{f}(x_{i+1})-\tilde{f}(x_{i-1})}{2h}\right|\leqslant\frac{\varepsilon}{h}+\frac{h^2M}{6} \tag{2-13}$$

通过对上式进行微分，将结果设为零，并求解得到最优步长为

$$h_{\text{opt}}=\sqrt[3]{\frac{3\varepsilon}{M}} \tag{2-14}$$

2.1.4　数值误差小结

在大多数实际情况下，并不知道与数值方法有关的确切误差。所以，对于大多数工程和科学应用必须在计算中对误差进行一些估计。虽然并没有系统和通用的方法来评估所有问题的数值误差，但是基于工程师或科学家的经验和判断提出了一些行之有效的实用计算策略。

例如，避免减去两个几乎相等的数，规避降低有效数字位数。可以重新安排计算顺序，以避免减法抵消。如果这无法实现，可尝试扩展数值计算精度。此外，当加减数字时，对数字进行排序，先处理最小的数字，也可以避免降低有效数字位数。当然，还可以尝试使用泰勒级数这种理论公式来预测总数值误差，但是它通常用于小规模任务。因为即使是中等规模的问题，总数值误差的预测也是非常复杂的，而且往往是不理想的。

实际上，为了提高对计算误差和可能出现的病态问题的认识，应该准备进行数值实验。这种实验可能涉及使用不同的步长或方法重复计算，然后比较结果。可以使用敏感性分析来查看当改变模型参数或输入值时，计算结果是如何变化的。类似的思想在有限元分析中也有体现，例如常说的网格无关性验证，其实就是平衡计算量和数值计算精度的一种策略。

2.2　数值微分与数值积分

数值微分与有限元方法在工程领域中常常结合使用。数值微分是一种通过数值方法计算导数或微分的技术，包括中心差分、向前差分和向后差分等方法。数值微分常用于估计函数在给定点的导数或梯度，是许多数值计算方法和优化算法的基础。在有限元分析中，数值微分常用于计算位移的梯度或导数，以获取应力、应变等场量。这些导数信息对于计算位移场的变化率、应变等至关重要。

数值积分则是一种通过数值方法计算函数在给定区间上的定积分值的技术，常见方法包括梯形法、辛普森法、高斯积分等。它用于估计函数在给定区间上的积分值，是数值计算和模拟算法中的重要组成部分。在有限元分析中，数值积分常用于计算离散单元内部的刚度矩阵、质量矩阵和载荷向量等，以计算离散单元的刚度、质量和力的贡献。

因此，在有限元分析中，数值微分和数值积分是必不可少的工具。工程师需要了解如何计算梯度、导数以及积分值，以便进行结构分析、热传导分析、流体力学分析等工程问题的建模和求解。

2.2.1　数值微分

“微分”这一概念并不陌生，中学阶段的教材里便已介绍过微积分，这里给出微分的定义：

定义 2.1　设函数 $y=f(x)$ 在 x_0 处连续，若存在实数 A，使得

$$f(x_i+\Delta x)=f(x_0)+A\Delta x+O(\Delta x) \tag{2-15}$$

其中 $\Delta x\rightarrow 0$，则称 $f(x)$ 在 x_0 处可微，并称线性部分 $A\Delta x$ 为 $f(x)$ 在 x_0 处的微分，记作 $\mathrm{d}y$。

而说起微分，就不得不提起导数的概念：

定义 2.2 设函数 $f(x)$在 x_0 的某邻域内有定义，若极限

$$\frac{\mathrm{d}y}{\mathrm{d}x}=\lim_{\Delta x\to 0}\frac{f(x_i+\Delta x)-f(x_i)}{\Delta x} \tag{2-16}$$

存在，则称 $f(x)$在 x_0 处可导，并称上述极限值为 $f(x)$在 x_0 处的导数，记作 $f'(x)$。

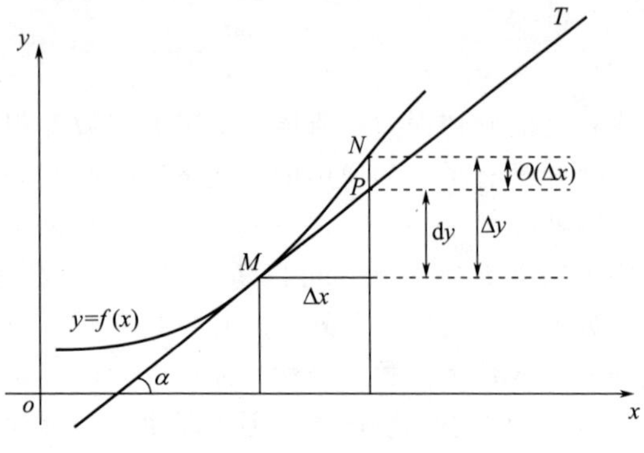

图 2-1 微分与导数

所以，如图 2-1 所示，微分其实本质上是函数增量的主体线性部分，而导数本质上是函数的局部性质。一个函数在某一点的导数描述了这个函数在这一点附近的变化率。如果函数的自变量和取值都是实数的话，函数在某一点的导数就是该函数所代表的曲线在这一点上的切线斜率。导数的本质是通过极限的概念对函数进行局部的线性逼近。

2.2.1.1 差分公式

在数值微分中，通常使用泰勒公式将 $f(x_{i+1})$展开

$$f(x_{i+1})=f(x_i)+hf'(x_i)+\frac{h^2}{2!}f''(x_i)+\frac{h^3}{3!}f''(x_i)+\cdots \tag{2-17}$$

得到

$$f'(x_i)=\frac{f(x_{i+1})-f(x_i)}{h}+O(h) \tag{2-18}$$

其中 h 为步长，即 $[x_i, x_{i+1}]$ 区间的长度 $x_{i+1}-x_i$。这也被叫作“向前差分”，因为其使用的是 i 和 $i+1$ 两点处的数据。对应向前差分，如果将 $f(x_{i-1})$在 x_i 处展开，即

$$f(x_{i-1})=f(x_i)-f'(x_i)h+\frac{f''(x_i)}{2!}h^2-\cdots \tag{2-19}$$

使用 $i-1$ 和 i 两点的数据，则可以称其为“后向差分”，即

$$f'(x_i)=\frac{f(x_i)-f(x_{i-1})}{h}+O(h) \tag{2-20}$$

将式(2-18) 和式(2-20) 联立，即可得到中心差分公式：

$$f'(x_i)=\frac{f(x_{i+1})-f(x_{i-1})}{2h}+O(h^2) \tag{2-21}$$

向前差分、向后差分及中心差分图形表示如图 2-2 所示。

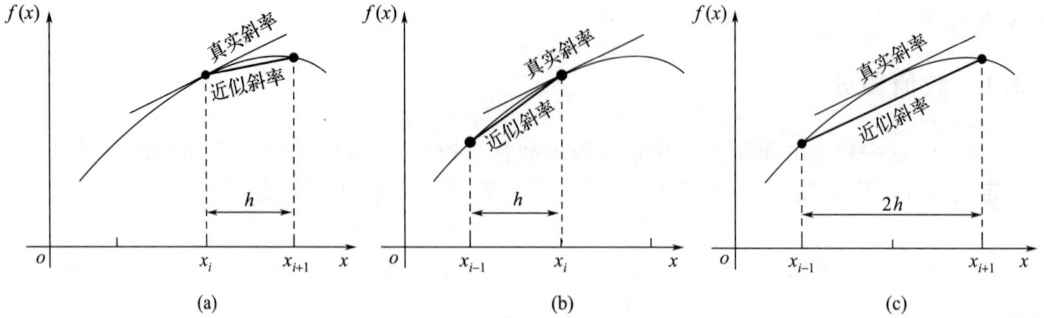

图 2-2 向前差分、向后差分及中心差分

除了一阶导数的差分外，利用泰勒展开还可以获得二阶导数的向前差分、向后差分及中心差分如下。

二阶导数向前差分的结果为

$$f''(x_i)=\frac{f(x_{i+2})-2f(x_{i+1})+f(x_i)}{h^2}+O(h) \tag{2-22}$$

二阶导数向后差分的结果为

$$f''(x_i)=\frac{f(x_i)-2f(x_{i-1})+f(x_{i-2})}{h^2}+O(h) \tag{2-23}$$

二阶导数中心差分的结果为

$$f''(x_i)=\frac{f(x_{i+1})-2f(x_i)+f(x_{i-1})}{h^2}+O(h^2) \tag{2-24}$$

2.2.1.2　精度提升

为了提升估算精度，可以利用二阶导数提升一阶导数的精度，过程如下：

将式(2-17) 的一阶导数移动到方程左侧，得

$$f'(x_i)=\frac{f(x_{i+1})-f(x_i)}{h}-\frac{f''(x_i)h}{2}-O(h^2) \tag{2-25}$$

将式(2-22) 代入上式即可得到提升精度的一阶导数形式：

$$f'(x_i)=\frac{-f(x_{i+2})+4f(x_{i+1})-3f(x_i)}{2h}+O(h^2) \tag{2-26}$$

可以看到，原本只有一次精度的一阶差分精度提升到了二次精度。需要注意的是，这里的二次精度是指：针对阶次不高于二次的有理多项式进行求导，计算得到的导数值是精确的，该估计值和真实值是一样的。

【例 2-4】 利用数值微分估算导数值。

请利用中心差分法估算函数 $f(x)=-0.1x^4-0.15x^3-0.5x^2-0.25x+1.2$ 在 $x=0.5$ 处的导数。并利用向前、向后和中心差分法，分别采用步长 $h=0.5$ 和 $h=0.25$ 估算 $f'(0.5)$。

解　首先利用求导方法获得真实值为 $f'(0.5)=-0.9125$。根据式(2-18)、式(2-20) 和式(2-21) 计算得到表 2-4 所示结果。

表 2-4　计算结果

$h=0.5$		$h=0.25$	
$x_{i-1}=0$	$f(x_{i-1})=1.2$	$x_{i-1}=0.25$	$f(x_{i-1})=1.10351563$
$x_i=0.5$	$f(x_i)=0.925$	$x_i=0.5$	$f(x_i)=0.925$
$x_{i+1}=1.0$	$f(x_{i+1})=0.2$	$x_{i+1}=0.75$	$f(x_{i+1})=0.63632813$
$f'(0.5)\approx-1.45$(向前)	$\lvert\varepsilon_t\rvert=58.9\%$	$f'(0.5)\approx-1.155$	$\lvert\varepsilon_t\rvert=26.5\%$
$f'(0.5)\approx-0.55$(向后)	$\lvert\varepsilon_t\rvert=39.7\%$	$f'(0.5)\approx-0.714$	$\lvert\varepsilon_t\rvert=21.7\%$
$f'(0.5)\approx-1.0$(中心)	$\lvert\varepsilon_t\rvert=9.6\%$	$f'(0.5)\approx-0.934$	$\lvert\varepsilon_t\rvert=2.4\%$

可见，中心差分计算结果的误差最小，且步长越小，计算误差越小。切记也不是无限小最好，因为小分母会引起大误差，根据经验通常取步长 $h=1\times10^{-7}$ 可以获得较为精确的数

值微分结果。

2.2.2 数值积分

在高等数学中已经学习过使用牛顿-莱布尼茨公式求积分，即

$$I=\int_a^b f(x)\mathrm{d}x=F(b)-F(a) \tag{2-27}$$

其中 $F(x)$是 $f(x)$的原函数。但是该公式使用时有很多问题，如当被积函数只有离散点时，原函数不能用初等函数表示为有限的形式，又如有的原函数的形式过于复杂或原函数无法求出（如正弦型积分 $\int_0^1 \frac{\sin x}{x}\mathrm{d}x$ 等）。

这时，需要使用数值积分。所谓数值积分，就是对于区间 $[a, b]$ 上的定积分 $\int_a^b f(x)\mathrm{d}x$，在区间 $[a, b]$ 内取 $n+1$ 个点，$\{x_0, x_1, \cdots, x_n\}$ 利用被积函数 $f(x)$在这 $n+1$ 个点的函数的线性组合来近似作为待求定积分的值，其表达式如下：

$$I=\int_a^b f(x)\mathrm{d}x \approx \sum_{k=0}^{n} A_k f(x_k) \xlongequal{\text{def}} I_n \tag{2-28}$$

式中，$\{x_0, x_1, \cdots, x_n\}$ 叫求积结点，它们满足 $a=x_0<x_1<\cdots<x_n=b$，A_k 叫作求积系数，它与被积函数无关。求数值积分的关键在于积分结点 x_k 的选取和求积系数 A_k 的选取。根据结点和求积系数选择的不同，主要有两种典型的方法：等距结点积分和高斯积分。

2.2.2.1 等距结点积分

等距结点积分（又称为牛顿-科茨法）是一种常用的数值积分方法，其基本思想是用有理多项式的插值函数 $f_n(x)$替换原函数 $f(x)$，保证在积分点上的函数值是原函数的函数值，如常见的拉格朗日插值函数。将积分转化为 n 次的多项式 $f_n(x)$的简单积分，以达到易于求积分的目的。

即

$$I=\int_a^b f(x)\mathrm{d}x \approx \int_a^b f_n(x)\mathrm{d}x \tag{2-29}$$

其中

$$f_n(x)=\sum_{k=1}^{n} l_k(x)f(x_i)=a_0+a_1x+\cdots+a_{n-1}x^{n-1}+a_nx^n \tag{2-30}$$

图 2-3(a) 所示为使用一次多项式(直线) 代替原函数积分，图 2-3(b) 所示为使用二次多项式(抛物线) 代替原函数进行积分。下面介绍等距结点求积公式。

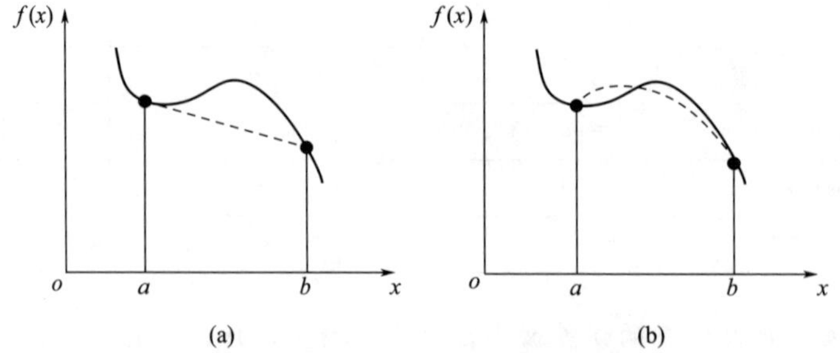

图 2-3 使用 n 次多项式代替原函数积分

对于 $I_n=\int_a^b f(x)\mathrm{d}x$，首先将 $[a,\ b]$ 进行 n 等分，并取步长 $h=\frac{b-a}{n}$，那么等距结点则为 $x_k=a+kh$，$k=0,1,\cdots,n$。

式(2-30) 中的插值函数，可以采用拉格朗日插值

$$l_k(x)=\prod_{\substack{j=0\\k\neq j}}^{n}\frac{x-x_k}{x_k-x_j}=\prod_{\substack{j=0\\k\neq j}}^{n}\frac{t-k}{k-j} \tag{2-31}$$

令 $x=a+th$，则可以得到权重系数

$$\begin{aligned}A_k&=\int_a^b l_k(x)\mathrm{d}x\\&=\frac{(-1)^{n-k}h}{k!\ (n-k)!\ n}\int_0^n\prod_{\substack{j=0\\k\neq j}}^{n}(t-j)\mathrm{d}t\end{aligned} \tag{2-32}$$

整理后可以得到 n 阶等距结点求积公式：

$$I_n=(b-a)\sum_{k=0}^{n}C_k^{(n)}f(x_k) \tag{2-33}$$

式中 $C_k^{(n)}$ 称为科茨（Cotes）系数，计算如下：

$$C_k^{(n)}=\frac{A_k}{b-a}=\frac{(-1)^{n-k}}{nk!\ (n-k)!}\int_0^n\prod_{\substack{j=0\\j\neq k}}^{n}(t-j)\mathrm{d}t$$

Cotes 系数表见表 2-5。

表 2-5　Cotes 系数表

n	C_k								
1	$\frac{1}{2}$	$\frac{1}{2}$							
2	$\frac{1}{6}$	$\frac{2}{3}$	$\frac{1}{6}$						
3	$\frac{1}{8}$	$\frac{3}{8}$	$\frac{3}{8}$	$\frac{1}{8}$					
4	$\frac{7}{90}$	$\frac{16}{45}$	$\frac{2}{15}$	$\frac{16}{45}$	$\frac{7}{90}$				
5	$\frac{19}{288}$	$\frac{25}{96}$	$\frac{25}{144}$	$\frac{25}{144}$	$\frac{25}{96}$	$\frac{19}{288}$			
6	$\frac{41}{840}$	$\frac{216}{840}$	$\frac{27}{840}$	$\frac{272}{840}$	$\frac{27}{840}$	$\frac{216}{840}$	$\frac{41}{840}$		
7	$\frac{751}{17280}$	$\frac{3577}{17280}$	$\frac{1323}{17280}$	$\frac{2989}{17280}$	$\frac{2989}{17280}$	$\frac{1323}{17280}$	$\frac{3577}{17280}$	$\frac{751}{17280}$	
8	$\frac{989}{28350}$	$\frac{5888}{28350}$	$-\frac{928}{28350}$	$\frac{10496}{28350}$	$-\frac{4540}{28350}$	$\frac{10496}{28350}$	$-\frac{928}{28350}$	$\frac{5888}{28350}$	$\frac{989}{28350}$

对于式(2-33)，可以这么理解，将原函数的积分面积分成 n 份，被积函数与坐标轴围成的阴影面积就等同于这 n 个小梯形面积之和。求积公式里的$(b-a)$即为所有梯形围成总面积的底长，$\sum_{k=0}^{n}C_k^{(n)}f(x_k)$ 即为所有小梯形根据科茨系数 $C_k^{(n)}$ 决定的平均高度，故求积公式可以写成如下格式：

$$I_n=底长\times平均高度 \tag{2-34}$$

式(2-34)可以适用于所有的牛顿-科茨(Newton-Cotes)公式。

对于一阶 Newton-Cotes 公式，即仅分为一段梯形，如图 2-4 所示。

依照式(2-34)，底长即为$(b-a)$，平均高度即为$\frac{f(a)+f(b)}{2}$，故一阶 Newton-Cotes 积分公式可以写成

$$I_n=(b-a)\frac{f(a)+f(b)}{2} \tag{2-35}$$

式(2-35)即为最简单的 Newton-Cotes 积分一阶公式。即 $C_0^{(1)}=C_1^{(1)}=1/2$，与 Cotes 系数表(表 2-5)是对应的。

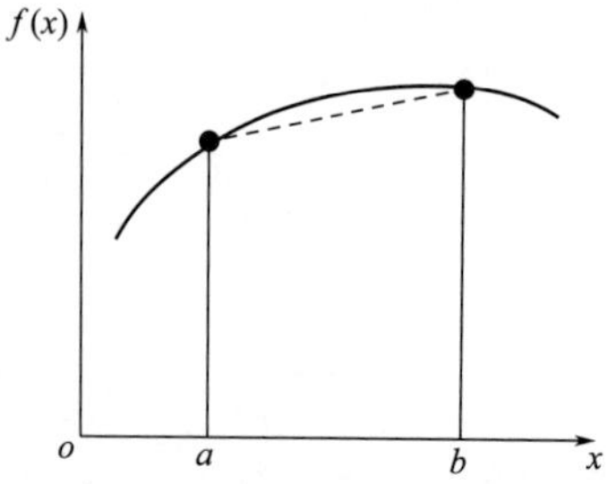

图 2-4 一阶 Newton-Cotes 公式

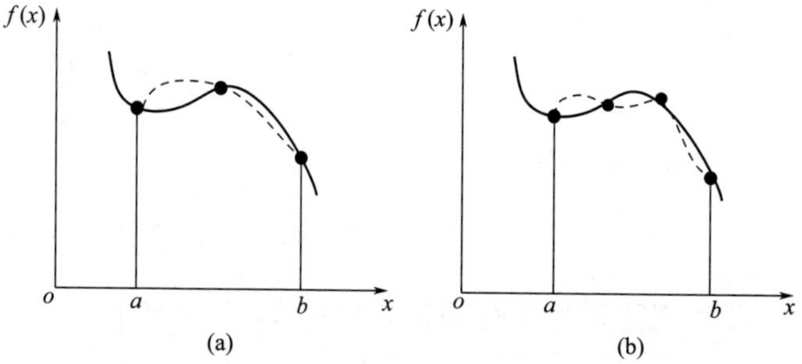

图 2-5 二阶 Newton-Cotes 公式

对二阶 Newton-Cotes 公式，为了使梯形面积更接近真实的面积，即误差更小，通常还会在积分区间再用一个点连接这两个点，如图 2-5(a)所示，三个点组成了一个抛物线。如图 2-5(b)所示，如果积分上下限间有两个等距离的点，那么就可以用一个三阶多项式连接这四个点。在这些多项式下得到的公式又称为辛普森公式。

对二阶多项式，即图 2-5(a)而言，由 A_k 可得

$$\begin{aligned}I=\int_{x_0}^{x_2}\Bigg[&\frac{(x-x_1)(x-x_2)}{(x_0-x_1)(x_0-x_2)}f(x_0)+\frac{(x-x_0)(x-x_2)}{(x_1-x_0)(x_1-x_2)}f(x_1)\\&+\frac{(x-x_0)(x-x_1)}{(x_2-x_0)(x_2-x_1)}f(x_2)\Bigg]\mathrm{d}x\end{aligned} \tag{2-36}$$

式中 x_0，x_2 即为 a，b，积分结果为

$$I=\frac{h}{3}[f(x_0)+4f(x_1)+f(x_2)]$$

即

$$I=(b-a)\frac{f(x_0)+4f(x_1)+f(x_2)}{6} \tag{2-37}$$

式(2-37)即为 Newton-Cotes 积分二阶公式，也称为辛普森求积公式。对应 Cotes 系数表，即 $C_0^{(2)}=C_2^{(2)}=\frac{1}{6}$，$C_1^{(2)}=\frac{4}{6}$。

Newton-Cotes n 阶求积公式求解方法类似，不再赘述。

需要注意的是，当 $n\geqslant 8$ 时，由于插值函数本身存在 Runge 现象，这导致 Cotes 系数出现负数，稳定性得不到保证。因此，一般不用高阶的 Newton-Cotes 公式求解，n 较大时也会出现 Runge 现象，导致收敛性下降。

【例 2-5】 用 Newton-Cotes 的一阶、二阶、三阶公式分别计算积分 $\int_0^1 \mathrm{e}^{-x}\,\mathrm{d}x$。

解　$a=0, b=1, f(x)=e^{-x}$

一阶：由 Cotes 系数表得 $C_0^{(1)}=C_1^{(1)}=\frac{1}{2}$，

故

$$I=\frac{b-a}{2}[f(a)+f(b)]=\frac{1}{2}(e^0+e^{-1})=0.6839$$

二阶：由 Cotes 系数表得 $C_0^{(2)}=C_2^{(2)}=\frac{1}{6}$，$C_1^{(2)}=\frac{4}{6}$，得

$$I=\frac{b-a}{6}\left[f(a)+4f\left(a+\frac{b-a}{2}\right)+f(b)\right]=\frac{1}{6}(e^0+4e^{-0.5}+e^{-1})=0.6323$$

三阶：由 Cotes 系数表得 $C_0^{(3)}=C_3^{(3)}=\frac{1}{8}$，$C_1^{(3)}=C_2^{(3)}=\frac{3}{8}$，得

$$\begin{aligned}I&=\frac{b-a}{8}\left\{f(a)+3f\left(a+\frac{b-a}{3}\right)+3f\left[a+\frac{2(b-a)}{3}\right]+f(b)\right\}\\&=\frac{1}{8}(e^0+3e^{-\frac{1}{3}}+3e^{-\frac{2}{3}}+e^{-1})=0.6322\end{aligned}$$

与精确值 0.6321 的误差分别为 0.0518、0.0002 及 0.0001。可以看到，随着阶次越高，计算准确度越高。

定义 2.3　如果数值求积公式对于任何不高于 n 次的代数多项式都准确成立，而对 $n+1$ 次代数多项式不准确成立，则称该求积公式具有 n 次代数精度，简称代数精度。

一般来说，对于 n 个积分点的 Newton-Cotes 数值积分可达到 $n-1$ 阶精度。因为对于有 n 个 Newton-Cotes 数值积分其多项式 $f(\xi)$ 为 $n-1$ 阶的多项式，所以其在 $n-1$ 阶以下都精确成立。也就是说选 n 个积分点可以精确计算 $n-1$ 阶次的有理多项式的积分值。例如，2 个积分点（一阶）可以计算一次多项式函数的积分值，3 个积分点（二阶）可以计算二次多项式的积分值。

【例 2-6】　分别利用 2 点、3 点 Newton-Cotes 积分公式计算 $F(x)=\int_{-1}^{1}(x^2+x)dx$。

解　$a=-1, b=1, f(x)=x^2+x$。

2 点积分（一阶）：由 Cotes 系数表得 $C_0^{(2)}=C_2^{(2)}=\frac{1}{6}$，$C_1^{(2)}=\frac{4}{6}$，故

$$I=\frac{b-a}{6}\left[f(a)+4f\left(a+\frac{b-a}{2}\right)+f(b)\right]=\frac{2}{6}(0+0+2)=0.6667$$

3 点积分（二阶）：由 Cotes 系数表得 $C_0^{(3)}=C_3^{(3)}=\frac{1}{8}$，$C_1^{(3)}=C_2^{(3)}=\frac{3}{8}$，故

$$\begin{aligned}I&=\frac{b-a}{8}\left[f(a)+3f\left(a+\frac{b-a}{3}\right)+3f\left(a+\frac{2b-2a}{3}\right)+f(b)\right]\\&=\frac{2}{8}(0+0+0+2)=0.5\end{aligned}$$

可以验证的是，3 点 Newton-Cotes 积分可以精确计算上述积分表达式。

2.2.2.2　高斯积分

（1）一维 Gauss 积分公式

形如 $I=\int_{-1}^{1}f(\xi)d\xi\approx\sum_{i=1}^{n}A_i f(\xi_i)$ 的插值求积公式，称为高斯积分公式，由代数精度

定义。当 $f(\xi)=1,\xi,\xi^2,\cdots,\xi^{2n-1}$ 时，求积公式 $I=\sum_{i=1}^{n}A_i f(\xi_i)$ 精确成立，即可采用待定系数法来构造高斯（Gauss）积分，如下：

$$\sum_{i=1}^{n}A_k\xi_k^i=\int_{-1}^{1}\xi^i\mathrm{d}\xi \quad (i=0,1,\cdots,2n-1) \tag{2-38}$$

接下来以 1 点及 2 点 Gauss 积分公式为例讲解高斯积分法。

1 点 Gauss 积分公式为

$$\int_{-1}^{1}f(\xi)\mathrm{d}\xi\approx A_1f(\xi_1) \tag{2-39}$$

(A_1,ξ_1)为 Gauss 积分的权重系数及积分位置点。为了求出权重系数与积分位置点，取函数 $f(\xi)$分别为常数及一次多项式，使得数值积分为精确成立：

$$\begin{matrix} f(\xi)=a_0 \\ f(\xi)=a_1\xi \end{matrix} \Rightarrow \begin{matrix} 2a_0=A_1a_0 \\ 0=A_1a_1\xi_1 \end{matrix} \Rightarrow A_1=2,\xi_1=0$$

最后得到的 1 点 Gauss 积分为

$$\int_{-1}^{1}f(\xi)\mathrm{d}\xi\approx 2f(0)$$

2 点 Gauss 积分公式为

$$I=\int_{-1}^{1}f(\xi)\mathrm{d}\xi=A_1f(\xi_1)+A_2f(\xi_2) \tag{2-40}$$

A_1，A_2，ξ_1，ξ_2为 2 点 Gauss 积分公式的四个系数。

当 $f(\xi)=1,\xi,\xi^2,\xi^3$ 时，要使 Gauss 积分公式精确成立，可得

$$\begin{cases} 2=A_1+A_2 \\ 0=A_1\xi_1+A_2\xi_2 \\ \dfrac{2}{3}=A_1\xi_1^2+A_2\xi_2^2 \\ 0=A_1\xi_1^3+A_2\xi_2^3 \end{cases} \Rightarrow \begin{cases} \xi_1=-\dfrac{1}{\sqrt{3}} \\ \xi_2=\dfrac{1}{\sqrt{3}} \\ A_1=1 \\ A_2=1 \end{cases}$$

可知 2 点 Gauss 积分公式为

$$I=\int_{-1}^{1}f(\xi)\mathrm{d}\xi\approx 1\times f\left(-\frac{1}{\sqrt{3}}\right)+1\times f\left(\frac{1}{\sqrt{3}}\right) \tag{2-41}$$

以此类推可以得出 n 点高斯积分的积分点 ξ_i 和权重系数 A_i。具体计算时可查询表 2-6。

表 2-6　标准区间［−1，1］内高斯积分点和权重系数

n	ξ_i	A_i
1	0	2
2	±0.5773502692(±$1/\sqrt{3}$)	1
3	±0.7745966692 0	5/9 8/9
4	±0.8611363116 ±0.3399810436	0.3478548451 0.6521451549
…	…	…

最后，针对高斯积分的代数精度而言，n 个高斯积分点，需要设定 $2n$ 个待定系数，确定了 $2n-1$ 阶次的多项式，因此它的积分的代数精度为 $2n-1$。简而言之就是，如果要对一个 3 次有理多项式进行积分，那么仅仅需要 2 个积分点即可精确成立。显然，这要比同样积分点数的等距结点积分的精度要高。

【例 2-7】 利用 2 点高斯积分公式分别计算如下积分值。

① $F(x)=\int_{-1}^{1}(x^2+x)\mathrm{d}x$；② $F(x)=\int_{-1}^{2}(x^3+x)\mathrm{d}x$。

解 利用 2 点高斯积分公式，查表 2-6，$n=2$，得 $x_0=-\frac{1}{\sqrt{3}}$，$x_1=\frac{1}{\sqrt{3}}$，$A_0=A_1=1$，则

① $F(x)=\int_{-1}^{1}(x^2+x)\mathrm{d}x=\left[\left(-\frac{1}{\sqrt{3}}\right)^2+\left(-\frac{1}{\sqrt{3}}\right)\right]+\left[\left(\frac{1}{\sqrt{3}}\right)^2+\left(\frac{1}{\sqrt{3}}\right)\right]=2/3$；

② 由题意知 $a=-1$，$b=2$，需要变换积分上下限到 ±1 之间。

令

$$x=\frac{b-a}{2}t+\frac{a+b}{2}=\frac{3}{2}t+\frac{1}{2}$$

则

$$\begin{aligned}\int_{-1}^{2}(x^3+x)\mathrm{d}x&=\int_{-1}^{1}\left[\left(\frac{3}{2}t+\frac{1}{2}\right)^3+\left(\frac{3}{2}t+\frac{1}{2}\right)\right]\mathrm{d}\left(\frac{3}{2}t+\frac{1}{2}\right)\\&=\frac{3}{16}\int_{-1}^{1}(27t^3+27t^2+21t+5)\mathrm{d}t\end{aligned}$$

再令 $g(t)=27t^3+27t^2+21t+5$，则利用式(2-41) 可得

$$F(x)=g\left(-\frac{1}{\sqrt{3}}\right)+g\left(\frac{1}{\sqrt{3}}\right)=5.25$$

(2) 二维及三维 Gauss 积分公式

高斯积分不仅仅能解决一维数值积分，还可以解决二维和三维数值积分的问题，其基本思路与一维问题一样。对于一般区间的二维积分：

$$I=\int_a^b\int_c^d f(x,y)\mathrm{d}x\mathrm{d}y \tag{2-42}$$

由于高斯积分要求被积函数在区间［−1，1］内，故要先做变量变换，即采用换元法，令

$$x=\frac{b+a+(b-a)s}{2},\quad y=\frac{d+c+(d-c)t}{2}$$

则

$$\mathrm{d}x=\frac{b-a}{2}\mathrm{d}s,\quad \mathrm{d}y=\frac{d-c}{2}\mathrm{d}t$$

记

$$J_{ac}=\frac{(b-a)(d-c)}{4}$$

则

$$\mathrm{d}x\mathrm{d}y=J_{ac}\mathrm{d}s\mathrm{d}t$$

故式(2-42) 可以写成

$$
\begin{aligned}
I &= \int_a^b \int_c^d f(x, y) \mathrm{d}x \mathrm{d}y \\
&= J_{ac} \times \int_{-1}^{1} \int_{-1}^{1} f\left[\frac{b+a+(b-a)s}{2}, \frac{d+c+(d-c)t}{2}\right] \mathrm{d}s \mathrm{d}t \\
&= J_{ac} \times \sum_{i=1}^{m^2} A_i f\left[\frac{b+a+(b-a)s_i}{2}, \frac{d+c+(d-c)t_i}{2}\right]
\end{aligned} \tag{2-43}
$$

其中，(s_i, t_i)即为积分点，A_i 为权重系数，且积分点和权重系数同表 2-6。

同样可以得到三维高斯积分：

$$
\int_{-1}^{1} \int_{-1}^{1} \int_{-1}^{1} f(\xi, \eta, \zeta) \mathrm{d}\xi \mathrm{d}\eta \mathrm{d}\zeta = \sum_{i=1}^{n} \sum_{j=1}^{m} \sum_{k=1}^{l} H_i H_j H_k f(\xi_i, \eta_j, \zeta_k) \tag{2-44}
$$

其中，(ξ_i, η_j, ζ_k)即为积分点，H_i、H_j、H_k 为权重系数。

2.3 插值方法

插值是一种数学方法，用于根据已知数据点的值来估计在这些点之间的值。在有限元分析中，插值是一种常用的方法，用于估计有限元内部未知场量的数值。这些未知场量可以是位移、应力、温度等物理量。通过有限元的结点上已知的场量值，可以使用插值方法来计算单元内部的未知场量的近似值。

在有限元分析中，常用的插值方法包括线性插值、二次插值和高阶插值等。这些插值方法通常基于结点处的场量值和单元几何形状来确定单元内部的未知场量分布。通过将这些插值方法应用于有限元，可以得到结构或区域内未知场量的数值近似解。其中拉格朗日插值方法就是较为常见的形函数构造所需的方法。

再例如，在平面三结点三角形单元中计算得到的单元应力是常应力，这导致在云图绘制的时候离散网格中出现颜色不连续的情况。这种情况通常可以通过一些后处理技术来解决，以使结果更加平滑和连续。常利用三次样条插值来估计结点之间的应力值，从而得到更连续的结果。

为此，学习插值的基本方法可以帮助人们更好地学习有限元基本理论和实现有限元相关计算程序的编制。

2.3.1 插值的概念及分类

设函数 $y=f(x)$ 在区间 $[a, b]$ 上有定义，且已知在点 $a \leqslant x_0 \leqslant x_1 \leqslant \cdots \leqslant x_n \leqslant b$ 上的值 y_0，y_1，…，y_n，若存在一简单函数 $P(x)$，使 $P(x_i)=y_i, i=0,1,\cdots,n$ 成立，就称 $P(x)$ 为 $f(x)$ 的插值函数，点 x_0，x_1，…，x_n 称为插值结点，包含插值结点的区间 $[a, b]$ 称为插值区间，求 $P(x)$ 插值函数的方法称为插值法。

若 $P(x)$ 是次数不超过 n 的代数多项式，即 $P(x)=a_0+a_1x+\cdots+a_nx^n$，其中 a_i 为实数，就称 $P(x)$ 为插值多项式，相应的插值法称为多项式插值；若 $P(x)$ 为分段的多项式，就称为分段插值。如图 2-6 所示为简单多项式插值的示意图。

代数插值的存在唯一性：设在区间 $[a, b]$ 上给定 $n+1$ 个点 $a \leqslant x_0 \leqslant x_1 < \cdots < x_n \leqslant b$ 上的函数值 $y_i=f(x_i)(i=0,1,\cdots,n)$，求次数不超过 n 的多项式，使 $P(x_i)=y_i, i=0, 1,\cdots,n$ 成立，由此可得到关于系数 a_0，a_1，…，a_n 的 $n+1$ 元线性方程组：

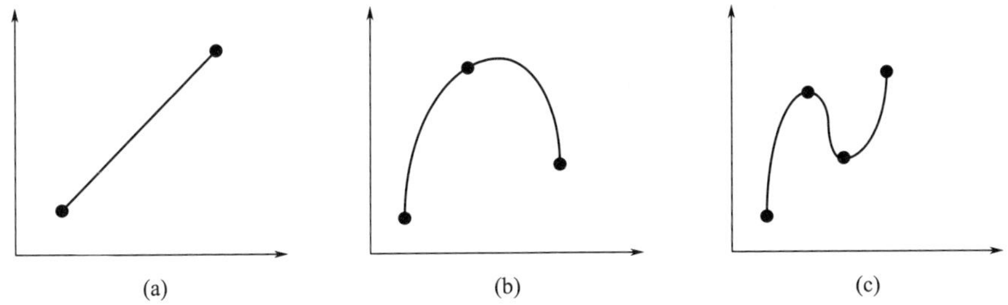

图 2-6　多项式插值（分别为线性插值、二次插值、三次插值）

$$\begin{cases} a_0+a_1x_0+\cdots+a_nx_0^n=y_0 \\ a_0+a_1x_1+\cdots+a_nx_1^n=y_1 \\ \qquad\cdots\cdots \\ a_0+a_1x_n+\cdots+a_nx_n^n=y_n \end{cases}$$

此方程的系数矩阵 **A** 称为范德蒙德（Vandermonde）矩阵。

解上述方程组求得插值多项式 $P(x)$ 的方法并不可取。这是因为，当 n 较大时，解方程组的计算量较大，而且方程组系数矩阵的条件数一般较大。为此必须从其他途径来求 $P(x)$，即不通过求解方程组而获得插值多项式。

代数插值基本思想：在 n 次多项式空间 P_n 中找一组合适的基函数 $l_0(x),l_1(x),\cdots,l_n(x)$，使 $P(x)=c_0l_0(x)+c_1l_1(x)+\cdots+c_nl_n(x)$。

不同的基函数的选取，形成不同的插值方法（如拉格朗日插值、牛顿插值），但展开的多项式是一致的，只是构造途径不一致。此处仅介绍与有限元法紧密相关的拉格朗日插值法。

2.3.2　拉格朗日插值

2.3.2.1　拉格朗日一维插值

（1）拉格朗日基函数

构造基函数：

$$l_j(x)=\frac{(x-x_0)(x-x_1)\cdots(x-x_{j-1})(x-x_{j+1})\cdots(x-x_n)}{(x_j-x_0)(x_j-x_1)\cdots(x_j-x_{j-1})(x_j-x_{j+1})\cdots(x_j-x_n)}=\prod_{i=0,i\neq j}^{n}\frac{x-x_i}{x_j-x_i} \tag{2-45}$$

其中 $j=0，1，\cdots，n$，这里每个 $l_j(x)$都是 n 次多项式，且由插值条件容易验证 $l_j(x)$ 满足下式：

$$l_j(x_i)=\begin{cases}0,i\neq j \\ 1,i=j\end{cases} \text{且} i，j=0，1，\cdots，n$$

即

$$\begin{pmatrix} l_0(x_0) & l_1(x_0) & \cdots & l_n(x_0) \\ l_0(x_1) & l_1(x_1) & \cdots & l_n(x_1) \\ \vdots & \vdots & & \vdots \\ l_0(x_n) & l_1(x_n) & \cdots & l_n(x_n) \end{pmatrix}=\begin{pmatrix} 1 & 0 & \cdots & 0 \\ 0 & 1 & \cdots & 0 \\ \vdots & \vdots & & \vdots \\ 0 & 0 & \cdots & 1 \end{pmatrix}$$

容易证明函数组 $l_0(x)$，$l_1(x)$，$\cdots$，$l_n(x)$在插值区间 $[a，b]$ 上线性无关，所以这 $n+1$ 个函数可以作为 P_n 的一组基函数，称为拉格朗日插值基函数。

(2) 插值多项式

根据定义 $P_n(x)=c_0l_0(x)+c_1l_1(x)+\cdots+c_nl_n(x)$（$c_0,c_1,\cdots,c_n$ 为组合系数）和插值条件 $P_n(x_i)=f(x_i)$，可得

$$\begin{bmatrix} l_0(x_0) & l_1(x_0) & \cdots & l_n(x_0) \\ l_0(x_1) & l_1(x_1) & \cdots & l_n(x_1) \\ \vdots & \vdots & & \vdots \\ l_0(x_n) & l_1(x_n) & \cdots & l_n(x_n) \end{bmatrix}\begin{bmatrix} c_0 \\ c_1 \\ \vdots \\ c_n \end{bmatrix}=\begin{bmatrix} f(x_0) \\ f(x_1) \\ \vdots \\ f(x_n) \end{bmatrix},\ l_j(x_i)=\begin{cases}0, i\neq j \\ 1, i=j\end{cases} \text{且}\ i,j=0,1,\cdots,n$$

也就是有

$$\begin{bmatrix} 1 & 0 & \cdots & 0 \\ 0 & 1 & \cdots & 0 \\ \vdots & \vdots & & \vdots \\ 0 & 0 & \cdots & 1 \end{bmatrix}\begin{bmatrix} c_0 \\ c_1 \\ \vdots \\ c_n \end{bmatrix}=\begin{bmatrix} f(x_0) \\ f(x_1) \\ \vdots \\ f(x_n) \end{bmatrix}$$

$$P_n(x)=f(x_0)l_0(x)+f(x_1)l_1(x)+\cdots+f(x_n)l_n(x) \tag{2-46}$$

记 $L_n(x)=\sum_{i=0}^{n}l_i(x)f(x_i)$ 为 n 次拉格朗日插值多项式。

① 线性拉格朗日插值多项式　假设用一条直线连接的两个值的加权平均值表示一个线性插值多项式

$$L_1(x)=l_0f(x_0)+l_1f(x_1) \tag{2-47}$$

其中 l 是权重系数。l_0 可看作一条直线，其值在 x_0 处等于 1，在 x_1 处等于 0。类似地，第二个系数 l_1 是在 x_1 处等于 1，在 x_0 处等于 0 的直线。$l_0=\dfrac{x-x_1}{x_0-x_1}$，$l_1=\dfrac{x-x_0}{x_1-x_0}$。代入式(2-47) 可得

$$L_1(x)=\frac{x-x_1}{x_0-x_1}f(x_0)+\frac{x-x_0}{x_1-x_0}f(x_1) \tag{2-48}$$

$L_1(x)$ 是一阶多项式。式(2-48) 称为线性拉格朗日插值多项式。

② 二阶拉格朗日插值多项式　同样的方法也可用于通过三个点拟合抛物线。在这种情况下，将使用三条抛物线，每条抛物线穿过其中一个点，在其他两个点等于零。它们的总和将代表连接三个点的唯一抛物线。这样的二阶拉格朗日插值多项式可以写成

$$L_2(x)=\frac{(x-x_1)(x-x_2)}{(x_0-x_1)(x_0-x_2)}f(x_0)+\frac{(x-x_0)(x-x_2)}{(x_1-x_0)(x_1-x_2)}f(x_1)+\frac{(x-x_0)(x-x_1)}{(x_2-x_0)(x_2-x_1)}f(x_2) \tag{2-49}$$

上式第一项在 x_0 处等于 $f(x_0)$，在 x_1 和 x_2 处等于零。第二项和第三项与之类似。

(3) 插值余项

在插值区间 $[a, b]$ 上用插值多项式 $L(x)$ 近似代替 $f(x)$，除了在插值结点 x_i 上没有误差外，在其他点上一般是存在误差的。若记 $R(x)=f(x)-L(x)$，则 $R(x)$ 就是用 $L(x)$ 近似代替 $f(x)$ 时的截断误差，或称插值余项。可根据定理 2.1 来估计它的大小。

定理 2.1　设 $f(x)$ 在 $[a, b]$ 有 $n+1$ 阶导数，$x_0,x_1,\cdots,x_n$ 为 $[a, b]$ 上 $n+1$ 个互异的结点，$L_n(x)$ 为满足 $L_n(x_i)=f(x_i)(i=0,1,2,\cdots,n)$ 的 n 次多项式，那么对于任何 $x\in[a,b]$ 有插值余项，该余项表达式只有在 $f(x)$ 的高阶导数存在时才能应用

$$R_n(x)=f(x)-L_n(x)=\frac{f^{(n+1)}(\xi)}{(n+1)!}\omega_{n+1}(x) \tag{2-50}$$

$$\omega_{n+1}(x)=(x-x_0)(x-x_1)\cdots(x-x_n) \tag{2-51}$$

(4) 截断误差限

ξ 在 (a, b) 内的具体位置通常不会给出，如果可求出 $\max\limits_{a\leqslant x\leqslant b}|f^{(n+1)}(x)|=M_{n+1}$，那么插值多项式 $L_n(x)$ 逼近 $f(x)$ 的截断误差是 $|R_n(x)|\leqslant\dfrac{M_{n+1}}{(n+1)!}|\omega_{n+1}(x)|$。

【例 2-8】 已知 $\sin\dfrac{\pi}{6}=\dfrac{1}{2},\sin\dfrac{\pi}{4}=\dfrac{1}{\sqrt{2}},\sin\dfrac{\pi}{3}=\dfrac{\sqrt{3}}{2}$，分别利用 $\sin x$ 的 1 次、2 次拉格朗日插值估算 $\sin50^\circ$，并估计误差。

解 当 $n=1$ 时，分别利用 x_0，x_1 以及 x_1，x_2 计算。

利用

$$x_0=\frac{\pi}{6},x_1=\frac{\pi}{4},\ L_1(x)=\frac{x-\pi/4}{\pi/6-\pi/4}\times\frac{1}{2}+\frac{x-\pi/6}{\pi/4-\pi/6}\times\frac{1}{\sqrt{2}}$$

可以估算出

$$\sin50^\circ\approx L_1\left(\frac{5\pi}{18}\right)\approx0.77614,\ R_1(x)=\frac{f^{(2)}(\xi_x)}{2!}\left(x-\frac{\pi}{6}\right)\left(x-\frac{\pi}{4}\right)$$

$$\frac{1}{2}<\sin\xi_x<\frac{\sqrt{3}}{2},\ -0.01319<R_1\left(\frac{5\pi}{18}\right)<-0.00762$$

利用

$$x_1=\frac{\pi}{4},x_2=\frac{\pi}{3},\ \sin50^\circ\approx L_1\left(\frac{5\pi}{18}\right)\approx0.76008$$

$$R_1(x)=\frac{f^{(2)}(\xi_x)}{2!}\left(x-\frac{\pi}{6}\right)\left(x-\frac{\pi}{4}\right),\ \frac{1}{2}<\sin\xi_x<\frac{\sqrt{3}}{2},\ 0.00538<R_1\left(\frac{5\pi}{18}\right)<0.0066$$

当 $n=2$ 时，有

$$L_2(x)=\frac{\left(x-\frac{\pi}{4}\right)\left(x-\frac{\pi}{3}\right)}{\left(\frac{\pi}{6}-\frac{\pi}{4}\right)\left(\frac{\pi}{6}-\frac{\pi}{3}\right)}\times\frac{1}{2}+\frac{\left(x-\frac{\pi}{6}\right)\left(x-\frac{\pi}{3}\right)}{\left(\frac{\pi}{4}-\frac{\pi}{6}\right)\left(\frac{\pi}{4}-\frac{\pi}{3}\right)}\times\frac{\sqrt{3}}{2}+\frac{\left(x-\frac{\pi}{6}\right)\left(x-\frac{\pi}{4}\right)}{\left(\frac{\pi}{3}-\frac{\pi}{6}\right)\left(\frac{\pi}{3}-\frac{\pi}{4}\right)}\times\frac{\sqrt{3}}{2}$$

可以计算出 $\sin50^\circ\approx L_2\left(\dfrac{5\pi}{18}\right)\approx0.76543$。则

$$R_2(x)=\frac{-\cos\xi_x}{3!}\left(x-\frac{\pi}{6}\right)\left(x-\frac{\pi}{4}\right)\left(x-\frac{\pi}{3}\right),\ \frac{1}{2}<R_2\left(\frac{5\pi}{18}\right)<0.00077$$

2.3.2.2　拉格朗日高维插值

类似一维拉格朗日插值，取插值基函数

$$\varphi_{kr}(x,y)=l_k(x)\tilde{l}_r(y),\ k=0,1,\cdots,n;r=0,1,\cdots,m \tag{2-52}$$

其中

$$l_k(x)=\prod_{t=0,t\neq k}^{n}\frac{x-x_t}{x_k-x_t},\ \tilde{l}_r(y)=\prod_{t=0,t\neq r}^{n}\frac{y-y_t}{y_r-y_t}$$

这样的 $\varphi_{kr}(x,y)$ 满足

$$\varphi_{kr}(x_i,y_j)=\begin{cases}1,(i,j)=(k,r)\\0,(i,j)\neq(k,r)\end{cases} \tag{2-53}$$

插值多项式为

$$p_{nm}(x,y)=\sum_{k=0}^{n}\sum_{r=0}^{m}l_k(x)\tilde{l}_r(y)f(x_k,y_r) \tag{2-54}$$

式(2-54) 叫作拉格朗日形式的插值曲面。

近似式

$$f(x,y)\approx p_{nm}(x,y) \tag{2-55}$$

是二元函数的拉格朗日插值公式，其余项或截断误差为

$$R_{nm}(x,y)=f(x,y)-p_{nm}(x,y) \tag{2-56}$$

$$R_{nm}(x,y)=\frac{\omega_{n+1}(x)}{(n+1)!}f_{x^{n+1}}^{(n+1)}(\xi,y)+\frac{\omega_{m+1}(y)}{(m+1)!}\sum_{k=0}^{n}l_k(x)f_{y^{m+1}}^{(m+1)}(x_k,\eta) \tag{2-57}$$

【例 2-9】 如表 2-7，试利用 $f(x,y)$的函数表建立 x 为二次、y 为一次的二元插值多项式 $p_{21}(x,y)$，用以计算 $f(0.3,0.8)$ 的近似值。

表 2-7 $f(x,y)$函数表

y	x		
	−1	0	1
0.5	0.25	0.5	1
1	0.43	0.87	1.73

解 由 $n=2$，$m=1$ 的二元插值多项式可得

$$\begin{aligned}p_{21}(x,y)&=\sum_{k=0}^{2}\sum_{r=0}^{1}l_x(x)\tilde{l}_r(x)f(x_k,y_r)\\&=\frac{1}{2}x(x-1)\left(\frac{y-1}{0.5-1}\times 0.25+\frac{y-0.5}{1-0.5}\times 0.43\right)\\&\quad-(x+1)(x-1)\left(\frac{y-1}{0.5-1}\times 0.5+\frac{y-0.5}{1-0.5}\times 0.87\right)\\&\quad+\frac{1}{2}x(x+1)\left(\frac{y-1}{0.5-1}\times 1+\frac{y-0.5}{1-0.5}\times 1.73\right)\\&=0.17x^2y+0.55xy+0.04x^2+0.1x+0.74y+0.13\end{aligned}$$

故 $f(0.3,0.8)\approx p_{21}(0.3,0.8)=0.89984$。

高维拉格朗日插值的权重系数其实就对应着有限元中的形函数，单元阶次就是形函数的插值阶次。如后续章节的四结点 1 次四边形单元、八结点 2 次四边形单元的形函数。例如，四边形单元形函数（图 2-7）表示为

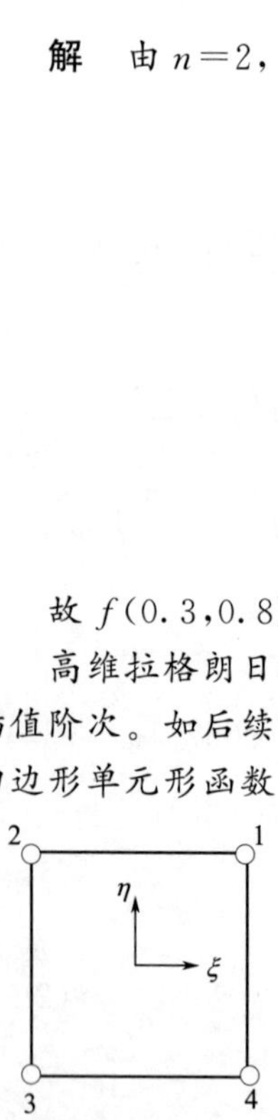

图 2-7 四边形单元形函数

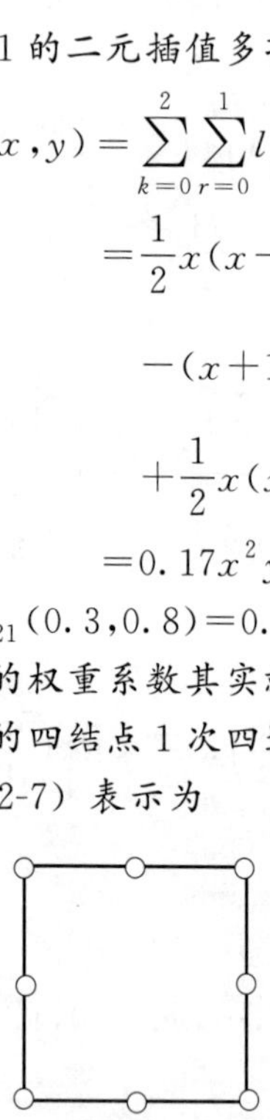

图 2-8 高次单元形函数

$$N_i=\frac{1}{4}(1+\xi_i\xi)(1+\eta_i\eta),\ i=1,2,\cdots,n \tag{2-58}$$

高次单元形函数（图 2-8）表示为

$$p_{nm}(x,y)=\sum_{k=0}^{n}\sum_{r=0}^{m}l_k(x)\tilde{l}_r(y)f(x_k,y_r) \tag{2-59}$$

2.3.3 样条插值

当处理实验数据或连续函数时，样条插值是一种常用的数值方法。它通过使用多项式函

数的分段定义来逼近给定数据集或函数的曲线。样条插值方法的目标是在保持平滑性的同时，尽可能准确地拟合数据。在样条插值中，数据集被分割成一系列小段，每个小段上都有一个多项式函数来近似数据。这些多项式函数称为样条函数，它们的次数通常较低，以保持插值曲线的平滑性。最常用的样条函数是二次和三次样条函数，它们是二次或三次多项式函数在每个小段上的拟合。

如图 2-9 所示，以二次样条为例，数据集被切分为若干区间，每个区间的多项式可以表示为

$$s_i(x)=a_i+b_i(x-x_i)+c_i(x-x_i)^2 \tag{2-60}$$

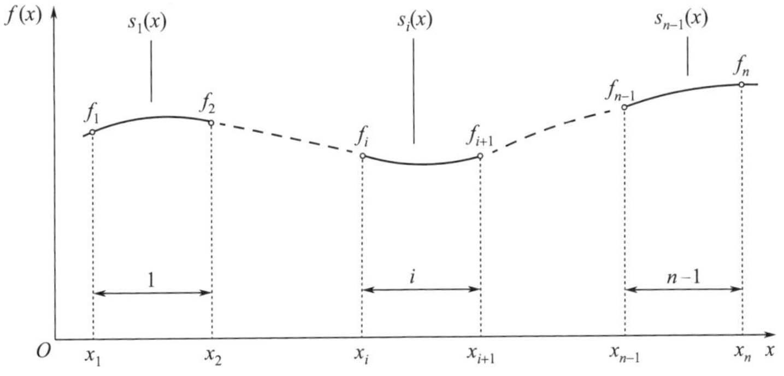

图 2-9　数据点区间图

样条插值的关键是确定每个小段上的多项式函数的系数。这可以通过要求插值曲线在给定数据点上与原始数据完全匹配，并且在相邻小段的连接点上具有相同的一阶和二阶导数来实现。这种要求确保了插值曲线的光滑性和连续性。除此之外，还有一种常用的方法是使用自然边界条件，其中在插值曲线的第一个和最后一个小段上设置二阶导数为零，以确保曲线在边界处平滑。另一种方法是使用固定边界条件，其中在边界处给定一些导数值，以控制曲线的形状。一旦确定了样条函数的系数，就可以使用插值曲线来估计在数据点之间的值。

此外，样条插值还可以用于平滑数据，去除噪声和异常值，填补数据中的空白区域，或者在数据范围之外进行预测，在许多领域中都得到广泛应用，包括数学建模、数据分析、图像处理和计算机图形学等。本书中，着重介绍使用计算机代码实现样条插值。

【例 2-10】 在 xy 方向各取［−1，1］构成平面区域，划分为 20×20 的网格，通过公式 $z=(x+y)\mathrm{e}^{-5(x^2+y^2)}$ 计算出各个网格上的函数值，并绘制出二维图像，并采用三次样条插值的方法细化二维网格。【扫二维码查看】

解　绘制的图形如图 2-10 所示。可以看到经过插值的图像变得更加光滑。

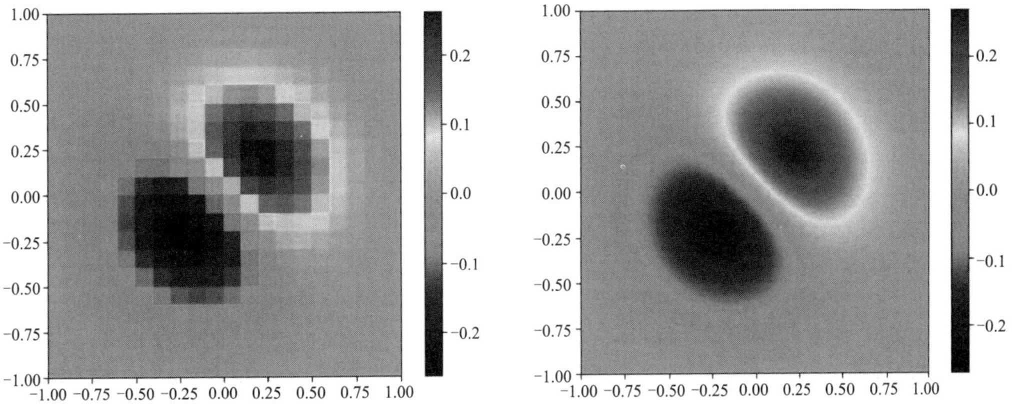

图 2-10　插值前后的图像

2.4 方程的解

在有限元法中，有时需要通过数值方法求解非线性方程组，例如在非线性材料模型或非线性边界条件下的问题。不定点法、牛顿迭代法可以作为有限元法中求解非线性方程组的一个重要步骤。在每个有限元分析的步骤中，可能需要通过迭代法来解决非线性方程组，以逼近非线性问题的解。迭代法的迭代过程可以嵌入到有限元法的求解过程中，以提高对非线性问题的收敛速度和精度。

2.4.1 方程的求解思路

已知方程

$$f(x)=0 \tag{2-61}$$

若要求解方程的根，可以通过 Python、Matlab、Excel 等软件作出函数图像，观察函数图像与坐标横轴的交点，来大致确定方程 $f(x)=0$ 的根，即图形估算（搜索法）的方法；也可以通过对方程或方程组的未知数系数进行一系列变换，即对方程或方程组的系数矩阵进行运算从而得到方程或方程组的解，即直接求解的方法。但是对于图形估算的方法，主观性较大，且无法控制解的精确程度，显然不适合于工程应用；对于直接求解的方法，虽然可以得到精确解，但是对于高阶方程或方程组，一系列的系数矩阵的变换会带来巨大的计算量，因此并不适用于所有的工程情况。

现在常用的求解方程的方法是迭代法，这是一种逐渐逼近的求解方法，即利用已有的方程构造出迭代公式，用迭代公式反复地逼近方程的精确解，最终得到误差允许范围内的近似解的方法。迭代法目前在工程上得到了广泛应用。

2.4.2 基本方法介绍

基于初始猜想值类型的不同，主要分为两种方法：

- 交叉法：两个猜想的初始值坐落在根的两边，即假想根在这两个初始值的中间，例如著名的二分法。
- 开型法：可以涉及一个或多个初始值的猜想，但是并不要求将根在这两个初始值的中间，例如牛顿-拉弗森法和割线法。

对于一般的问题，交叉法总是有效的，但是收敛速度较慢（即需要迭代较多次才能得到解）。相反，开型法并不总是有效的（即结果可能发散），但是，当开型法有效时，往往收敛速度较快。

这两种方法都需要给定初始的猜想值，而这些初始的猜想值可能会随着正在分析的问题自然而然地出现，但在许多情况下，较为理想的初始猜想值可能难以找到。在这种情况下，如果有一种能够自动获取猜想值的方法，问题就能迎刃而解。

2.4.3 交叉法

典型的交叉法有二分法、试位法，这里仅以二分法为例介绍如何求解方程的根。二分法的基本思想是先找到一个含有方程解的区间，之后再在该区间内找到更小的含有方程解的区间，直到找到足够小的含有方程解的区间，该区间的端点即可作为方程的近似解，具体过程如下。

对于式(2-61)：

① 给定精确度 ε，取两点 x_l，x_u，并使 $f(x_l)f(x_u)<0$，根据零点定理，区间 $[x_l, x_u]$ 一定包含方程的解，x_l，x_u 称为启动点。

② 令

$$x_r=\frac{x_l+x_u}{2} \tag{2-62}$$

若 $f(x_r)=0$，则 x_r 即为原方程的根；若 $f(x_l)f(x_r)<0$，则将 x_r 重新赋值给①中区间中的 x_u；若 $f(x_l)f(x_r)>0$，则将 x_r 重新赋值给①中区间中的 x_l。

重复②中步骤，直至 $|x_u-x_l|<\varepsilon$ 满足精确度要求，则 x_l 或 x_u 即为方程的解。

图 2-11 展示了二分法求解方程根的原理。

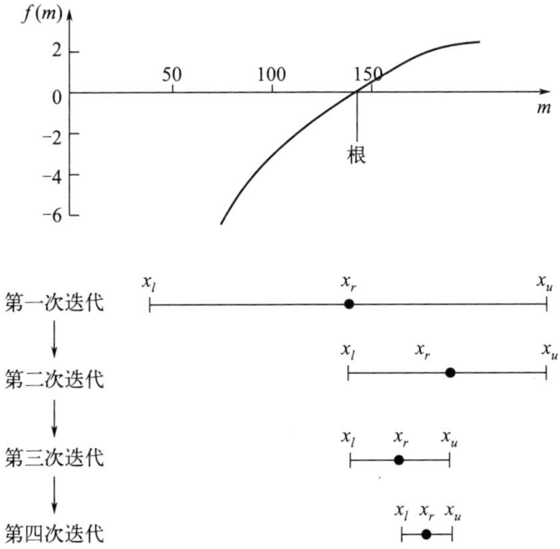

图 2-11　二分法基本原理示意

【例 2-11】 用二分法求解方程

$$f(x)=x^3-x-1=0$$

在区间 [1，1.5] 的根。

解　用二分法，结果如表 2-8 所示。

表 2-8　二分法求解方程结果

迭代次数	x_l	x_u	x_r	$\lvert\varepsilon_a\rvert$/%	$\lvert\varepsilon_t\rvert$/%
1	1	1.5	1.25		5.64
2	1.25	1.5	1.375	9.10	3.80
3	1.25	1.375	1.3125	4.76	0.92
4	1.3125	1.375	1.34375	2.32	1.44
5	1.3125	1.34375	1.328125	1.18	0.26

因此，经过五次迭代，绝对误差降低到 0.5%以下。

2.4.4　开型法

前面所述的交叉法根被定位在一个确定的区间内。这种方法被认为是收敛的，因为随着计算的进行，它们能够逼近最终的根。

与交叉法不同，后文所介绍的开型法仅仅需要一两个初始值，且不需要它们能够“夹住”根。因此，随着计算的进行，开型法有时会找不到方程的根，即是发散的。但是，当开型法收敛时，收敛速度往往比交叉型法快得多。下面介绍几种开型法。

2.4.4.1 不动点法

开型法是通过将一个迭代公式迭代来找到根，对不动点法来说，先将方程 $f(x)=0$ 进行整理，使 x 位于等式的左边，即得到

$$x=g(x) \tag{2-63}$$

实现上述的变换是非常容易的，可以通过简单的代数运算来完成，也可以简单地在原方程的两边加上 x 即可。

式(2-63) 可以用上一次迭代的 x 值来计算出下一次迭代的 x。也就是说，给出一个初始的 x_i 值，可以通过下面的迭代来得到新的迭代值 x_{i+1}：

$$x_{i+1}=g(x_i) \tag{2-64}$$

与前文所述相似，该方程的近似相对误差可以用下式来计算：

$$\varepsilon_a=\left|\frac{x_{i+1}-x_i}{x_{i+1}}\right|\times 100\% \tag{2-65}$$

下面介绍不动点法的几何解释：

如图 2-12 所示，A 点$[x_0,g(x_0)]$为选择的初始值，由迭代公式，过 A 点水平向左的直线与 $y=x$ 的交点 $B[x_1,g(x_0)]$，横坐标 x_1 即为第一次迭代结果，则 C 点坐标为$[x_1,g(x_1)]$，重复之前的步骤，C 点水平向右与 $y=x$ 的交点 $D[x_2,g(x_1)]$，x_2 即为第二次迭代结果，可以看到，随着迭代次数的增加，由 $x_{k+1}=g(x_k)$ 得到的序列 $\{x_k\}$ 越来越接近不动点 s，这就是不动点法的几何解释。

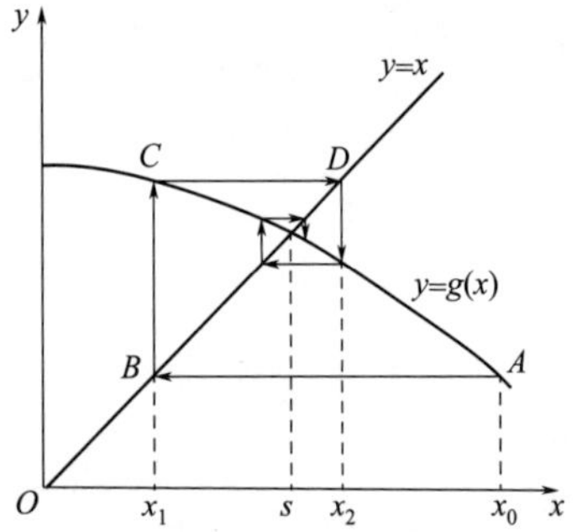

图 2-12　不动点法几何解释

因此，不动点求解的方法是选择初始值 x_0，利用式(2-64) 不断迭代，直到误差落在允许范围内即可认为此时的 x_k 即为要求的方程的解的近似值。

【例 2-12】 用不动点法求方程 $f(x)=x^3-x-1=0$ 在 $x_0=1.5$ 附近的根。

解　现在构造出两种迭代公式：

① $x_{k+1}=x_k^3-1$；

② $x_{k+1}=\sqrt[3]{x_k+1}$。

分别按照这两种迭代公式进行迭代，结果如表 2-9 所示。

表 2-9　用不动点法求两公式方程根

k	公式①方程根	公式②方程根	k	公式①方程根	公式②方程根
0	1.5	1.5	5		1.32476
1	2.375	1.35721	6		1.32473
2	12.39	1.33086	7		1.32472
3		1.32588	8		1.32472
4		1.32494			

可以看到，按照 $x_{k+1}=x_k^3-1$ 进行迭代的结果是发散的，最终将无法得到方程最终的解，而按照 $x_{k+1}=\sqrt[3]{x_k+1}$ 进行迭代却能够得到方程的近似解是 1.32472。

可见不动点法不能保证实现计算结果的收敛，下面将进一步探讨不动点法的不同情况，如图 2-13 所示。

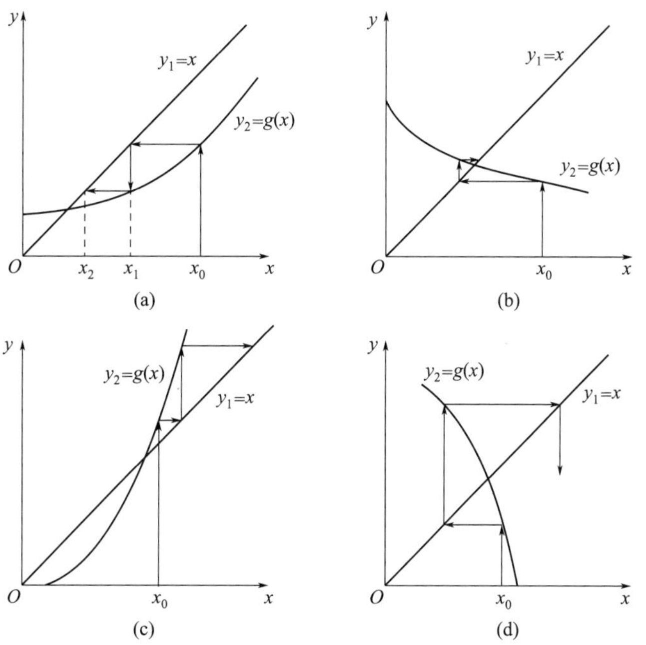

图 2-13　不动点法的不同情况

可见，图 2-13(a) 和图 2-13(b) 所示在使用不动点法时都能够收敛，即能够找到方程的解，但是图 2-13(c) 和图 2-13(d) 所示则是发散的，即找不到方程的根。

因此，需要找到一个收敛条件，来帮助判断构造的迭代公式是否收敛。

定理 2.2　考虑方程 $x=g(x)$，$g(x)\in C[a,b]$，若

① 当 $x\in C[a,b]$ 时，$g(x)\in[a,b]$；

② $\exists\, 0\leqslant L<1$，使得 $|g'(x)|\leqslant L<1, x\in[a,b]$。

则任取 $x_0\in[a,b]$，由 $x_{k+1}=g(x_k)$ 得到的序列 $\{x_k\}$ 收敛于 $g(x)$ 在 $[a,b]$ 上的唯一不动点 s。并且有误差估计式：

$$|s-x_k|\leqslant\frac{L^k}{1-L}|x_1-x_0| \tag{2-66}$$

$$|s-x_k|\leqslant\frac{1}{1-L}|x_{k+1}-x_k| \tag{2-67}$$

该定理即为不动点法的收敛定理。

需要注意的是，定理条件为非必要条件，可将 $[a,b]$ 缩小，定义局部收敛性。

而对于一种迭代过程，为了保证它是有效的，既要确保它的收敛性，又要考察它的收敛速度。为此，引入收敛阶的概念：

收敛阶为在接近收敛的过程中，迭代误差的下降速度。收敛阶是对迭代法收敛速度的一种度量。

定义 2.4　设迭代 $x_{k+1}=g(x_k)$ 收敛到 $g(x)$ 的不动点 s，又有 $e_k=x_k-s$，若有常数

C 和 $p \geqslant 1$，使得

$$\lim_{k \to \infty} \frac{|e_{k+1}|}{|e_k|^p} = C > 0 \tag{2-68}$$

则称序列 $\{x_k\}$ 为 p 阶收敛。常数 C 叫收敛因子。

若 $p=1$，称 $\{x_k\}$ 为线性收敛，这时 $0<C\leqslant 1$。若 $p>1$，称 $\{x_k\}$ 为超线性收敛；若 $p=2$，称其为平方收敛。

p 的大小反映了迭代法的收敛速度的快慢，p 越大，收敛速度越快。

2.4.4.2 加速不动点法

不动点法可能会出现迭代收敛速度慢、迭代不收敛等问题。因此为了加快迭代速度，还可使用一种方法叫作加速不动点法。

具体地，构造迭代公式 $x_{k+1}=g(x_k)$，并将不动点法里的 x_{k+1}、x_{k+2} 看作中间值并分别记为 y_k、z_k，即

$$y_k = g(x_k), z_k = g(y_k)$$

$$x_{k+1} = x_k - \frac{(y_k - x_k)^2}{z_k - 2y_k + x_k} \tag{2-69}$$

其中，$k=0,1,2\cdots$，求解过程与不动点法相似。并且通过套用加速不动点法，之前应用不动点法不收敛的迭代格式也可能变得收敛。图 2-14 则进一步展示了加速不动点法的迭代过程。

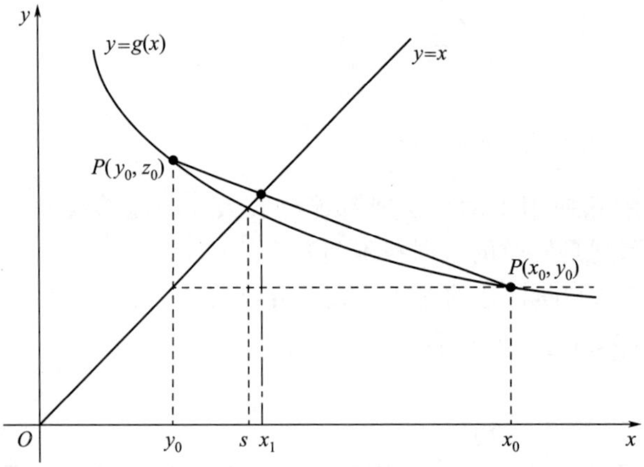

图 2-14　加速不动点法

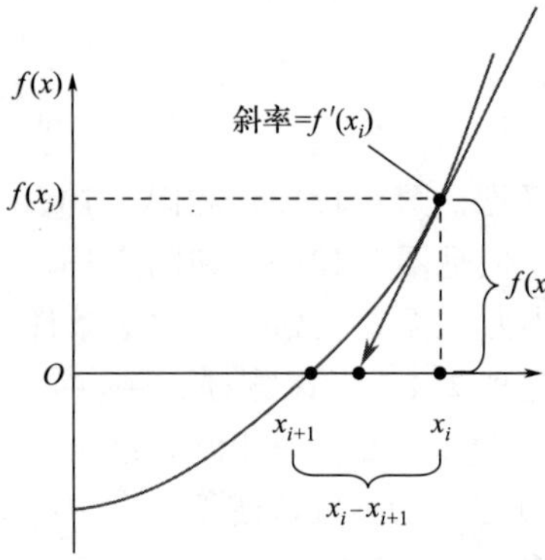

图 2-15　牛顿-拉弗森法迭代过程

2.4.4.3 牛顿-拉弗森法

事实上，在工程问题计算中，牛顿-拉弗森（Newton-Raphson）法是应用最为广泛的一种方法，主要原因是迭代收敛速度快，现简要介绍其计算原理如下：

设 a 是方程 $f(x)=0$ 的根，取 x_i 为初始近似值，过 $[x_i, f(x_i)]$ 作曲线 $y=f(x)$ 的切线 L，切线的方程为：$y=f(x_i)+f'(x_i)(x-x_i)$。

求出切线与 x 轴的交点作为新的方程解的近似值 x_{i+1}，由切线方程可以求得

$$x_{i+1} = x_i - \frac{f(x_i)}{f'(x_i)} \tag{2-70}$$

重复进行迭代，迭代序列 $\{x_i\}$ 会不断逼近方程的精确解，如图 2-15 所示。

【例 2-13】 用牛顿-拉弗森法求方程 $f(x)=x^3-x-1=0$ 在 $x_0=1.5$ 附近的近似解，

要求近似相对误差 $|\varepsilon_a| < 10^{-8}$。

解　求得导数表达式：

$$f'(x) = 3x^2 - 1$$

构造迭代公式：

$$x_{i+1} = x_i - \frac{f(x_i)}{f'(x_i)} = x_i - \frac{x_i^3 - x_i - 1}{3x_i^2 - 1}$$

选取 $x_0 = 1.5$ 作为初始近似值。

按照牛顿迭代法的迭代公式进行迭代，迭代结果如表 2-10 所示。

表 2-10　牛顿-拉弗森法求解

i	x_i	$\|\varepsilon_a\|$/%
0	1.5	100
1	1.3478260869565217	10.145
2	1.325200398950907	1.6787
3	1.3247181739990537	0.036389
4	1.3247179572447898	1.6362×10^{-5}
5	1.324717957244746	3.30204×10^{-12}

可以看到，牛顿-拉弗森法对比例 2-12 中不动点法求解，收敛速度要快上很多，且每次迭代的近似相对误差 $|\varepsilon_a|$ 减小很快。

2.4.4.4　割线法

在工程计算中，导数的解析表达式有时候会难以求得或者求解困难，可以采用割线法（或近似导数法）进行求解。用割线斜率代替牛顿迭代法中的导数，即

$$f'(x_i) \approx \frac{f(x_i) - f(x_{i-1})}{x_i - x_{i-1}} \tag{2-71}$$

将式(2-71) 代入式(2-70) 得

$$x_{i+1} = x_i - \frac{(x_i - x_{i-1}) f(x_i)}{f(x_i) - f(x_{i-1})} \tag{2-72}$$

除了用割线斜率来代替导数以外，还可以用迭代点和邻域点的斜率来替代牛顿迭代法中的导数，这就是所说的近似导数法，即

$$f'(x_i) \approx \frac{f(x_i + \Delta x_i) - f(x_i)}{\Delta x_i} \tag{2-73}$$

同样，将式(2-73) 代入式(2-70) 得

$$x_{i+1} = x_i - \frac{\Delta x_i f(x_i)}{f(x_i + \Delta x_i) - f(x_i)} \tag{2-74}$$

如此一来，就可以处理部分导数难以计算的情况了。

但是，Δx 值也不能被随意选取，如果 Δx 太小，该方法可能会导致在计算式(2-74) 分母时，结果太小而近似于 0，从而无法计算。如果它太大，这种方法可能会变得低效，甚至发散。如果 Δx 值选择得比较合适，在某些导数不好计算或者无法给出多个初始猜测值的情况下就非常有用。

此外，在最一般的意义上，单变量函数的本质仅仅是返回一个输出值作为输入值的映

射。从这个意义上讲，函数并不总是像本章前面例子中所解的单线方程那样是简单的公式。例如，一个函数可能由许多行代码组成，这些代码的计算可能需要大量的执行时间。在某些情况下，该函数甚至可能表示一个独立的计算机程序。对于这种情况，割线法和修正割线法更有价值。

2.4.5 牛顿迭代法

在工程有限元计算中所遇到的往往是多自由度系统下的非线性问题，这就涉及非线性方程中的计算问题。因此，作为扩展，接下来介绍最常用的牛顿迭代法求解非线性方程组的方法。

类似地，从多元函数的泰勒展开式出发，可得

$$f_i(x)\approx f_i(x^{(k)})+\sum_{j=1}^{n}\frac{\partial f_i(x^{(k)})}{\partial x_j}(x_j-x_j^{(k)})\quad(i=1,2,\cdots,n)\tag{2-75}$$

可用如下线性方程组来近似 $F(x)=0$

$$f_i(x^{(k)})+\sum_{j=1}^{n}\frac{\partial f_i(x^{(k)})}{\partial x_j}(x_j-x_j^{(k)})=0\quad(i=1,2,\cdots,n)\tag{2-76}$$

即

$$F'(x^{(k)})(x-x^{(k)})=-F(x^{(k)})\tag{2-77}$$

将式(2-77)的解作为 $F(x)=0$ 的第 k 个近似解，由此可以得到迭代公式

$$x^{(k+1)}=x^{(k)}-F'(x^{(k)})^{-1}F(x^{(k)})\quad(k=0,1,2\cdots)\tag{2-78}$$

式(2-78)叫作求解 $F(x)=0$ 的牛顿迭代公式。当 $n=1$ 时，为仅有一个公式的非线性方程的求解问题，该式退化为 $f_1(x_1)=0$［式(2-75)］的牛顿迭代公式，即

$$x_1^{(k+1)}=x_1^{(k)}-\frac{f_1(x_1^{(k)})}{f'_1(x_1^{(k)})}\tag{2-79}$$

牛顿迭代法求解非线性方程组的基本步骤如下：

① 在 x^* 附近选取 $x^{(0)}\in D_0$，给定精度 $\varepsilon>0$。

② 反复做以下步骤，直到达到精度。

a. 计算 $F(x^{(k)})$ 和 $F'(x^{(k)})$，$\Delta x^{(k)}=x^{(k)}-x^{(k-1)}$。

b. 求解关于 $\Delta x^{(k)}$ 的线性方程组。

c. 计算 $x^{(k+1)}=x^{(k)}+\Delta x^{(k)}$。

【例 2-14】 用牛顿迭代法求解方程组，精度要求 $\dfrac{\|\boldsymbol{x}^{(k)}-\boldsymbol{x}^{(k-1)}\|_\infty}{\|\boldsymbol{x}^{(k)}\|_\infty}\leqslant 10^{-12}$。

$$\begin{cases}3\boldsymbol{x}_1-\cos\boldsymbol{x}_1-\sin\boldsymbol{x}_2=0\\4\boldsymbol{x}_2-\sin\boldsymbol{x}_1-\cos\boldsymbol{x}_2=0\end{cases}$$

解 由牛顿迭代法迭代公式 $\boldsymbol{F}'(\boldsymbol{x}^{(k)})(\boldsymbol{x}-\boldsymbol{x}^{(k)})=-\boldsymbol{F}(\boldsymbol{x}^{(k)})$

得

$$\begin{bmatrix}3+\sin x_1^{(k)} & -\cos x_2^{(k)}\\-\cos x_1^{(k)} & 4+\sin x_2^{(k)}\end{bmatrix}\begin{bmatrix}\Delta x_1^{(k)}\\\Delta x_2^{(k)}\end{bmatrix}=\begin{bmatrix}-3x_1^{(k)}+\cos x_1^{(k)}+\sin x_2^{(k)}\\-4x_2^{(k)}+\sin x_1^{(k)}+\cos x_2^{(k)}\end{bmatrix}$$

$$\boldsymbol{x}^{(k+1)}=\boldsymbol{x}^{(k)}+\Delta\boldsymbol{x}^{(k)}$$

迭代初始值选 $\boldsymbol{x}=(1,1)^{\mathrm{T}}$，当 $k=4$ 时：

$$\Delta\boldsymbol{x}^{(4)}=\begin{bmatrix}-0.276244\times10^{-13}\\-0.206813\times10^{-13}\end{bmatrix},\boldsymbol{x}^{(4)}=\begin{bmatrix}0.415169427139\\0.336791217025\end{bmatrix}$$

检查精度要求：

$$\frac{\|\Delta \boldsymbol{x}^{(4)}\|_\infty}{\|\boldsymbol{x}^{(4)}\|_\infty}=0.665\times10^{-13}<10^{-12}$$

满足精度要求。

类似地，如果将牛顿迭代法中 $F'(x)$ 的元素 $\frac{\partial f_i(x^{(k)})}{\partial x_j}$ 用差商来代替：

$$\nabla \boldsymbol{f}_i(\boldsymbol{x}^{(k)},\boldsymbol{x}_j)=\frac{\boldsymbol{f}_i(\boldsymbol{x}^{(k)}+\boldsymbol{h}_j^{(k)}\boldsymbol{e}_j)-\boldsymbol{f}_i(\boldsymbol{x}^{(k)})}{\boldsymbol{h}_j^{(k)}} \tag{2-80}$$

其中 $\boldsymbol{e}_j$ 是第 j 个单位向量：

$$\boldsymbol{e}_j=(0\quad\cdots\quad 0\quad 1\quad 0\quad\cdots\quad 0)^{\mathrm{T}}$$

令 $\boldsymbol{h}^{(k)}=(h_1^{(k)},h_2^{(k)},\cdots,h_n^{(k)})^{\mathrm{T}}$，有

$$\boldsymbol{J}(\boldsymbol{x}^{(k)},\boldsymbol{h}^{(k)})=\begin{bmatrix}\nabla f_1(x^{(k)},x_1) & \nabla f_1(x^{(k)},x_2) & \cdots & \nabla f_1(x^{(k)},x_n)\\ \nabla f_2(x^{(k)},x_1) & \nabla f_2(x^{(k)},x_2) & \cdots & \nabla f_2(x^{(k)},x_n)\\ \vdots & \vdots & & \vdots\\ \nabla f_n(x^{(k)},x_1) & \nabla f_n(x^{(k)},x_2) & \cdots & \nabla f_n(x^{(k)},x_n)\end{bmatrix}$$

则有迭代公式

$$\boldsymbol{x}^{(k+1)}=\boldsymbol{x}^{(k)}-\boldsymbol{J}(\boldsymbol{x}^{(k)},\boldsymbol{h}^{(k)})^{-1}\boldsymbol{F}(\boldsymbol{x}^{(k)}) \tag{2-81}$$

式(2-81) 称为离散牛顿迭代公式。

2.5　矩阵线性方程的求解方法

在有限元计算中，求解线性方程组是一个核心问题。在建立有限元模型时，结构被离散化为大量的单元，每个单元内部的位移和应力需要通过求解线性方程组来得到。线性方程组的求解涉及大量的数值计算方法，这些方法是有限元计算的基础。同时，学习求解线性方程组的数值计算方法对于有效地解决实际工程问题至关重要。

2.5.1　用矩阵形式表示线性方程

矩阵为表示联立线性方程提供了一种简明的表达方式。例如，一个 3×3 的线性方程组

$$\begin{cases}a_{11}x_1+a_{12}x_2+a_{13}x_3=b_1\\ a_{21}x_1+a_{22}x_2+a_{23}x_3=b_2\\ a_{31}x_1+a_{32}x_2+a_{33}x_3=b_3\end{cases} \tag{2-82}$$

可以表示为

$$[A][x]=[b] \tag{2-83}$$

其中系数矩阵为

$$[A]=\begin{bmatrix}a_{11} & a_{12} & a_{13}\\ a_{21} & a_{22} & a_{23}\\ a_{31} & a_{32} & a_{33}\end{bmatrix}$$

$[b]$ 为常量的列向量：

$$[b]^{T}=[b_1 \quad b_2 \quad b_3]$$

而 $[x]$ 是未知数的列向量：

$$[x]^{T}=[x_1 \quad x_2 \quad x_3]$$

为了求解 $[x]$，当 $[A]$ 可逆时，使用线性代数方法，将方程的每一边乘以 $[A]$ 的逆来得到 $[x]$：

$$[A]^{-1}[A][x]=[A]^{-1}[b]$$

因为 $[A]^{-1}[A]$ 等于单位矩阵，方程就变成

$$[x]=[A]^{-1}[b] \tag{2-84}$$

但是应该指出的是，先求完逆矩阵再相乘不是求解方程组有效的方法。因为矩阵直接求逆是非常耗时的一项操作。为了避免直接求逆，在数值计算中多采用求解线性方程组的一般方法，最为经典的是高斯消元法。

2.5.2 线性方程组通用求解方法

首先介绍消元法，然后再介绍较为通用的高斯消元法。

2.5.2.1 消元法

通过组合方程消去未知数是一种代数方法，可以用两个方程来说明：

$$a_{11}x_1+a_{12}x_2=b_1 \tag{2-85}$$

$$a_{21}x_1+a_{22}x_2=b_2 \tag{2-86}$$

基本的策略是将方程乘以常数，这样当两个方程合并时，其中一个未知数就会被消去。结果得到一个可以解出剩余未知数的单一方程。然后可以将这个值代入任何一个原始方程，以计算另一个变量。

例如，式(2-85) 可以乘以 a_{21}，式(2-86) 可以乘以 a_{11}，得到

$$a_{21}a_{11}x_1+a_{21}a_{12}x_2=a_{21}b_1 \tag{2-87}$$

$$a_{11}a_{21}x_1+a_{11}a_{22}x_2=a_{11}b_2 \tag{2-88}$$

因此，从式(2-88) 中减去式(2-87) 将从方程中消去 x_1，得到

$$a_{11}a_{22}x_2-a_{21}a_{12}x_2=a_{11}b_2-a_{21}b_1$$

解得

$$x_2=\frac{a_{11}b_2-a_{21}b_1}{a_{11}a_{22}-a_{21}a_{12}} \tag{2-89}$$

将式(2-89) 代入式(2-85)，可得

$$x_1=\frac{\begin{vmatrix} b_1 & a_{12} \\ b_2 & a_{22} \end{vmatrix}}{\begin{vmatrix} a_{11} & a_{12} \\ a_{21} & a_{22} \end{vmatrix}}=\frac{a_{22}b_1-a_{12}b_2}{a_{11}a_{22}-a_{21}a_{12}}$$

$$x_2=\frac{\begin{vmatrix} a_{11} & b_1 \\ a_{21} & b_2 \end{vmatrix}}{\begin{vmatrix} a_{11} & a_{12} \\ a_{21} & a_{22} \end{vmatrix}}=\frac{a_{11}b_2-a_{21}b_1}{a_{11}a_{22}-a_{21}a_{12}}$$

该消除未知数的方法可以推广到含有两个或三个以上方程的系统。然而，大型系统所需

的大量计算使得手工实现该方法极其烦琐。

2.5.2.2　高斯消元法

在 2.5.2.1 节，用消元法求解了一对联立方程。该过程包括两个步骤：

① 对方程进行了处理，以消去其中一个未知数。这使得得到了含有一个未知数的方程。

② 可以直接求解该方程，并将结果反代到原方程中的一个方程中去求解剩下的未知数。

通过发展一个系统的算法来消除未知数，这种基本的方法可以扩展到大的方程组。高斯消元法是这些方法中最基本的一种，其包括高斯消元法的向前消元和向后代换的系统技术。虽然这些技术非常适合在计算机上实现，但需要进行一些修改以获得可靠的算法。

该方法旨在解决一般的 n 个方程组：

$$a_{11}x_1+a_{12}x_2+a_{13}x_3+\cdots+a_{1n}x_n=b_1 \tag{2-90a}$$

$$a_{21}x_1+a_{22}x_2+a_{23}x_3+\cdots+a_{2n}x_n=b_2 \tag{2-90b}$$

$$\vdots \qquad \vdots$$

$$a_{n1}x_1+a_{n2}x_2+a_{n3}x_3+\cdots+a_{nn}x_n=b_n \tag{2-90c}$$

就像求解两个方程一样，求解方程的技巧包括两个阶段：未知数的消去和反代求解。

首先是向前消元求解未知数，第一阶段的目的是将方程组简化为上三角方程组。

第一步是消去第 2 个到第 n 个方程中的第一个未知数 x_1。为此，将式(2-90a) 乘以 a_{21}/a_{11} 得到

$$a_{21}x_1+\frac{a_{21}}{a_{11}}a_{12}x_2+\frac{a_{21}}{a_{11}}a_{13}x_3+\cdots+\frac{a_{21}}{a_{11}}a_{1n}x_n=\frac{a_{21}}{a_{11}}b_1 \tag{2-91}$$

由式(2-90b) 减去式(2-91) 可得

$$\left(a_{22}-\frac{a_{21}}{a_{11}}a_{12}\right)x_2+\cdots+\left(a_{2n}-\frac{a_{21}}{a_{11}}a_{1n}\right)x_n=b_2-\frac{a_{21}}{a_{11}}b_1$$

然后对其余方程重复上述步骤，得到以下修改后的方程组：

$$a_{11}x_1+a_{12}x_2+a_{13}x_3+\cdots+a_{1n}x_n=b_1 \tag{2-92a}$$

$$a'_{22}x_2+a'_{23}x_3+\cdots+a'_{2n}x_n=b'_2 \tag{2-92b}$$

$$a'_{32}x_2+a'_{33}x_3+\cdots+a'_{3n}x_n=b'_3 \tag{2-92c}$$

$$\vdots \qquad \vdots$$

$$a'_{n2}x_2+a'_{n3}x_3+\cdots+a'_{nn}x_n=b'_n \tag{2-92d}$$

对于上述步骤，式(2-92a) 称为主元方程，a_{11} 称为主元。注意，第一行乘以 a_{21}/a_{11} 的过程等价于先除以 a_{11} 再乘以 a_{21}。

下一步是从式(2-92c) 到式(2-92d) 消去 x_2。为此，将式(2-92b) 乘以 a'_{32}/a'_{22} 然后由式(2-92c) 减去。对剩下的方程执行类似的消去，这个过程可以用剩下的主元方程继续。

序列中的最后一个操作是使用第 $(n-1)$ 个方程来消去第 n 个方程中的 x_{n-1} 项。此时，系统将转化为上三角系统：

$$a_{11}x_1+a_{12}x_2+a_{13}x_3+\cdots+a_{1n}x_n=b_1 \tag{2-93}$$

$$a'_{22}x_2+a'_{23}x_3+\cdots+a'_{2n}x_n=b'_2 \tag{2-94}$$

$$a''_{33}x_3+\cdots+a''_{3n}x_n=b''_3 \tag{2-95}$$

$$\vdots \qquad \vdots$$

$$a_{nn}^{(n-1)}x_n=b_n^{(n-1)} \tag{2-96}$$

在正向消去的基础上，开始反向迭代，式(2-96) 现在可以解出 x_n：

$$x_n = \frac{b_n^{(n-1)}}{a_{nn}^{(n-1)}} \tag{2-97}$$

这个结果可以反代到第（$n-1$）个方程中去解 x_{n-1}。这个过程可以用下面的公式来表示，重复这个过程来计算剩下的未知数：

$$x_i = \frac{b_i^{(i-1)} - \sum_{j=i+1}^{n} a_{ij}^{(i-1)} x_j}{a_{ii}^{(i-1)}} \quad (i = n-1, n-2, \cdots, 1) \tag{2-98}$$

【例 2-15】 高斯消元法应用。

用高斯消元法求解

$$3x_1 - 0.1x_2 - 0.2x_3 = 7.85 \tag{a1}$$
$$0.1x_1 + 7x_2 - 0.3x_3 = -19.3 \tag{b1}$$
$$0.3x_1 - 0.2x_2 + 10x_3 = 71.4 \tag{c1}$$

解 第一步是向前消元。将式(a1) 乘以 0.1/3，由式(b1) 减去式(a1)，得到式(b2)：

$$7.00333x_2 - 0.293333x_3 = -19.5617 \tag{b2}$$

然后将式(a1) 乘以 0.3/3，再由式(c1) 减去得到式(c2)。在这些运算之后，方程组变为

$$3x_1 - 0.1x_2 - 0.2x_3 = 7.85 \tag{a1}$$
$$7.00333x_2 - 0.293333x_3 = -19.5617 \tag{b2}$$
$$-0.190000x_2 + 10.0200x_3 = 70.6150 \tag{c2}$$

为了完成向前消元，x_2 必须从上面式子中消除。为此，将式(b2) 乘以 $-0.190000/7.00333$，然后由式(c2) 减去得到式(c3)。这消除了第三个方程中的 x_2，并将方程组简化为上三角形式，如

$$3x_1 - 0.1x_2 - 0.2x_3 = 7.85 \tag{a1}$$
$$7.00333x_2 - 0.293333x_3 = -19.5617 \tag{b2}$$
$$10.0120x_3 = 70.0843 \tag{c3}$$

第二步是用向后代换来解这些方程。首先，可以求式(c3) 得

$$x_3 = \frac{70.0843}{10.0120} = 7.00003$$

将此结果反代入式(b2)，即可求出

$$x_2 = \frac{-19.5617 + 0.293333 \times 7.00003}{7.00333} = -2.50000$$

最后，将 $x_3 = 7.00003$ 和 $x_2 = -2.50000$ 代回式(a1)，可求出

$$x_1 = \frac{7.85 + 0.1 \times (-2.50000) + 0.2 \times 7.00003}{3} = 3.00000$$

虽然有一点舍入误差，但结果非常接近 $x_1 = 3$，$x_2 = -2.5$，$x_3 = 7$ 的精确解。这可以通过将结果代入原方程组来验证：

$$3 \times (3) - 0.1 \times (-2.5) - 0.2 \times (7.00003) = 7.84999 \approx 7.85$$
$$0.1 \times (3) + 7 \times (-2.5) - 0.3 \times (7.00003) = -19.30000 = -19.3$$
$$0.3 \times (3) - 0.2 \times (-2.5) + 10 \times (7.00003) = 71.4003 \approx 71.4$$

2.5.3 矩阵运算的程序编制

与传统数值分析教材不同，本书侧重于数值分析的计算应用，不再过多关注原始计算代

码的编制，而是采用最为广泛使用的、开源的数值计算库 NumPy 直接计算。帮助读者立足于工程问题，开展直接有效的数值计算。

2.5.3.1 NumPy 科学计算数据包

NumPy（Numerical Python）是 Python 语言的用于数据科学计算的基础模块，该模块主要用来储存和处理大型矩阵，除了拥有大量优化的内置数学函数以外，还提供了线性代数、傅里叶变换等大量实用的数学工具。通过 NumPy 模块，用户通过少量的代码就可以快速进行各种复杂的数学计算。

NumPy 为 Python 中几乎所有科学计算库或技术计算库提供了数值计算支持。某些如图像处理等不需要直接进行数值计算的模块，其底层也需要 NumPy 进行支持。因此，NumPy 是 Python 语言中非常重要的组成部分。本节将介绍如何通过 NumPy 科学计算数据包进行矩阵、向量等的计算来帮助读者利用 Python 语言进行数据分析。

用户在使用 NumPy 科学计算数据包时首先需要使用以下代码导入该模块：

```
import numpy as np
```

其中，np 为 NumPy 模块的别名，用户在编程时可以自行更改或省略别名，本书在后面的代码中均会在相应函数前加上 np，代表使用了 NumPy 模块。

2.5.3.2 常见矩阵代码创建方法

（1）向量的创建

在 NumPy 中，向量是一维的数组对象，是 NumPy 中最简单的数据结构之一，可以包含数字、布尔值或其他类型的数据。接下来介绍如何使用 NumPy 创建向量。

① arange()函数　arange()函数常用使用格式如下：

```
np.arange(start = 0,stop,step = 1,dtype = None)
```

其中参数说明如表 2-11 所示。

表 2-11　arange()函数的参数说明

参数	说明
start	初始值，默认为 0（在向量中）
stop	终止值（不在向量中）
step	步长，默认为 1
dtype	输出数据类型，未设置则使用输入数据的类型

【例 2-16】 生成 0～6 的间隔为 2 的向量，并设置数据类型为 float。

解 输入代码如下。

```
>>> np.arange(0,6,2,dtype = float)
array([0.,2.,4.])
```

可以看到，初始值 0 被包含在了向量里，而终止值 6 并不在向量中，用户在使用 arange()函数时应充分注意这一点。

② linspace()函数　通过 linspace()函数，用户可以快捷地生成等间距的一维向量，linspace()函数的常用使用格式如下：

```
np.linspace(start,stop,num = 50,endpoint = True,dtype = None)
```

其中参数说明如表 2-12 所示。

表 2-12　linspace()函数的参数说明

参数	说明
start	初始值，默认为 0(在向量中)
stop	终止值，若 endpoint 为 True，则该值在向量中，否则向量中不包含该值
num	要生成的向量内包含的数据总数，默认为 50
endpoint	为 True 时，生成的向量包含 stop，反之不包含
dtype	输出数据类型，未设置则使用输入数据的类型

【例 2-17】 生成一个 0～6 之间包含终止值 6 的共 3 个数据的向量，并设置数据类型为 int。

解 输入代码如下。

```
>>> np.linspace(0,6,3,endpoint = True,dtype = int)
array([0,3,6])
```

(2) 矩阵的创建

不同于一维的向量，矩阵是一个二维数组，NumPy 模块也提供了许多便捷的函数来方便用户生成矩阵，下面介绍一些常用的创建矩阵的函数。

① zeros()函数　zeros()函数通过给定的数组形状和数据类型能生成相应维度的全 0 矩阵或向量，常见使用格式如下：

```
np.zeros(shape,dtype = None)
```

其中参数说明如表 2-13 所示。

表 2-13　zeros()函数的参数说明

参数	说明
shape	以元组或列表的形式定义的矩阵形状
dtype	输出数据类型，未设置则使用输入数据的类型

【例 2-18】 生成一个 3 行 3 列的全 0 矩阵，并设置数据类型为 complex。

解 输入代码如下。

```
>>> np.zeros((3,3),dtype = complex)
array([[0. +0.j,0. +0.j,0. +0.j],
       [0. +0.j,0. +0.j,0. +0.j],
       [0. +0.j,0. +0.j,0. +0.j]])
```

需要注意的是，shape 参数也可以是 [3，3] 的长度为 2 的列表，甚至可以是一个整数，如以下示例所示，该种情况下，生成的是一个一维的全 0 向量。

```
>>> np.zeros(3,dtype = complex)
array([0. +0.j,0. +0.j,0. +0.j])
```

② ones()函数　与 zeros()函数类似，该函数的作用是生成全 1 的矩阵或向量，函数常用格式与参数解释与 zeros()函数相同，不再赘述。

【例 2-19】 生成一个 3 行 3 列的全 1 矩阵，并设置数据类型为 float。

解　输入代码如下。

```
>>> np.ones((3,3),dtype = float)
array([[1.,1.,1.],
       [1.,1.,1.],
       [1.,1.,1.]])
```

③ array()函数　array()函数的作用是将输入数据转换为 NumPy 的 N 维数组对象 ndarray，常用格式如下：

```
np.array(object,dtype)
```

其中参数说明如表 2-14 所示。

表 2-14　array()函数的参数说明

参数	说明
object	输入的数组
dtype	输出数据类型，未设置则使用输入数据的类型

【例 2-20】　创建一个矩阵，第一行两个元素为 1，2，第二行两个元素为 3，4，并设置数据类型为 int。

解　输入代码如下。

```
>>> np.array([[1,2],
              [2,3]],dtype = int)
  array([[1,2],
      [2,3]])
```

通过该函数，可以将该任意数组转换为 N 维的 ndarray 对象以方便与其他数组进行运算。

(3) 矩阵的基本计算

下面通过几个实例介绍如何在 Python 中进行矩阵的基本运算。

① 矩阵的加法与减法

【例 2-21】　假设 $\boldsymbol{A}=\begin{bmatrix}1 & 2\\3 & 4\end{bmatrix}$，$\boldsymbol{B}=\begin{bmatrix}2 & 3\\4 & 5\end{bmatrix}$，$C=5$ 计算 $\boldsymbol{A}+\boldsymbol{B}$，$\boldsymbol{A}-\boldsymbol{B}$，并将 $\boldsymbol{A}$ 的每个元素都加/减 C。

解　输入代码如下。

```
>>> A = np.array([[1,2],[3,4]])
>>> B = np.array([[2,3],[4,5]])
>>> print(A + B ,A - B,A + C,A - C)
[[3 5]          [[ - 1 - 1]      [[6 7]      [[ - 4  - 3]
 [7 9]]          [ - 1 - 1]]      [8 9]]      [ - 2  - 1]]
```

可以看到 Python 中矩阵的加减法与以前学习的意义是一致的，即为每个位置的对应元素相加减，除了相同形状的两个矩阵能够进行加减操作，如果一个矩阵加上的是一个单独的数，如上述代码的“A+C”和“A−C”，那么也可以实现对矩阵加减同一个数字的操作。

② 矩阵的乘法与除法　在 Python 中，矩阵乘法计算法则与之前学习的一致，不同的是，Python 中使用“@”符号作为矩阵之间的乘法符号，需要特别注意的是“*”和“@”符号的区别。如果在两个矩阵之间使用“*”，则程序会将计算的两个矩阵当作普通数组进

行计算，将其对应位置数字相乘，该种情况下，和矩阵加减法一样，可以使用“*”将矩阵和数字连接；而如果使用“@”连接，则会按照矩阵乘法计算法则进行计算。

假如矩阵 $\boldsymbol{A}$ 和 $\boldsymbol{B}$ 维度一样，那么矩阵的除法 A/B 则表示对应元素相除。与此对应的，矩阵另一种类似“除法”的运算，即逆矩阵，例如求解 $\boldsymbol{Ax}=\boldsymbol{B}$ 这个方程组（$\boldsymbol{x}=\boldsymbol{A}^{-1}\boldsymbol{B}$），也可以使用 NumPy 已经集成好的方法 np. linalg. solve(A,B) 进行计算。实际上是在利用高斯消元法、LU 分解高效算法进行线性方程组 $\boldsymbol{Ax}=\boldsymbol{B}$ 的计算。

【例 2-22】 假设 $\boldsymbol{A}=\begin{bmatrix}1 & 2\\3 & 4\end{bmatrix}$，$\boldsymbol{B}=\begin{bmatrix}2 & 3\\4 & 5\end{bmatrix}$，分别计算 $\boldsymbol{AB}$ 和 $\boldsymbol{A}^{-1}\boldsymbol{B}$。

解 输入代码如下。

```
import numpy as np
from numpy.linalg import inv,solve
A = np.array([[1,2],[3,4]])
B = np.array([[2,3],[4,5]])
print(A * B,A@B,inv(A)@B,solve(A,B))
[[2 6]        [[10 13]       [[0  -1]    [[0  -1]
[12 20]]      [22 29]]       [1 2]]      [1 2]]
```

上述实例中，第一行代码是导入 NumPy 中的相应方法，inv()是对 $\boldsymbol{A}$ 求逆，可以看到“*”仅仅是对矩阵对应元素进行了相乘，只有通过“@”才能真正获得想要的矩阵的相乘结果。此外，还可以发现使用 $\boldsymbol{A}^{-1}\boldsymbol{B}$ 和 np. linalg. solve(A,B) 得到的结果是一致的，但是在处理高维度的矩阵时，后者的计算效率远远高于前者，感兴趣的读者可以自行尝试。

习 题

2-1 用不同的数值方法计算积分（提示：积分限需要调整到−1，1；尝试 2 点、3 点、4 点积分）$\int_1^2 \sqrt{x}\ln x\,\mathrm{d}x$。

2-2 利用 2 点、3 点、4 点高斯积分求解以下数值积分解（每一步取 5 位小数）：

(1) $f(x)=\int_{-1}^{1}\left(3\mathrm{e}^x+x^2+\dfrac{1}{x+2}\right)\mathrm{d}x$；

(2) $f(x)=\int_{-1}^{2}(x^3+x^2+x+1)\mathrm{d}x$。

2-3 请思考：拉格朗日插值为什么阶次不宜过高？

以函数 $g(x)=\dfrac{1}{1+x^2}$，$-5\leqslant x\leqslant 5$ 为例，采用拉格朗日插值多项式。选取不同插值结点个数 $n+1$，其中 n 为插值多项式的次数，当 n 分别取 2，4，6，8，10 时，取 $x_i=-5+\dfrac{10}{n}i$（$i=0,1,\cdots,n$），绘出插值结果图形。

2-4 取 [0，10] 10 个整数点，将其代入 $y=\sin(x)$，得到 10 个点，利用三次样条插值的方法绘制出插值曲线。

2-5 求解方程 $\mathrm{e}^{-x}-\ln x=0$，在（0，+∞）的根。

(1) 采用二分法求解；

（2）采用不动点法进行求解；

（3）采用牛顿迭代法、割线法，求解（0，$+\infty$）的根。

2-6　用修正的割线法求解方程 $f(x)=x^3-x-1=0$ 在 $x_0=1.5$ 附近的近似解，要求 $|\varepsilon_a|<10^{-8}$。

2-7　采用 Python 代码编写离散牛顿迭代法求解非线性方程组的通用代码，并求解例 2-14 的解。

2-8　已知 $\boldsymbol{A}=\begin{bmatrix}6 & 5\\5 & 4\end{bmatrix}$，$\boldsymbol{b}=\begin{bmatrix}2\\3\end{bmatrix}$，利用 Python 代码计算 $\boldsymbol{Ax}=\boldsymbol{b}$ 的解。代码可扫二维码查看。

第 3 章　平面问题有限元分析

【工程问题分析】

在工程实际中，有很多的机械结构件，是国民经济和国防工业的核心部件。例如图 3-1(a) 所示的高速行星齿轮箱，在气体压缩等多个领域的应用日益广泛；随着生活水平的提高，高档自行车变得供不应求，图 3-1(b) 所示的自行车变速飞轮是影响自行车性能的关键部件；图 3-1(c) 所示的圆柱滚子轴承，是我国航空发动机和高铁等大国重器的关键部件，其寿命和可靠性至关重要；图 3-1(d) 所示的重载厚齿轮，也是大型船舶等进行大转矩传递的关键装备；图 3-1(e) 所示的输气管道，是我国的能源“大动脉”；图 3-1(f) 所示为大型水坝，为我国提供源源不断的清洁能源。而这些部件中，高速薄齿轮、链盘、滚柱、低速厚

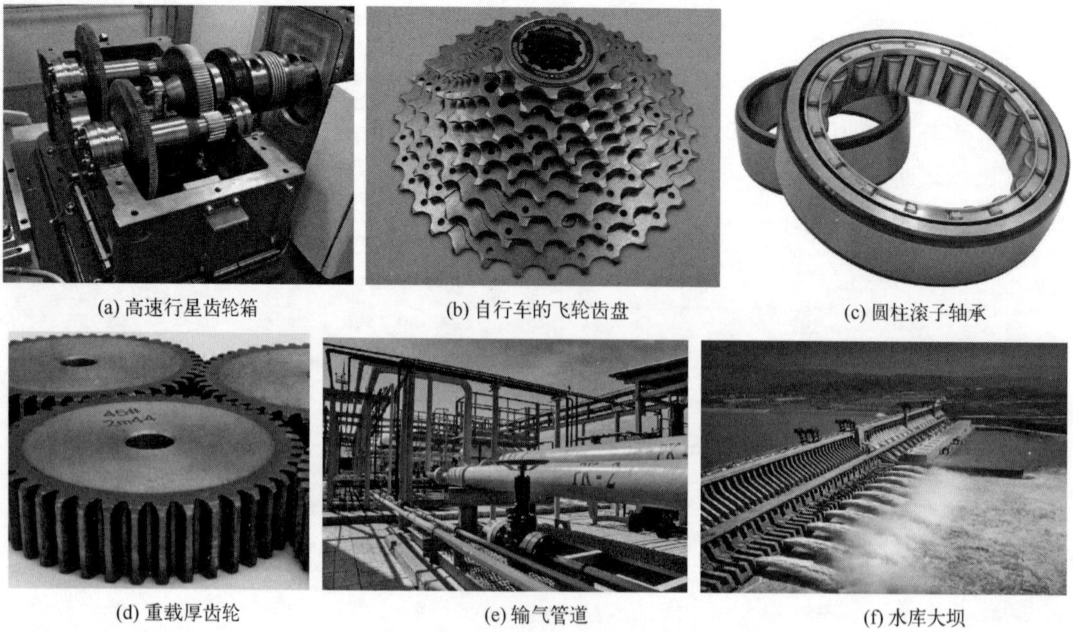

(a) 高速行星齿轮箱　(b) 自行车的飞轮齿盘　(c) 圆柱滚子轴承

(d) 重载厚齿轮　(e) 输气管道　(f) 水库大坝

图 3-1　典型工程问题

齿轮、管道和水坝等典型部件，都有一个共同的特点，就是载荷都在其横截面内，没有沿轴线方向的载荷作用。有的部件，轴向的尺寸较小，比如高速薄齿轮，有的部件轴线方向的尺寸较大，如管道和水坝。针对这样的特殊部件，根据受力特征和几何特点，可以假定其轴线方向的应力或者应变为零。轴向应力假定为零的应力问题称为平面应力问题；轴向线应变为零的应力问题，可简化为平面应变问题。将一个三维结构，适当进行处理并简化成二维平面问题，可以提升计算效率。

【学习目标】

通过本章的学习，需要掌握以下内容。

① 学习对三角形单元的剖析过程，了解有限元法最核心的基本概念；

② 明确弹性力学问题有限元分析技术的基本路线，包括结构离散化、位移模式、构造形函数、单元有限元方程的建立、整体有限元方程的建立、有限元方程的求解等分析步骤；

③ 明确有限元法的实质，熟悉平面问题三角形常应变单元的原理，掌握简单问题的求解过程，能手动推算简单的连续弹性体问题有限元解；

④ 能够完成简单平面问题的程序设计。

3.1　两类弹性力学平面问题

严格意义上讲，任何弹性体都是三维空间内的物体，弹性力学问题都是三维问题。但是在一定条件下，根据物体的几何形状以及受力特点，不失一般性，部分三维空间问题可以简化为平面问题。平面问题可以总结为两类问题：第一类称为平面应力问题，第二类称为平面应变问题。

3.1.1　平面应力问题

3.1.1.1　平面应力问题的几何特点

几何体是一个厚度均匀的大平面薄板（厚度远小于其截面的尺寸），如图 3-2 所示。该薄板厚度方向的对称平面称为板的中面。

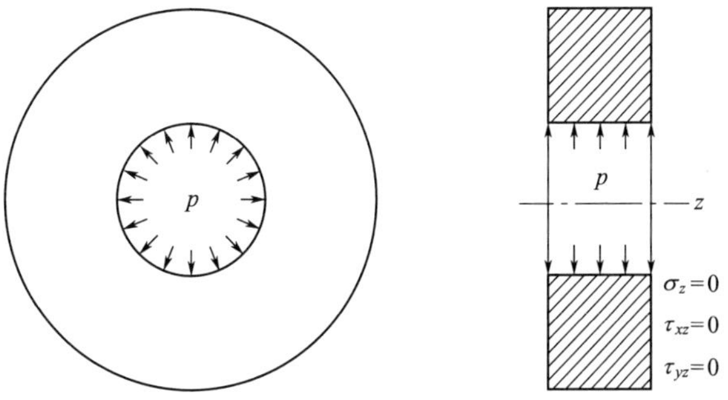

图 3-2　平面薄板的几何形状与受力

3.1.1.2　平面应力问题的受力特点

平面应力问题的受力特点为：板面不受力，边界位置作用在板厚方向上的面力与板内的体力均平行于板面，且沿着板厚方向均匀分布。由于在垂直板面厚度方向上无作用力且为薄板，在整个体积内每点处认为有

$$\sigma_z=0,\tau_{xz}=0,\tau_{yz}=0 \tag{3-1}$$

因此描述一点的应力状态的 6 个应力分量中，只有与 x 和 y 方向有关的三个应力分量 σ_x、σ_y、τ_{xy} 不为零，根据广义胡克定理，厚度 z 方向的线应变 ε_z 为

$$\varepsilon_z = -\frac{\mu}{E}(\sigma_x + \sigma_y) \neq 0 \tag{3-2}$$

从精确的三维弹性理论来看，平面应力问题只是对图 3-2 所示问题的一个很好的近似描述。工程实际应用中，平面应力问题的几何形状可以放宽到有对称平面，板厚 t 可以在(x, y)平面内有微小变化；受力特点可以放宽到外力关于中面对称分布；各量均理解为沿厚度方向的平均值。

3.1.2 平面应变问题

3.1.2.1 平面应变问题的几何特点

几何体形状上是一个等截面的长柱体，其长度远大于其截面尺寸，z 轴为柱体母线，如图 3-3 所示。工程结构中压力管道、压力隧洞和水库坝体均可以简化为平面应变问题。

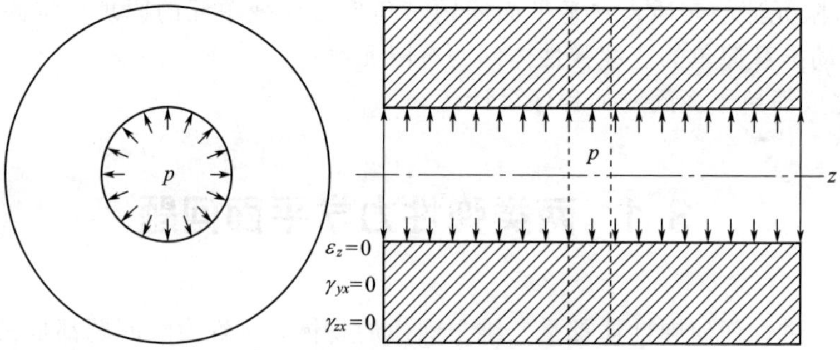

图 3-3 长圆筒的几何形状与受力

3.1.2.2 平面应变问题的受力特点

平面应变问题的受力特点为：在柱体边界上的表面力以及柱体内部体积力均无 z 方向的分量，外载荷沿 z 向均匀分布在柱体或筒体上。一般认为，柱体或筒体无限长，任意截面皆可看成对称面，得出柱体或筒体内各点沿 z 向位移为零，有

$$\varepsilon_z = 0, \gamma_{zx} = 0, \gamma_{zy} = 0 \tag{3-3}$$

因此描述一点的应变状态的六个应变分量中，只有与 x 和 y 方向有关的 ε_x、ε_y、γ_{xy} 三个应变分量不为零，仅是 x、y 的函数，与 z 无关，且所有其他变量也只是 x、y 的函数，与 z 无关。根据广义胡克定理，z 方向的正应力分量 σ_z 为

$$\sigma_z = \mu(\sigma_x + \sigma_y) \neq 0 \tag{3-4}$$

通过对平面应力问题和平面应变问题的描述可知，它们的共同特点为：分析几何模型均为平面。平面应力问题几何模型为其对称中面，平面应变问题几何模型为其截面图形；有关分析量如外力、位移、应力及应变都仅为坐标(x, y)的函数。因此，一般把平面应力问题和平面应变问题统称为弹性力学平面问题。

3.1.3 弹性力学平面问题的数学描述

在弹性力学平面问题中，描述弹性体的三大基本变量为物体内任一点的位移 $\boldsymbol{u}$、应力 $\boldsymbol{\sigma}$ 和应变 $\boldsymbol{\varepsilon}$，三者均是坐标(x, y)的函数。位移矢量 $\boldsymbol{u}$ 表示如下

$$\boldsymbol{u} = (u, v)^{\mathrm{T}} \tag{3-5}$$

其中，u、v 分别是位移矢量 $\boldsymbol{u}$ 在两个坐标轴 x 和 y 方向的位移分量。

一点的应力状态表示为 $$\boldsymbol{\sigma}=(\sigma_x,\sigma_y,\tau_{xy})^{\mathrm{T}} \tag{3-6}$$

一点的应变状态表示为 $$\boldsymbol{\varepsilon}=(\varepsilon_x,\varepsilon_y,\gamma_{xy})^{\mathrm{T}} \tag{3-7}$$

在平面问题中，弹性体受到的外力按作用方式分类有体积力和表面力，简称为体力和面力。其中体力 $\boldsymbol{f}$ 是物体在单位体积上的受力，面力 $\boldsymbol{T}$ 是物体在单位面积上的受力，体力和面力分别表示为

$$\boldsymbol{f}=(f_x,f_y)^{\mathrm{T}} \tag{3-8}$$

$$\boldsymbol{T}=(T_x,T_y)^{\mathrm{T}} \tag{3-9}$$

其中 f_x、f_y 为体力 $\boldsymbol{f}$ 在两个坐标轴 x 和 y 方向的分量；T_x、T_y 为面力 $\boldsymbol{T}$ 在两个坐标轴 x 和 y 方向的分量。

描述弹性体微元所受到的体力与微元体应力之间的关系式称为平衡微分方程，表示为

$$\begin{cases}\dfrac{\partial\sigma_x}{\partial x}+\dfrac{\partial\tau_{yx}}{\partial y}+f_x=0\\[2mm]\dfrac{\partial\tau_{xy}}{\partial x}+\dfrac{\partial\sigma_y}{\partial y}+f_y=0\end{cases} \tag{3-10}$$

描述弹性体内一点应变与位移之间的关系式称为几何方程，表示为

$$\varepsilon_x=\frac{\partial u}{\partial x},\varepsilon_y=\frac{\partial v}{\partial y} \tag{3-11a}$$

$$\gamma_{xy}=\frac{\partial v}{\partial x}+\frac{\partial u}{\partial y} \tag{3-11b}$$

描述弹性体应力与应变之间的关系称为物理方程。根据广义胡克定理，平面应力问题的物理方程表示为

$$\begin{cases}\varepsilon_x=\dfrac{1}{E}(\sigma_x-\mu\sigma_y)\\[2mm]\varepsilon_y=\dfrac{1}{E}(\sigma_y-\mu\sigma_x)\\[2mm]\gamma_{xy}=\dfrac{2(1+\mu)}{E}\tau_{xy}\end{cases} \tag{3-12}$$

平面应变问题对应的物理方程表示为

$$\begin{cases}\varepsilon_x=\dfrac{1-\mu^2}{E}\left(\sigma_x-\dfrac{\mu}{1-\mu}\sigma_y\right)\\[2mm]\varepsilon_y=\dfrac{1-\mu^2}{E}\left(\sigma_y-\dfrac{\mu}{1-\mu}\sigma_x\right)\\[2mm]\gamma_{xy}=\dfrac{2(1+\mu)}{E}\tau_{xy}\end{cases} \tag{3-13}$$

式中，E 为弹性模量；μ 为泊松比。

弹性力学平面问题在边界上每点必须提出两个边界条件。常见的边界条件有位移边界和力边界。其中位移边界可描述为在给定位移边界 S_u 内已知每点 x 和 y 方向的位移分量

$$\boldsymbol{u}=(\bar{u},\bar{v})_{S_u}^{\mathrm{T}} \tag{3-14}$$

力边界条件为在给定表面力边界 S_σ 内已知每点 x 和 y 方向的面力分量

$$\boldsymbol{T}=(\overline{T}_x,\overline{T}_y)_{S_\sigma}^{\mathrm{T}} \tag{3-15}$$

式中物理量上“—”表示物体表面上点的位移与力。

综上，式(3-10)～式(3-15) 构成了弹性力学平面应力和平面应变问题求解方程组。

3.2 弹性力学平面问题有限元法

对弹性力学平面问题控制方程的求解方法有理论分析方法、实验分析方法及数值分析方法。有限元法是求解偏微分方程初边值问题的一种有效数值分析方法。有限元法分析一般步骤为：①建立离散的有限元模型；②单元分析；③建立整体有限元方程组；④解方程组，求出所有结点变量；⑤回代，处理分析结果，并给出所需要的解答。

本节通过常应变、常应力三结点三角形单元对结构进行离散分析，并以此为例来介绍弹性力学平面问题有限元法分析过程。

3.2.1 结构离散化

有限元法基本思想是用一个比较简单的物理模型，即将连续的求解域 $\boldsymbol{S}$ 离散为一组有限个单元相互联结在一起的组合体，去代替原有的复杂问题，从而进行求解。

将连续求解域划分为有限数量单元组合体的过程称为离散化。结构离散化包括求解连续域空间离散和载荷离散，从而得到有限元分析模型。结构连续域空间离散的过程为：a. 建立坐标系；b. 选择单元类型，将连续域划分为有限个单元组合体；c. 形成单元总数、结点总数、单元号、结点号、结点坐标、单元内结点次序（单元结点信息）；d. 把约束加到相应结点上。

如图 3-4 所示，左图为原二维求解域，采用三结点三角形单元，可以把求解域离散化为右图所示三角形单元组合体。各三角形单元的交点称为结点，图 3-4 所示的离散化模型中分别有 15 个单元（①～⑮）和 13 个结点（1～13）。由离散结果可见，由于选用直边三角形，造成曲线边界不能完全逼近，存在一些被舍弃的区域，如果减小单元尺寸或者选择具有曲线边界的单元，这部分未被离散的求解域将减小。有限元方法的基本思想就是分区逼近，近似地求解连续问题。将连续的求解域离散为单元时所产生的离散误差是结果误差的一个来源，因此，在离散化前，需要选择合适的单元类型并进行适当的划分。

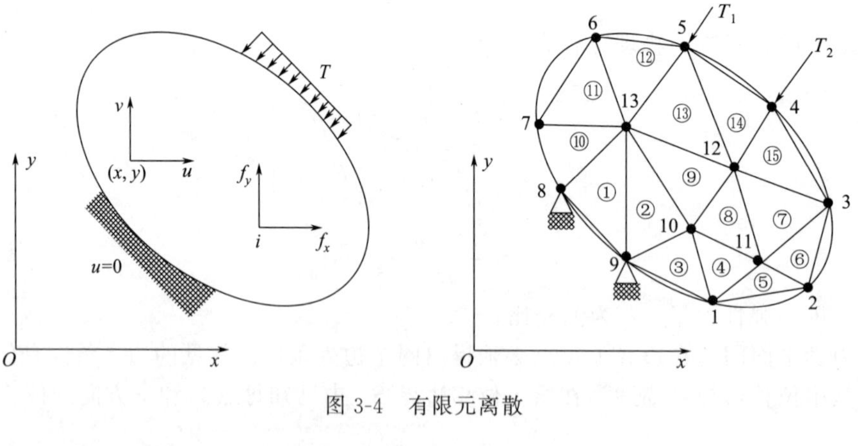

图 3-4 有限元离散

3.2.1.1 平面单元类型

在划分单元之前，有限元工程师应该考虑如何选择合适的单元类型来解决现有的问题。单元类型主要取决于单元形状、单元结点个数、单元形状函数。随着科学技术的发展，当前有很多种类的单元类型。对于二维平面问题，几种常见的单元类型如图 3-5 所示。

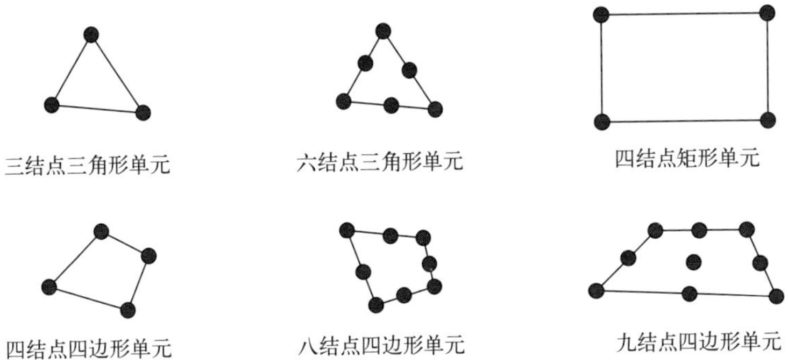

图 3-5　平面问题常见的单元类型

3.2.1.2　离散化过程中应该注意的问题

在有限元模型建立过程中，应该注意以下问题：

① 对于同一问题，采用不同类型的单元，其计算结果的精度会不同。一般而言，比较复杂的高阶单元的计算精度要高于低阶单元的计算精度。

② 对于同一种类型的单元，采用不同数量的网格，其计算结果的精度也不同。一般而言，网格数量越多，单元尺寸越小，近似程度越高，计算精度越高，但其计算量也越大。在实际计算时需要权衡计算精度和网格数量之间的关系。

③ 在边界尺寸变化处、应力集中处单元的尺寸要尽可能小，但是同时还需要保证全体网格单元中最大与最小网格单元的尺寸倍数不宜相差过大。

④ 在离散化过程中，最好将集中力的作用点以及分布力突变的点选为结点。

⑤ 厚度突然变化、物性突然变化的地方在离散化的过程中均应该进行区分。

⑥ 从单个单元来看，单元的形状也会影响计算精度。如分析表明三角形单元的形状接近正三角形时更合理，即尽量保证最长边与最短边的特征比接近于 1。

【例 3-1】 分析一平面应力问题，几何尺寸如图 3-6(a) 所示。试建立一个简单的有限元离散模型。

解　根据有限元结构离散化分析步骤，有：

a. 建立平面坐标系 Oxy，如图 3-6(b) 所示。

b. 选择三结点三角形单元类型划分结构，将原求解域划分为 4 个三角形单元组合体。

c. 对结点和单元编号：共有六个结点，编号为 1～6；4 个单元，编号为①～④。

d. 用二维数组 **ZB** 记录结点坐标如下：

$$\mathbf{ZB}=\begin{bmatrix}0 & 0\\ l & 0\\ 0 & h\\ l & h\\ 2l & 0\\ 2l & h\end{bmatrix}$$

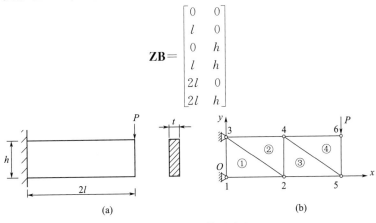

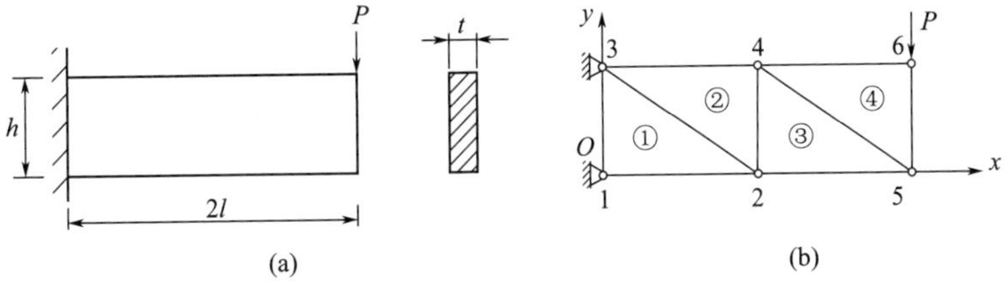

图 3-6　有限元模型建立

数组中行号隐含表示结点号，第一列表示结点的 x 坐标，第二列表示结点的 y 坐标。

e. 给出描述每个单元内的结点号和结点排列顺序的单元结点信息数组 **JS**：

$$\mathbf{JS}=\begin{bmatrix}3 & 1 & 2\\2 & 4 & 3\\4 & 2 & 5\\5 & 6 & 4\end{bmatrix}$$

数组中行号隐含表示单元号，数组第一列隐含表示单元中排第一的结点号，以此类推。

f. 将载荷及位移约束表示在相应结点上。

结点坐标数组、单元结点信息数组和图 3-6 有限元离散模型构成了一个完整有限元模型，读者在解题时应注意体会每一步骤所包含的意义。在应用商业有限元软件分析结构问题时初始主要进行几何模型建立、网格划分以及施加约束与载荷等离散过程。

3.2.2 单元分析

3.2.2.1 单元结点位移列阵

在求解域空间内，用来描述每个结点在不同正交方向上的位移所需坐标的个数称为结点的自由度。在本章所讨论的二维问题中，每个结点有 x 和 y 两个方向的位移分量，即每个结点有两个自由度。本章中采用的编码方案为：第 j 个结点在 x 方向上的位移分量表示为 u_j，在 y 方向上的位移分量表示为 v_j，整个位移向量可以用矩阵形式表示为

$$\boldsymbol{Q}=[\boldsymbol{q}_1,\cdots,\boldsymbol{q}_{N_{\text{node}}}]^{\mathrm{T}}=[u_1,v_1,\cdots,u_{N_{\text{node}}},v_{N_{\text{node}}}]^{\mathrm{T}},\boldsymbol{q}_i=[u_i,v_i]^{\mathrm{T}} \tag{3-16}$$

式中，N_{node} 为结点数。设有任意一个三结点三角形单元 e 如图 3-7 所示，该单元有三个结点，三个结点的编号分别为 i、j、m。有限元程序通常采用行列式计算单元面积，为避免单元面积值出现负数，在建立单元结点信息数组时，单元内部结点顺序按照逆时针排列。

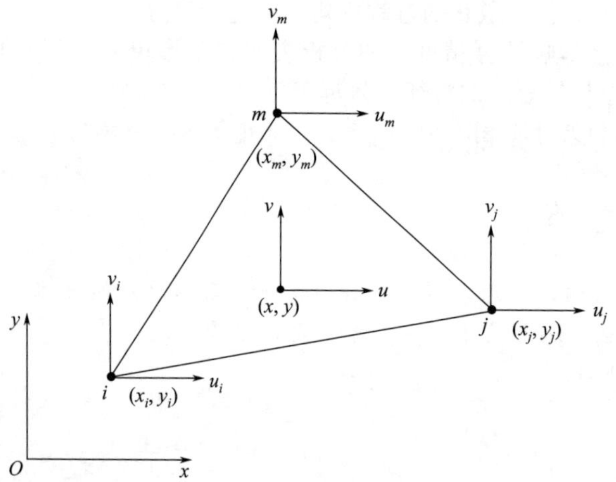

图 3-7 三结点三角形单元

对如图 3-7 所示的三结点三角形单元 e，结点坐标为 $(x_i,y_i)(i,j,m)$，结点的位移记为

$$\boldsymbol{q}_i=\begin{bmatrix}u_i\\v_i\end{bmatrix}\quad(i,j,m) \tag{3-17}$$

单元结点位移列阵为

$$\boldsymbol{q}^e=[\boldsymbol{q}_i,\boldsymbol{q}_j,\boldsymbol{q}_m]^{\mathrm{T}}=[u_i,v_i,u_j,v_j,u_m,v_m]^{\mathrm{T}} \tag{3-18}$$

3.2.2.2 位移模式和形函数

想要由平面逼近曲面，应使单元内部的位移分布与结点位移相协调。根据单元的结点数，设单元内任一点的位移分量 u、v 是 x、y 的线性函数，即

$$\begin{cases}u=\alpha_1+\alpha_2x+\alpha_3y\\v=\alpha_4+\alpha_5x+\alpha_6y\end{cases} \tag{3-19}$$

式(3-19) 称为单元的位移模式，其中 $\alpha_1 \sim \alpha_6$ 为 6 个待定系数。确定单元位移模式时，要注意：①广义坐标个数应与结点自由度数相等；②选取多项式时，常数项和坐标的一次项必须完备；③多项式的选取应由低阶到高阶，尽量选取完全多项式以提高单元的精度；④单元位移模式的确定尽量满足简单性、完备性、连续性及待定系数的唯一确定性原则。

按照位移有限元法求解，问题的最终变量是结点位移，6 个待定系数可用结点位移和结点坐标求出。式(3-19) 适于单元各点，同样适用于结点，将三个结点的坐标分别代入式(3-19) 的第一式，整理成矩阵形式有

$$\begin{bmatrix} u_i \\ u_j \\ u_m \end{bmatrix} = \begin{bmatrix} 1 & x_i & y_i \\ 1 & x_j & y_j \\ 1 & x_m & y_m \end{bmatrix} \begin{bmatrix} \alpha_1 \\ \alpha_2 \\ \alpha_3 \end{bmatrix} \tag{3-20}$$

从式(3-20) 可以解出 α_1、α_2、α_3，即

$$\begin{bmatrix} \alpha_1 \\ \alpha_2 \\ \alpha_3 \end{bmatrix} = \frac{1}{2A^e} \begin{bmatrix} a_i & a_j & a_m \\ b_i & b_j & b_m \\ c_i & c_j & c_m \end{bmatrix} \begin{bmatrix} u_i \\ u_j \\ u_m \end{bmatrix} \tag{3-21}$$

其中

$$\begin{cases} a_i = x_j y_m - x_m y_j = \begin{vmatrix} x_j & y_j \\ x_m & y_m \end{vmatrix} \\ b_i = y_j - y_m = -\begin{vmatrix} 1 & y_j \\ 1 & y_m \end{vmatrix} \qquad (i, \overrightarrow{\underleftarrow{j}}, m) \\ c_i = x_m - x_j = \begin{vmatrix} 1 & x_j \\ 1 & x_m \end{vmatrix} \end{cases} \tag{3-22}$$

把式(3-21) 代入式(3-19) 的第一式，得单元内任一点 x 方向的位移分量 u

$$u = N_i u_i + N_j u_j + N_m u_m = [N_i \quad N_j \quad N_m] \begin{bmatrix} u_i \\ u_j \\ u_m \end{bmatrix} \tag{3-23}$$

N_i、N_j、N_m 为 x，y 的函数，有

$$\begin{cases} N_i = \dfrac{a_i + b_i x + c_i y}{2A^e} \\ N_j = \dfrac{a_j + b_j x + c_j y}{2A^e} \\ N_m = \dfrac{a_m + b_m x + c_m y}{2A^e} \end{cases} \tag{3-24}$$

式中，A^e 是三角形单元 ijm 的面积。i、j、m 三点彼此不能重合，否则 $A^e = 0$。由解析几何知

$$A^e = \frac{1}{2} \begin{vmatrix} 1 & x_i & y_i \\ 1 & x_j & y_j \\ 1 & x_m & y_m \end{vmatrix} \tag{3-25}$$

称 $N_i(i, j, m)$ 为对应结点的形状函数，简称**形函数**。形函数只定义在该三角形单元上，如果画出它们的三维函数图像，可以看到每一个形函数的图像都是一个小平面。有限元法实际上就是要用这些小平面构成的折面去逼近解曲面。

同 x 方向一样地推导，可得单元内任一点的 y 方向位移 v

$$v=N_iv_i+N_jv_j+N_mv_m \tag{3-26}$$

于是，单元内任一点的位移矢量 $\boldsymbol{u}^e$ 可描述为

$$\boldsymbol{u}^e=\begin{bmatrix}u\\v\end{bmatrix}=\begin{bmatrix}N_i & 0 & N_j & 0 & N_m & 0\\0 & N_i & 0 & N_j & 0 & N_m\end{bmatrix}\begin{bmatrix}u_i\\v_i\\u_j\\v_j\\u_m\\v_m\end{bmatrix} \tag{3-27}$$

式(3-27) 可改写为

$$\boldsymbol{u}^e=\begin{bmatrix}\boldsymbol{N}_i^e & \boldsymbol{N}_j^e & \boldsymbol{N}_m^e\end{bmatrix}\begin{bmatrix}\boldsymbol{q}_i\\\boldsymbol{q}_j\\\boldsymbol{q}_m\end{bmatrix}=\boldsymbol{N}^e\boldsymbol{q}^e \tag{3-28}$$

式中，$\boldsymbol{N}^e$ 为单元形函数矩阵

$$\boldsymbol{N}^e=\begin{bmatrix}N_i & 0 & N_j & 0 & N_m & 0\\0 & N_i & 0 & N_j & 0 & N_m\end{bmatrix}=\begin{bmatrix}\boldsymbol{N}_i^e & \boldsymbol{N}_j^e & \boldsymbol{N}_m^e\end{bmatrix} \tag{3-29}$$

其中子块

$$\boldsymbol{N}_i^e=N_i\boldsymbol{I}=N_i\begin{bmatrix}1 & 0\\0 & 1\end{bmatrix}\quad(i,\overrightarrow{\underleftarrow{j}},m) \tag{3-30}$$

显然，形函数决定了单元内的位移模式，反映了 i 结点位移对单元内任意点位移的贡献率。

3.2.2.3 单元应变

当单元位移场确定后，将式(3-23)、式(3-26) 分别代入式(3-11a) 和式(3-11b)，根据几何方程就能用单元结点坐标表示单元内任意一点的应变为

$$\varepsilon_x=\frac{\partial u}{\partial x}=\frac{\partial N_i(x,y)}{\partial x}u_i+\frac{\partial N_j(x,y)}{\partial x}u_j+\frac{\partial N_m(x,y)}{\partial x}u_m \tag{3-31a}$$

$$\varepsilon_y=\frac{\partial v}{\partial y}=\frac{\partial N_i(x,y)}{\partial y}v_i+\frac{\partial N_j(x,y)}{\partial y}v_j+\frac{\partial N_m(x,y)}{\partial y}v_m \tag{3-31b}$$

$$\begin{aligned}\gamma_{xy}=\frac{\partial u}{\partial y}+\frac{\partial v}{\partial x}=&\frac{\partial N_i(x,y)}{\partial y}u_i+\frac{\partial N_j(x,y)}{\partial y}u_j+\frac{\partial N_m(x,y)}{\partial y}u_m\\&+\frac{\partial N_i(x,y)}{\partial x}v_i+\frac{\partial N_j(x,y)}{\partial x}v_j+\frac{\partial N_m(x,y)}{\partial x}v_m\end{aligned} \tag{3-31c}$$

用矩阵表示为

$$\boldsymbol{\varepsilon}^e=\boldsymbol{L}\boldsymbol{u}^e=\boldsymbol{L}\boldsymbol{N}^e\boldsymbol{q}^e \tag{3-32}$$

式中，$\boldsymbol{\varepsilon}^e$ 为单元应变列阵。微分算子矩阵 $\boldsymbol{L}$ 为

$$\boldsymbol{L}=\begin{bmatrix}\dfrac{\partial}{\partial x} & 0\\0 & \dfrac{\partial}{\partial y}\\\dfrac{\partial}{\partial y} & \dfrac{\partial}{\partial x}\end{bmatrix} \tag{3-33}$$

将形函数 $N_i(i,j,m)$ 分别对坐标 x 和 y 求导可以得到

$$\begin{cases}\dfrac{\partial N_i}{\partial x}=\dfrac{b_i}{2A^e} \\ \dfrac{\partial N_i}{\partial y}=\dfrac{c_i}{2A^e}\end{cases}\quad (\overrightarrow{i,j,m}) \tag{3-34}$$

把式(3-34) 代入式(3-32)，对三结点三角形单元，其任一点的应变为

$$\boldsymbol{\varepsilon}^e=\frac{1}{2A}\begin{bmatrix} b_i & 0 & b_j & 0 & b_m & 0 \\ 0 & c_i & 0 & c_j & 0 & c_m \\ c_i & b_i & c_j & b_j & c_m & b_m \end{bmatrix}\begin{bmatrix} u_i \\ v_i \\ u_j \\ v_j \\ u_m \\ v_m \end{bmatrix}=\begin{bmatrix}\boldsymbol{B}_i^e & \boldsymbol{B}_j^e & \boldsymbol{B}_m^e\end{bmatrix}\begin{bmatrix}\boldsymbol{q}_i \\ \boldsymbol{q}_j \\ \boldsymbol{q}_m\end{bmatrix} \tag{3-35}$$

令

$$\boldsymbol{B}^e=\begin{bmatrix}\boldsymbol{B}_i^e & \boldsymbol{B}_j^e & \boldsymbol{B}_m^e\end{bmatrix}=\frac{1}{2A^e}\begin{bmatrix} b_i & 0 & b_j & 0 & b_m & 0 \\ 0 & c_i & 0 & c_j & 0 & c_m \\ c_i & b_i & c_j & b_j & c_m & b_m \end{bmatrix} \tag{3-36}$$

$\boldsymbol{B}^e$ 为单元应变矩阵，或称单元**几何矩阵**，为 3×6 矩阵。其对应结点的子矩阵为 $\boldsymbol{B}_i^e$、$\boldsymbol{B}_j^e$、$\boldsymbol{B}_m^e$。

式(3-32) 可以改写为

$$\boldsymbol{\varepsilon}^e=\boldsymbol{B}^e\boldsymbol{q}^e \tag{3-37}$$

由式(3-35) 可以看出 $\boldsymbol{B}_i^e$ 表示 i 点位移对单元某点应变的贡献率。一旦单元确定，$\boldsymbol{B}_i^e$ 也就确定了，此时单元内的应变仅依赖于结点位移。对三结点三角形单元，由式(3-36) 可见，$\boldsymbol{B}^e$ 中的所有元素都是与坐标 x、y 无关的常数，说明该单元内各点应变相同，因此称这种三结点三角形单元为**常应变单元**。

3.2.2.4　单元应力

下面来分析单元内任一点的应力。为此，先将式(3-12) 和式(3-13) 改写成矩阵形式

$$\begin{bmatrix}\sigma_x \\ \sigma_y \\ \tau_{xy}\end{bmatrix}=\frac{E}{1-\mu^2}\begin{bmatrix}1 & \mu & 0 \\ \mu & 1 & 0 \\ 0 & 0 & \dfrac{1-\mu}{2}\end{bmatrix}\begin{bmatrix}\varepsilon_x \\ \varepsilon_y \\ \gamma_{xy}\end{bmatrix} \tag{3-38}$$

$$\begin{bmatrix}\sigma_x \\ \sigma_y \\ \tau_{xy}\end{bmatrix}=\frac{E(1-\mu)}{(1+\mu)(1-2\mu)}\begin{bmatrix}1 & \dfrac{\mu}{1-\mu} & 0 \\ \dfrac{\mu}{1-\mu} & 1 & 0 \\ 0 & 0 & \dfrac{1-2\mu}{2(1-\mu)}\end{bmatrix}\begin{bmatrix}\varepsilon_x \\ \varepsilon_y \\ \gamma_{xy}\end{bmatrix} \tag{3-39}$$

平面应力问题和平面应变问题的弹性应力可以统一表示为

$$\boldsymbol{\sigma}^e=\boldsymbol{D}^e\boldsymbol{\varepsilon}^e \tag{3-40}$$

其中，$\boldsymbol{D}^e$ 为单元弹性矩阵：

$$\boldsymbol{D}^e=\frac{E_1}{1-\mu_1^2}\begin{bmatrix}1 & \mu_1 & 0\\ \mu_1 & 1 & 0\\ 0 & 0 & \dfrac{1-\mu_1}{2}\end{bmatrix} \tag{3-41}$$

对于平面应力问题，有 $E_1=E,\mu_1=\mu$；对于平面应变问题，有

$$E_1=\frac{E}{1-\mu^2},\mu_1=\frac{\mu}{1-\mu}$$

将式(3-37) 代入式(3-40) 可以得到用单元结点位移表示的任一点的应力

$$\boldsymbol{\sigma}^e=\boldsymbol{D}^e\boldsymbol{\varepsilon}^e=\boldsymbol{D}^e\boldsymbol{B}^e\boldsymbol{q}^e=\boldsymbol{S}^e\boldsymbol{q}^e \tag{3-42}$$

有

$$\boldsymbol{S}^e=\boldsymbol{D}^e\boldsymbol{B}^e \tag{3-43}$$

$\boldsymbol{S}^e$ 称为单元**应力矩阵**，同单元应变转换矩阵一样，也是 3×6 的矩阵，$\boldsymbol{S}^e$ 同样有与结点号对应的子矩阵 $\boldsymbol{S}_i^e$、$\boldsymbol{S}_j^e$、$\boldsymbol{S}_m^e$

$$\boldsymbol{S}^e=\frac{E_1}{2A^e(1-\mu_1^2)}\begin{bmatrix}b_i & c_i\mu_1 & b_j & c_j\mu_1 & b_m & c_m\mu_1\\ b_i\mu_1 & c_i & b_j\mu_1 & c_j & b_m\mu_1 & c_m\\ \dfrac{1-\mu_1}{2}c_i & \dfrac{1-\mu_1}{2}b_i & \dfrac{1-\mu_1}{2}c_j & \dfrac{1-\mu_1}{2}b_j & \dfrac{1-\mu_1}{2}c_m & \dfrac{1-\mu_1}{2}b_m\end{bmatrix}=[\boldsymbol{S}_i^e\ \boldsymbol{S}_j^e\ \boldsymbol{S}_m^e] \tag{3-44}$$

同样，分析 $\boldsymbol{S}_i^e$ 对单元内任一点应力起的作用，可以看出 $\boldsymbol{S}_i^e$ 表示 i 点位移对单元应力的贡献率。从式(3-44) 可知，一旦单元确定，$\boldsymbol{S}_i^e$ 也就确定了，此时单元内的应力仅依赖于结点位移。

对这种三结点三角形单元，$\boldsymbol{S}^e$ 中每个元素都是常数，与坐标 x、y 无关，所以一点的三个应力分量也是常数，称这种单元为**常应力单元**。

【例 3-2】 请计算例 3-1 有限元模型中单元①的形函数矩阵 $\boldsymbol{N}^e$、应变矩阵 $\boldsymbol{B}^e$、应力矩阵 $\boldsymbol{S}^e$。

解 根据离散模型中的单元坐标和结点信息数组以及式(3-25) 可以计算出单元①的面积为

$$A^1=\frac{1}{2}\begin{vmatrix}1 & x_3 & y_3\\ 1 & x_1 & y_1\\ 1 & x_2 & y_2\end{vmatrix}=\frac{1}{2}\begin{vmatrix}1 & 0 & h\\ 1 & 0 & 0\\ 1 & l & 0\end{vmatrix}=\frac{lh}{2}$$

假如单元内部结点次序按照**顺时针排列**，则单元面积 $A^1=-\dfrac{lh}{2}$，故在实际操作中要避免给单元结点顺时针编号。

根据式(3-22) 可以计算出

$$a_3=\begin{vmatrix}x_1 & y_1\\ x_2 & y_2\end{vmatrix}=0,\ a_1=\begin{vmatrix}x_2 & y_2\\ x_3 & y_3\end{vmatrix}=lh,\ a_2=\begin{vmatrix}x_3 & y_3\\ x_1 & y_1\end{vmatrix}=0$$

$$b_3=\begin{vmatrix}1 & y_2\\ 1 & y_1\end{vmatrix}=0,\ b_1=\begin{vmatrix}1 & y_3\\ 1 & y_2\end{vmatrix}=-h,\ b_2=\begin{vmatrix}1 & y_1\\ 1 & y_3\end{vmatrix}=h$$

$$c_3=\begin{vmatrix}1 & x_1\\ 1 & x_2\end{vmatrix}=l,\ c_1=\begin{vmatrix}1 & x_2\\ 1 & x_3\end{vmatrix}=-l,\ c_2=\begin{vmatrix}1 & x_3\\ 1 & x_1\end{vmatrix}=0$$

根据式(3-24) 可以得到

$$N_1=1-\frac{x}{l}-\frac{y}{h},\ N_2=\frac{x}{l},\ N_3=\frac{y}{h}$$

对应形函数矩阵为

$$\boldsymbol{N}^e=\begin{bmatrix}1-\frac{x}{l}-\frac{y}{h} & 0 & \frac{x}{l} & 0 & \frac{y}{h} & 0\\ 0 & 1-\frac{x}{l}-\frac{y}{h} & 0 & \frac{x}{l} & 0 & \frac{y}{h}\end{bmatrix}$$

根据式(3-36) 有

$$\boldsymbol{B}^e=\frac{1}{lh}\begin{bmatrix}0 & 0 & -h & 0 & h & 0\\ 0 & l & 0 & -l & 0 & 0\\ l & 0 & -l & -h & 0 & h\end{bmatrix}=\begin{bmatrix}0 & 0 & -\frac{1}{l} & 0 & \frac{1}{l} & 0\\ 0 & \frac{1}{h} & 0 & -\frac{1}{h} & 0 & 0\\ \frac{1}{h} & 0 & -\frac{1}{h} & -\frac{1}{l} & 0 & \frac{1}{l}\end{bmatrix}$$

根据式(3-44) 有

$$\boldsymbol{S}^e=\frac{E}{1-\mu^2}\begin{bmatrix}0 & \frac{\mu}{h} & -\frac{1}{l} & -\frac{\mu}{h} & \frac{1}{l} & 0\\ 0 & \frac{1}{h} & -\frac{\mu}{l} & -\frac{1}{h} & \frac{\mu}{l} & 0\\ \frac{1-\mu}{2}\times\frac{1}{h} & 0 & -\frac{1-\mu}{2}\times\frac{1}{h} & -\frac{1-\mu}{2}\times\frac{1}{l} & 0 & \frac{1-\mu}{2}\times\frac{1}{l}\end{bmatrix}$$

3.2.2.5　单元刚度矩阵

通过前面两节分析，应变和应力变量都已经表示成了结点位移的函数，为了求出结点位移，可以通过最小势能原理导出单元结点力和结点位移之间的内在联系。下面首先介绍最小势能原理。

一个弹性体的总势能 Π 由总应变能 U 与外力势 W_{p} 表示为

$$\Pi=U-W_{\mathrm{p}} \tag{3-45}$$

对于线弹性体材料，单位体积的应变能是$\frac{1}{2}\boldsymbol{\sigma}^{\mathrm{T}}\boldsymbol{\varepsilon}$。对厚度为 t 的平面单元，总应变能 U 为

$$U=\frac{1}{2}\int_{A^e}\boldsymbol{\sigma}^{\mathrm{T}}\boldsymbol{\varepsilon}t\,\mathrm{d}A \tag{3-46}$$

外力势 W_{p} 为

$$W_{\mathrm{p}}=\int_{A^e}\boldsymbol{u}^{\mathrm{T}}\boldsymbol{f}t\,\mathrm{d}A+\int_{l^e}\boldsymbol{u}^{\mathrm{T}}\boldsymbol{T}t\,\mathrm{d}L+\sum_i\boldsymbol{u}_i^{\mathrm{T}}\boldsymbol{P}_i \tag{3-47}$$

其中，i 表示受集中载荷 $\boldsymbol{P}_i$ 作用的点，$\boldsymbol{P}_i=(P_{ix},P_{iy})^{\mathrm{T}}$。

一个有限元离散模型的总势能为

$$\Pi=\sum_e\frac{1}{2}\int_{A^e}\boldsymbol{\sigma}^{e\mathrm{T}}\boldsymbol{\varepsilon}^e t\,\mathrm{d}A-\sum_e\int_{A^e}\boldsymbol{u}^{e\mathrm{T}}\boldsymbol{f}t\,\mathrm{d}A-\sum_e\int_{l^e}\boldsymbol{u}^{e\mathrm{T}}\boldsymbol{T}t\,\mathrm{d}L-\sum_i\boldsymbol{u}_i^{\mathrm{T}}\boldsymbol{P}_i \tag{3-48}$$

考虑保守力系统，即外力功与作用路径无关，换句话说，一个系统从一个给定的几何形状产生变形后，再回到该状态，那么无论加载路径如何，作用力所做的功都为零。

最小势能原理：对于保守力系统，在所有许可位移场中，处于平衡状态的弹性体的真解

位移场使得总势能泛函 Π 取极小值。

许可位移是指满足位移单值相容条件和边界条件的位移，由于有限元法多采用位移作为未知量，其相容条件是自动满足的。

对一个单元 e 来说，其最小势能为

$$\Pi^e = \frac{1}{2}\int_{A^e} \boldsymbol{\sigma}^{e\mathrm{T}} \boldsymbol{\varepsilon}^e t \mathrm{d}A - \int_{A^e} \boldsymbol{u}^{e\mathrm{T}} \boldsymbol{f} t \mathrm{d}A - \int_{l^e} \boldsymbol{u}^{e\mathrm{T}} \boldsymbol{T} t \mathrm{d}L - \sum_i \boldsymbol{u}_i^{\mathrm{T}} \boldsymbol{P}_i \tag{3-49}$$

将式(3-28)、式(3-37) 和式(3-40) 代入式(3-49) 中，可得

$$\Pi^e = \frac{1}{2}\int_{A^e} (\boldsymbol{B}^e \boldsymbol{q}^e)^{\mathrm{T}} \boldsymbol{D}^e \boldsymbol{B}^e \boldsymbol{q}^e t \mathrm{d}A - \int_{A^e} (\boldsymbol{N}^e \boldsymbol{q}^e)^{\mathrm{T}} \boldsymbol{f}^e t \mathrm{d}A - \int_{l^e} (\boldsymbol{N}^e \boldsymbol{q}^e)^{\mathrm{T}} \boldsymbol{T}^e t \mathrm{d}L - \sum_i \boldsymbol{u}_i^{\mathrm{T}} \boldsymbol{P}_i \tag{3-50}$$

把单元结点位移列阵提出有

$$\Pi^e = \frac{1}{2}\boldsymbol{q}^{e\mathrm{T}} \int_{A^e} \boldsymbol{B}^{e\mathrm{T}} \boldsymbol{D}^e \boldsymbol{B}^e t \mathrm{d}A \boldsymbol{q}^e - \boldsymbol{q}^{e\mathrm{T}} \int_{A^e} \boldsymbol{N}^{e\mathrm{T}} \boldsymbol{f}^e t \mathrm{d}A - \boldsymbol{q}^{e\mathrm{T}} \int_{l^e} \boldsymbol{N}^{e\mathrm{T}} \boldsymbol{T}^e t \mathrm{d}L - \sum_i \boldsymbol{u}_i^{\mathrm{T}} \boldsymbol{P}_i \tag{3-51}$$

对泛函取极小值有

$$\int_{A^e} \boldsymbol{B}^{e\mathrm{T}} \boldsymbol{D}^e \boldsymbol{B}^e t \mathrm{d}A \boldsymbol{q}^e = \boldsymbol{q}^{e\mathrm{T}} \int_{A^e} \boldsymbol{N}^{e\mathrm{T}} \boldsymbol{f}^e t \mathrm{d}A + \boldsymbol{q}^{e\mathrm{T}} \int_{l^e} \boldsymbol{N}^{e\mathrm{T}} \boldsymbol{T}^e t \mathrm{d}L + \sum_i \boldsymbol{u}_i^{\mathrm{T}} \boldsymbol{P}_i \tag{3-52}$$

式(3-52) 称为单元结点平衡方程，描述了单元结点力和结点位移之间的关系。

令

$$\boldsymbol{k}^e = \int_{A^e} \boldsymbol{B}^{e\mathrm{T}} \boldsymbol{D}^e \boldsymbol{B}^e t \mathrm{d}A \tag{3-53}$$

$\boldsymbol{k}^e$ 即为**单元刚度矩阵**。对于弹性力学平面问题，单元的厚度 t 取为常数；另外根据前面的推导知道：对于三结点三角形单元，弹性矩阵 $\boldsymbol{D}$ 和几何矩阵 $\boldsymbol{B}$ 中各元素均为常数，因此有

$$\boldsymbol{k}^e = \boldsymbol{B}^{e\mathrm{T}} \boldsymbol{D}^e \boldsymbol{B}^e t A^e \tag{3-54}$$

其中 A^e 为单元面积。

将式(3-54) 进行矩阵运算可以得到

$$\boldsymbol{k}^e = \frac{E_1 t}{4A^e(1-\mu_1^2)} \begin{bmatrix} b_i & 0 & c_i \\ 0 & c_i & b_i \\ b_j & 0 & c_j \\ 0 & c_j & b_j \\ b_m & 0 & c_m \\ 0 & c_m & b_m \end{bmatrix} \begin{bmatrix} 1 & \mu_1 & 0 \\ \mu_1 & 1 & 0 \\ 0 & 0 & \dfrac{1-\mu_1}{2} \end{bmatrix} \left[\begin{array}{cc:cc:cc} b_i & 0 & b_j & 0 & b_m & 0 \\ 0 & c_i & 0 & c_j & 0 & c_m \\ c_i & b_i & c_j & b_j & c_m & b_m \end{array}\right] \tag{3-55}$$

单元刚度矩阵可以表示为相应于结点的子块

$$\boldsymbol{k}^e = \begin{bmatrix} k_{ii}^e & k_{ij}^e & k_{im}^e \\ k_{ji}^e & k_{jj}^e & k_{jm}^e \\ k_{mi}^e & k_{mj}^e & k_{mm}^e \end{bmatrix} \tag{3-56a}$$

$$\boldsymbol{k}_{rs}^e = \frac{tE_1}{4A(1-\mu_1^2)} \begin{bmatrix} b_r b_s + \dfrac{1-\mu_1}{2} c_r c_s & b_r c_s \mu_1 + \dfrac{1-\mu_1}{2} c_r b_s \\ c_r b_s \mu_1 + \dfrac{1-\mu_1}{2} b_r c_s & c_r c_s + \dfrac{1-\mu_1}{2} b_r b_s \end{bmatrix} \tag{3-56b}$$

其中，$r, s = i, j, m$。

在有限元分析中，单元刚度矩阵 $\boldsymbol{k}^e$ 非常重要，其有以下重要性质：

① 单元刚度矩阵 $\boldsymbol{k}^e$ 中的每个元素都是一个刚度系数，表示产生单位结点位移分量所需要的结点力分量；

② 单元刚度矩阵 $\boldsymbol{k}^e$ 是对称矩阵，即 $\boldsymbol{k}^{eT} = \boldsymbol{k}^e$；这一性质可以减少单元刚度矩阵的计算量和存储量；

③ 单元刚度矩阵 $\boldsymbol{k}^e$ 是奇异矩阵，其行列式值为零，$|\boldsymbol{k}^e| = 0$；该性质说明单元刚度矩阵 $\boldsymbol{k}^e$ 中每行、每列元素之和为零，该性质可用于检验单元刚度矩阵计算是否有误；

④ 若两个单元大小、形状、对应点次序相同且在整体坐标系中方位相同，则它们的单元刚度矩阵也是相同的；

⑤ 各对应边平行的平面图形相似单元，如果具有相同的材料性能和厚度，并且相应结点的局部编号相同，则它们的单元刚度矩阵也是相同的。

第四条性质说明单元刚度矩阵只取决于单元的形状、大小、方向和弹性系数，而与单元的位置无关，不随单元坐标的平移而改变。因此，只要单元的形状、大小、方向和弹性系数相同，不论单元出现在整体坐标的什么位置均有相同的单元刚度矩阵。实际上还可以证明当单元旋转 180°时，只要点的次序不变，则单元刚度矩阵不变。

【例 3-3】 边长为 $2a = 2\sqrt{2}$ m 等厚薄板力学分析模型如图 3-8(a) 所示，板厚 $t = 0.01$m，材料的弹性模量 $E = 210$GPa，泊松比 $\mu = 0$，周边受均布压力作用，$q = 1000$Pa。试建立有限元离散模型并计算其单元刚度矩阵。

解　首先明确该问题为平面应力问题，因此 $E_1 = E$，$\mu_1 = \mu$。根据对称性，取力学模型的 1/4 建立有限元离散模型，如图 3-8(b) 所示。

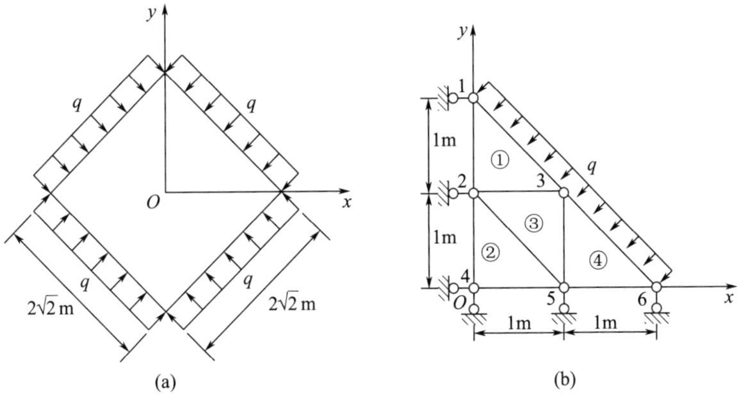

图 3-8　等厚薄板力学分析模型和有限元模型

在 $x = 0$ 的对称面上，其位移边界条件为 $u_1 = 0$、$u_2 = 0$、$u_4 = 0$；在 $y = 0$ 的对称面上，其位移边界条件为 $v_4 = 0$、$v_5 = 0$、$v_6 = 0$。

单元结点坐标数组 **ZB**

$$\mathbf{ZB} = \begin{bmatrix} 0 & 2 \\ 0 & 1 \\ 1 & 1 \\ 0 & 0 \\ 1 & 0 \\ 2 & 0 \end{bmatrix}$$

单元结点信息数组 **JS** $\qquad \mathbf{JS}=\begin{bmatrix}1 & 2 & 3\\ 2 & 4 & 5\\ 5 & 3 & 2\\ 3 & 5 & 6\end{bmatrix}$

根据单元刚度矩阵的第四条性质，知道单元①、②、④的单元刚度矩阵相同，再根据**单元旋转 180°，只要点的次序不变，则单元刚度矩阵不变**这一性质，单元②、③的单元刚度矩阵相同。因此，仅需要计算单元①的刚度矩阵即可。

根据式(3-25)，可以计算出单元的面积为

$$A^1=\frac{1}{2}\begin{vmatrix}1 & x_1 & y_1\\ 1 & x_2 & y_2\\ 1 & x_3 & y_3\end{vmatrix}=0.5(\mathrm{m}^2)$$

根据式(3-22) 可以计算出

$$b_1=0,\ c_1=1$$
$$b_2=-1,\ c_2=-1$$
$$b_3=1,\ c_3=0$$

根据式(3-56b) 可以计算出单元刚度矩阵的子块，根据单元刚度矩阵的对称性，仅需计算对角线及其上三角部分：

$$\boldsymbol{k}_{11}^1=10^9\times\begin{bmatrix}0.5 & 0\\ 0 & 1\end{bmatrix}(\mathrm{N/m}),\ \boldsymbol{k}_{12}^1=10^9\times\begin{bmatrix}-0.5 & -0.5\\ 0 & -1\end{bmatrix}(\mathrm{N/m})$$

$$\boldsymbol{k}_{13}^1=10^9\times\begin{bmatrix}0 & 0.5\\ 0 & 0\end{bmatrix}(\mathrm{N/m}),\ \boldsymbol{k}_{22}^1=10^9\times\begin{bmatrix}1.5 & 0.5\\ 0.5 & 1.5\end{bmatrix}(\mathrm{N/m})$$

$$\boldsymbol{k}_{23}^1=10^9\times\begin{bmatrix}-1 & -0.5\\ 0 & -0.5\end{bmatrix}(\mathrm{N/m}),\ \boldsymbol{k}_{33}^1=10^9\times\begin{bmatrix}1 & 0\\ 0 & 0.5\end{bmatrix}(\mathrm{N/m})$$

根据式(3-56a) 可得四个单元的刚度矩阵为

$$\boldsymbol{k}^1=\boldsymbol{k}^2=\boldsymbol{k}^3=\boldsymbol{k}^4=10^9\times\begin{bmatrix}0.5 & 0 & -0.5 & -0.5 & 0 & 0.5\\ 0 & 1 & 0 & -1 & 0 & 0\\ -0.5 & 0 & 1.5 & 0.5 & -1 & -0.5\\ -0.5 & -1 & 0.5 & 1.5 & 0 & -0.5\\ 0 & 0 & -1 & 0 & 1 & 0\\ 0.5 & 0 & -0.5 & -0.5 & 0 & 0.5\end{bmatrix}(\mathrm{N/m})$$

3.2.2.6 单元等效结点载荷

由式(3-52) 的单元结点平衡方程等号右边可知，作用在单元上的各种外力即体力、面力、集中力都要等效为作用在结点上的结点力，称为单元等效结点载荷。各结点上的等效力可用单元结点载荷列阵表示：

$$\boldsymbol{F}^e=(\boldsymbol{F}_1^e,\cdots,\boldsymbol{F}_{N_{\text{node}}}^e)^{\mathrm{T}}=(F_{1x},F_{1y},\cdots,F_{N_{\text{node}}x},F_{N_{\text{node}}y})^{\mathrm{T}},\boldsymbol{F}_i^e=(F_{ix},F_{iy})^{\mathrm{T}} \tag{3-57}$$

对于三结点三角形单元 ijm，单元结点载荷列阵为

$$\boldsymbol{F}^e=(\boldsymbol{F}_i^e,\boldsymbol{F}_j^e,\boldsymbol{F}_m^e)^{\mathrm{T}}=(F_{ix},F_{iy},F_{jx},F_{jy},F_{mx},F_{my})^{\mathrm{T}} \tag{3-58}$$

下面分别计算三结点三角形单元中各外力的单元结点载荷列阵。

(1) 单元体积力等效

首先考虑单元总势能表达式(3-49) 中关于体积力的等效表达式，现在将其写成用各对

应分量计算的形式：

$$\int_{A^e} \boldsymbol{u}^{\mathrm{T}} \boldsymbol{f} t \mathrm{d}A = t \int_{A^e} (u f_x + v f_y) \mathrm{d}A \tag{3-59}$$

将式(3-23) 和式(3-26) 代入式(3-59) 得到

$$\begin{aligned} \int_{A^e} \boldsymbol{u}^{\mathrm{T}} \boldsymbol{f} t \mathrm{d}A = t \int_{A^e} (u f_x + v f_y) \mathrm{d}A = & u_i t f_x \int_{A^e} N_i \mathrm{d}A + v_i t f_y \int_{A^e} N_i \mathrm{d}A \\ & + u_j t f_x \int_{A^e} N_j \mathrm{d}A + v_j t f_y \int_{A^e} N_j \mathrm{d}A \\ & + u_m t f_x \int_{A^e} N_m \mathrm{d}A + v_m t f_y \int_{A^e} N_m \mathrm{d}A \end{aligned} \tag{3-60}$$

如图 3-9 所示，由三结点三角形单元形函数的定义可知：

$$\int_{A^e} N_i \mathrm{d}A \tag{3-61}$$

表示一个底面积为 A^e，顶点高度为 1 的四面体的体积。这个四面体的体积可以由下式计算：

$$\int_{A^e} N_i \mathrm{d}A = \frac{1}{3} A^e h \tag{3-62}$$

其中，A^e 表示单元的面积，$h=1$ 表示形函数构成的四面体的高。可以得到

$$\int_{A^e} N_i \mathrm{d}A = \int_{A^e} N_j \mathrm{d}A = \int_{A^e} N_m \mathrm{d}A = \frac{A^e}{3} \tag{3-63}$$

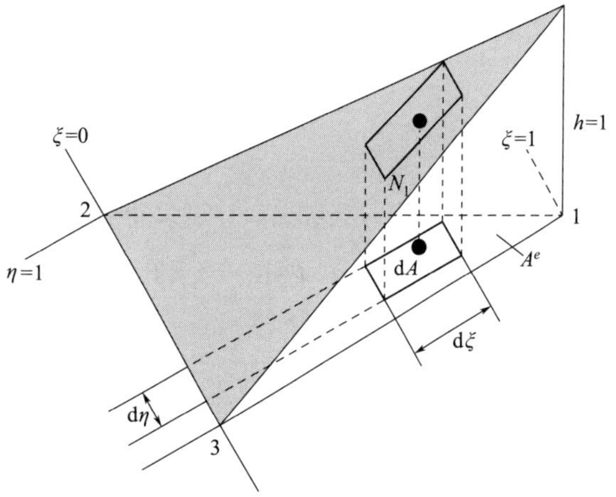

图 3-9　形函数的积分

因此，式(3-59) 可以写作

$$\int_{A^e} \boldsymbol{u}^{\mathrm{T}} \boldsymbol{f} t \mathrm{d}A = t \int_{A^e} (u f_x + v f_y) \mathrm{d}A = \boldsymbol{q}^{e\mathrm{T}} \boldsymbol{F}_{\mathrm{b}}^e \tag{3-64}$$

其中，$\boldsymbol{F}_{\mathrm{b}}^e$ 是与体积力有关的单元结点载荷列阵，有

$$\boldsymbol{F}_{\mathrm{b}}^e = \frac{A^e t}{3} (f_x, f_y, f_x, f_y, f_x, f_y)^{\mathrm{T}} \tag{3-65}$$

(2) 单元表面力等效

表面力定义为作用在物体表面上的分布载荷，简称面力，通常施加在连接边界结点的单元边界上。作用在单元边界上的面力也将对整体载荷列向量作出贡献，其贡献大小由单元总势能表达式(3-49) 中表面力表达式来计算：

$$\boldsymbol{F}_{\mathrm{q}}^e = \int_{l^e} \boldsymbol{u}^{e\mathrm{T}} \boldsymbol{T}^e t \mathrm{d}L \tag{3-66}$$

其中 $\boldsymbol{F}_{\mathrm{q}}^e$ 为与单元面力等效的单元结点载荷列阵。

以边 l_{ij} 为例，假定面力在 x、y 方向上的分量分别为 T_x、T_y，如图 3-10 所示，则有

$$\int_{l^e} \boldsymbol{u}^{e\mathrm{T}} \boldsymbol{T}^e t \mathrm{d}L = \int_{l_{ij}} (u T_x + v T_y) t \mathrm{d}l \tag{3-67}$$

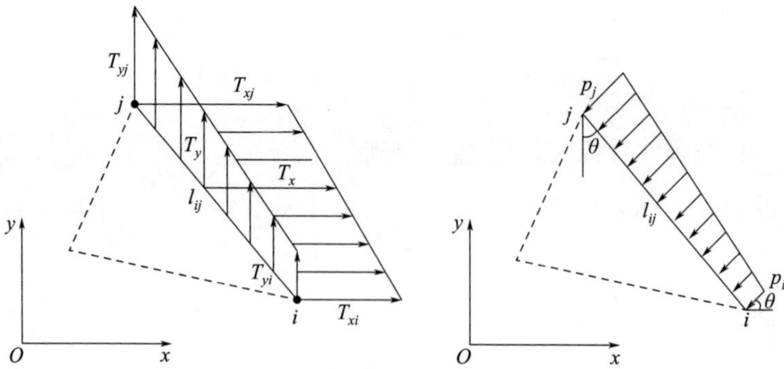

图 3-10 面力载荷

根据形函数的性质，可以采用如下插值函数来计算面力的等效结点载荷列阵：

$$\begin{cases} u = N_i u_i + N_j u_j \\ v = N_i v_i + N_j v_j \end{cases} \tag{3-68a}$$

$$\begin{cases} T_x = N_i T_{ix} + N_j T_{jx} \\ T_y = N_i T_{iy} + N_j T_{jy} \end{cases} \tag{3-68b}$$

将式(3-68) 代入式(3-67)，可以得到

$$\begin{aligned} \int_{L^e} \boldsymbol{u}^{\mathrm{T}} \boldsymbol{T} t \, \mathrm{d}L = & u_i t T_{ix} \int_{l_{ij}} N_i^2 \mathrm{d}l + v_i t T_{yi} \int_{l_{ij}} N_i^2 \mathrm{d}l \\ & + u_i t T_{jx} \int_{l_{ij}} N_i N_j \mathrm{d}l + v_i t T_{yj} \int_{l_{ij}} N_i N_j \mathrm{d}l \\ & + u_j t T_{ix} \int_{l_{ij}} N_i N_j \mathrm{d}l + v_j t T_{yi} \int_{l_{ij}} N_i N_j \mathrm{d}l \\ & + u_j t T_{jx} \int_{l_{ij}} N_j^2 \mathrm{d}l + v_j t T_{yj} \int_{l_{ij}} N_j^2 \mathrm{d}l \end{aligned} \tag{3-69}$$

根据形函数特点，有

$$\begin{cases} \displaystyle\int_{l_{ij}} N_i^2 N_j^0 \mathrm{d}l = \frac{2!\ 0!}{(2+0+1)!} l_{ij} = \frac{l_{ij}}{3} \\ \displaystyle\int_{l_{ij}} N_i^0 N_j^2 \mathrm{d}l = \frac{0!\ 2!}{(0+2+1)!} l_{ij} = \frac{l_{ij}}{3} \\ \displaystyle\int_{l_{ij}} N_i^1 N_j^1 \mathrm{d}l = \frac{1!\ 1!}{(1+1+1)!} l_{ij} = \frac{l_{ij}}{6} \end{cases} \tag{3-70}$$

其中

$$l_{ij} = \sqrt{(x_j - x_i)^2 + (y_j - y_i)^2} \tag{3-71}$$

将式(3-69) 进行化简可以得到

$$\begin{aligned} \int_{l^e} \boldsymbol{u}^{\mathrm{T}} \boldsymbol{T} t \, \mathrm{d}L = & u_i \left(t T_{ix} \frac{l_{ij}}{3} + t T_{jx} \frac{l_{ij}}{6} \right) + v_i \left(t T_{iy} \frac{l_{ij}}{3} + t T_{yj} \frac{l_{ij}}{6} \right) + u_j \left(t T_{ix} \frac{l_{ij}}{6} + t T_{jx} \frac{l_{ij}}{3} \right) \\ & + v_j \left(t T_{iy} \frac{l_{ij}}{6} + t T_{jy} \frac{l_{ij}}{3} \right) = \boldsymbol{q}^{e\mathrm{T}} \boldsymbol{F}_{\mathrm{q}}^e \end{aligned} \tag{3-72}$$

其中 $$\boldsymbol{F}_{\mathrm{q}}^e = \frac{t l_{ij}}{6} (2T_{ix} + T_{jx}, 2T_{iy} + T_{jy}, T_{ix} + 2T_{jx}, T_{iy} + 2T_{jy}, 0, 0)^{\mathrm{T}} \tag{3-73}$$

假如 p_i 和 p_j 是施加在直线 ij 的法线方向的压力，如图 3-10 所示，可得

$$T_{ix}=-p_i\cos\theta, T_{jx}=-p_j\cos\theta, T_{iy}=-p_i\sin\theta, T_{jy}=-p_j\sin\theta \tag{3-74}$$

在式(3-74) 中，可以同时考虑 x 向和 y 向分布载荷。同样在计算整体的载荷列向量时需要考虑分布载荷的贡献。

(3) 集中载荷等效

集中载荷也称集中力，在结构离散时一般选取集中载荷的作用点为结点，不难得到集中载荷的表达式。假设结点 i 受力为 $\boldsymbol{P}_i=(P_x,P_y)^{\mathrm{T}}$，则有

$$\boldsymbol{u}_i^{\mathrm{T}}\boldsymbol{P}_i=u_iP_x+v_iP_y \tag{3-75}$$

因此，$\boldsymbol{P}_i$ 在 x 和 y 方向上的分量 P_x 和 P_y 可以直接加到整体的载荷列向量中对应于结点 i 处，在单元内部做遍历循环即可。**注意 $\boldsymbol{P}$ 中既包括已知的外载荷，同时也包括约束施加的未知载荷。**

综上所述，体力、面力和集中力对整体的载荷列向量（或称结点力列向量）$\boldsymbol{F}$ 的贡献表示为

$$\boldsymbol{F}=\sum_e(\boldsymbol{F}_{\mathrm{b}}^e+\boldsymbol{F}_{\mathrm{q}}^e)+\boldsymbol{P} \tag{3-76}$$

其中，$\boldsymbol{P}$ 为结构集中力列阵，即

$$\boldsymbol{P}=(P_{1x},P_{1y},\cdots,P_{N_{\mathrm{node}}x},P_{N_{\mathrm{node}}y})^{\mathrm{T}}, \boldsymbol{P}_i=(P_{ix},P_{iy})^{\mathrm{T}} \tag{3-77}$$

【例 3-4】 如图 3-11 所示的二维平面，边 7-8-9 受线性变化压力载荷作用，试确定结点 7、8、9 的等效集中载荷。

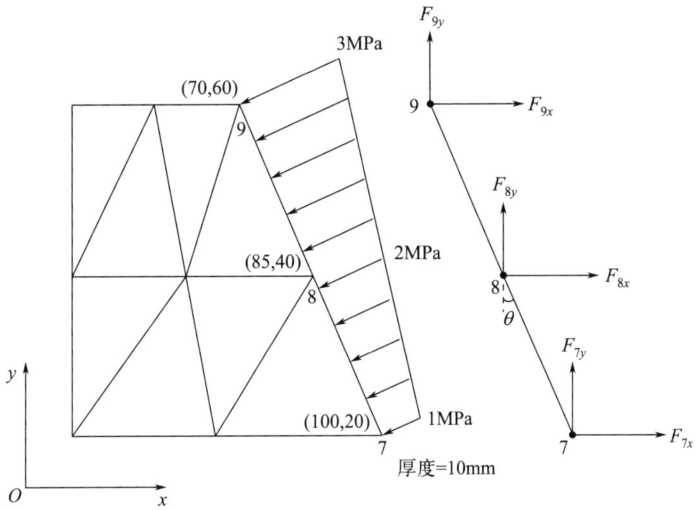

图 3-11 二维平面

解 先分别考虑两个边界 7-8 和 8-9，再进行合并。对于边界 7-8 有

$$p_7=1\mathrm{MPa}, p_8=2\mathrm{MPa}, x_7=100\mathrm{mm}$$

$$y_7=20\mathrm{mm}, x_8=85\mathrm{mm}, y_8=40\mathrm{mm}$$

$$l_{78}=\sqrt{(x_8-x_7)^2+(y_8-y_7)^2}=25\mathrm{mm}$$

$$\cos\theta=\frac{y_8-y_7}{l_{78}}=0.8, \sin\theta=\frac{x_7-x_8}{l_{78}}=0.6$$

$$T_{7x}=-p_7\cos\theta=-0.8\mathrm{MPa}, T_{7y}=-p_7\sin\theta=-0.6\mathrm{MPa}$$

$$T_{8x}=-p_8\cos\theta=-1.6\mathrm{MPa}, T_{8y}=-p_8\sin\theta=-1.2\mathrm{MPa}$$

由式(3-73) 得

$$\boldsymbol{T}^1=\frac{tl_{78}}{6}(2T_{7x}+T_{8x},2T_{7y}+T_{8y},T_{7x}+2T_{8x},T_{7y}+2T_{8y},0,0)^{\mathrm{T}}$$
$$=(-133.3,-100,-166.7,-125,0,0)^{\mathrm{T}}(\mathrm{N})$$

对于边界8-9重复以上步骤可得

$$\boldsymbol{T}^2=\frac{tl_{89}}{6}(2T_{8x}+T_{9x},2T_{8y}+T_{9y},T_{8x}+2T_{9x},T_{8y}+2T_{9y},0,0)^{\mathrm{T}}$$
$$=(-233.3,-175,-266.7,-200,0,0)^{\mathrm{T}}(\mathrm{N})$$

这些载荷分别等效到结点7、8、9上，$\boldsymbol{T}^1$、$\boldsymbol{T}^2$ 按结点叠加得

$$(F_{7x},F_{7y},F_{8x},F_{8y},F_{9x},F_{9y})^{\mathrm{T}}=(-133.3,-100,-400,-300,-266.7,-200)^{\mathrm{T}}(\mathrm{N})$$

3.2.3 建立有限元方程

在3.2.2节，将一个单元上每点的未知量位移、应变及应力均用结点位移来表示，同时也将分布在单元上的外力等效在结点上，得到单元结点平衡方程。但是因为单元刚度矩阵为奇异矩阵，不能直接解出单元结点位移。各个单元靠单元结点连接在一起形成一个整体的离散结构，以替代实际的连续体。因此需要进行整体分析，把各个单元结合起来建立各个结点位移与等效在结点上的力的方程，即整体结构的有限元方程组。下面将介绍整体刚度矩阵与载荷列向量的集成方法。

3.2.3.1 整体有限元方程

由式(3-51) 和式(3-53)，可以得到：

$$\Pi=\sum_e \frac{1}{2}\boldsymbol{q}^{e\mathrm{T}}\boldsymbol{k}^e\boldsymbol{q}^e-\sum_e \boldsymbol{q}^{e\mathrm{T}}\boldsymbol{F}_{\mathrm{b}}^e-\sum_e \boldsymbol{q}^{e\mathrm{T}}\boldsymbol{F}_{\mathrm{q}}^e-\boldsymbol{P} \tag{3-78}$$

根据单元的结点信息数组，可以构建单元结点变换矩阵 $\boldsymbol{H}^e$，其行数为单元结点位移数，列数为结构总自由度数，目的是从整体结点位移列向量 $\boldsymbol{Q}$ 中提取出单元结点位移列向量 $\boldsymbol{q}^e$，有

$$\boldsymbol{q}^e=\boldsymbol{H}^e\boldsymbol{Q} \tag{3-79}$$

对三结点三角形单元，单元结点变换矩阵 $\boldsymbol{H}^e$ 为

$$\boldsymbol{H}^e=\begin{bmatrix}\boldsymbol{H}_i\\ \boldsymbol{H}_j\\ \boldsymbol{H}_m\end{bmatrix}=\begin{bmatrix}0 & \cdots & \overset{2i-1}{1} & \overset{2i}{0} & \cdots & \overset{2j-1}{0} & \overset{2j}{0} & \cdots & \overset{2m-1}{0} & \overset{2m}{0} & \cdots & 0\\ 0 & \cdots & 0 & 1 & \cdots & 0 & 0 & \cdots & 0 & 0 & \cdots & 0\\ 0 & \cdots & 0 & 0 & \cdots & 1 & 0 & \cdots & 0 & 0 & \cdots & 0\\ 0 & \cdots & 0 & 0 & \cdots & 0 & 1 & \cdots & 0 & 0 & \cdots & 0\\ 0 & \cdots & 0 & 0 & \cdots & 0 & 0 & \cdots & 1 & 0 & \cdots & 0\\ 0 & \cdots & 0 & 0 & \cdots & 0 & 0 & \cdots & 0 & 1 & \cdots & 0\end{bmatrix} \tag{3-80}$$

$\boldsymbol{H}^e$ 矩阵由 $\boldsymbol{H}_i$、$\boldsymbol{H}_j$ 和 $\boldsymbol{H}_m$ 三个子块组成。在生成矩阵 $\boldsymbol{H}^e$ 前，可以先生成其三个子块。第一步分别对 $\boldsymbol{H}_i$、$\boldsymbol{H}_j$ 和 $\boldsymbol{H}_m$ 的全部元素赋零，第二步对 $\boldsymbol{H}_i$ 的(1, $2i-1$)、(2, $2i$)位置的元素赋值1；同样对 $\boldsymbol{H}_j$ 的(1, $2j-1$)、(2, $2j$)位置的元素赋值1；对 $\boldsymbol{H}_m$ 的(1, $2m-1$)、(2, $2m$)位置的元素赋值1。其中 i、j、m 的值可以通过循环读取结点信息数组的每一行的三列的值获得。

将整个离散模型的结点连接后，可以形成如下形式的总势能泛函

$$\Pi=\frac{1}{2}\boldsymbol{Q}^{\mathrm{T}}\boldsymbol{K}\boldsymbol{Q}-\boldsymbol{Q}^{\mathrm{T}}\boldsymbol{F} \tag{3-81}$$

其中，$\boldsymbol{K}$ 为整体刚度矩阵，$\boldsymbol{Q}$ 为整体结点位移列向量，$\boldsymbol{F}$ 为整体载荷列向量，有

$$\boldsymbol{K}=\sum_{e}\boldsymbol{H}^{e\mathrm{T}}\boldsymbol{k}^{e}\boldsymbol{H}^{e} \tag{3-82}$$

$$\boldsymbol{F}=\sum_{e}\boldsymbol{H}^{e\mathrm{T}}\boldsymbol{F}_{\mathrm{b}}^{e}+\sum_{e}\boldsymbol{H}^{e\mathrm{T}}\boldsymbol{F}_{\mathrm{q}}^{e}+\boldsymbol{P} \tag{3-83}$$

根据最小势能原理，总势能取极值时的位移使得系统达到平衡状态，因此将式(3-81)对位移向量取偏导数，并令其为零，得到

$$\frac{\partial \Pi}{\partial \boldsymbol{Q}}=\boldsymbol{K}\boldsymbol{Q}-\boldsymbol{F}=\boldsymbol{0} \tag{3-84}$$

将式(3-84) 做进一步整理，可以得到结构的**整体有限元方程**

$$\boldsymbol{K}\boldsymbol{Q}=\boldsymbol{F} \tag{3-85}$$

在平面问题中，对于一个结点数为 N_{node}，自由度为 $N=2N_{\text{node}}$ 的结构来说，有

$$\begin{aligned}\boldsymbol{Q}&=(u_1,v_1,\cdots,u_{N_{\text{node}}},v_{N_{\text{node}}})^{\mathrm{T}}\\ \boldsymbol{F}&=(F_{1x},F_{1y},\cdots,F_{N_{\text{node}}x},F_{N_{\text{node}}y})^{\mathrm{T}}\end{aligned} \tag{3-86}$$

整体的刚度矩阵展开为

$$\boldsymbol{K}=\begin{bmatrix}K_{11} & K_{12} & \cdots & K_{1N}\\ K_{21} & K_{22} & \cdots & K_{2N}\\ \vdots & \vdots & & \vdots\\ K_{N1} & K_{N2} & \cdots & K_{NN}\end{bmatrix} \tag{3-87}$$

因此，式(3-85) 可以写为矩阵形式

$$\begin{bmatrix}K_{11} & K_{12} & \cdots & K_{1N}\\ K_{21} & K_{22} & \cdots & K_{2N}\\ \vdots & \vdots & & \vdots\\ K_{N1} & K_{N2} & \cdots & K_{NN}\end{bmatrix}\begin{bmatrix}u_1\\ v_1\\ \vdots\\ v_{N_{\text{node}}}\end{bmatrix}=\begin{bmatrix}F_{1x}\\ F_{1y}\\ \vdots\\ F_{N_{\text{node}}y}\end{bmatrix} \tag{3-88}$$

3.2.3.2　整体刚度矩阵的集成

由式(3-87) 知道，整体刚度矩阵是一个 $N\times N$ 维的矩阵，N 是离散有限元模型的全部自由度，在二维问题中，N 是结点数目的 2 倍，即表示每个结点有两个自由度。下面介绍如何使用矩阵线性变换将单元刚度矩阵集合成整体刚度矩阵。

分析 $\boldsymbol{H}^{e\mathrm{T}}\boldsymbol{k}^{e}\boldsymbol{H}^{e}$ 可知，通过单元结点变换矩阵 $\boldsymbol{H}^{e}$ 把单元刚度矩阵 $\boldsymbol{k}^{e}$ 放大成整体刚度矩阵大小，并把单元刚度矩阵中各子块放到整体刚度矩阵对应的行列中，对三结点三角形单元，有

$$\boldsymbol{H}^{e\mathrm{T}}\boldsymbol{k}^{e}\boldsymbol{H}^{e}=\begin{bmatrix}0 & 0 & \cdots & 0 & \cdots & 0 & \cdots & 0 & \cdots & 0\\ 0 & 0 & \cdots & 0 & \cdots & 0 & \cdots & 0 & \cdots & 0\\ \vdots & \vdots & \vdots & \vdots & \vdots & \vdots & \vdots & \vdots & \vdots & \vdots\\ 0 & 0 & \cdots & K_{ii}^{e} & \cdots & K_{ij}^{e} & \cdots & K_{im}^{e} & \cdots & 0\\ \vdots & \vdots & \vdots & \vdots & \vdots & \vdots & \vdots & \vdots & \vdots & \vdots\\ 0 & 0 & \cdots & K_{ji}^{e} & \cdots & K_{jj}^{e} & \cdots & K_{jm}^{e} & \cdots & 0\\ \vdots & \vdots & \vdots & \vdots & \vdots & \vdots & \vdots & \vdots & \vdots & \vdots\\ 0 & 0 & \cdots & K_{mi}^{e} & \cdots & K_{mj}^{e} & \cdots & K_{mm}^{e} & \cdots & 0\\ \vdots & \vdots & \vdots & \vdots & \vdots & \vdots & \vdots & \vdots & \vdots & \vdots\\ 0 & 0 & \cdots & 0 & \cdots & 0 & \cdots & 0 & \cdots & 0\end{bmatrix}$$

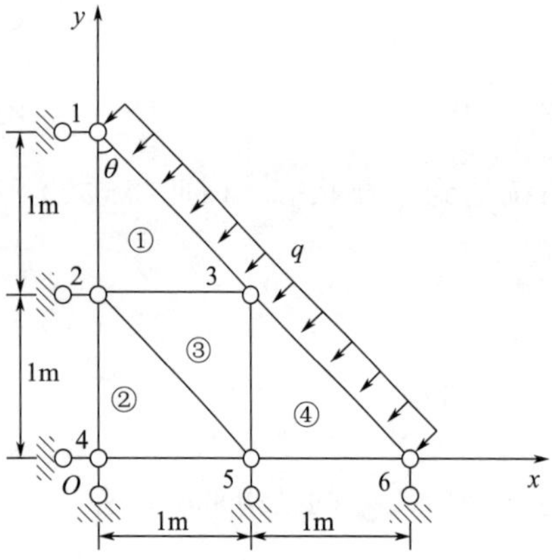

图 3-12　例 3-5 有限元模型

因此，当求出单元的刚度矩阵 $\boldsymbol{k}^e$ 后，可以把每个单元刚度矩阵通过单元结点变换矩阵 $\boldsymbol{H}^e$ 扩大到跟整体刚度矩阵一样的维度，然后叠加得到整体刚度矩阵 $\boldsymbol{K}$。而在实际编程计算中，是对单元循环分析，算出每个单元的 $\boldsymbol{k}^e$ 后，借助单元结点信息数组，把 $\boldsymbol{k}^e$ 中每个元素叠加到整体刚度矩阵 $\boldsymbol{K}$ 相应的位置。

【例 3-5】 如图 3-12 所示的有限元模型，共有 6 个结点 4 个单元，厚度为 t，弹性常数为 E，泊松比 $\mu=0$，试用刚度集成法计算整体刚度矩阵 $\boldsymbol{K}$。

解　思路一：将单元刚度矩阵集合成总体刚度矩阵必须知道单元的结点信息数组 **JS**

$$\mathbf{JS}=\begin{bmatrix}1&2&3\\2&4&5\\5&3&2\\3&5&6\end{bmatrix}$$

根据例 3-4 可得各单元的刚度矩阵为

$$\boldsymbol{k}^1=\boldsymbol{k}^2=\boldsymbol{k}^3=\boldsymbol{k}^4=\frac{Et}{4}\begin{bmatrix}1&0&-1&-1&0&1\\0&2&0&-2&0&0\\-1&0&3&1&-2&-1\\-1&-2&1&3&0&-1\\0&0&-2&0&2&0\\1&0&-1&-1&0&1\end{bmatrix}$$

根据图 3-12 可以构造各单元的 $\boldsymbol{H}^e$ 矩阵

$$\boldsymbol{H}^1=\begin{bmatrix}1&0&0&0&0&0&0&0&0&0&0&0\\0&1&0&0&0&0&0&0&0&0&0&0\\0&0&1&0&0&0&0&0&0&0&0&0\\0&0&0&1&0&0&0&0&0&0&0&0\\0&0&0&0&1&0&0&0&0&0&0&0\\0&0&0&0&0&1&0&0&0&0&0&0\end{bmatrix}$$

$$\boldsymbol{H}^2=\begin{bmatrix}0&0&1&0&0&0&0&0&0&0&0&0\\0&0&0&1&0&0&0&0&0&0&0&0\\0&0&0&0&0&0&1&0&0&0&0&0\\0&0&0&0&0&0&0&1&0&0&0&0\\0&0&0&0&0&0&0&0&1&0&0&0\\0&0&0&0&0&0&0&0&0&1&0&0\end{bmatrix}$$

$$\boldsymbol{H}^3=\begin{bmatrix}0&0&0&0&0&0&0&0&1&0&0&0\\0&0&0&0&0&0&0&0&0&1&0&0\\0&0&0&0&1&0&0&0&0&0&0&0\\0&0&0&0&0&1&0&0&0&0&0&0\\0&0&1&0&0&0&0&0&0&0&0&0\\0&0&0&1&0&0&0&0&0&0&0&0\end{bmatrix}$$

$$
\boldsymbol{H}^4=\begin{bmatrix}
0&0&0&0&1&0&0&0&0&0&0&0\\
0&0&0&0&0&1&0&0&0&0&0&0\\
0&0&0&0&0&0&0&0&1&0&0&0\\
0&0&0&0&0&0&0&0&0&1&0&0\\
0&0&0&0&0&0&0&0&0&0&1&0\\
0&0&0&0&0&0&0&0&0&0&0&1
\end{bmatrix}
$$

根据式(3-82) 可以得到整体刚度矩阵为

$$
\boldsymbol{K}=\boldsymbol{H}^{1\mathrm{T}}\boldsymbol{k}^1\boldsymbol{H}^1+\boldsymbol{H}^{2\mathrm{T}}\boldsymbol{k}^2\boldsymbol{H}^2+\boldsymbol{H}^{3\mathrm{T}}\boldsymbol{k}^3\boldsymbol{H}^3+\boldsymbol{H}^{4\mathrm{T}}\boldsymbol{k}^4\boldsymbol{H}^4
$$

整理得

$$
\boldsymbol{K}=\frac{Et}{4}\begin{bmatrix}
1&0&-1&-1&0&1&0&0&0&0&0&0\\
0&2&0&-2&0&0&0&0&0&0&0&0\\
-1&0&6&1&-4&-1&-1&-1&0&1&0&0\\
-1&-2&1&6&-1&-2&0&-2&1&0&0&0\\
0&0&-4&-1&6&1&0&0&-2&-1&0&1\\
1&0&-1&-2&1&6&0&0&-1&-4&0&0\\
0&0&-1&0&0&0&3&1&-2&-1&0&0\\
0&0&-1&-2&0&0&1&3&0&-1&0&0\\
0&0&0&1&-2&-1&-2&0&6&1&-2&-1\\
0&0&1&0&-1&-4&-1&-1&1&6&0&-1\\
0&0&0&0&0&0&0&0&-2&0&2&0\\
0&0&0&0&1&0&0&0&-1&-1&0&1
\end{bmatrix}
$$

思路二：在整体刚度矩阵 $\boldsymbol{K}$ 中子块是对所有单元求和，$\boldsymbol{K}$ 中各子块表示为

$$
\boldsymbol{K}=\begin{bmatrix}
K_{11}&K_{12}&K_{13}&K_{14}&K_{15}&K_{16}\\
K_{21}&K_{22}&K_{23}&K_{24}&K_{25}&K_{26}\\
K_{31}&K_{32}&K_{33}&K_{34}&K_{35}&K_{36}\\
K_{41}&K_{42}&K_{43}&K_{44}&K_{45}&K_{46}\\
K_{51}&K_{52}&K_{53}&K_{54}&K_{55}&K_{56}\\
K_{61}&K_{62}&K_{63}&K_{64}&K_{65}&K_{66}
\end{bmatrix}
$$

单元刚度矩阵 $\boldsymbol{k}^e$ 中的各子块为

$$
\boldsymbol{k}^1=\begin{bmatrix}
k_{11}^1&k_{12}^1&k_{13}^1\\
k_{21}^1&k_{22}^1&k_{23}^1\\
k_{31}^1&k_{32}^1&k_{33}^1
\end{bmatrix},\
\boldsymbol{k}^2=\begin{bmatrix}
k_{22}^2&k_{24}^2&k_{25}^2\\
k_{42}^2&k_{44}^2&k_{45}^2\\
k_{52}^2&k_{54}^2&k_{55}^2
\end{bmatrix}
$$

$$
\boldsymbol{k}^3=\begin{bmatrix}
k_{55}^3&k_{53}^3&k_{52}^3\\
k_{35}^3&k_{33}^3&k_{32}^3\\
k_{25}^3&k_{23}^3&k_{22}^3
\end{bmatrix},\
\boldsymbol{k}^4=\begin{bmatrix}
k_{33}^4&k_{35}^4&k_{36}^4\\
k_{53}^4&k_{55}^4&k_{56}^4\\
k_{63}^4&k_{65}^4&k_{66}^4
\end{bmatrix}
$$

把单元刚度矩阵中的子块叠加到整体刚度矩阵子块中：

$$
\boldsymbol{K}=\begin{bmatrix}
K_{11}^{1} & K_{12}^{1} & K_{13}^{1} & 0 & 0 & 0 \\
K_{21}^{1} & K_{22}^{1}+K_{22}^{2}+K_{22}^{3} & K_{23}^{1}+K_{23}^{3} & K_{24}^{2} & K_{25}^{2}+K_{25}^{3} & 0 \\
K_{31}^{1} & K_{32}^{1}+K_{32}^{3} & K_{33}^{1}+K_{33}^{3}+K_{33}^{4} & 0 & K_{35}^{3}+K_{35}^{4} & K_{36}^{4} \\
0 & K_{42}^{2} & 0 & K_{44}^{2} & K_{45}^{2} & 0 \\
0 & K_{52}^{2}+K_{52}^{3} & K_{53}^{3}+K_{53}^{4} & K_{54}^{2} & K_{55}^{2}+K_{55}^{3}+K_{55}^{4} & K_{56}^{4} \\
0 & 0 & K_{63}^{4} & 0 & K_{65}^{4} & K_{66}^{4}
\end{bmatrix}
$$

上式展开后计算结果与思路一结果一致。相比较而言，思路二更适用于编程计算。

结构整体刚度矩阵 $\boldsymbol{K}$ 有如下性质。

（1）$\boldsymbol{K}$ 是对称矩阵

同单元刚度矩阵一样，总刚度矩阵亦为对称矩阵，即 $K_{ij}=K_{ji}$。利用对称性质，在计算机程序中可以只存储矩阵的上三角或下三角部分。

（2）$\boldsymbol{K}$ 是稀疏矩阵

如果两个结点出现在了同一个单元中，则称这两个结点互为相关。由前面整体刚度矩阵分析可知，一个结点与相关结点对应的元素为非零，而与非相关结点对应的则为零元素。由于一个结点的相关结点数一般远小于结点总数，因此整体刚度矩阵的大多数元素为零。当有限元网格划分越细、结构结点数越多时，总体刚度矩阵越稀疏，在选择方程组解法时必须注意到这一特征。

（3）$\boldsymbol{K}$ 的非零元素呈带状分布

在对结点进行编号时，规则排列使得结点与相关结点的最大点号差尽可能小，则整体刚度矩阵中的所有非零元素分布在以对角线为中心的一个带状区域内，超过这个区域的所有元素均为零。这个带状区域的宽度称为带宽，包括对角线元素在内的半个带状区域行元素的个数称作半带宽 d。

整体刚度矩阵 $\boldsymbol{K}$ 在计算机程序中的存储方式可采用半带宽存储，将 $N\times N$ 的方阵 $\boldsymbol{K}$ 中的非零元素存在 $N\times d$ 的矩阵中，既减少了计算机的存储空间，又便于提高求解代数方程组的效率。

（4）$\boldsymbol{K}$ 是奇异矩阵

由于没有引入边界条件，式(3-85) 的整体有限元方程没有唯一解，且整体刚度矩阵由单元刚度矩阵组装得来，因此整体刚度矩阵亦为奇异矩阵，即 $\boldsymbol{K}$ 不是满秩矩阵，即便给出所有结点力，也不能算出位移。整个物体可以在无约束下有刚体运动，即位移是不能确定的。由例 3-5 中计算得到整体刚度矩阵中每行和每列元素之和均为零，其行列式值为零。

上述性质可以用来检查组装得到的结构整体刚度矩阵 $\boldsymbol{K}$ 的正确性。

3.2.3.3　结构结点载荷列阵的集成

由式(3-85) 可知，要算出结点位移，需要将每个单元载荷列向量集成为结构结点载荷列阵 $\boldsymbol{F}$。由式(3-88) 知 $\boldsymbol{F}$ 是一个 $N\times 1$ 矩阵。分析 $\boldsymbol{H}^{e\mathrm{T}}\boldsymbol{F}_{\mathrm{b}}^{e}$ 可知，可通过单元结点变换矩阵 $\boldsymbol{H}^{e}$ 把单元体积力等效结点载荷列阵 $\boldsymbol{F}_{\mathrm{b}}^{e}$ 放大成结构结点载荷列阵大小，并把 $\boldsymbol{F}_{\mathrm{b}}^{e}$ 中各元素放到结构结点载荷列阵 $\boldsymbol{F}$ 对应的行中，对三结点三角形单元，有

$$
\boldsymbol{G}^{e\mathrm{T}}\boldsymbol{F}_{\mathrm{b}}^{e}=\begin{bmatrix} 0 \\ \vdots \\ F_i^e \\ \vdots \\ F_j^e \\ \vdots \\ F_m^e \\ \vdots \\ 0 \end{bmatrix}_{2NJ\times 1}\begin{matrix} \\ \\ \boldsymbol{i} \\ \\ \boldsymbol{j} \\ \\ \boldsymbol{m} \\ \\ \\ \end{matrix}
$$

因此，结构结点载荷列阵 $\boldsymbol{F}$ 的集成过程为：当对某个单元分析，算出该单元的体积力等效结点载荷列阵 $\boldsymbol{F}_{\mathrm{b}}^{e}$ 和表面力等效结点载荷列阵 $\boldsymbol{F}_{\mathrm{q}}^{e}$ 后，根据单元结点信息数组，分别把 $\boldsymbol{F}_{\mathrm{b}}^{e}$ 和 $\boldsymbol{F}_{\mathrm{q}}^{e}$ 中各个元素叠加到结构结点载荷列阵 $\boldsymbol{F}$ 对应的位置；每个单元分析完后，得到的结构结点载荷列阵 $\boldsymbol{F}$ 再加上描述作用在各结点的集中力列阵 $\boldsymbol{P}$，得到最终的结构结点载荷列阵 $\boldsymbol{F}$ 待用。

【例 3-6】 试写出图 3-12 的结构结点载荷列阵 $\boldsymbol{F}$ 和有限元方程。

解　由图 3-12 可知，单元①和④的边界上有分布集度为 q 的面力作用。把 $\theta=45°$ 代入式(3-73) 和式(3-74)，有

$$
\boldsymbol{F}_{\mathrm{q}}^{1}=-\frac{qta}{2}(1,1,0,0,1,1)^{\mathrm{T}}
$$

$$
\boldsymbol{F}_{\mathrm{q}}^{4}=-\frac{qta}{2}(1,1,0,0,1,1)^{\mathrm{T}}
$$

根据图 3-12，把单元①和④的元素叠加到结构结点载荷列阵 $\boldsymbol{F}$ 中，比如 $\boldsymbol{F}_{\mathrm{q}}^{1}$ 中的第一个元素对应的是结点 1 的 x 方向的贡献，需叠加到 $\boldsymbol{F}$ 中的第一个元素位置；$\boldsymbol{F}_{\mathrm{q}}^{2}$ 中的第 6 个元素对应的是结点 6 的 y 方向的贡献，应叠加到 $\boldsymbol{F}$ 中的第 12 个元素位置。对单元①和④集成后，得到的结构结点载荷列阵为

$$
\boldsymbol{F}=(-0.5qta,-0.5qta,0,0,-qta,-qta,0,0,0,0,-0.5qta,-0.5qta)^{\mathrm{T}}
$$

一个结点上的力除了体积力和表面力的等效结点力外，还有直接作用在结点处的集中力。对图 3-12 所示的有限元模型，结点 1、2、4、5、6 处有约束力 $F_{\mathrm{R1}x}$、$F_{\mathrm{R2}x}$、$F_{\mathrm{R4}x}$、$F_{\mathrm{R4}y}$、$F_{\mathrm{R5}y}$、$F_{\mathrm{R6}y}$ 作用，其结构集中力列阵 $\boldsymbol{P}$ 为

$$
\boldsymbol{P}=(F_{\mathrm{R1}x},0,F_{\mathrm{R2}x},0,0,0,F_{\mathrm{R4}x},F_{\mathrm{R4}y},0,F_{\mathrm{R5}y},0,F_{\mathrm{R6}y})^{\mathrm{T}}
$$

把结构集中力列阵 $\boldsymbol{P}$ 叠加到各个单元集成完后的结构结点载荷列阵得

$$
\begin{aligned}
\boldsymbol{F}=(&F_{\mathrm{R1}x}-0.5qta,-0.5qta,F_{\mathrm{R2}x},0,-qta,-qta,F_{\mathrm{R4}x},F_{\mathrm{R4}y},0,F_{\mathrm{R5}y},\\
&-0.5qta,F_{\mathrm{R6}y}-0.5qta)^{\mathrm{T}}
\end{aligned}
$$

上式即为例 3-5 中有限元模型的最终结构结点载荷列阵 $\boldsymbol{F}$。结合例 3-5 中的整体刚度矩阵 $\boldsymbol{K}$，由式(3-88)，得到整体有限元方程为

$$
\frac{Et}{4}\begin{bmatrix}
1 & 0 & -1 & -1 & 0 & 1 & 0 & 0 & 0 & 0 & 0 & 0 \\
0 & 2 & 0 & -2 & 0 & 0 & 0 & 0 & 0 & 0 & 0 & 0 \\
-1 & 0 & 6 & 1 & -4 & -1 & -1 & -1 & 0 & 1 & 0 & 0 \\
-1 & -2 & 1 & 6 & -1 & -2 & 0 & -2 & 1 & 0 & 0 & 0 \\
0 & 0 & -4 & -1 & 6 & 1 & 0 & 0 & -2 & -1 & 0 & 1 \\
1 & 0 & -1 & -2 & 1 & 6 & 0 & 0 & -1 & -4 & 0 & 0 \\
0 & 0 & -1 & 0 & 0 & 0 & 3 & 1 & -2 & -1 & 0 & 0 \\
0 & 0 & -1 & -2 & 0 & 0 & 1 & 3 & 0 & -1 & 0 & 0 \\
0 & 0 & 0 & 1 & -2 & -1 & -2 & 0 & 6 & 1 & -2 & -1 \\
0 & 0 & 1 & 0 & -1 & 4 & -1 & -1 & 1 & 6 & 0 & -1 \\
0 & 0 & 0 & 0 & 0 & 0 & 0 & 0 & -2 & 0 & 2 & 0 \\
0 & 0 & 0 & 0 & 1 & 0 & 0 & 0 & -1 & -1 & 0 & 1
\end{bmatrix}
\begin{bmatrix} u_1 \\ v_1 \\ u_2 \\ v_2 \\ u_3 \\ v_3 \\ u_4 \\ v_4 \\ u_5 \\ v_5 \\ u_6 \\ v_6 \end{bmatrix}
=\begin{bmatrix} F_{\mathrm{R1}x}-0.5qat \\ -0.5qat \\ F_{\mathrm{R2}x} \\ 0 \\ -qat \\ -qat \\ F_{\mathrm{R4}x} \\ F_{\mathrm{R4}y} \\ 0 \\ F_{\mathrm{R5}y} \\ -0.5qat \\ F_{\mathrm{R6}y}-0.5qat \end{bmatrix}
$$

3.2.4 施加位移约束

有限元方程（3-88）的右端 $\boldsymbol{F}$ 是整体载荷列向量。对于 $\boldsymbol{F}$ 任一子块 $\boldsymbol{F}_i$ 表示 i 结点上的全部外载荷，根据式(3-83)可知全部外载荷包括直接作用在 i 结点上的已知集中载荷 $\boldsymbol{P}_i$，也包括作用到与 i 结点相关单元的分布载荷等效到 i 结点的体力 $\boldsymbol{F}_{\mathrm{b}}^{e}$、面力 $\boldsymbol{F}_{\mathrm{q}}^{e}$。当 i 结点有位移约束时，还包括约束施加给 i 结点的支反力 $\boldsymbol{F}_{\mathrm{R}i}$。

需要注意的是，在求解结点位移之前约束施加给 i 结点的支反力 $\boldsymbol{F}_{\mathrm{R}i}$ 是未知量。且由前面分析可知，整体刚度矩阵 $\boldsymbol{K}$ 是奇异矩阵，因此无法由有限元方程直接求出各结点位移，如例 3-6 中得到的整体有限元方程所示。为了能求出唯一的结点位移解，需要引入位移边界条件对整体有限元方程进行修正，消除刚体位移，从而使方程组得以求解。

在一些有限元问题中，边界条件是事先定义好的，如前面的例 3-5。而在大部分实际问题中边界条件并不会明确给出，需要有限元工程师给出。如图 3-13 所示的两端受均布载荷的薄板，具有几何对称性和载荷对称性，用 x 和 y 代表两个对称轴，则根据对称性，可以只分析 1/4 结构如图 3-13(b) 所示。由于对称性，位于 x 轴上的结点可以沿 x 轴方向移动，而在 y 方向上的位移受到约束；结构位于 y 轴上的结点可以沿 y 轴方向移动，而在 x 方向上的位移受到约束。因此 x 和 y 轴上的结点理想化为滑动铰链支座约束。

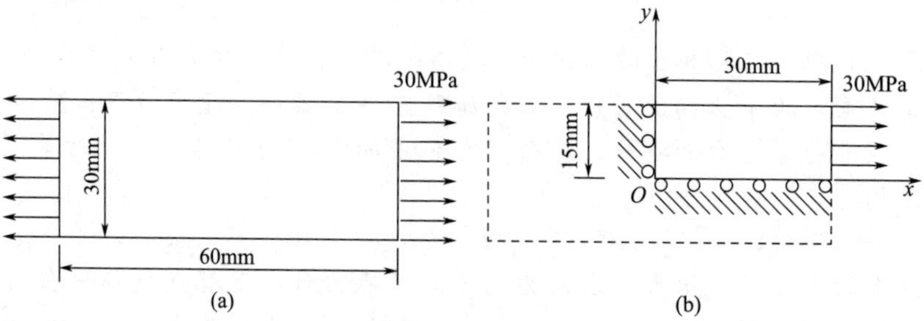

图 3-13 矩形平面薄板

引入位移约束的方法有直接代入法、对角线元素乘大数法和删行删列法等。本节介绍对角线元素乘大数法和删行删列法。

(1) 对角线元素乘大数法（也叫罚函数法）

利用对角线元素乘大数法引入位移边界条件，需要同时修正整体刚度矩阵 $\boldsymbol{K}$ 和结构结点载荷列阵 $\boldsymbol{F}$。设已知第 i 个结点的位移分量 $u_i=u_0$，u_i 对应 $\boldsymbol{K}$ 中的行数为 $2i-1$，首先对 $\boldsymbol{K}$ 修正。将 $\boldsymbol{K}$ 中的对角线元素 $K_{2i-1,2i-1}$ 乘以一个很大的数 C（例如 $C=10^{20}$），即

$$CK_{2i-1,2i-1} \tag{3-89}$$

随后对 $\boldsymbol{F}$ 修正。将 $\boldsymbol{F}$ 中的 $2i-1$ 行元素 F_{2i-1} 修改为

$$F_{2i-1}=u_0 CK_{2i-1,2i-1} \tag{3-90}$$

修改后方程组（3-88）中的第 $2i-1$ 个方程为

$$K_{2i-1,1}u_1+K_{2i-1,2}v_1+\cdots+CK_{2i-1,2i-1}u_i+K_{2i-1,2i}v_i+\cdots=CK_{2i-1,2i-1}u_0 \tag{3-91}$$

由于 C 很大，第 $2i-1$ 个方程近乎满足 $u_i=u_0$，而原有行、列号等均不用变化。这一方法程序简单，被广泛采用。它的不足之处是引入了一个误差源。修正后平衡方程（3-88）变成了

$$\boldsymbol{K}^*\boldsymbol{Q}=\boldsymbol{F}^* \tag{3-92}$$

通过这样的边界条件引入，修改后的系数矩阵 $\boldsymbol{K}^*$ 的阶次不变，仍为 N 阶，且 $\boldsymbol{K}^*$ 仍保持了 $\boldsymbol{K}$ 原有的对称性、稀疏性及带状分布等性质，利于计算机规模化处理。修改后的总刚

度矩阵消除了刚体位移的影响，变为非奇异且正定的矩阵，使得方程组（3-92）变得可解。

【例 3-7】 试采用对角线元素乘大数法对例 3-6 中有限元方程引入位移边界条件。

解　根据例 3-5 中的有限元模型，位移边界条件为

$$u_1=u_2=u_4=v_4=v_5=v_6=0$$

按照对角线元素乘大数法，令 $C=10^{20}$，修正后的有限元方程组为

$$\frac{Et}{4}\begin{bmatrix} C\times1 & 0 & -1 & -1 & 0 & 1 & 0 & 0 & 0 & 0 & 0 & 0 \\ 0 & 2 & 0 & -2 & 0 & 0 & 0 & 0 & 0 & 0 & 0 & 0 \\ -1 & 0 & C\times6 & 1 & -4 & -1 & -1 & -1 & 0 & 1 & 0 & 0 \\ -1 & -2 & 1 & 6 & -1 & -2 & 0 & -2 & 1 & 0 & 0 & 0 \\ 0 & 0 & -4 & -1 & 6 & 1 & 0 & 0 & -2 & -1 & 0 & 1 \\ 1 & 0 & -1 & -2 & 1 & 6 & 0 & 0 & -1 & -4 & 0 & 0 \\ 0 & 0 & -1 & 0 & 0 & 0 & C\times3 & 1 & -2 & -1 & 0 & 0 \\ 0 & 0 & -1 & -2 & 0 & 0 & 1 & C\times3 & 0 & -1 & 0 & 0 \\ 0 & 0 & 0 & 1 & -2 & -1 & -2 & 0 & 6 & 1 & -2 & -1 \\ 0 & 0 & 1 & 0 & -1 & 4 & -1 & -1 & 1 & C\times6 & 0 & -1 \\ 0 & 0 & 0 & 0 & 0 & 0 & 0 & 0 & -2 & 0 & 2 & 0 \\ 0 & 0 & 0 & 0 & 1 & 0 & 0 & 0 & -1 & -1 & 0 & C\times1 \end{bmatrix}\begin{bmatrix} u_1 \\ v_1 \\ u_2 \\ v_2 \\ u_3 \\ v_3 \\ u_4 \\ v_4 \\ u_5 \\ v_5 \\ u_6 \\ v_6 \end{bmatrix}=\begin{bmatrix} 0 \\ -0.5qat \\ 0 \\ 0 \\ -qat \\ -qat \\ 0 \\ 0 \\ 0 \\ 0 \\ -0.5qat \\ 0 \end{bmatrix}$$

（2）删行删列法

对于 $u_i=0$ 的位移边界条件，可以采用删行删列法。利用该方法引入位移边界条件，要同时修正整体刚度矩阵 $\boldsymbol{K}$ 和结构结点载荷列阵 $\boldsymbol{F}$ 对应于 u_i 的行和列。首先对 $\boldsymbol{K}$ 修正：u_i 对应 $\boldsymbol{K}$ 中的行和列数为 $2i-1$，将 $\boldsymbol{K}$ 中的第 $2i-1$ 行和 $2i-1$ 列删掉，$\boldsymbol{K}$ 则由 $N\times N$ 阶相应降为 $(N-1)\times(N-1)$ 阶。其次对结构结点载荷列阵 $\boldsymbol{F}$ 修正：将 $\boldsymbol{F}$ 中的第 $2i-1$ 行删掉，$\boldsymbol{F}$ 则由 N 阶相应降为 $N-1$ 阶。

【例 3-8】 试采用删行删列法对例 3-6 中有限元方程引入位移边界条件。

解　根据例 3-5 中的有限元模型，位移边界条件为

$$u_1=u_2=u_4=v_4=v_5=v_6=0$$

按照删行删列法，删掉整体刚度矩阵 $\boldsymbol{K}$ 中对应边界条件的第 1、3、7、8、10、12 的行和列，$\boldsymbol{K}$ 由 12×12 阶矩阵降维为 6×6 阶；删掉结构结点载荷列阵 $\boldsymbol{F}$ 中第 1、3、7、8、10、12 行，$\boldsymbol{F}$ 由 12×1 阶向量变为 6×1 阶。修正后的有限元方程为

$$\frac{Et}{4}\begin{bmatrix} 2 & -2 & 0 & 0 & 0 & 0 \\ -2 & 6 & -1 & -2 & 1 & 0 \\ 0 & -1 & 6 & 0 & -2 & 0 \\ 0 & -2 & 1 & 6 & -1 & 0 \\ 0 & 1 & -2 & -1 & 6 & -2 \\ 0 & 0 & 0 & 0 & -2 & 2 \end{bmatrix}\begin{bmatrix} v_1 \\ v_2 \\ u_3 \\ v_3 \\ u_5 \\ u_6 \end{bmatrix}=\frac{-qta}{2}\begin{bmatrix} 1 \\ 0 \\ 2 \\ 2 \\ 0 \\ 1 \end{bmatrix}$$

3.2.5　有限元方程求解

3.2.5.1　结点位移求解

对于位移有限元法，当引入位移边界条件后，则得到了对应于偏微分方程初边值弹性力

学问题的可求解的有限元代数方程组。采用各种基于高斯消元法的直接解法或各种迭代法，可以解出整体的位移列向量$\boldsymbol{Q}$，得到结点位移分量。如采用高斯消元法求解例 3-7 和例 3-8 的有限元代数方程组，均可得出整体的位移列向量$\boldsymbol{Q}$为

$$\boldsymbol{Q}=-\frac{qa}{E}(0,2,0,1,1,1,0,0,1,0,2,0)^{\mathrm{T}} \tag{3-93}$$

当构造的单元位移模式包含有刚体位移与常应变，且位移模式能保证相邻单元的公共边上位移连续时，有限元解是收敛的，完备又协调单元是收敛的充分条件。由于首先求出来的变量为位移，可知位移有限元法解的位移精度高于应力等其他变量的精度。有限元解是数值解，而影响精度的原因主要有：力学模型的建立与偏差、有限元离散偏差、数值计算误差。在采用有限元法求解问题时，要根据误差来源尽可能减少误差，从而提高分析精度。

构造单元结点变换矩阵$\boldsymbol{H}^e$，可以从整体的位移列向量$\boldsymbol{Q}$中取出对应单元e的单元结点位移列阵$\boldsymbol{q}^e$，代入到式(3-27)，可以求出单元e中任意一点的位移。

3.2.5.2 应变、应力和约束力求解

当通过结点位移求解得到单元结点位移列阵$\boldsymbol{q}^e$后，把$\boldsymbol{q}^e$回代到单元结点位移与单元应变和应力的关系式(3-35) 和式(3-42) 中，就得到了单元应变$\boldsymbol{\varepsilon}^e$和单元应力$\boldsymbol{\sigma}^e$。得到每个单元上各点的应变和应力，就得到了整个有限元求解域上的应变场和应力场。

将求出的整体位移列向量$\boldsymbol{Q}$代入到没有修正的有限元方程得$\boldsymbol{F}=\boldsymbol{KQ}$，从而解出各个未知约束力。

【例 3-9】 试求解图 3-12 中单元②的应力和约束力$\boldsymbol{F}_{\mathrm{R}4x}$，设已知$t$、$E$、$\mu=0$。

解 整体的位移列向量$\boldsymbol{Q}$见式(3-93)，单元②的结点位移为

$$\boldsymbol{Q}^2=(u_2,v_2,u_4,v_4,u_5,v_5)^{\mathrm{T}}$$

$$=\boldsymbol{H}^2\boldsymbol{Q}=\begin{bmatrix}0&0&1&0&0&0&0&0&0&0&0&0\\0&0&0&1&0&0&0&0&0&0&0&0\\0&0&0&0&0&0&1&0&0&0&0&0\\0&0&0&0&0&0&0&1&0&0&0&0\\0&0&0&0&0&0&0&0&1&0&0&0\\0&0&0&0&0&0&0&0&0&1&0&0\end{bmatrix}\begin{bmatrix}0\\-\frac{2qa}{E}\\0\\-\frac{qa}{E}\\-\frac{qa}{E}\\-\frac{qa}{E}\\0\\0\\-\frac{qa}{E}\\0\\-2\frac{qa}{E}\\0\end{bmatrix}$$

$$=-\frac{qa}{E}(0,1,0,0,1,0)^{\mathrm{T}}$$

单元②的应力矩阵为

$$\boldsymbol{S}^2=\frac{E}{a}\begin{bmatrix}0&0&-1&0&1&0\\0&1&0&-1&0&0\\\frac{1}{2}&0&-\frac{1}{2}&-\frac{1}{2}&0&\frac{1}{2}\end{bmatrix}$$

得单元②的应力为

$$\boldsymbol{\sigma}^2=\boldsymbol{S}^2\boldsymbol{q}^2=-q\begin{bmatrix}1\\1\\0\end{bmatrix}$$

把式(3-93)代入未修正前的有限元方程有

$$\frac{Et}{4}\begin{bmatrix}1&0&-1&-1&0&1&0&0&0&0&0&0\\0&2&0&-2&0&0&0&0&0&0&0&0\\-1&0&6&1&-4&-1&-1&-1&0&1&0&0\\-1&-2&1&6&-1&-2&0&-2&1&0&0&0\\0&0&-4&-1&6&1&0&0&-2&-1&0&1\\1&0&-1&-2&1&6&0&0&-1&-4&0&0\\0&0&-1&0&0&0&3&1&-2&-1&0&0\\0&0&-1&-2&0&0&1&3&0&-1&0&0\\0&0&0&1&-2&-1&-2&0&6&1&-2&-1\\0&0&1&0&-1&4&-1&-1&1&6&0&-1\\0&0&0&0&0&0&0&0&-2&0&2&0\\0&0&0&0&1&0&0&0&-1&-1&0&1\end{bmatrix}\begin{bmatrix}0\\-\frac{2qa}{E}\\0\\-\frac{qa}{E}\\-\frac{qa}{E}\\-\frac{qa}{E}\\0\\0\\-\frac{qa}{E}\\0\\-2\frac{qa}{E}\\0\end{bmatrix}=\begin{bmatrix}F_{R1x}-0.5qat\\-0.5qat\\F_{R2x}\\0\\-qat\\-qat\\F_{R4x}\\F_{R4y}\\0\\F_{R5y}\\-0.5qat\\F_{R6y}-0.5qat\end{bmatrix}$$

由上方程组第 7 个方程求出

$$F_{R4x}=\frac{2qa}{E}$$

同理可以求出其余约束力。

3.3　其他平面单元类型

3.3.1　面积坐标

实际上形状函数可以用面积坐标表示。为了构造高次三角形单元的形函数，首先介绍定义在单元上的局部自然坐标——面积坐标。面积坐标的引入将简化高次平面单元的有限元推导过程。如图 3-14 所示，三角形单元 ijm 中的一点 $P(x,y)$ 将三角形面积 $A=A_{\triangle ijm}$ 划分为面积为 $A_i=A_{\triangle Pjm}$、$A_j=A_{\triangle Pmi}$、$A_m=A_{\triangle Pij}$ 三个区域。定义一点的面积坐标比值

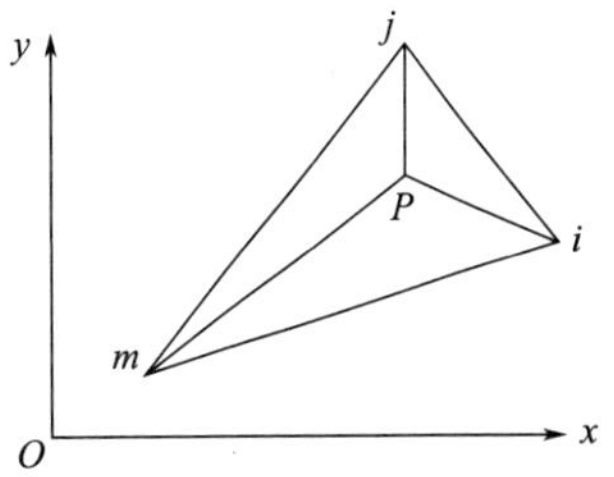

图 3-14　面积坐标

L_i、L_j、L_m 为

$$L_i=\frac{A_i}{A},L_j=\frac{A_j}{A},L_m=\frac{A_m}{A} \tag{3-94}$$

称 L_i、L_j、L_m 为 P 点的面积坐标。显然，以上三个比值可以确定 $P(x,y)$在单元内的位置。三个结点的面积坐标分别为 $i(1,0,0)$，$j(0,1,0)$，$m(0,0,1)$。并且对于三角形内所有的点，都有

$$L_i+L_j+L_m=1 \tag{3-95}$$

因此三个面积坐标并非完全独立。面积坐标有如下性质：

① 一点的三个坐标值是线性相关的；

② 面积坐标 $0\leqslant L_i\leqslant 1$，$0\leqslant L_j\leqslant 1$，$0\leqslant L_m\leqslant 1$；由定义知当 L_i 为常数时，表示在 $\triangle ijm$ 内一条平行于 jm 边的线段，对 L_j、L_m 也类似；

③ 面积坐标 L_i 在结点 i 处的值为 1，而在结点 j 和 m 处线性减小为 0，L_j 和 L_m 类似。

把 P 点的面积坐标 L_i,L_j,L_m 分别用顶点坐标构成的行列式来计算，可得与整体坐标 x,y 的关系为

$$\begin{bmatrix}1\\x\\y\end{bmatrix}=\begin{bmatrix}1&1&1\\x_i&x_j&x_m\\y_i&y_j&y_m\end{bmatrix}\begin{bmatrix}L_i\\L_j\\L_m\end{bmatrix} \tag{3-96}$$

其中第一个方程正是式(3-95)。

面积坐标 L_i,L_j,L_m 同前面导出的三结点三角形单元的形函数 N_i,N_j,N_m 比较，有

$$N_i=L_i,\ N_j=L_j,\ N_m=L_m \tag{3-97}$$

对于面积坐标，常用到以下两个积分公式：

$$\int_{A^e} L_i^{\alpha}L_j^{\beta}L_m^{\gamma}\,\mathrm{d}A=\iint_A L_i^{\alpha}L_j^{\beta}L_m^{\gamma}\,\mathrm{d}x\,\mathrm{d}y=\frac{\alpha!\ \beta!\ \gamma!}{(\alpha+\beta+\gamma+2)!}2A \tag{3-98}$$

在三角形的 ij 边上有

$$\int_{l_{ij}} L_i^{\alpha}L_j^{\beta}\,\mathrm{d}l=\frac{\alpha!\ \beta!}{(\alpha+\beta+1)!}l_{ij} \tag{3-99}$$

其中 l_{ij} 表示 ij 边的长度。

3.3.2 高次三角形单元

三结点三角形单元的位移模式为坐标的线性函数，通过分析可知其为常应变和常应力单元，相应精度较低。下面介绍精度更高的高次三角形单元。

(1) 六结点二次三角形单元

如图 3-15 所示六结点三角形单元，共有 6 个结点，其中 3 个为角结点，3 个为边中点。

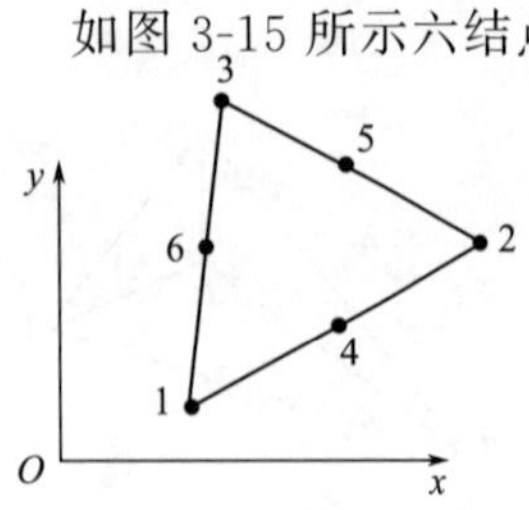

图 3-15 六结点二次三角形单元

单元共有 12 个自由度。单元位移模式可假定为坐标的二次函数如下：

$$\begin{cases}u=\alpha_1+\alpha_2x+\alpha_3y+\alpha_4x^2+\alpha_5xy+\alpha_6y^2\\v=\alpha_7+\alpha_8x+\alpha_9y+\alpha_{10}x^2+\alpha_{11}xy+\alpha_{12}y^2\end{cases} \tag{3-100}$$

其中 $\alpha_1\sim\alpha_{12}$ 为 12 个待定系数。引入面积坐标 $L_1=L_i$、$L_2=L_j$、$L_3=L_m$，可得对应结点的 6 个用面积坐标表示的形函数为

$$N_1=L_1(2L_1-1),\ N_2=L_2(2L_2-1),\ N_3=L_3(2L_3-1) \qquad (3\text{-}101a)$$
$$N_4=4L_1L_2,\qquad N_5=4L_2L_3,\qquad N_6=4L_1L_3$$

令单元结点位移列阵为

$$\boldsymbol{q}^e=\begin{bmatrix}u_1 & v_1 & u_2 & v_2 & u_3 & v_3 & u_4 & v_4 & u_5 & v_5 & u_6 & v_6\end{bmatrix}^{\mathrm{T}} \qquad (3\text{-}101b)$$

一点的位移可以用矩阵形式表示为

$$\boldsymbol{u}^e=\begin{bmatrix}u\\v\end{bmatrix}=\boldsymbol{N}^e\boldsymbol{q}^e \qquad (3\text{-}102)$$

其中 $\boldsymbol{N}^e$ 为单元形函数矩阵，为

$$\boldsymbol{N}^e=\begin{bmatrix}N_1 & 0 & N_2 & 0 & N_3 & 0 & N_4 & 0 & N_5 & 0 & N_6 & 0\\0 & N_1 & 0 & N_2 & 0 & N_3 & 0 & N_4 & 0 & N_5 & 0 & N_6\end{bmatrix} \qquad (3\text{-}103)$$

由位移模式(3-100) 可见：在单元边界上，位移是按抛物线变化的，每条公共边界上有 3 个公共结点，可保证相邻两单元公共边上的位移连续性；位移函数里包含了常数项和坐标一次项。因此六结点三角形单元是收敛的。

(2) 十结点三次三角形单元

比六结点三角形单元精度更高的是十结点三次三角形单元，如图 3-16 所示。除了 3 个顶点为结点外，三条边的 6 个三分点和 1 个形心均为结点。单元共有 20 个自由度。单元位移模式可假定为坐标的三次函数：

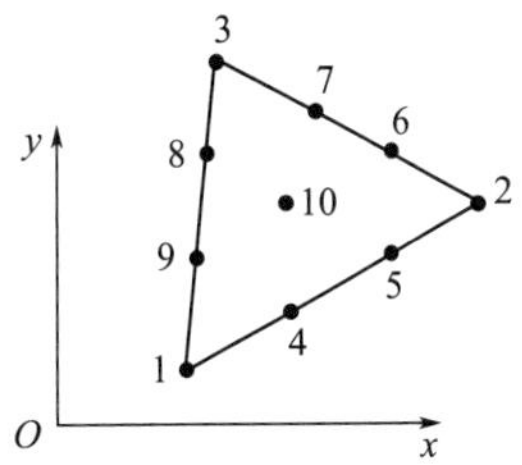

图 3-16　十结点三次三角形单元

$$\begin{cases}u=\alpha_1+\alpha_2x+\alpha_3y+\alpha_4x^2+\alpha_5xy+\alpha_6y^2+\alpha_7x^3+\alpha_8x^2y+\alpha_9xy^2+\alpha_{10}y^3\\v=\alpha_{11}+\alpha_{12}x+\alpha_{13}y+\alpha_{14}x^2+\alpha_{15}xy+\alpha_{16}y^2+\alpha_{17}x^3+\alpha_{18}x^2y+\alpha_{19}xy^2+\alpha_{20}y^3\end{cases} \qquad (3\text{-}104)$$

其中 $\alpha_1\sim\alpha_{20}$ 为 20 个待定系数。式(3-104) 可改写为

$$\boldsymbol{u}^e=\begin{bmatrix}u\\v\end{bmatrix}=\boldsymbol{N}^e\boldsymbol{q}^e \qquad (3\text{-}105)$$

其中 $\boldsymbol{N}^e$ 为形函数矩阵，为 2×20 的矩阵：

$$\boldsymbol{N}^e=\begin{bmatrix}N_1 & 0 & N_2 & 0 & \cdots & N_{10} & 0\\0 & N_1 & 0 & N_2 & \cdots & 0 & N_{10}\end{bmatrix} \qquad (3\text{-}106)$$

其中对应结点的 10 个用面积坐标表示的形函数对于 3 个角结点有

$$N_i=\frac{1}{2}(3L_i-1)(3L_i-2)L_i\quad (i=1,2,3) \qquad (3\text{-}107)$$

对于 6 个三分点有

$$N_4=\frac{9}{2}L_1L_2(3L_1-1),N_5=\frac{9}{2}L_1L_2(3L_2-1),N_6=\frac{9}{2}L_2L_3(3L_2-1) \qquad (3\text{-}108)$$
$$N_7=\frac{9}{2}L_2L_3(3L_3-1),N_8=\frac{9}{2}L_1L_3(3L_3-1),N_9=\frac{9}{2}L_1L_3(3L_1-1)$$

对于形心点有

$$N_{10}=27L_1L_2L_3 \qquad (3\text{-}109)$$

3.3.3　四结点矩形单元

如图 3-17 所示为四结点矩形单元 e。矩形单元的两对边分别与坐标轴 x、y 平行。结点

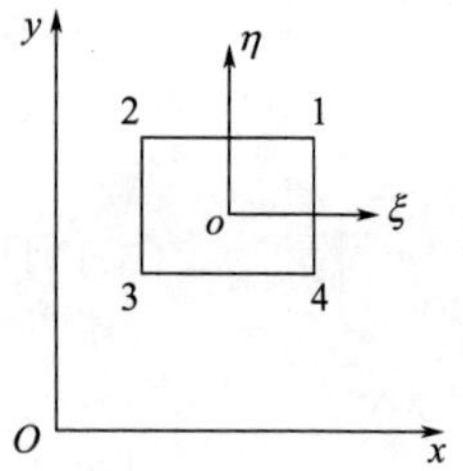

图 3-17　四结点矩形单元

编号为 $i=1,2,3,4$。单元内点的次序按右手系原则排列，为(1，2,3,4)。结点坐标为$(x_i,y_i)i=1\sim4$。

(1) 单元位移模式

单元中心点 o 的坐标为

$$x_o=\frac{x_1+x_2+x_3+x_4}{4},y_o=\frac{y_1+y_2+y_3+y_4}{4} \tag{3-110}$$

矩形单元有 4 个结点，每个结点有 2 个自由度，单元共有 8 个结点位移。在单元中心点 o 处引入局部自然坐标

$$\begin{cases}\xi=\dfrac{x-x_0}{a}\ (-1\leqslant\xi\leqslant1)\\ \eta=\dfrac{y-y_0}{b}\ (-1\leqslant\eta\leqslant1)\end{cases} \tag{3-111}$$

结点 1、2、3、4 的无量纲单元局部自然坐标分别为（1，1）、（−1，1）、（−1，−1）、（1，−1）。单元位移模式假定为

$$\boldsymbol{u}^e=\begin{bmatrix}u(x,y)\\v(x,y)\end{bmatrix}=\begin{bmatrix}N_1&0&N_2&0&N_3&0&N_4&0\\0&N_1&0&N_2&0&N_3&0&N_4\end{bmatrix}\begin{bmatrix}u_1\\v_1\\u_2\\v_2\\u_3\\v_3\\u_4\\v_4\end{bmatrix}=\boldsymbol{N}^e\boldsymbol{q}^e \tag{3-112}$$

对应于结点的形函数用自然坐标(ξ,η)表示为

$$\begin{cases}N_1=\dfrac{1}{4}(1+\xi)(1+\eta)\\ N_2=\dfrac{1}{4}(1-\xi)(1+\eta)\\ N_3=\dfrac{1}{4}(1-\xi)(1-\eta)\\ N_4=\dfrac{1}{4}(1+\xi)(1-\eta)\end{cases} \tag{3-113}$$

(2) 单元应变和单元应力

根据描述应变和位移的几何方程［式(3-37)］，可由位移模式求出单元应变为

$$\boldsymbol{\varepsilon}^e=\boldsymbol{B}^e\boldsymbol{q}^e=\begin{bmatrix}\boldsymbol{B}_1^e & \boldsymbol{B}_2^e & \boldsymbol{B}_3^e & \boldsymbol{B}_4^e\end{bmatrix}\boldsymbol{q}^e \tag{3-114}$$

其中 $\boldsymbol{B}^e$ 为应变转换矩阵，其子块为

$$\boldsymbol{B}_i^e=\begin{bmatrix}\dfrac{\partial N_i}{\partial x}&0\\0&\dfrac{\partial N_i}{\partial y}\\\dfrac{\partial N_i}{\partial y}&\dfrac{\partial N_i}{\partial x}\end{bmatrix}\quad(i=1,2,3,4) \tag{3-115}$$

由式(3-111) 有

$$\begin{bmatrix} \dfrac{\partial}{\partial x} \\ \dfrac{\partial}{\partial y} \end{bmatrix} = \begin{bmatrix} \dfrac{1}{a}\dfrac{\partial}{\partial \xi} \\ \dfrac{1}{b}\dfrac{\partial}{\partial \eta} \end{bmatrix} \tag{3-116}$$

则

$$\boldsymbol{B}_i^e = \frac{1}{4}\begin{bmatrix} \dfrac{1}{a}(1+\eta_i\eta)\xi_i & 0 \\ 0 & \dfrac{1}{b}(1+\xi_i\xi)\eta_i \\ \dfrac{1}{b}(1+\xi_i\xi)\eta_i & \dfrac{1}{a}(1+\eta_i\eta)\xi_i \end{bmatrix} \quad (i=1,2,3,4) \tag{3-117}$$

得到用结点位移表示的单元应变后，根据应力应变关系，即式(3-40) 可得单元内应力为

$$\boldsymbol{\sigma}^e = \boldsymbol{D}^e\boldsymbol{\varepsilon}^e = \boldsymbol{D}^e\boldsymbol{B}^e\boldsymbol{q}^e = \boldsymbol{S}^e\boldsymbol{q}^e = \begin{bmatrix} \boldsymbol{S}_1^e & \boldsymbol{S}_2^e & \boldsymbol{S}_3^e & \boldsymbol{S}_4^e \end{bmatrix}\boldsymbol{q}^e \tag{3-118}$$

其中 $\boldsymbol{S}^e$ 为应力转换矩阵，子块 $\boldsymbol{S}_i^e$ 有

$$\boldsymbol{S}_i^e = \frac{E_1}{4(1-\mu_1^2)}\begin{bmatrix} \dfrac{\xi_i}{a}(1+\eta_i\eta) & \mu_1\dfrac{\eta_i}{b}(1+\xi_i\xi) \\ \mu_1\dfrac{\xi_i}{a}(1+\eta_i\eta) & \dfrac{\eta_i}{b}(1+\xi_i\xi) \\ \dfrac{1-\mu_1}{2}\dfrac{\eta_i}{b}(1+\xi_i\xi) & \dfrac{1-\mu_1}{2}\dfrac{\xi_i}{a}(1+\eta_i\eta) \end{bmatrix} \quad (i=1,2,3,4) \tag{3-119}$$

(3) 单元刚度矩阵

根据平面问题有限元法单元刚度矩阵计算一般式(3-53)，令单元厚度为 t，把式(3-114) 和式(3-118) 代入计算得子块形式的单元刚度矩阵为

$$\boldsymbol{k}^e = \begin{bmatrix} k_{11} & k_{12} & k_{13} & k_{14} \\ k_{21} & k_{22} & k_{23} & k_{24} \\ k_{31} & k_{32} & k_{33} & k_{34} \\ k_{41} & k_{42} & k_{43} & k_{44} \end{bmatrix} \tag{3-120}$$

其中

$$\boldsymbol{k}_{rs}^e = \frac{E_1 t}{4ab(1-\mu_1^2)}\begin{bmatrix} K_1 & K_2 \\ K_3 & K_4 \end{bmatrix} \quad (r,s=1,2,3,4)$$

$$\begin{cases} K_1 = b^2\xi_r\xi_s\left(1+\dfrac{\eta_r\eta_s}{3}\right) + \dfrac{1-\mu_1}{2}a^2\eta_r\eta_s\left(1+\dfrac{\xi_r\xi_s}{3}\right) \\ K_2 = ab\left(\mu_1\xi_r\eta_s + \dfrac{1-\mu_1}{2}\eta_r\xi_s\right) \\ K_3 = ab\left(\mu_1\eta_r\xi_s + \dfrac{1-\mu_1}{2}\xi_r\eta_s\right) \\ K_4 = a^2\eta_r\eta_s\left(1+\dfrac{\xi_r\xi_s}{3}\right) + \dfrac{1-\mu_1}{2}b^2\xi_r\xi_s\left(1+\dfrac{\eta_r\eta_s}{3}\right) \end{cases} \tag{3-121}$$

实践表明，与三结点三角形单元相比，四结点矩形单元的精度明显更高，但它的弱点是

灵活性差，不能适用于曲线边界和斜边界。

3.3.4 四边形等参单元

为了能适应复杂边界，有限元分析中常选用任意四边形单元来对结构进行离散，本节介绍四结点四边形等参元的单元构造。图 3-18(a) 所示为在整体坐标系 xOy 下一离散的任意四边形单元（称为子单元）。只要恰当选择单元自然坐标轴 ξ、η，通过实现一点到另一点的对应变换，就能将任意一个四边形单元变换为在 ξ、η 域的正方形单元。称 ξ、η 域的正方形单元为母单元，其单元形状如图 3-18(b) 所示。两组坐标 (x,y) 和 (ξ,η) 有如下变换：

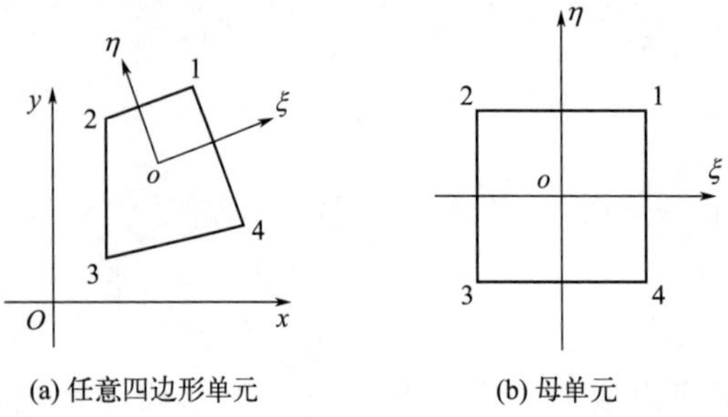

图 3-18 四结点四边形等参元

$$x=\sum_{i=1}^{4}N_i(\xi,\eta)x_i,\ y=\sum_{i=1}^{4}N_i(\xi,\eta)y_i \tag{3-122}$$

对于单元内一点位移函数有

$$u=\sum_{i=1}^{4}N_i(\xi,\eta)u_i,v=\sum_{i=1}^{4}N_i(\xi,\eta)v_i \tag{3-123}$$

其中 $N_i=\frac{1}{4}(1+\xi_i)(1+\eta_i)(i=1,2,3,4)$。

由应变转换矩阵子块 $\boldsymbol{B}_i^e$ 的计算公式(3-115) 可知，需要计算形函数 $N_i(\xi,\eta)$ 对坐标 (x,y) 的偏导数。而 $N_i(\xi,\eta)$ 是 (ξ,η) 的显函数，需要对隐函数微分，利用式(3-122)，有

$$\begin{bmatrix}\dfrac{\partial N_i}{\partial x}\\ \dfrac{\partial N_i}{\partial y}\end{bmatrix}=\begin{bmatrix}\dfrac{\partial x}{\partial \xi} & \dfrac{\partial y}{\partial \xi}\\ \dfrac{\partial x}{\partial \eta} & \dfrac{\partial y}{\partial \eta}\end{bmatrix}^{-1}\begin{bmatrix}\dfrac{\partial N_i}{\partial \xi}\\ \dfrac{\partial N_i}{\partial \eta}\end{bmatrix}=\boldsymbol{J}^{-1}\begin{bmatrix}\dfrac{\partial N_i}{\partial \xi}\\ \dfrac{\partial N_i}{\partial \eta}\end{bmatrix} \tag{3-124}$$

其中 $\boldsymbol{J}$ 称为坐标变换的雅可比矩阵，有

$$\boldsymbol{J}=\begin{bmatrix}\dfrac{\partial x}{\partial \xi} & \dfrac{\partial y}{\partial \xi}\\ \dfrac{\partial x}{\partial \eta} & \dfrac{\partial y}{\partial \eta}\end{bmatrix}=\begin{bmatrix}\dfrac{\partial N_1}{\partial \xi} & \dfrac{\partial N_2}{\partial \xi} & \dfrac{\partial N_3}{\partial \xi} & \dfrac{\partial N_4}{\partial \xi}\\ \dfrac{\partial N_1}{\partial \eta} & \dfrac{\partial N_2}{\partial \eta} & \dfrac{\partial N_3}{\partial \eta} & \dfrac{\partial N_4}{\partial \eta}\end{bmatrix}\begin{bmatrix}x_1 & y_1\\ x_2 & y_2\\ x_3 & y_3\\ x_4 & y_4\end{bmatrix} \tag{3-125}$$

由上式计算出应变转换矩阵子块 $\boldsymbol{B}_i^e(i=1\sim4)$ 后，得到应变转换矩阵 $\boldsymbol{B}^e$，从而计算出应力转换矩阵 $\boldsymbol{S}^e$，进而得到单元刚度矩阵计算公式

$$\boldsymbol{K}^e=t\int_{\Omega^e}\boldsymbol{B}^{e\mathrm{T}}\boldsymbol{D}^e\boldsymbol{B}^e\,\mathrm{d}x\mathrm{d}y=t\int_{-1}^{1}\int_{-1}^{1}\boldsymbol{B}^{e\mathrm{T}}\boldsymbol{D}^e\boldsymbol{B}^e\,|\boldsymbol{J}|\,\mathrm{d}\xi\mathrm{d}\eta \tag{3-126}$$

单元上作用体力 $\boldsymbol{f}$ 的等效结点力列阵 $\boldsymbol{F}_{\mathrm{b}}^e$ 为

$$\boldsymbol{F}_{\mathrm{b}}^e=t\int_{-1}^{1}\int_{-1}^{1}\boldsymbol{N}^{e\mathrm{T}}\boldsymbol{f}\,|\boldsymbol{J}|\,\mathrm{d}\xi\mathrm{d}\eta \tag{3-127}$$

对于作用在 $\xi=1$ 边上的面力 $\boldsymbol{T}$ 的等效结点力列阵 $\boldsymbol{F}_{\mathrm{q}}^e$ 为

$$\boldsymbol{F}_{\mathrm{q}}^e=t\int_{-1}^{1}\boldsymbol{N}^{e\mathrm{T}}\boldsymbol{T}\sqrt{\left(\frac{\partial x}{\partial \eta}\right)^2+\left(\frac{\partial y}{\partial \eta}\right)^2}\,\mathrm{d}\eta \tag{3-128}$$

对于作用在 $\eta=1$ 边上的面力 $\boldsymbol{T}$ 的等效结点力列阵 $\boldsymbol{F}_{\mathrm{q}}^{e}$ 为

$$\boldsymbol{F}_{\mathrm{q}}^{e}=t\int_{-1}^{1}\boldsymbol{N}^{e\mathrm{T}}\boldsymbol{T}\sqrt{\left(\frac{\partial x}{\partial \xi}\right)^{2}+\left(\frac{\partial y}{\partial \xi}\right)^{2}}\,\mathrm{d}\xi \tag{3-129}$$

习　题

3-1　什么是平面应力问题？什么是平面应变问题？它们的几何特点和受力特点分别是什么？无限大薄板和长水坝截面受力分别属于哪种类型？

3-2　验证三结点三角形单元位移形状函数满足三条基本性质。

3-3　试述单元刚度矩阵与整体刚度矩阵的性质。二者有什么差异？你怎样理解？

3-4　什么是弹性力学问题求解的最小势能原理？

3-5　如图 3-19 所示的三结点三角形单元，厚度 $t=1\mathrm{cm}$，弹性模量 $E=2.0\times10^{5}\mathrm{MPa}$，泊松比 $\mu=0.3$。试求形函数矩阵 $\boldsymbol{N}^{e}$、应变矩阵 $\boldsymbol{B}^{e}$、应力矩阵 $\boldsymbol{S}^{e}$、单元刚度矩阵 $\boldsymbol{k}^{e}$，并验证 $\boldsymbol{k}^{e}$ 的奇异性。

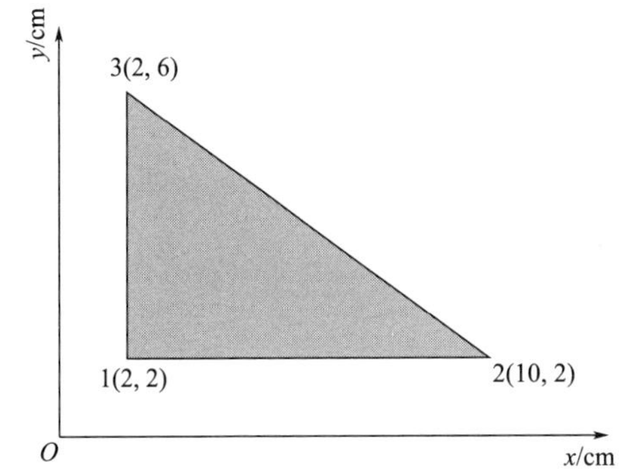

图 3-19　三结点三角形单元

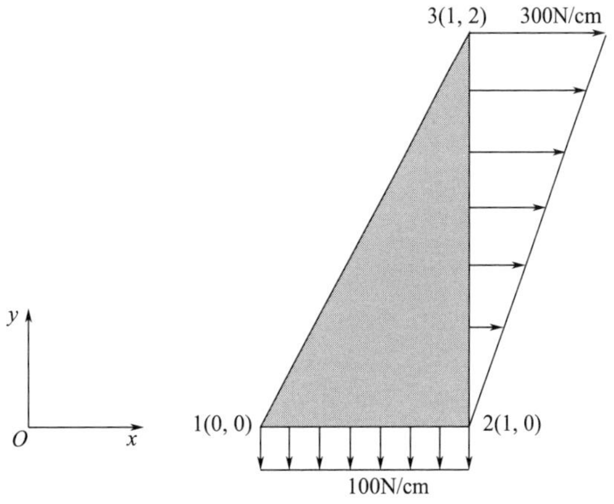

图 3-20　三角形单元分布载荷

3-6　有一个三角形单元，受如图 3-20 所示的分布载荷，试计算该单元的结点等效载荷。

3-7　计算如图 3-21 所示矩形单元一个边的三角形分布载荷的等效结点力。

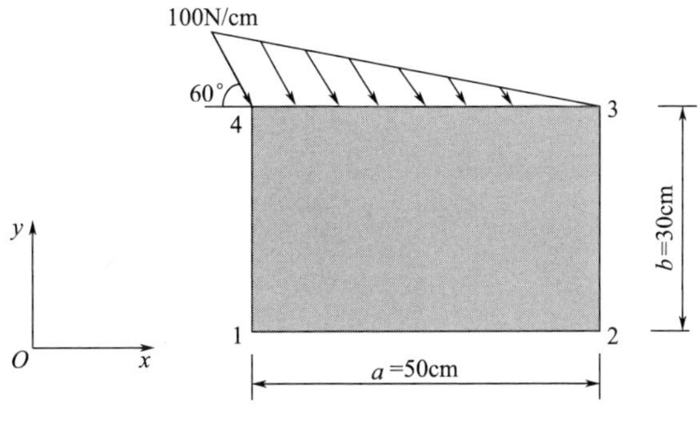

图 3-21　矩形单元分布载荷

3-8 如图 3-22 所示为由两个三角形单元组成的平行四边形，已知单元①按 i，j，m 局部编码的单元刚度矩阵 $\boldsymbol{k}^1$。试按局部坐标的编码写出单元②的单元刚度矩阵 $\boldsymbol{k}^2$，并进行整体刚度矩阵的集成。

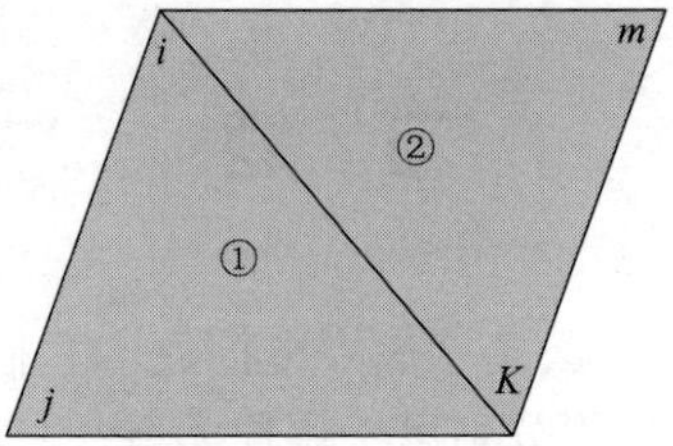

图 3-22 平行四边形

3-9 参考平面有限元方法的流程，试归纳应用有限元方法进行工程分析的、便于计算机实现的基本流程。谈谈你是怎么理解的。

第 4 章　空间轴对称问题有限元分析

【工程问题分析】

工程中有一类结构，如图 4-1 所示：图 4-1(a) 所示为机械密封，它是很多工业泵、反应釜以及火箭发动机等的关键部件；图 4-1(b) 所示为储能飞轮，近年来风能及太阳能技术快速发展，城市地铁大量修建，人们对储能技术的需求非常迫切，其中飞轮储能技术得到了飞速发展；图 4-1(c) 所示为加氢反应器，为了治理大气环境中的污染，对汽油、柴油等进

(a) 机械密封　　(b) 储能飞轮

(c) 中国一重承制的全球首台3000吨浆态床加氢反应器

图 4-1

(d) 大型天然气储罐

图 4-1 空间轴对称工程问题

行加氢精制，可去除其中的硫等杂质，近年来在石油化工和煤化工等领域获得了越来越广泛的应用；图 4-1(d) 所示为天然气储罐，随着人民生活水平的提高，天然气用量快速提升，天然气已成为人民生活必不可少的一部分，天然气储罐需求量大。

这些结构有共同的几何和受力特点，就是它们的几何形状、约束条件及作用的载荷都对称于某一固定轴（可视为子午面内平面物体绕轴旋转一周的结果），这类力学问题称为空间轴对称问题。

本章介绍弹性力学空间轴对称问题的有限元分析方法。

【学习目标】

通过本章的学习，需要掌握或了解以下内容。

① 掌握空间轴对称问题的位移模式、单元应变、单元应力及单元刚度矩阵的计算方法，能手动分析、计算简单的轴对称问题；

② 掌握单元等效结点力的计算方法；

③ 了解由虚功原理或势能原理导出弹性力学空间轴对称问题的有限元方程的推导过程。

4.1 空间轴对称问题数学描述

当物体的几何形状、约束及外载荷都对称于某一轴线，则位移、应变、应力等有关的力学分析结果也都对称于这一轴线，这种力学问题称为空间轴对称问题。下面给出弹性力学空间轴对称问题和有关原理的数学描述。

4.1.1 柱坐标系

空间轴对称物体可以看作是平面图形绕平面某一轴旋转而形成的回转体，根据这个几何特点，分析轴对称问题时采用柱坐标系描述比用直角坐标系更加便捷。

如图 4-2 所示，柱坐标系的空间变量是 r、θ、z，与笛卡儿直角坐标系的三个坐标 x、y、z 的关系为

$$\begin{bmatrix} x \\ y \\ z \end{bmatrix} = \begin{bmatrix} r\cos\theta \\ r\sin\theta \\ z \end{bmatrix} \tag{4-1}$$

柱坐标系是一种正交曲线坐标系。过任意一点（$r=0$ 的极轴上点除外）的三个坐标面（$r=$常数、$\theta=$常数、$z=$常数三个曲面）都是彼此正交。过一点的三个坐标面两两相交形成三条坐标曲线。坐标曲线上沿坐标值增长方向上的单位长度的切向矢量 $\boldsymbol{r}$、$\boldsymbol{\theta}$、$\boldsymbol{k}$ 称为坐标系在该点的坐标基矢量。显然，$\boldsymbol{r}$ 垂直于 $r=$常数的柱面，$\boldsymbol{\theta}$ 垂直于 $\theta=$常数的半平面——子午面，$\boldsymbol{k}$ 垂直于 $z=$常数的平面。$\boldsymbol{r}$ 与 $\boldsymbol{\theta}$ 的方向随点的不同而不同，$\boldsymbol{k}$ 的方向对各点是相同的。

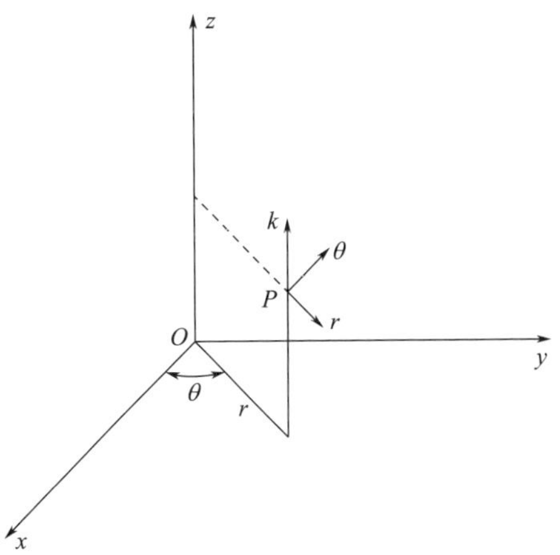

图 4-2　柱坐标系

当把轴对称问题中的对称轴取为柱坐标系中的 z 轴时，由于轴对称的性质，一点的位移、应力、应变都仅为 r、z 的函数而与 θ 无关。空间的三维问题化为平面的二维问题，即定义在空间域回转体物体的物理量简化为定义在回转体的某个子午面平面域上的物理量。

4.1.2　空间轴对称问题变量描述

（1）外力

在轴对称空间中，描述弹性体受到的外力为体积力和表面力，简称为体力和面力。其中体力 $\boldsymbol{f}$ 是物体在单位体积上的受力，面力 $\boldsymbol{T}$ 是物体单位面积上的受力，体力和面力在柱坐标系中分别表示如下：

$$\boldsymbol{f}=(f_r, f_z)^{\mathrm{T}} \tag{4-2}$$

$$\boldsymbol{T}=(T_r, T_z)^{\mathrm{T}} \tag{4-3}$$

（2）位移

物体发生轴对称变形，各点均无环向（θ 向）位移，位移矢量只能沿着子午面，即只能有两个分量：

$$\boldsymbol{u}=\begin{bmatrix} u \\ w \end{bmatrix} \tag{4-4}$$

（3）应变

物体各点的应变可以用 4 个分量描述（其余两个分量为零）：

$$\boldsymbol{\varepsilon}=(\varepsilon_r, \varepsilon_\theta, \varepsilon_z, \gamma_{rz})^{\mathrm{T}} \tag{4-5}$$

其中，ε_r、ε_z、γ_{rz} 的含义类似于平面物体中的 ε_x、ε_y、γ_{xy}；而 ε_θ 表示环向（θ 方向）的线应变，或者说表示过该点的圆周（r、z 不变，θ 为 $0\sim2\pi$）的相对伸长。

（4）应力

类似应变，轴对称问题中一点的应力也用 4 个分量描述（其余两个分量为零）：

$$\boldsymbol{\sigma}=(\sigma_r, \sigma_\theta, \sigma_z, \tau_{rz})^{\mathrm{T}} \tag{4-6}$$

其中，σ_r、σ_z、τ_{rz} 类似于平面问题中的 σ_x、σ_y、τ_{xy}，σ_θ 则表示作用在子午面上垂直于子午面的正应力分量。

由于各变量在每个子午面上都是一样的，分析这样的问题只要考虑一个面即可。

4.1.3 空间轴对称问题的数学方程

要求出变量，需找到变量和已知量之间的内在方程，弹性力学问题求解有三大方程，下面给出柱坐标系下空间轴对称问题的有关方程和边界条件。

(1) 平衡微分方程

设微元体上作用有体力 $\boldsymbol{f}$，通过对微元体进行受力分析可得描述一点体力 $\boldsymbol{f}$ 同应力 $\boldsymbol{\sigma}$ 关系的平衡微分方程为

$$\begin{cases}\dfrac{\partial\sigma_r}{\partial r}+\dfrac{\partial\tau_{rz}}{\partial z}+\dfrac{\sigma_r-\sigma_\theta}{r}+f_r=0\\[2mm]\dfrac{\partial\tau_{zr}}{\partial r}+\dfrac{\partial\sigma_z}{\partial z}+\dfrac{\tau_{zr}}{r}+f_z=0\end{cases}\tag{4-7a}$$

其中，f_r、f_z 为体积力密度分别在 r、z 方向的分量。由切应力互等定理，有 $\tau_{zr}=\tau_{rz}$。式(4-7a) 写成矩阵形式有

$$\begin{bmatrix}\dfrac{\partial}{\partial r}+\dfrac{1}{r} & -\dfrac{1}{r} & 0 & \dfrac{\partial}{\partial z}\\[2mm] 0 & 0 & \dfrac{\partial}{\partial z} & \dfrac{\partial}{\partial r}+\dfrac{1}{r}\end{bmatrix}\begin{bmatrix}\sigma_r\\ \sigma_\theta\\ \sigma_z\\ \tau_{rz}\end{bmatrix}+\begin{bmatrix}f_r\\ f_z\end{bmatrix}=\mathbf{0}\tag{4-7b}$$

令

$$\mathbf{A}=\begin{bmatrix}\dfrac{\partial}{\partial r}+\dfrac{1}{r} & -\dfrac{1}{r} & 0 & \dfrac{\partial}{\partial z}\\[2mm] 0 & 0 & \dfrac{\partial}{\partial z} & \dfrac{\partial}{\partial r}+\dfrac{1}{r}\end{bmatrix}$$

式(4-7b) 改写为简便形式为

$$\mathbf{A}\boldsymbol{\sigma}+\boldsymbol{f}=\mathbf{0}\tag{4-8}$$

(2) 几何方程

轴对称问题中描述一点位移 $\boldsymbol{u}$ 与应变 $\boldsymbol{\varepsilon}$ 关系的几何方程为

$$\boldsymbol{\varepsilon}=\begin{bmatrix}\varepsilon_r\\ \varepsilon_\theta\\ \varepsilon_z\\ \gamma_{rz}\end{bmatrix}=\begin{bmatrix}\dfrac{\partial u}{\partial r}\\[2mm] \dfrac{u}{r}\\[2mm] \dfrac{\partial w}{\partial z}\\[2mm] \dfrac{\partial u}{\partial z}+\dfrac{\partial w}{\partial r}\end{bmatrix}=\begin{bmatrix}\dfrac{\partial}{\partial r} & 0\\[2mm] \dfrac{1}{r} & 0\\[2mm] 0 & \dfrac{\partial}{\partial z}\\[2mm] \dfrac{\partial}{\partial z} & \dfrac{\partial}{\partial r}\end{bmatrix}\begin{bmatrix}u\\ w\end{bmatrix}\tag{4-9}$$

令

$$\boldsymbol{L}=\begin{bmatrix}\dfrac{\partial}{\partial r} & 0\\[2mm] \dfrac{1}{r} & 0\\[2mm] 0 & \dfrac{\partial}{\partial z}\\[2mm] \dfrac{\partial}{\partial z} & \dfrac{\partial}{\partial r}\end{bmatrix}$$

式(4-9) 改写为

$$\boldsymbol{\varepsilon}=\boldsymbol{L}\boldsymbol{u} \tag{4-10}$$

同弹性力学平面问题中的几何方程［式(3-11)］比较，容易看出与平面问题不同的是有 $\varepsilon_\theta=u/r$，即轴对称的径向位移会引起环向应变。

(3) 物理方程

对于各向同性弹性体轴对称问题中的描述一点应力 $\boldsymbol{\sigma}$ 和应变 $\boldsymbol{\varepsilon}$ 关系的物理方程为

$$\boldsymbol{\sigma}=\boldsymbol{D}\boldsymbol{\varepsilon} \tag{4-11}$$

其中，$\boldsymbol{D}$ 为弹性矩阵

$$\boldsymbol{D}=\frac{E(1-\mu)}{(1+\mu)(1-2\mu)}\begin{bmatrix} 1 & \frac{\mu}{1-\mu} & \frac{\mu}{1-\mu} & 0 \\ \frac{\mu}{1-\mu} & 1 & \frac{\mu}{1-\mu} & 0 \\ \frac{\mu}{1-\mu} & \frac{\mu}{1-\mu} & 1 & 0 \\ 0 & 0 & 0 & \frac{1-2\mu}{2(1-\mu)} \end{bmatrix}$$

其中，E 是杨氏模量，μ 为泊松比。

以上式(4-8)、式(4-10) 和式(4-11) 共 10 个方程是 10 个未知函数在域内的控制方程。当以位移分量 u、w 为基本未知量时，可以用代入法使问题归结为用位移 $\boldsymbol{u}$ 表示的两个平衡微分方程：

$$\boldsymbol{A}\boldsymbol{D}\boldsymbol{L}\boldsymbol{u}+\boldsymbol{f}=\boldsymbol{0} \tag{4-12}$$

(4) 边界条件

轴对称物体的边界是曲面，但边界曲面在子午面上是边界曲线 S。与平面问题相同，边界的每一点必须提供两个边界条件。

已知位移的点称为位移边界点。令 S_u 表示位移边界点的集合，则位移边界条件为

$$\boldsymbol{u}\big|_{S_u}=\begin{bmatrix}\bar{u} & \bar{w}\end{bmatrix}_{S_u}^{\mathrm{T}} \tag{4-13}$$

已知表面力密度矢量的点称为力边界点。令 S_σ 表示力边界点的集合，在这些点上，应力分量与已知的表面力分量 T_r、T_z 间有如下关系：

$$\begin{bmatrix} l & 0 & 0 & n \\ 0 & 0 & n & l \end{bmatrix}\boldsymbol{\sigma}=\begin{bmatrix} T_r \\ T_z \end{bmatrix}_{S_\sigma} \tag{4-14}$$

其中，l 是边界外法线与 $\boldsymbol{r}$ 夹角的余弦，n 是边界外法线与 $\boldsymbol{z}$ 夹角的余弦。显然边界外法线总是垂直于 $\boldsymbol{\theta}$ 的。

式(4-8)、式(4-10)、式(4-11) 加边界条件式(4-13)、式(4-14) 构成了弹性力学空间轴对称问题数学描述。当按位移求解时，可以简化为域内两个二阶偏微分方程式(4-12) 与边界条件式(4-13)、式(4-14)。

(5) 虚功方程

虚功原理：变形体内应力在虚应变上的总虚变形功等于外力（体力 $\boldsymbol{f}$、面力 $\boldsymbol{T}$、M 点处的集中力 P_M）在虚位移上的总虚功。数学方程为

$$\int_V \boldsymbol{\varepsilon}^{*\mathrm{T}}\boldsymbol{\sigma}\,\mathrm{d}V=\int_V \boldsymbol{f}^{\mathrm{T}}\boldsymbol{u}^{*}\,\mathrm{d}V+\int_{S_\sigma}\boldsymbol{T}^{\mathrm{T}}\boldsymbol{u}^{*}\,\mathrm{d}S+\sum_M \boldsymbol{u}_M^{*\mathrm{T}}P_M \tag{4-15}$$

对于轴对称问题，任一点的虚位移可表示为

$$\boldsymbol{u}^*=(u^* \quad w^*)^{\mathrm{T}} \tag{4-16}$$

虚应变记为

$$\boldsymbol{\varepsilon}^*=(\varepsilon_r^* \quad \varepsilon_\theta^* \quad \varepsilon_z^* \quad \varepsilon_{rz}^*)^{\mathrm{T}} \tag{4-17}$$

由于所有变量均与 θ 无关，虚功方程式(4-15) 简化为

$$2\pi\int_\Omega \boldsymbol{\varepsilon}^{*\mathrm{T}}\boldsymbol{\sigma} r\,\mathrm{d}r\,\mathrm{d}z=2\pi\int_\Omega \boldsymbol{u}^{*\mathrm{T}}\boldsymbol{f} r\,\mathrm{d}r\,\mathrm{d}z+2\pi\int_{S_\sigma}\boldsymbol{u}^{*\mathrm{T}}\boldsymbol{T} r\,\mathrm{d}s+2\pi\sum_M r_M \boldsymbol{u}_M^{*\mathrm{T}} P_M \tag{4-18}$$

其中，$\mathrm{d}s$ 是环状曲面微元 $\mathrm{d}S$ 与子午面的交线，是一个弧微分；Ω 是体 V 与子午面相交的平面域。

4.2 空间轴对称问题有限元法分析

对于式(4-12) 所示的描述空间轴对称问题的偏微分方程，可以采用有限元法进行数值求解。空间轴对称有限元法求解的步骤同弹性力学平面问题的有限元法分析步骤是类似的，主要的差异在于单元分析。

4.2.1 三结点三角形环状单元位移模式和形函数

既然轴对称空间问题中所有未知量都仅是 r、z 的函数，空间问题就转化为在子午面（r、z 面）上的二维数学问题。因此空间轴对称问题的有限元几何模型为子午面，即体 V 与 r、z 面相交的域是平面域 Ω。在有限元法的第一步结构离散化中，选取三结点三角形环状单元将 Ω 域划分为有限数量三角形单元的集合，如图 4-3 受均匀内压球体的有限元离散模型所示。从形状上来看，在 Ω 上三结点三角形单元与第 3 章平面问题划分的三结点三角形单元几乎是一样的，但从整体上看 Ω 上每个单元其实是环状的实体单元，如图 4-4 所示。下面对三结点三角形环状单元 ijm 进行相关单元分析。

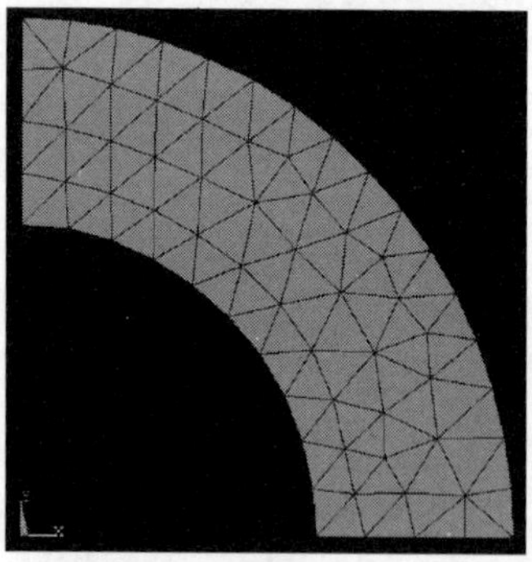

图 4-3 有限元离散模型

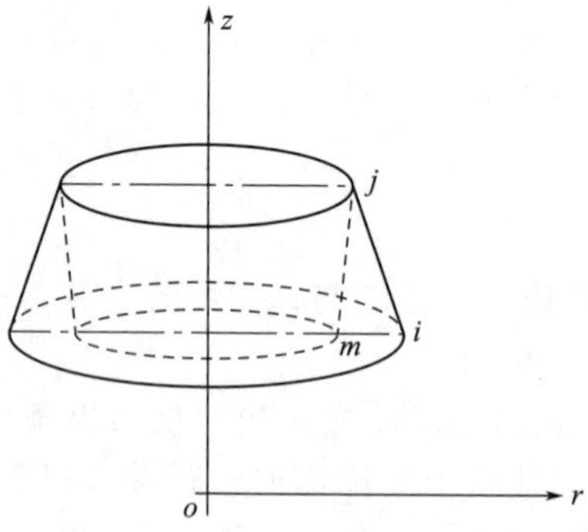

图 4-4 三结点三角形环状单元

设三结点三角形环状单元 ijm 的三个结点坐标分别为 $(r_i, z_i)(r_j, z_j)(r_m, z_m)$；单元结点的位移列向量为

$$\boldsymbol{q}^e=(u_i, w_i, u_j, w_j, u_m, w_m)^{\mathrm{T}} \tag{4-19}$$

根据单元的结点位移自由度、单元的协调性和完备性，可以设单元内的位移场是柱坐标 r、z 的线性函数，因此位移模式为

$$\boldsymbol{u}^e=\begin{bmatrix}u\\w\end{bmatrix}=\begin{bmatrix}\alpha_1 & \alpha_2 & \alpha_3\\\alpha_4 & \alpha_5 & \alpha_6\end{bmatrix}\begin{bmatrix}1\\r\\z\end{bmatrix} \tag{4-20}$$

将 3 个结点 i，j，m 的位移分量和坐标代入位移模式中，解出 6 个待定系数 $\alpha_1 \sim \alpha_6$，得到用结点位移分量描述的位移模式为

$$\begin{cases} u=\dfrac{1}{2A}[1\quad r\quad z]\begin{bmatrix}a_i & a_j & a_m\\b_i & b_j & b_m\\c_i & c_j & c_m\end{bmatrix}\begin{bmatrix}u_i\\u_j\\u_m\end{bmatrix}\\ w=\dfrac{1}{2A}[1\quad r\quad z]\begin{bmatrix}a_i & a_j & a_m\\b_i & b_j & b_m\\c_i & c_j & c_m\end{bmatrix}\begin{bmatrix}w_i\\w_j\\w_m\end{bmatrix}\end{cases} \tag{4-21}$$

其中

$$\begin{aligned} &a_i=r_jz_m-r_mz_j, \quad a_j=r_mz_i-r_iz_m, \quad a_m=r_iz_j-r_jz_i\\ &b_i=z_j-z_m, \quad b_j=z_m-z_i, \quad b_m=z_i-z_j\\ &c_i=r_m-r_j, \quad c_j=r_i-r_m, \quad c_m=r_j-r_i \end{aligned} \tag{4-22}$$

式(4-21) 改写为

$$\begin{cases} u=[N_i\quad N_j\quad N_m]\begin{bmatrix}u_i\\u_j\\u_m\end{bmatrix}\\ w=[N_i\quad N_j\quad N_m]\begin{bmatrix}w_i\\w_j\\w_m\end{bmatrix}\end{cases} \tag{4-23}$$

其中，形函数 N_i、N_j、N_m 为 r，z 的函数，有

$$N_i=\frac{a_i+b_ir+c_iz}{2A}, \quad N_j=\frac{a_j+b_jr+c_jz}{2A}, \quad N_m=\frac{a_m+b_mr+c_mz}{2A} \tag{4-24}$$

将式(4-23) 代入式(4-20)，有

$$\boldsymbol{u}^e=\begin{bmatrix}u\\w\end{bmatrix}^e=\begin{bmatrix}N_i & 0 & N_j & 0 & N_m & 0\\0 & N_i & 0 & N_j & 0 & N_m\end{bmatrix}\begin{bmatrix}u_i\\w_i\\u_j\\w_j\\u_m\\w_m\end{bmatrix} \tag{4-25}$$

引入对应于结点的子块，式(4-25) 写为

$$\boldsymbol{u}^e=[\boldsymbol{N}_i^e\quad \boldsymbol{N}_j^e\quad \boldsymbol{N}_m^e]\begin{bmatrix}\boldsymbol{q}_i\\\boldsymbol{q}_j\\\boldsymbol{q}_m\end{bmatrix}=\boldsymbol{N}^e\boldsymbol{q}^e \tag{4-26}$$

其中，$\boldsymbol{N}^e$ 为单元的形函数矩阵，各子块为

$$\boldsymbol{N}_i^e=\begin{bmatrix}N_i & 0\\0 & N_i\end{bmatrix}, \quad \boldsymbol{N}_j^e=\begin{bmatrix}N_j & 0\\0 & N_j\end{bmatrix}, \quad \boldsymbol{N}_m^e=\begin{bmatrix}N_m & 0\\0 & N_m\end{bmatrix} \tag{4-27}$$

4.2.2 单元应变

将式(4-26) 代入式(4-9) 便可得到单元内的应变为

$$\boldsymbol{\varepsilon}^e=\begin{bmatrix}\varepsilon_r\\ \varepsilon_\theta\\ \varepsilon_z\\ \gamma_{rz}\end{bmatrix}=\begin{bmatrix}\dfrac{\partial}{\partial r} & 0\\ \dfrac{1}{r} & 0\\ 0 & \dfrac{\partial}{\partial z}\\ \dfrac{\partial}{\partial z} & \dfrac{\partial}{\partial r}\end{bmatrix}\begin{bmatrix}N_i & 0 & N_j & 0 & N_m & 0\\ 0 & N_i & 0 & N_j & 0 & N_m\end{bmatrix}\boldsymbol{q}^e \tag{4-28}$$

由于

$$\frac{\partial N_i}{\partial r}=\frac{b_i}{2A},\quad \frac{\partial N_i^e}{\partial z}=\frac{c_i}{2A} \tag{4-29a}$$

$$\frac{\partial N_j}{\partial r}=\frac{b_j}{2A},\quad \frac{\partial N_j^e}{\partial z}=\frac{c_j}{2A} \tag{4-29b}$$

$$\frac{\partial N_m}{\partial r}=\frac{b_m}{2A},\quad \frac{\partial N_m^e}{\partial z}=\frac{c_m}{2A} \tag{4-29c}$$

令

$$\begin{aligned}h_i&=\frac{a_i+b_ir+c_iz}{r}\\ h_j&=\frac{a_j+b_jr+c_jz}{r}\\ h_m&=\frac{a_m+b_mr+c_mz}{r}\end{aligned} \tag{4-30}$$

将式(4-29) 和式(4-30) 代入式(4-28)，可以得到单元内任一点应变

$$\boldsymbol{\varepsilon}^e=\frac{1}{2A}\begin{bmatrix}b_i & 0 & b_j & 0 & b_m & 0\\ h_i & 0 & h_j & 0 & h_m & 0\\ 0 & c_i & 0 & c_j & 0 & c_m\\ c_i & b_i & c_j & b_j & c_m & b_m\end{bmatrix}\boldsymbol{q}^e=\begin{bmatrix}\boldsymbol{B}_i^e & \boldsymbol{B}_j^e & \boldsymbol{B}_m^e\end{bmatrix}\begin{bmatrix}\boldsymbol{q}_i\\ \boldsymbol{q}_j\\ \boldsymbol{q}_m\end{bmatrix}=\boldsymbol{B}^e\boldsymbol{q}^e \tag{4-31}$$

其中，$\boldsymbol{B}^e$ 为单元应变转换矩阵，$\boldsymbol{B}_i^e(i,j,m)$是其子块，有

$$\boldsymbol{B}_i^e=\frac{1}{2A}\begin{bmatrix}b_i & 0\\ h_i & 0\\ 0 & c_i\\ c_i & b_i\end{bmatrix},\quad \boldsymbol{B}_j^e=\frac{1}{2A}\begin{bmatrix}b_j & 0\\ h_j & 0\\ 0 & c_j\\ c_j & b_j\end{bmatrix},\quad \boldsymbol{B}_m^e=\frac{1}{2A}\begin{bmatrix}b_m & 0\\ h_m & 0\\ 0 & c_m\\ c_m & b_m\end{bmatrix} \tag{4-32}$$

同三结点三角形平面单元式(3-36) 比较，可见应变分量中环向应变 ε_θ 是坐标 r、z 的函数，因此三结点三角形环状单元**不是常应变单元**。

4.2.3 单元应力

把式(4-31) 代入式(4-11)，容易得到单元内的应力

$$\boldsymbol{\sigma}^e=\boldsymbol{D}\boldsymbol{\varepsilon}^e=\boldsymbol{D}\boldsymbol{B}^e\boldsymbol{q}^e=\begin{bmatrix}\boldsymbol{S}_i^e & \boldsymbol{S}_j^e & \boldsymbol{S}_m^e\end{bmatrix}\boldsymbol{q}^e=\boldsymbol{S}^e\boldsymbol{q}^e \tag{4-33}$$

其中，$\boldsymbol{S}^e$ 为单元应力转换矩阵。其子块为

$$\boldsymbol{S}_i^e=\boldsymbol{D}\boldsymbol{B}_i^e=\frac{E_1}{2A}\begin{bmatrix} b_i+h_i\mu_1 & c_i\mu_1 \\ b_i\mu_1+h_i & c_i\mu_1 \\ (b_i+h_i)\mu_1 & c_i \\ c_i\mu_2 & b_i\mu_2 \end{bmatrix} \tag{4-34a}$$

$$\boldsymbol{S}_j^e=\boldsymbol{D}\boldsymbol{B}_j^e=\frac{E_1}{2A}\begin{bmatrix} b_j+h_j\mu_1 & c_j\mu_1 \\ b_j\mu_1+h_j & c_j\mu_1 \\ (b_j+h_j)\mu_1 & c_j \\ c_j\mu_2 & b_j\mu_2 \end{bmatrix} \tag{4-34b}$$

$$\boldsymbol{S}_m^e=\boldsymbol{D}\boldsymbol{B}_m^e=\frac{E_1}{2A}\begin{bmatrix} b_m+h_m\mu_1 & c_m\mu_1 \\ b_m\mu_1+h_m & c_m\mu_1 \\ (b_m+h_m)\mu_1 & c_m \\ c_m\mu_2 & b_m\mu_2 \end{bmatrix} \tag{4-34c}$$

其中

$$E_1=\frac{E(1-\mu)}{(1+\mu)(1-2\mu)},\mu_1=\frac{\mu}{1-\mu},\mu_2=\frac{1-2\mu}{2(1-\mu)} \tag{4-34d}$$

由此可见，单元应力转换矩阵 $\boldsymbol{S}^e$ 的有关元素是 r、z 的函数，因此三结点三角形环状单元也**不是常应力单元**。

4.2.4 单元结点平衡方程

在第 3 章中，利用最小势能原理导出了平面问题的单元结点平衡方程［式(3-52)］。本小节介绍如何从虚功方程导出空间轴对称问题的单元结点平衡方程。

把集中力 P_M 看成分布面力的特例，并且在离散化时把 M 点取为结点，式(4-18) 描述的虚功方程应用到单元求解域有

$$2\pi\int_{\Omega^e}\boldsymbol{\varepsilon}^{*e\mathrm{T}}\boldsymbol{\sigma}^e r\,\mathrm{d}r\,\mathrm{d}z=2\pi\int_{\Omega^e}\boldsymbol{u}^{*e\mathrm{T}}\boldsymbol{f}r\,\mathrm{d}r\,\mathrm{d}z+2\pi\int_{S_\sigma^e}\boldsymbol{u}^{*e\mathrm{T}}\boldsymbol{T}r\,\mathrm{d}s \tag{4-35}$$

令

$$\boldsymbol{u}^{*e}=\boldsymbol{N}^e\boldsymbol{\delta}^{e*},\ \boldsymbol{\varepsilon}^{*e}=\boldsymbol{B}^e\boldsymbol{\delta}^{e*} \tag{4-36}$$

把式(4-26)、式(4-31)、式(4-33) 及式(4-36) 代入式(4-35)，整理后得

$$\boldsymbol{\delta}^{e*\mathrm{T}}2\pi\int_{\Omega^e}\boldsymbol{B}^{e\mathrm{T}}\boldsymbol{D}\boldsymbol{B}^e r\,\mathrm{d}r\,\mathrm{d}z\boldsymbol{\delta}^e=\boldsymbol{\delta}^{e*\mathrm{T}}2\pi\int_{\Omega^e}\boldsymbol{N}^{e\mathrm{T}}\boldsymbol{f}r\,\mathrm{d}r\,\mathrm{d}z+\boldsymbol{\delta}^{e*\mathrm{T}}2\pi\int_{S_\sigma^e}\boldsymbol{N}^{e\mathrm{T}}\boldsymbol{T}r\,\mathrm{d}s \tag{4-37}$$

式(4-37) 简化为

$$\boldsymbol{k}^e\boldsymbol{\delta}^e=\boldsymbol{F}_\mathrm{b}^e+\boldsymbol{F}_\mathrm{q}^e \tag{4-38}$$

上式即为空间轴对称问题的单元结点平衡方程。其中 $\boldsymbol{k}^e$ 为单元刚度矩阵；$\boldsymbol{F}_\mathrm{b}^e$ 为单元体力等效结点力列阵；$\boldsymbol{F}_\mathrm{q}^e$ 为单元面力等效结点力列阵，有

$$\boldsymbol{k}^e=2\pi\int_{\Omega^e}\boldsymbol{B}^{e\mathrm{T}}\boldsymbol{D}\boldsymbol{B}^e r\,\mathrm{d}r\,\mathrm{d}z \tag{4-39}$$

$$\boldsymbol{F}_\mathrm{b}^e=2\pi\int_{\Omega^e}\boldsymbol{N}^{e\mathrm{T}}\boldsymbol{f}r\,\mathrm{d}r\,\mathrm{d}z \tag{4-40}$$

$$\boldsymbol{F}_\mathrm{q}^e=2\pi\int_{S_\sigma^e}\boldsymbol{N}^{e\mathrm{T}}\boldsymbol{T}r\,\mathrm{d}s \tag{4-41}$$

4.2.5 单元刚度矩阵

单元刚度矩阵计算公式［式(4-39)］中积分项含有非常数矩阵 $\boldsymbol{B}^e$，以及变量 r。计算以上积分可以采用简单的近似积分。实践证明，在精度方面它并不比精确的积分公式法差。作为一种近似积分，可在三角形单元中心处计算 $\boldsymbol{B}^e$ 和 r，且将该近似值作为整个三角形的代表值。在三角形中心位置，有

$$N_i+N_j+N_m=\frac{1}{3} \tag{4-42}$$

$$\bar{r}=\frac{r_i+r_j+r_m}{3},\ \bar{z}=\frac{z_i+z_j+z_m}{3} \tag{4-43}$$

令 $r=\bar{r}$，$z=\bar{z}$ 将式(4-43) 代入式(4-30) 可以得到

$$\begin{cases}\bar{h}_i=\dfrac{a_i+b_i\bar{r}+c_i\bar{z}}{\bar{r}}\\ \bar{h}_j=\dfrac{a_j+b_j\bar{r}+c_j\bar{z}}{\bar{r}}\\ \bar{h}_m=\dfrac{a_m+b_m\bar{r}+c_m\bar{z}}{\bar{r}}\end{cases} \tag{4-44}$$

因此式(4-32) 可以写作

$$\bar{\boldsymbol{B}}_i^e=\frac{1}{2A}\begin{bmatrix}b_i & 0\\ \bar{h}_i & 0\\ 0 & c_i\\ c_i & b_i\end{bmatrix},\ \bar{\boldsymbol{B}}_j^e=\frac{1}{2A}\begin{bmatrix}b_j & 0\\ \bar{h}_j & 0\\ 0 & c_j\\ c_j & b_j\end{bmatrix},\ \bar{\boldsymbol{B}}_m^e=\frac{1}{2A}\begin{bmatrix}b_m & 0\\ \bar{h}_m & 0\\ 0 & c_m\\ c_m & b_m\end{bmatrix} \tag{4-45}$$

单元刚度矩阵为

$$\boldsymbol{k}^e=2\pi\int_{\Omega^e}\bar{\boldsymbol{B}}^{e\mathrm{T}}\boldsymbol{D}\bar{\boldsymbol{B}}^e r\,\mathrm{d}r\,\mathrm{d}z=2\pi\bar{r}\bar{\boldsymbol{B}}^{e\mathrm{T}}\boldsymbol{D}\bar{\boldsymbol{B}}^e\int_{\Omega^e}\mathrm{d}r\,\mathrm{d}z=2\pi\bar{r}A^e\bar{\boldsymbol{B}}^{e\mathrm{T}}\boldsymbol{D}\bar{\boldsymbol{B}}^e \tag{4-46}$$

式(4-46) 中，A^e 是三角形单元的面积，因此 $2\pi\bar{r}A$ 表示图 4-2 中环状单元的体积。$\boldsymbol{k}^e$ 的对应于结点子块形式为

$$\boldsymbol{k}^e=\begin{bmatrix}\boldsymbol{k}_{ii}^e & \boldsymbol{k}_{ij}^e & \boldsymbol{k}_{im}^e\\ \boldsymbol{k}_{ji}^e & \boldsymbol{k}_{jj}^e & \boldsymbol{k}_{jm}^e\\ \boldsymbol{k}_{mi}^e & \boldsymbol{k}_{mj}^e & \boldsymbol{k}_{mm}^e\end{bmatrix} \tag{4-47}$$

其中

$$\boldsymbol{k}_{rs}^e=\frac{\pi\bar{r}E_1}{2A}\begin{bmatrix}b_r(b_s+\bar{h}_s\mu_1)+\bar{h}_r(b_s\mu_1+\bar{h}_s)+c_rc_s\mu_2 & \mu_1c_s(b_r+\bar{h}_r)+c_rb_s\mu_2\\ \mu_1c_r(b_s+\bar{h}_s)+b_rc_s\mu_2 & c_rc_s+b_rb_s\mu_2\end{bmatrix}\quad(r,s=i,j,m) \tag{4-48}$$

4.2.6 单元等效结点力

(1) 体积力等效

将式(4-27) 代入式(4-40)，单元体积力等效公式有

$$\boldsymbol{F}_{\mathrm{b}}^{e}=2\pi\int_{\Omega^{e}}\begin{bmatrix}N_i & 0\\ 0 & N_i\\ N_j & 0\\ 0 & N_j\\ N_m & 0\\ 0 & N_m\end{bmatrix}\begin{bmatrix}f_r\\ f_z\end{bmatrix}r\mathrm{d}r\mathrm{d}z=2\pi\int_{\Omega^{e}}\begin{bmatrix}N_i f_r\\ N_i f_z\\ N_j f_r\\ N_j f_z\\ N_m f_r\\ N_m f_z\end{bmatrix}r\mathrm{d}r\mathrm{d}z \tag{4-49}$$

采用近似积分，在三角形单元中心处计算 f_r、f_z 和 r，记为 $\bar{f}_r$、$\bar{f}_z$ 和 $\bar{r}$。计算知道

$$\int_{\Omega^{e}}N_i\,\mathrm{d}A=\frac{A}{3},\quad \int_{\Omega^{e}}N_j\,\mathrm{d}A=\frac{A}{3},\quad \int_{\Omega^{e}}N_m\,\mathrm{d}A=\frac{A}{3} \tag{4-50}$$

因此单元体力等效结点力列阵为

$$\boldsymbol{F}_{\mathrm{b}}^{e}=\frac{2\pi\bar{r}A}{3}(\bar{f}_r,\bar{f}_z,\bar{f}_r,\bar{f}_z,\bar{f}_r,\bar{f}_z)^{\mathrm{T}} \tag{4-51}$$

载荷项 $\bar{f}$ 表示该值是三角形中心上的值。当体积力是主要载荷时，为了计算更准确的结果，可以将 r 用结点坐标插值得 $r=N_ir_i+N_jr_j+N_mr_m$，则通过计算得到的单元等效结点力列阵为

$$\begin{aligned}\boldsymbol{F}_{\mathrm{b}}^{e}=\Big[&\frac{\pi f_rA}{6}(2r_i+r_j+r_m),\frac{\pi f_zA}{6}(2r_i+r_j+r_m),\frac{\pi f_rA}{6}(r_i+2r_j+r_m),\\ &\frac{\pi f_zA}{6}(r_i+2r_j+r_m),\frac{\pi f_rA}{6}(r_i+r_j+2r_m),\frac{\pi f_zA}{6}(r_i+r_j+2r_m)\Big]^{\mathrm{T}}\end{aligned} \tag{4-52}$$

当物体受自重作用时，重力方向与 z 轴方向反向，设 ρ 为单位体积自重，体积力为 $\boldsymbol{f}=(f_r,f_z)^{\mathrm{T}}=(0,-\rho)^{\mathrm{T}}$，则式(4-52) 重力等效结点力列阵为

$$\boldsymbol{F}_{\mathrm{b}}^{e}=-\frac{\pi\rho A}{6}(0,2r_i+r_j+r_m,0,r_i+2r_j+r_m,0,r_i+r_j+2r_m)^{\mathrm{T}} \tag{4-53}$$

【例 4-1】 飞轮绕 z 轴旋转，飞轮密度为 ρ，角速度为 ω。将飞轮视作条件下的受力结构，则飞轮受到单位体积径向离心力 $\rho r\omega^2$。此外，考虑重力作用，假设重力作用的方向是 z 轴的负方向，则体积力有

$$\boldsymbol{f}=(f_r,f_z)^{\mathrm{T}}=(\rho r\omega^2,-\rho g)^{\mathrm{T}} \tag{4-54}$$

当采用近似积分时，有

$$\boldsymbol{f}=(\bar{f}_r,\bar{f}_z)^{\mathrm{T}}=(\rho\bar{r}\omega^2,-\rho g)^{\mathrm{T}} \tag{4-55}$$

将式(4-55) 代入式(4-51) 可得对应的单元体力等效结点力列阵。

(2) 表面力等效

不失一般性，假设单元面力作用在 ij 边，将式(4-27) 代入式(4-41) 单元面力等效公式有

$$\boldsymbol{F}_{\mathrm{q}}^{e}=2\pi\int_{l_{ij}}\begin{bmatrix}N_i & 0\\ 0 & N_i\\ N_j & 0\\ 0 & N_j\\ N_m & 0\\ 0 & N_m\end{bmatrix}\begin{bmatrix}T_r\\ T_z\end{bmatrix}r\mathrm{d}s=2\pi\int_{l_{ij}}\begin{bmatrix}N_iT_r\\ N_iT_z\\ N_jT_r\\ N_jT_z\\ N_mT_r\\ N_mT_z\end{bmatrix}r\mathrm{d}s \tag{4-56}$$

对如图 4-5 所示的均布面力载荷，载荷集度为 q，有分量 $T_r=q(z_j-z_i)/l_{ij}$ 和 $T_z=$

$q(r_i - r_j)/l_{ij}$，作用在结点 i 和 j 的连接边界上，有

$$r = N_i r_i + N_j r_j\text{，}l_{ij} = \sqrt{(r_j - r_i)^2 + (z_j - z_i)^2} \tag{4-57}$$

$$\int_{l_{ij}} N_i^2 \mathrm{d}l = \int_{l_{ij}} N_j^2 \mathrm{d}l = \frac{2!\ 0!}{(2+0+1)!} l_{ij} = \frac{l_{ij}}{3}\text{，}\int_{l_{ij}} N_i N_j \mathrm{d}l = \frac{1!\ 1!}{(1+1+1)!} l_{ij} = \frac{l_{ij}}{6} \tag{4-58}$$

把式(4-57)、式(4-58) 代入式(4-56)，积分得到单元面力等效结点力列阵

$$\boldsymbol{F}_{\mathrm{q}}^{e} = \frac{\pi q}{3}$$

$$\begin{bmatrix}(2r_i + r_j)(z_j - z_i) & (2r_i + r_j)(r_i - r_j) & (r_i + 2r_j)(z_j - z_i) & (r_i + 2r_j)(r_i - r_j) & 0 & 0\end{bmatrix}^{\mathrm{T}} \tag{4-59}$$

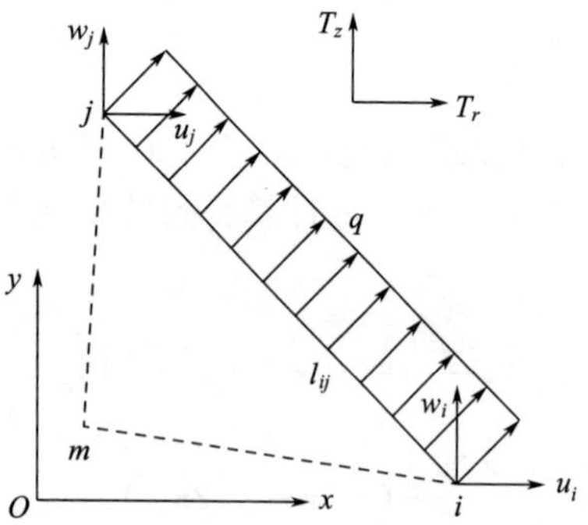

图 4-5　均布面力载荷

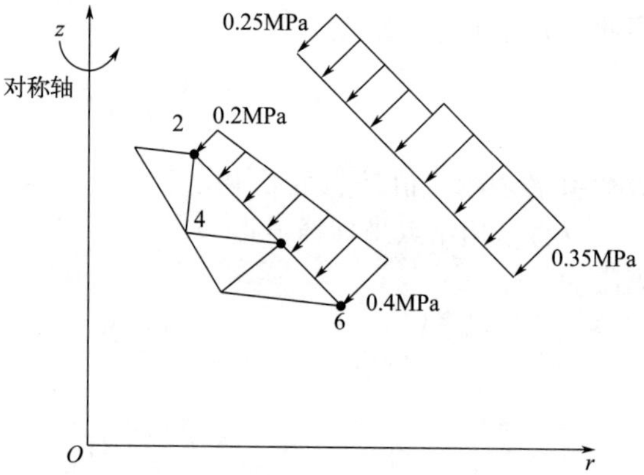

图 4-6　面力载荷等效

【例 4-2】 如图 4-6 所示，图中有一对称体，在锥面上作用有线性分布面力载荷，试确定结点 2、4 和 6 上的等效结点载荷。已知：$p = 0.35\text{MPa}, r_6 = 60\text{mm}, z_6 = 40\text{mm}, r_4 = 40\text{mm}, z_4 = 55\text{mm}, r_2 = 20\text{mm}, z_2 = 70\text{mm}$。

解 将线性分布的面力载荷以均布载荷的形式平均分配到边界 6-4 和 4-2 上如图 4-6 所示，先分别处理两个边界 6-4 和 4-2，再进行合并。

对于边界 6-4：

$$l_{64} = \sqrt{(r_6 - r_4)^2 + (z_6 - z_4)^2} = 25\text{mm}$$

$$\cos\theta = \frac{z_6 - z_4}{l_{64}} = 0.6, \sin\theta = \frac{r_6 - r_4}{l_{64}} = 0.8$$

$$T_r = -p\cos\theta = -0.21\text{MPa}, T_z = -p\sin\theta = -0.28\text{MPa}$$

计算参数 a、b　　$a = \dfrac{2r_6 + r_4}{6} = 26.67, b = \dfrac{r_6 + 2r_4}{6} = 23.33$

$\boldsymbol{T}^1 = 2\pi l_{64}(aT_r, aT_z, bT_r, bT_z)^{\mathrm{T}} = (-879.65, -1172.9, -769.69, -1026.25)^{\mathrm{T}}\text{N}$

对于边界 4-2：

$$l_{42} = \sqrt{(r_4 - r_2)^2 + (z_4 - z_2)^2} = 25\text{mm}$$

$$\cos\theta = \frac{z_4 - z_2}{l_{42}} = 0.6, \sin\theta = \frac{r_4 - r_2}{l_{42}} = 0.8$$

$$T_r = -p\cos\theta = -0.15\text{MPa}, T_z = -p\sin\theta = -0.2\text{MPa}$$

$$a = \frac{2r_4 + r_2}{6} = 16.67, b = \frac{r_4 + 2r_2}{6} = 13.33$$

$$\boldsymbol{T}^2=2\pi l_{42}(aT_r,aT_z,bT_r,bT_z)^{\mathrm{T}}=(-392.7,-523.6,-314.16,-418.88)^{\mathrm{T}}\mathrm{N}$$

将载荷 $\boldsymbol{T}^1$ 和 $\boldsymbol{T}^2$ 分别施加到 F_3、F_4、F_7、F_8、F_{11}、F_{12}，有

$$(F_3,F_4,F_7,F_8,F_{11},F_{12})=(-314.2,-418.9,-1162.4,-1695.5,-879.7,-1172.9)\mathrm{N}$$

注意，在例 4-2 中线性均布载荷的处理是将线性分布的面力载荷转换为平均载荷施加到单元的边界上，在实际中还有另一种更为精确的处理方式。例如在轴对称锥形面上有线性分布载荷，如图 4-7 所示，等效结点载荷列向量为

$$\boldsymbol{T}=(aT_{r1}+bT_{r2},aT_{z1}+bT_{z2},bT_{r1}+cT_{r2},bT_{z1}+cT_{z2}) \tag{4-60}$$

其中

$$a=\frac{2\pi l_{12}}{12}(3r_1+r_2),b=\frac{2\pi l_{12}}{12}(r_1+r_2),$$

$$c=\frac{2\pi l_{12}}{12}(r_1+3r_2) \tag{4-61}$$

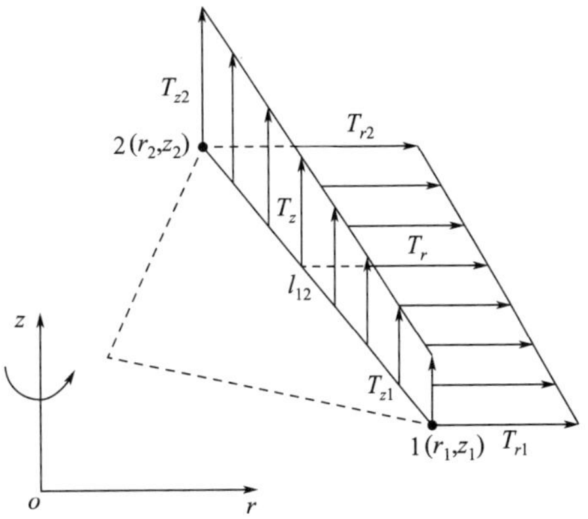

图 4-7　线性均布载荷等效

对三结点三角形环状单元进行单元分析，得到单元刚度矩阵和单元等效结点力列阵后，需要组装成整体刚度矩阵和结构等效结点力列阵。对单元组装和有限元方程组的求解同弹性力学平面问题类似，本章就不再重复。但要注意在组装结构等效结点力列阵时，若在求解域 Ω 的结点 M 上受到集中力 F_M 作用，则在结构等效结点力列阵对应结点 M 处需叠加上集中力项 $2\pi r_M\boldsymbol{F}_M$。

4.3　实际问题建模与边界条件施加

轴对称问题可以简化为旋转面内的二维问题，边界条件也需要加在该平面内。由于与 θ 无关，所以限制了物体的运动，而轴对称意味着沿 z 轴上的点在径向的自由度将被固定。下面是一些典型问题的建模。

4.3.1　承受内压的空心圆柱体

如图 4-8 所示，一个长为 L、内部承受压力的中空圆柱体管子。管子的一端被固定在墙上，这里，只需要在长度为 L、宽度为 r_o-r_i 的矩形区域内进行建模，固定端结点的 r 和 z 方向自由度都将被固定，因此，在刚度矩阵和外力列向量中，与这些结点相对应的部分需要进行修正。

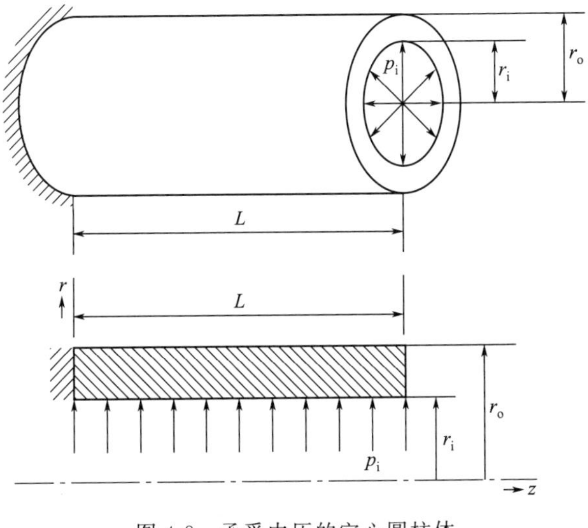

图 4-8　承受内压的空心圆柱体

4.3.2　承受外压的无限长圆柱体

图 4-9 所示是承受外压的无限长圆柱体建模模型。在长度方向上，各截

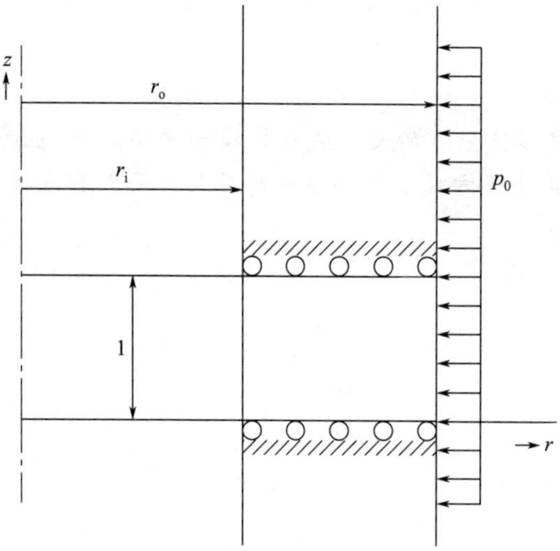

图 4-9 承受外压的无限长圆柱体

面尺寸保持不变。在此问题中，其平面应变条件是通过考虑单位长度，并使得两端截面内的结点在 z 方向被固定下来进行建模。

4.3.3 刚性轴的压装配合

图 4-10 所示是长度为 L、内半径为 r_i 的空心圆柱体与一个半径为 $\delta+r_i$ 的刚性轴进行压装配合的建模模型。该结构关于中面对称，中面在 z 方向被固定。当考虑空心圆柱体内部结点有给定径向位移 δ 的边界条件时，在刚度矩阵中应该加入一个大的刚度系数 C，同时在外力列向量中的相应位置要加入一个载荷 $C\delta$。解方程可先得结点位移，再求应力值。

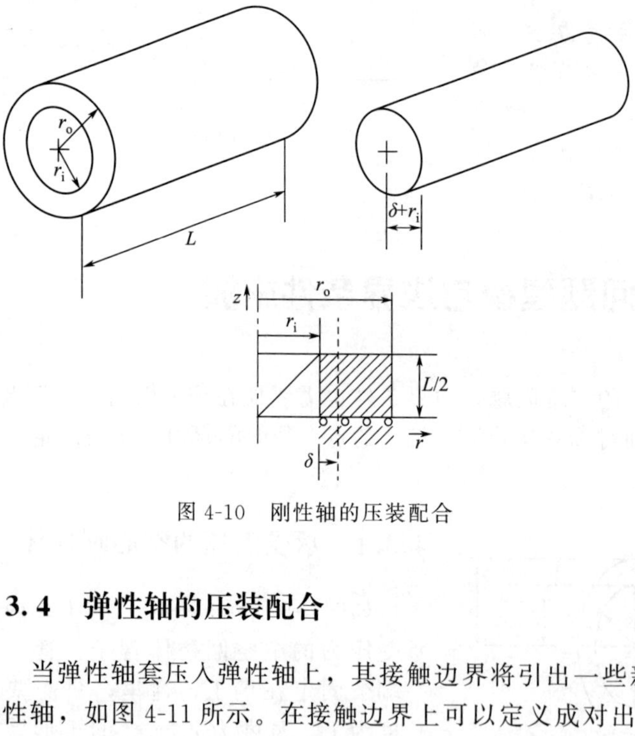

图 4-10 刚性轴的压装配合

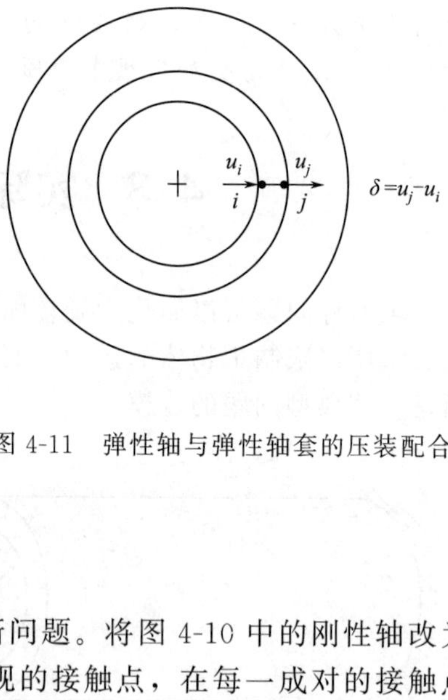

图 4-11 弹性轴与弹性轴套的压装配合

4.3.4 弹性轴的压装配合

当弹性轴套压入弹性轴上，其接触边界将引出一些新问题。将图 4-10 中的刚性轴改为弹性轴，如图 4-11 所示。在接触边界上可以定义成对出现的接触点，在每一成对的接触点中，一个是轴套上的结点，而另一个是弹性轴上的结点。假定 u_i 和 u_j 分别表示两点的径向位移，则这两点要满足多点约束关系

$$u_j-u_i=\delta \tag{4-62}$$

因此，两个接触点之间的接触刚度为 C，在势能方程中会增加

$$\frac{1}{2}C(u_i-u_j-\delta)^2 \tag{4-63}$$

有式(4-63) 之后则可近似处理该约束条件，将式(4-63) 展开得到

$$\frac{1}{2}C(u_i-u_j-\delta)^2=\frac{1}{2}Cu_i^2+\frac{1}{2}Cu_j^2-Cu_iu_j+Cu_i\delta-Cu_j\delta+\frac{1}{2}C\delta^2 \tag{4-64}$$

因此刚度矩阵和载荷列向量需要进行修正

$$\begin{bmatrix} K_{ii} & K_{ij} \\ K_{ji} & K_{jj} \end{bmatrix} \rightarrow \begin{bmatrix} K_{ii}+C & K_{ij}-C \\ K_{ji}-C & K_{jj}+C \end{bmatrix} \tag{4-65}$$

$$\begin{bmatrix} F_i \\ F_j \end{bmatrix} \rightarrow \begin{bmatrix} F_i - C\delta \\ F_j + C\delta \end{bmatrix} \tag{4-66}$$

【例 4-3】 有一个外径为 120mm、内径为 80mm 的长圆筒，在整体长度范围内与一个孔进行紧密配合；同时，圆筒内部承受了 2MPa 的压力。采用图 4-12 所示截取 10mm 长度上的两个单元来计算圆筒内壁上的位移。

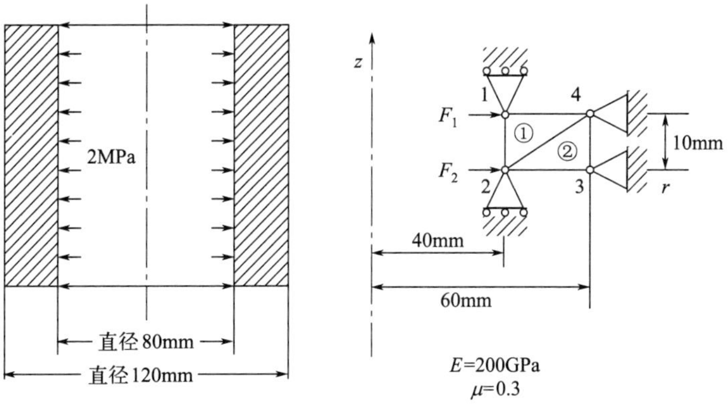

图 4-12　力学模型及有限元模型

解　在本题中采用的单位为 mm、N、MPa。结点坐标数组为

$$\begin{bmatrix} 40 & 10 \\ 40 & 0 \\ 60 & 0 \\ 60 & 10 \end{bmatrix}$$

单元结点信息数组为

$$\begin{bmatrix} 1 & 2 & 4 \\ 2 & 3 & 4 \end{bmatrix}$$

有

$$\boldsymbol{D} = 10^5 \times \begin{bmatrix} 2.69 & 1.15 & 1.15 & 0 \\ 1.15 & 2.69 & 1.15 & 0 \\ 1.15 & 1.15 & 2.69 & 0 \\ 0 & 0 & 0 & 0.77 \end{bmatrix}$$

单元面积

$$A = 10 \times 20 \div 2 = 100(\text{mm}^2)$$

可以算出等效结点载荷

$$F_1 = F_2 = \frac{2\pi r_1 l^e p_i}{2} = \frac{2\pi \times 40 \times 10 \times 2}{2} = 2513(\text{N})$$

对于单元①来说

$$\bar{r} = \frac{1}{3} \times (40 + 40 + 60) = 46.67(\text{mm})$$

对于单元②来说

$$\bar{r}=\frac{1}{3}\times(40+60+60)=53.33(\mathrm{mm})$$

可根据式(4-34d) 计算出

$$E_1=269.23\mathrm{GPa},\mu_1=0.429,\mu_2=0.286$$

因此可以根据式(4-47) 计算单元刚度矩阵。

习 题

4-1 对于轴对称问题，其刚体位移分量有几个？在什么方向？如何限制刚体运动？

4-2 轴对称问题的三角形单元还是常应力单元或常应变单元吗？为什么？

4-3 轴对称问题的三角形单元各种类型的载荷与平面应力（应变）单元有什么异同？如果轴对称结构承受的不是轴对称载荷，还能用轴对称单元进行分析吗？如果轴对称结构所受的约束是非轴对称的，还能用轴对称单元进行分析吗？

4-4 对于承受轴对称载荷的回转体，如果用三结点三角形单元，试计算以转速 ω 旋转时结点的等效载荷。

第 5 章　空间问题有限元分析

【工程问题分析】

工程中的很多大型复杂结构，其受到的载荷激励亦异常复杂，常因为多源非定常载荷激励而导致失效。在我国“十四五”规划中规划了一批项目，比如大飞机、航空发动机、燃气轮机、大推力火箭发动机等是我国战略必争的重大装备。在这些装备的研发过程中，无一不是在有限元方法的支撑下不断地优化和完善的。如图 5-1(a) 所示的大飞机，其整个机体的强度设计、机翼的耐疲劳性能、起落架的耐冲击性能等都需要基于有限元方法进行分析。图 5-1(b) 所示为我国的 CJ-1000A 航空发动机，该发动机研发过程中，各级叶片的强度、振动特性及耐疲劳特性，都要经过有限元方法进行分析，尤其是后面的涡轮叶片，不仅要经受离心力、气动力，还要耐受高温的环境，因此在苛刻的服役环境下极易导致疲劳失效。图 5-1(c) 所示为我国的 YF75D 火箭发动机，该型发动机经过多次的迭代与改进，有力地支撑了

(a) 大飞机　(b) CJ-1000A航空发动机

(c) YF75D火箭发动机　(d) 甲醇反应器

图 5-1　用三维空间有限元分析案例

我国长征五号的发射，为建设航天强国作出了卓越贡献。图 5-1(d) 所示为一甲醇反应器的内部结构，因为反应过程中会不断地释放反应热，所以需要很多换热管将热量导走，以确保反应器内部不超温。这些复杂结构的开发和优化，离不开有限元技术。

当物体满足某些特定的几何特征和受力条件时，可以把一个三维问题简化为一维问题或平面问题，从而简化建模和计算分析过程，如前面讨论的平面问题和轴对称问题。但在实际的工程问题中，几何物体均是空间的物体，当不考虑简化或结构或受力复杂无法简化时，均需进行三维分析。本章将简要介绍弹性力学空间问题数学分析模型的建立及有限元法分析。

【学习目标】

① 了解弹性力学空间问题的数学描述，掌握基本变量、基本方程和边界条件；

② 理解四结点四面体单元的位移模式、形函数、单元应变、单元应力、单元刚度矩阵、单元的等效结点力的推导方法；

③ 掌握等参元的概念和单元分析过程；

④ 了解长方体单元和六面体等参元等空间单元的内涵；

⑤ 能运用三维有限元法解决工程问题。

5.1 空间问题数学和有限元描述

5.1.1 基本变量

基本变量位移、应变、应力均是空间的三维变量，为三维笛卡儿坐标 x、y 和 z 的函数。空间物体上作用的体力和面力分别表示为

$$\boldsymbol{f}=(f_x,f_y,f_z)^{\mathrm{T}} \tag{5-1}$$

$$\boldsymbol{T}=(T_x,T_y,T_z)^{\mathrm{T}} \tag{5-2}$$

作用在 i 点处的集中力为

$$\boldsymbol{P}_i=(P_{ix},P_{iy},P_{iz})^{\mathrm{T}} \tag{5-3}$$

在三维空间中，变量位移矢量在直角坐标空间中表示为

$$\boldsymbol{u}=(u,v,w)^{\mathrm{T}} \tag{5-4}$$

式(5-4) 中，u、v 和 w 分别是沿着坐标轴 x、y 和 z 三个方向的位移分量。

空间一点的应力状态用 6 个应力分量表示为

$$\boldsymbol{\sigma}=(\sigma_x,\sigma_y,\sigma_z,\tau_{xy},\tau_{yz},\tau_{zx})^{\mathrm{T}} \tag{5-5}$$

空间一点的应变状态用 6 个应变分量表示为

$$\boldsymbol{\varepsilon}=(\varepsilon_x,\varepsilon_y,\varepsilon_z,\gamma_{xy},\gamma_{yz},\gamma_{zx})^{\mathrm{T}} \tag{5-6}$$

5.1.2 基本方程

(1) 平衡微分方程

三维空间中，描述微元体力与应力之间的关系式称为平衡方程，如下：

$$\frac{\partial\sigma_x}{\partial x}+\frac{\partial\tau_{yx}}{\partial y}+\frac{\partial\tau_{zx}}{\partial z}+f_x=0$$

$$\frac{\partial\tau_{xy}}{\partial x}+\frac{\partial\sigma_y}{\partial y}+\frac{\partial\tau_{zy}}{\partial z}+f_y=0$$

$$\frac{\partial \tau_{xz}}{\partial x}+\frac{\partial \tau_{yz}}{\partial y}+\frac{\partial \sigma_z}{\partial z}+f_z=0 \tag{5-7}$$

写成矩阵形式有

$$\boldsymbol{A\sigma}+\boldsymbol{f}=\boldsymbol{0} \tag{5-8}$$

其中 $\boldsymbol{A}$ 为微分算子矩阵

$$\boldsymbol{A}=\begin{bmatrix} \frac{\partial}{\partial x} & 0 & 0 & \frac{\partial}{\partial y} & 0 & \frac{\partial}{\partial z} \\ 0 & \frac{\partial}{\partial y} & 0 & \frac{\partial}{\partial x} & \frac{\partial}{\partial z} & 0 \\ 0 & 0 & \frac{\partial}{\partial z} & 0 & \frac{\partial}{\partial y} & \frac{\partial}{\partial x} \end{bmatrix}$$

(2) 几何方程

在小变形条件之下，描述应变场与位移场关系的矩阵形式几何方程如下：

$$\boldsymbol{\varepsilon}=\begin{bmatrix} \frac{\partial}{\partial x} & 0 & 0 \\ 0 & \frac{\partial}{\partial y} & 0 \\ 0 & 0 & \frac{\partial}{\partial z} \\ \frac{\partial}{\partial y} & \frac{\partial}{\partial x} & 0 \\ 0 & \frac{\partial}{\partial z} & \frac{\partial}{\partial y} \\ \frac{\partial}{\partial z} & 0 & \frac{\partial}{\partial x} \end{bmatrix}\begin{bmatrix} u \\ v \\ w \end{bmatrix}=\boldsymbol{Lu} \tag{5-9}$$

其中 $\boldsymbol{L}$ 为微分算子矩阵，有 $\boldsymbol{L}^{\mathrm{T}}=\boldsymbol{A}$。

(3) 物理方程

对于无初应力、初应变的各向同性线弹性体，应力和应变间满足广义胡克定理，设 E 为弹性模量，用应变表示应力为

$$\begin{bmatrix} \sigma_x \\ \sigma_y \\ \sigma_z \\ \tau_{xy} \\ \tau_{yz} \\ \tau_{zx} \end{bmatrix}=\frac{E(1-\mu)}{(1-2\mu)(1+\mu)}\begin{bmatrix} 1 & \frac{\mu}{1-\mu} & \frac{\mu}{1-\mu} & 0 & 0 & 0 \\ \frac{\mu}{1-\mu} & 1 & \frac{\mu}{1-\mu} & 0 & 0 & 0 \\ \frac{\mu}{1-\mu} & \frac{\mu}{1-\mu} & 1 & 0 & 0 & 0 \\ 0 & 0 & 0 & \frac{1-2\mu}{2(1-\mu)} & 0 & 0 \\ 0 & 0 & 0 & 0 & \frac{1-2\mu}{2(1-\mu)} & 0 \\ 0 & 0 & 0 & 0 & 0 & \frac{1-2\mu}{2(1-\mu)} \end{bmatrix}\begin{bmatrix} \varepsilon_x \\ \varepsilon_y \\ \varepsilon_z \\ \gamma_{xy} \\ \gamma_{yz} \\ \gamma_{zx} \end{bmatrix} \tag{5-10}$$

将式(5-10) 简写为

$$\boldsymbol{\sigma}=\boldsymbol{D}\boldsymbol{\varepsilon} \tag{5-11}$$

其中 $\boldsymbol{D}$ 为弹性矩阵：

$$\boldsymbol{D}=\frac{E(1-\mu)}{(1-2\mu)(1+\mu)}\begin{bmatrix} 1 & \frac{\mu}{1-\mu} & \frac{\mu}{1-\mu} & 0 & 0 & 0 \\ \frac{\mu}{1-\mu} & 1 & \frac{\mu}{1-\mu} & 0 & 0 & 0 \\ \frac{\mu}{1-\mu} & \frac{\mu}{1-\mu} & 1 & 0 & 0 & 0 \\ 0 & 0 & 0 & \frac{1-2\mu}{2(1-\mu)} & 0 & 0 \\ 0 & 0 & 0 & 0 & \frac{1-2\mu}{2(1-\mu)} & 0 \\ 0 & 0 & 0 & 0 & 0 & \frac{1-2\mu}{2(1-\mu)} \end{bmatrix}$$

对于空间问题，一点处共有 15 个未知量，但这些未知量不是独立的，当先求位移时，可以把式(5-9) 和式(5-11) 代入式(5-8) 整理得位移表示的偏微分方程组：

$$\boldsymbol{L}^{\mathrm{T}}\boldsymbol{D}\boldsymbol{L}\boldsymbol{u}+\boldsymbol{f}=\boldsymbol{0} \tag{5-12}$$

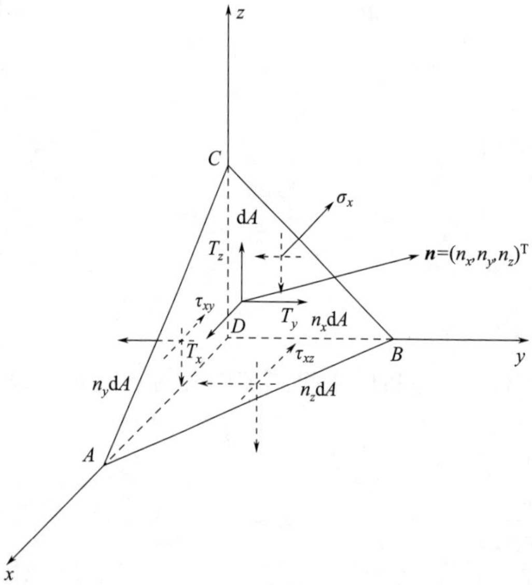

图 5-2　物体边界面上的微元体

5.1.3　边界条件

对弹性力学空间问题，边界上同样每一点都必须满足两个边界条件。最基本也是最常见的边界条件有两种，即给定位移的位移边界条件和给定面力的力边界条件。

给定已知位移分量的边界称为位移边界，用 S_u 表示，则

$$\bar{\boldsymbol{u}}\,|_{S_u}=[\bar{u}\quad \bar{v}\quad \bar{w}]^{\mathrm{T}}_{S_u} \tag{5-13}$$

式中，物理量上“—”表示边界上的值。

当有如图 5-2 所示四面体 $ABCD$，图中 DA、DB、DC 分别位于 x 轴、y 轴和 z 轴，面积 ABC 位于表面，如果 $\boldsymbol{n}=(n_x,n_y,n_z)^{\mathrm{T}}$ 为 dA 的单位法向量，令 S_σ 为面力边界点的集合，在这些点上，应力分量与已知的表面力分量 T_x、T_y、T_z 间有如下力边界条件：

$$\begin{cases}\sigma_x n_x+\tau_{xy}n_y+\tau_{xz}n_z=T_x \\ \tau_{yx}n_x+\sigma_y n_y+\tau_{yz}n_z=T_y \\ \tau_{zx}n_x+\tau_{zy}n_y+\sigma_z n_z=T_z\end{cases} \tag{5-14}$$

5.1.4　有限元方程

当按位移求解时，式(5-12) 和边界条件式(5-13)、式(5-14) 构成了弹性力学空间问题

的数学方程描述。由方程可见空间问题属于偏微分方程初边值问题，适用于有限元法求解。空间问题的有限元法与平面问题的有限元法的原理、求解思路类似，只是结构离散化是在三维空间物体进行，且离散单元为空间单元。设空间离散后的总结点数为 N_{node}，自由度数则为 $N=3N_{\text{node}}$，空间问题的有限元方程，根据最小势能原理［式(3-45)］和虚功方程［式(4-15)］，参照平面问题和轴对称问题的单元结点平衡方程和有限元方程的推导，得到空间问题的一般有限元公式为

$$\boldsymbol{KQ}=\boldsymbol{F} \tag{5-15}$$

其中

$$\boldsymbol{K}=\sum_e \boldsymbol{H}^{e\text{T}}\boldsymbol{k}^e\boldsymbol{H}^e \tag{5-16}$$

$$\boldsymbol{F}=\sum_e \boldsymbol{H}^{e\text{T}}\boldsymbol{F}_{\text{b}}^e+\sum_e \boldsymbol{H}^{e\text{T}}\boldsymbol{F}_{\text{q}}^e+\boldsymbol{P} \tag{5-17}$$

$$\boldsymbol{k}^e\boldsymbol{q}^e=\boldsymbol{F}_{\text{b}}^e+\boldsymbol{F}_{\text{q}}^e \tag{5-18}$$

$$\boldsymbol{k}^e=\int_{V^e}\boldsymbol{B}^{e\text{T}}\boldsymbol{D}\boldsymbol{B}^e\,\text{d}V \tag{5-19}$$

$$\boldsymbol{F}_{\text{b}}^e=\int_{V^e}\boldsymbol{N}^{e\text{T}}\boldsymbol{f}\,\text{d}V \tag{5-20}$$

$$\boldsymbol{F}_{\text{q}}^e=\int_{S_\sigma}\boldsymbol{N}^{e\text{T}}\boldsymbol{T}\,\text{d}A \tag{5-21}$$

结构结点位移列阵　$$\boldsymbol{Q}=(u_1,v_1,w_1,\cdots,u_{N_{\text{node}}},v_{N_{\text{node}}},w_{N_{\text{node}}})_{N\times 1}^{\text{T}} \tag{5-22}$$

结构结点力列阵　$$\boldsymbol{F}=(F_{1x},F_{1y},F_{1z},\cdots,F_{N_{\text{node}}x},F_{N_{\text{node}}y},F_{N_{\text{node}}z})_{N\times 1}^{\text{T}} \tag{5-23}$$

结构集中力列阵　$$\boldsymbol{P}=(P_{1x},P_{1y},P_{1z},\cdots,P_{N_{\text{node}}x},P_{N_{\text{node}}y},P_{N_{\text{node}}z})_{N\times 1}^{\text{T}} \tag{5-24}$$

整体刚度矩阵

$$\boldsymbol{K}=\begin{bmatrix} K_{11} & K_{12} & \cdots & K_{1N} \\ K_{21} & K_{22} & \cdots & K_{2N} \\ \vdots & \vdots & & \vdots \\ K_{N1} & K_{N2} & \cdots & K_{NN} \end{bmatrix}_{N\times N} \tag{5-25}$$

单元刚度矩阵（m 为单元结点数）

$$\boldsymbol{k}^e=\begin{bmatrix} k_{11} & k_{12} & \cdots & k_{1\times 3m} \\ k_{21} & k_{22} & \cdots & k_{2\times 3m} \\ \vdots & \vdots & & \vdots \\ k_{3m\times 1} & k_{3m\times 2} & \cdots & k_{3m\times 3m} \end{bmatrix}_{3m\times 3m} \tag{5-26}$$

单元体力等效结点载荷列阵

$$\boldsymbol{F}_{\text{b}}^e=(F_{1x},F_{1y},F_{1z},\cdots,F_{mx},F_{my},F_{mz})_{3m\times 1}^{\text{T}} \tag{5-27}$$

单元面力等效结点载荷列阵

$$\boldsymbol{F}_{\text{q}}^e=(F_{1x},F_{1y},F_{1z},\cdots,F_{mx},F_{my},F_{mz})_{3m\times 1}^{\text{T}} \tag{5-28}$$

单元形函数矩阵

$$\boldsymbol{N}^e=\begin{bmatrix} N_1 & 0 & 0 & N_2 & 0 & 0 & \cdots & N_m & 0 & 0 \\ 0 & N_1 & 0 & 0 & N_2 & 0 & \cdots & 0 & N_m & 0 \\ 0 & 0 & N_1 & 0 & 0 & N_2 & \cdots & 0 & 0 & N_m \end{bmatrix}_{3\times 3m} \tag{5-29}$$

单元的应变转换矩阵

$$
\boldsymbol{B}^e=\boldsymbol{L}\boldsymbol{N}^e=\begin{bmatrix}
\frac{\partial N_1}{\partial x} & 0 & 0 & \cdots & \frac{\partial N_m}{\partial x} & 0 & 0 \\
0 & \frac{\partial N_1}{\partial y} & 0 & \cdots & 0 & \frac{\partial N_m}{\partial y} & 0 \\
0 & 0 & \frac{\partial N_1}{\partial z} & \cdots & 0 & 0 & \frac{\partial N_m}{\partial z} \\
\frac{\partial N_1}{\partial y} & \frac{\partial N_1}{\partial x} & 0 & \cdots & \frac{\partial N_m}{\partial y} & \frac{\partial N_m}{\partial x} & 0 \\
0 & \frac{\partial N_1}{\partial z} & \frac{\partial N_1}{\partial y} & \cdots & 0 & \frac{\partial N_m}{\partial z} & \frac{\partial N_m}{\partial y} \\
\frac{\partial N_1}{\partial z} & 0 & \frac{\partial N_1}{\partial x} & \cdots & \frac{\partial N_m}{\partial z} & 0 & \frac{\partial N_m}{\partial x}
\end{bmatrix}_{6\times 3m} \tag{5-30}
$$

对于一个离散的空间问题有限元模型，通过具体单元分析，可以按照平面问题中讲述的有限元法一般分析步骤，构建上述有限元格式，最终求得有关变量。

5.2 四结点四面体单元

5.2.1 位移模式与形函数

空间单元中，四结点四面体单元是最简单的单元，同时也是适应性最强的单元。现将一个三维物体划分为由四结点四面体单元组成的有限元离散模型，取一个单元 e 如图 5-3 所示，单元四个结点编号为 i、j、k 和 m，四个结点坐标分别为(x_i, y_i, z_i)、(x_j, y_j, z_j)、(x_k, y_k, z_k)和(x_m, y_m, z_m)。结点编号按照如下规定，在 ijk 平面内，i、j 和 k 按照逆时针排列，当右手螺旋按照 $i\to j\to k$ 旋转时，大拇指指向 m 结点。空间单元中的每个结点有 3 个位移分量：

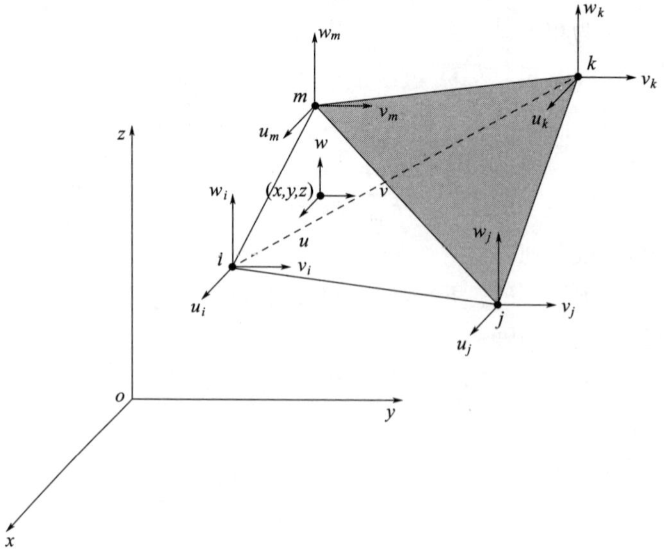

图 5-3 四结点四面体单元

$$\boldsymbol{q}_i=(u_i, v_i, w_i)^{\mathrm{T}} \tag{5-31}$$

单元的结点位移列向量为

$$\boldsymbol{q}^e=(\boldsymbol{q}_i, \boldsymbol{q}_j, \boldsymbol{q}_k, \boldsymbol{q}_m)^{\mathrm{T}} \tag{5-32}$$

单元变形时，单元内各点位移矢量的三个位移分量，即 u、v、w，一般为坐标 x、y、z 的函数，对于四结点四面体单元，根据构建单元位移模式的原则，其单元位移模式为坐标的线性函数

$$\begin{cases} u=\alpha_1+\alpha_2 x+\alpha_3 y+\alpha_4 z \\ v=\alpha_5+\alpha_6 x+\alpha_7 y+\alpha_8 z \\ w=\alpha_9+\alpha_{10} x+\alpha_{11} y+\alpha_{12} z \end{cases} \tag{5-33}$$

式(5-33) 中共有 12 个待定系数 $\alpha_1 \sim \alpha_{12}$。位移模式为表示单元内部各点的位移，同样也适用于单元四个结点。四个结点共有 12 个位移分量，因此位移函数式(5-33) 中的 12 个待定常数可用单元的结点位移来表示。把各结点的坐标分别代入式(5-33) 的第一式，有

$$\begin{cases} u_i=\alpha_1+\alpha_2 x_i+\alpha_3 y_i+\alpha_4 z_i \\ u_j=\alpha_1+\alpha_2 x_j+\alpha_3 y_j+\alpha_4 z_j \\ u_k=\alpha_1+\alpha_2 x_k+\alpha_3 y_k+\alpha_4 z_k \\ u_m=\alpha_1+\alpha_2 x_m+\alpha_3 y_m+\alpha_4 z_m \end{cases} \tag{5-34}$$

式(5-34) 可以改写为矩阵形式

$$\begin{bmatrix} u_i \\ u_j \\ u_k \\ u_m \end{bmatrix}=\begin{bmatrix} 1 & x_i & y_i & z_i \\ 1 & x_j & y_j & z_j \\ 1 & x_k & y_k & z_k \\ 1 & x_m & y_m & z_m \end{bmatrix}\begin{bmatrix} \alpha_1 \\ \alpha_2 \\ \alpha_3 \\ \alpha_4 \end{bmatrix} \tag{5-35}$$

令四面体单元的体积为

$$V^e=\frac{1}{6}\begin{vmatrix} 1 & x_i & y_i & z_i \\ 1 & x_j & y_j & z_j \\ 1 & x_k & y_k & z_k \\ 1 & x_m & y_m & z_m \end{vmatrix} \tag{5-36}$$

可以据此求得位移模式中的四个系数 $\alpha_1 \sim \alpha_4$：

$$\begin{bmatrix} \alpha_1 \\ \alpha_2 \\ \alpha_3 \\ \alpha_4 \end{bmatrix}=\frac{1}{6V^e}\begin{bmatrix} a_i & a_j & a_k & a_m \\ b_i & b_j & b_k & b_m \\ c_i & c_j & c_k & c_m \\ d_i & d_j & d_k & d_m \end{bmatrix}\begin{bmatrix} u_i \\ u_j \\ u_k \\ u_m \end{bmatrix} \tag{5-37}$$

其中

$$a_i=\begin{vmatrix} x_j & y_j & z_j \\ x_k & y_k & z_k \\ x_m & y_m & z_m \end{vmatrix},\ b_i=-\begin{vmatrix} 1 & y_j & z_j \\ 1 & y_k & z_k \\ 1 & y_m & z_m \end{vmatrix} \tag{5-38}$$

$$c_i=\begin{vmatrix} 1 & x_j & z_j \\ 1 & x_k & z_k \\ 1 & x_m & z_m \end{vmatrix},\ d_i=-\begin{vmatrix} 1 & x_j & y_j \\ 1 & x_k & y_k \\ 1 & x_m & y_m \end{vmatrix} \tag{5-39}$$

根据 i、j、k、m 对称轮换性，可以算出 a_j、b_j、c_j、d_j、a_k、b_k、c_k、d_k、a_m、b_m、c_m、d_m。将式(5-37) 代入式(5-33) 第一式可以得到：

$$u=(1,x,y,z)\begin{bmatrix}\alpha_1\\\alpha_2\\\alpha_3\\\alpha_4\end{bmatrix}=(N_i,N_j,N_k,N_m)\begin{bmatrix}u_i\\u_j\\u_k\\u_m\end{bmatrix} \tag{5-40}$$

即

$$u=N_iu_i+N_ju_j+N_ku_k+N_mu_m \tag{5-41}$$

其中 N_i、N_j、N_k 和 N_m 为对应于单元结点的形函数，有

$$\begin{cases}N_i=\dfrac{a_i+b_ix+c_iy+d_iz}{6V^e}\\N_j=\dfrac{a_j+b_jx+c_jy+d_jz}{6V^e}\\N_k=\dfrac{a_k+b_kx+c_ky+d_kz}{6V^e}\\N_m=\dfrac{a_m+b_mx+c_my+d_mz}{6V^e}\end{cases} \tag{5-42}$$

同理 y，z 方向的位移分量 v 和 w 可用结点位移分量和形函数表示为

$$v=N_iv_i+N_jv_j+N_kv_k+N_mv_m \tag{5-43}$$

$$w=N_iw_i+N_jw_j+N_kw_k+N_mw_m \tag{5-44}$$

把式(5-41)、式(5-43) 和式(5-44) 统一写作矩阵形式

$$\boldsymbol{u}^e=\begin{bmatrix}u\\v\\w\end{bmatrix}=\begin{bmatrix}N_i&0&0&N_j&0&0&N_k&0&0&N_m&0&0\\0&N_i&0&0&N_j&0&0&N_k&0&0&N_m&0\\0&0&N_i&0&0&N_j&0&0&N_k&0&0&N_m\end{bmatrix}\boldsymbol{q}^e \tag{5-45}$$

式(5-45) 可以化简为

$$\boldsymbol{u}^e=\begin{bmatrix}u\\v\\w\end{bmatrix}=\boldsymbol{N}^e\boldsymbol{q}^e \tag{5-46}$$

其中 $\boldsymbol{N}^e$ 为形函数矩阵，即

$$\boldsymbol{N}^e=\begin{bmatrix}N_i&0&0&N_j&0&0&N_k&0&0&N_m&0&0\\0&N_i&0&0&N_j&0&0&N_k&0&0&N_m&0\\0&0&N_i&0&0&N_j&0&0&N_k&0&0&N_m\end{bmatrix} \tag{5-47}$$

由于位移函数是线性的，在相邻单元的接触面上，位移显然是连续的，因此四结点四面体单元是协调单元。

5.2.2 单元应变

当给定单元位移场后，根据物体几何方程［式(5-9)］，可以把单元一点应变用结点位移分量来描述，把式(5-46) 代入式(5-9)，对形函数矩阵求偏导数，可得单元内任意一点的应变

$$\boldsymbol{\varepsilon}^e=[\boldsymbol{B}_i,\boldsymbol{B}_j,\boldsymbol{B}_k,\boldsymbol{B}_m]\boldsymbol{q}^e=\boldsymbol{B}^e\boldsymbol{q}^e \tag{5-48}$$

其中 $\boldsymbol{B}^e$ 为单元**应变矩阵**，相应于结点数有 4 个子块，每个子块均为 6×3 的矩阵

$$\boldsymbol{B}_i=\frac{1}{6V^e}\begin{bmatrix} b_i & 0 & 0 \\ 0 & c_i & 0 \\ 0 & 0 & d_i \\ c_i & b_i & 0 \\ 0 & d_i & c_i \\ d_i & 0 & b_i \end{bmatrix},\ \boldsymbol{B}_j=\frac{1}{6V^e}\begin{bmatrix} b_j & 0 & 0 \\ 0 & c_j & 0 \\ 0 & 0 & d_j \\ c_j & b_j & 0 \\ 0 & d_j & c_j \\ d_j & 0 & b_j \end{bmatrix} \tag{5-49}$$

$$\boldsymbol{B}_k=\frac{1}{6V^e}\begin{bmatrix} b_k & 0 & 0 \\ 0 & c_k & 0 \\ 0 & 0 & d_k \\ c_k & b_k & 0 \\ 0 & d_k & c_k \\ d_k & 0 & b_k \end{bmatrix},\ \boldsymbol{B}_m=\frac{1}{6V^e}\begin{bmatrix} b_m & 0 & 0 \\ 0 & c_m & 0 \\ 0 & 0 & d_m \\ c_m & b_m & 0 \\ 0 & d_m & c_m \\ d_m & 0 & b_m \end{bmatrix} \tag{5-50}$$

由上可见，单元位移场假定为线性函数，且应变仅与位移的一阶导数有关，对应单元应变矩阵 $\boldsymbol{B}^e$ 中的所有元素均是与坐标 x、y、z 无关的常数，即四结点四面体单元为常应变单元，单元内任意一点的应变为常数，因此称该单元为常应变四面体单元。这一特点同平面问题中三结点三角形单元是类似的，它们离散时适应性较好但是精度比较低。

5.2.3　单元应力

把用结点位移表示的应变代入空间问题的物理方程［式(5-11)］中，可得单元内任意一点的应力为

$$\boldsymbol{\sigma}^e=(\boldsymbol{S}_i,\boldsymbol{S}_j,\boldsymbol{S}_k,\boldsymbol{S}_m)\boldsymbol{q}^e=\boldsymbol{S}^e\boldsymbol{q}^e \tag{5-51}$$

其中 $\boldsymbol{S}^e$ 为常应变四面体单元的应力矩阵，四个子矩阵均为 6×3 的矩阵

$$\boldsymbol{S}_i=\frac{E_1}{6V^e}\begin{bmatrix} b_i & c_i\mu_1 & d_i\mu_1 \\ b_i\mu_1 & c_i & d_i\mu_1 \\ b_i\mu_1 & c_i\mu_1 & d_i \\ c_i\mu_2 & b_i\mu_2 & 0 \\ 0 & d_i\mu_2 & c_i\mu_2 \\ d_i\mu_2 & 0 & b_i\mu_2 \end{bmatrix},\ \boldsymbol{S}_j=\frac{E_1}{6V^e}\begin{bmatrix} b_j & c_j\mu_1 & d_j\mu_1 \\ b_j\mu_1 & c_j & d_j\mu_1 \\ b_j\mu_1 & c_j\mu_1 & d_j \\ c_j\mu_2 & b_j\mu_2 & 0 \\ 0 & d_j\mu_2 & c_i\mu_2 \\ d_j\mu_2 & 0 & b_j\mu_2 \end{bmatrix} \tag{5-52}$$

$$\boldsymbol{S}_k=\frac{E_1}{6V^e}\begin{bmatrix} b_k & c_k\mu_1 & d_k\mu_1 \\ b_k\mu_1 & c_k & d_k\mu_1 \\ b_k\mu_1 & c_k\mu_1 & d_k \\ c_k\mu_2 & b_k\mu_2 & 0 \\ 0 & d_k\mu_2 & c_k\mu_2 \\ d_k\mu_2 & 0 & b_k\mu_2 \end{bmatrix},\ \boldsymbol{S}_m=\frac{E_1}{6V^e}\begin{bmatrix} b_m & c_m\mu_1 & d_m\mu_1 \\ b_m\mu_1 & c_m & d_m\mu_1 \\ b_m\mu_1 & c_m\mu_1 & d_m \\ c_m\mu_2 & b_m\mu_2 & 0 \\ 0 & d_m\mu_2 & c_m\mu_2 \\ d_m\mu_2 & 0 & b_m\mu_2 \end{bmatrix} \tag{5-53}$$

其中

$$E_1=\frac{E(1-\mu)}{(1+\mu)(1-2\mu)},\mu_1=\frac{\mu}{1-\mu},\mu_2=\frac{1-2\mu}{2(1-\mu)}$$

同样，分析 $\boldsymbol{S}_i$ 可以看出，单元确定之后，$\boldsymbol{S}_i$ 也就确定了，此时单元内的应力仅依赖于结点位移。对这种单元，由于单元内各点应变 $\boldsymbol{\varepsilon}^e$ 为常数，相应 $\boldsymbol{\sigma}^e$ 也是常数，因此四结点四面体单元也为常应力单元。

5.2.4 单元的刚度矩阵

根据空间问题单元刚度矩阵计算公式［式(5-19)］，可以计算四结点四面体单元对应单元刚度矩阵 $\boldsymbol{k}^e$。把单元应变矩阵 $\boldsymbol{B}^e$ 和单元弹性矩阵 $\boldsymbol{D}$ 代入式(5-19)，并注意 $\boldsymbol{B}^e$ 为常量矩阵，有

$$\boldsymbol{k}^e=\boldsymbol{B}^{e\mathrm{T}}\boldsymbol{D}\boldsymbol{B}^e V^e \tag{5-54}$$

单元刚度矩阵 $\boldsymbol{k}^e$ 可以表示为相应于结点的分块矩阵，将式(5-54) 进行矩阵运算可以得到结点的分块形式

$$\boldsymbol{k}^e=\begin{bmatrix}\boldsymbol{k}_{ii} & \boldsymbol{k}_{ij} & \boldsymbol{k}_{ik} & \boldsymbol{k}_{im}\\ \boldsymbol{k}_{ji} & \boldsymbol{k}_{jj} & \boldsymbol{k}_{jk} & \boldsymbol{k}_{jm}\\ \boldsymbol{k}_{ki} & \boldsymbol{k}_{kj} & \boldsymbol{k}_{kk} & \boldsymbol{k}_{km}\\ \boldsymbol{k}_{mi} & \boldsymbol{k}_{mj} & \boldsymbol{k}_{mk} & \boldsymbol{k}_{mm}\end{bmatrix} \tag{5-55}$$

其中

$$\boldsymbol{k}_{rs}=\frac{E_1}{36V^e}\begin{bmatrix}k_1 & k_2 & k_3\\ k_4 & k_5 & k_6\\ k_7 & k_8 & k_9\end{bmatrix} \tag{5-56}$$

其中

$$r,s=i,j,k,m$$

$$k_1=b_rb_s+\mu_2(c_rc_s+d_rd_s),k_2=\mu_1b_rc_s+\mu_2c_rb_s,k_3=\mu_1b_rd_s+\mu d_rb_s$$

$$k_4=\mu_1c_rb_s+\mu_2b_rc_s,k_5=c_rc_s+\mu_2(b_rb_s+d_rd_s),k_6=\mu_1c_rd_s+\mu_2d_rc_s$$

$$k_7=\mu_1d_rb_s+\mu_2b_rd_s,k_8=\mu_1d_rc_s+\mu_2c_rd_s,k_9=d_rd_s+\mu_2(b_rb_s+c_rc_s)$$

5.2.5 单元的等效结点力

（1）体积力

当空间单元 e 上作用有体力 $\boldsymbol{f}$ 时，体力等效到结点上的等效结点力列阵计算公式为式(5-20)，把四结点四面体单元对应的形函数矩阵 $\boldsymbol{N}^e$ 代入，有

$$\boldsymbol{F}_{\mathrm{b}}^e=\int_{V^e}\boldsymbol{N}^{e\mathrm{T}}\boldsymbol{f}\,\mathrm{d}V=\int_{V^e}\begin{bmatrix}N_i & 0 & 0 & N_j & 0 & 0 & N_k & 0 & 0 & N_m & 0 & 0\\ 0 & N_i & 0 & 0 & N_j & 0 & 0 & N_k & 0 & 0 & N_m & 0\\ 0 & 0 & N_i & 0 & 0 & N_j & 0 & 0 & N_k & 0 & 0 & N_m\end{bmatrix}^{\mathrm{T}}\begin{bmatrix}f_x\\ f_y\\ f_z\end{bmatrix}\mathrm{d}V \tag{5-57}$$

矩阵相乘后得

$$\boldsymbol{F}_{\mathrm{b}}^e=\int_{V^e}\boldsymbol{N}^{e\mathrm{T}}\boldsymbol{f}\,\mathrm{d}V=$$

$$\int_{V^e}(N_if_x,N_if_y,N_if_z,N_jf_x,N_jf_y,N_jf_z,N_kf_x,N_kf_y,N_mf_z,N_mf_x,N_kf_y,N_mf_z)^{\mathrm{T}}\mathrm{d}V \tag{5-58}$$

若仅 x 方向有均布体力 f_x，则 $f_y=f_z=0$，代入上式并利用积分公式

$$\int_{V^e} N_i \mathrm{d}V = \frac{1!\ 0!\ 0!\ 0!}{(1+0+0+0+3)!} 6V^e = \frac{V^e}{4} \tag{5-59}$$

可得对应的单元体力等效结点力列阵为

$$\boldsymbol{F}_{\mathrm{b}}^e = \frac{V^e f_x}{4}(1,0,0,1,0,0,1,0,0,1,0,0)^{\mathrm{T}} \tag{5-60}$$

(2) 表面力

现在，考虑在边界表面上作用有均布载荷的情况，四面体单元的边界是一个三角形，不失一般性，设 A_{ijk} 是载荷作用的边界面，局部结点为 i、j 和 k，则根据式(5-21)，单元面力等效结点力列阵为

$$\boldsymbol{F}_{\mathrm{b}}^e = \int_{S_\sigma} \boldsymbol{N}^{e\mathrm{T}} \boldsymbol{T} \mathrm{d}A =$$

$$\int_{S_\sigma} (N_i T_x, N_i T_y, N_i T_z, N_j T_x, N_j T_y, N_j T_z, N_k T_x, N_k T_y, N_m T_z, N_m T_x, N_k T_y, N_m T_z)^{\mathrm{T}} \mathrm{d}A \tag{5-61}$$

当边界 A_{ijk} 作用有均布载荷时，载荷集度分量 T_x、T_y、T_z 为常量，利用如下积分

$$\int_{A_{ijk}} N_i \mathrm{d}A = \frac{1!\ 0!\ 0!}{(1+0+0+2)!} 2A_{ijk} = \frac{A_{ik}}{3} \tag{5-62}$$

同理

$$\int_{A_{ijk}} N_i \mathrm{d}A = \int_{A_{ijk}} N_j \mathrm{d}A = \int_{A_{ijk}} N_k \mathrm{d}A = \frac{A_{ijk}}{3} \tag{5-63}$$

因此，A_{ijk} 面的均布载荷对应的单元等效结点力列阵为

$$\boldsymbol{T}^e = \frac{A_{ijk}}{3}(T_x, T_y, T_z, T_x, T_y, T_z, T_x, T_y, T_z, 0,0,0)^{\mathrm{T}} \tag{5-64}$$

5.3 四面体的体积坐标

由单元分析可见，单元位移模式或形函数的确定引出后面的推导，对不同的单元类型，分析流程是相似的，因此对其余空间单元，主要给出对应的用形函数表示的位移模式。为了构造高次四面体单元的形函数，首先介绍定义在单元上的自然坐标——体积坐标。体积坐标的引入将简化高次体单元的分析过程。某个四结点四面体单元如图 5-4 所示，单元体积为 V。

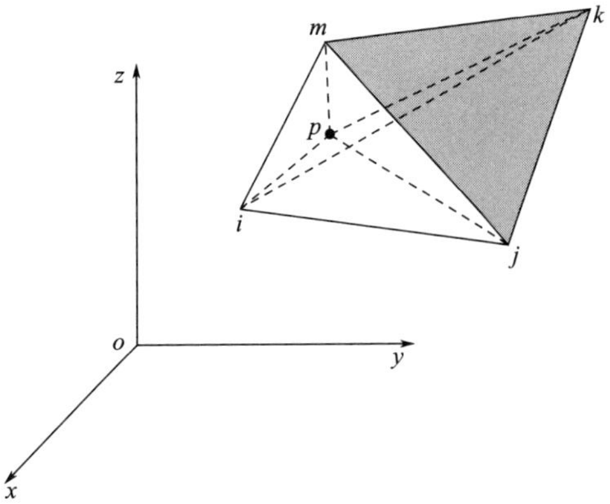

图 5-4　四结点四面体单元体积坐标

设 $p(x,y,z)$ 为单元内任意一点。p 点与四个结点的连线把四面体分割成 4 个小四面体，4 个小四面体的体积分别记作 V_i（表示四面体 $pjkm$ 的体积）、V_j（表示四面体 $kmip$ 的体积）、V_k（表示四面体 $pmij$ 的体积）、V_m（表示四面体 $ijkp$ 的体积）。令

$$L_i=\frac{V_i}{V},\ L_j=\frac{V_j}{V},\ L_k=\frac{V_k}{V},\ L_m=\frac{V_m}{V} \tag{5-65}$$

其中

$$V_i=\frac{1}{6}\begin{vmatrix}1 & x & y & z\\1 & x_j & y_j & z_j\\1 & x_k & y_k & z_k\\1 & x_m & y_m & z_m\end{vmatrix},\ V_j=\frac{1}{6}\begin{vmatrix}1 & x & y & z\\1 & x_k & y_k & z_k\\1 & x_i & y_i & z_i\\1 & x_m & y_m & z_m\end{vmatrix} \tag{5-66a}$$

$$V_k=\frac{1}{6}\begin{vmatrix}1 & x & y & z\\1 & x_i & y_i & z_i\\1 & x_j & y_j & z_j\\1 & x_m & y_m & z_m\end{vmatrix},\ V_m=\frac{1}{6}\begin{vmatrix}1 & x & y & z\\1 & x_j & y_j & z_j\\1 & x_i & y_i & z_i\\1 & x_k & y_k & z_k\end{vmatrix} \tag{5-66b}$$

因为

$$V_1+V_2+V_3+V_4=V \tag{5-67}$$

所以

$$L_i+L_j+L_k+L_m=1 \tag{5-68}$$

称 L_i、L_j、L_k、L_m 为 p 点的体积坐标，p 点在单元中的相对位置可以用体积坐标表示为 $p(L_i,L_j,L_k,L_m)$。四个结点的体积坐标分别为 $i(1,0,0,0)$，$j(0,1,0,0)$，$k(0,0,1,0)$，$m(0,0,0,1)$。

把四个体积坐标展开，同前面导出的四结点四面体单元的形函数比较有

$$N_i=L_i,\ N_j=L_j,\ N_k=L_k,\ N_m=L_m \tag{5-69}$$

可见四个形函数中，仅有 3 个独立，这一性质同面积坐标相似。不难验证，当 p 点在四面体某个表面三角形时，体积坐标退化为面积坐标。

p 点的体积坐标 L_i,L_j,L_k,L_m 与整体坐标 x,y,z 的关系为

$$\begin{bmatrix}1\\x\\y\\z\end{bmatrix}=\begin{bmatrix}1 & 1 & 1 & 1\\x_i & x_j & x_k & x_m\\y_i & y_j & y_k & y_m\\z_i & z_j & z_k & z_m\end{bmatrix}\begin{bmatrix}L_i\\L_j\\L_k\\L_m\end{bmatrix} \tag{5-70}$$

其中第一个方程正是式(5-68)。

用体积坐标表示的函数在四面体单元上的积分，可以有如下形式的积分公式

$$\int_{V^e} L_i^{\alpha}L_j^{\beta}L_k^{\gamma}L_m^{\lambda}\,\mathrm{d}V=\frac{\alpha!\ \beta!\ \gamma!\ \lambda!}{(\alpha+\beta+\gamma+\lambda+3)!}6V^e \tag{5-71}$$

在计算面力的等效结点力时，常常需要计算在四面体的某个面上对体积坐标进行积分，例如在三角形 ijk 面上进行积分，则有如下积分公式：

$$\int_{A_{ijk}} L_i^{\alpha}L_j^{\beta}L_k^{\gamma}\,\mathrm{d}A=\frac{\alpha!\ \beta!\ \gamma!}{(\alpha+\beta+\gamma+2)!}2A_{ijk} \tag{5-72}$$

其中，A_{ijk} 是三角形 ijk 的面积。

5.4 其他三维单元

5.4.1 高次四面体单元

前面知道，常应变四面体单元中的各点应力为常量，然而实际工程结构中单元内部的各

点应力一般是随着坐标变化的，为了反映真实情况和提高精度，单元位移模式可以假定为高次位移函数而非线性函数，相应的单元称为高次单元。虽然高次单元的形函数较复杂，但当引入体积坐标后，可仿照平面问题中高次单元的构造方法快速得到。

(1) 十结点二次四面体单元

如果假定单元位移模式为坐标的二次函数，根据位移模式构建要求和形函数的特点，对于二次四面体单元，除了 4 个顶点为结点，各条棱边的中点也均为结点，共有 10 个结点，如图 5-5 所示。

其位移函数为
$$u=\sum_{i=1}^{10}N_iu_i,\ v=\sum_{i=1}^{10}N_iv_i,\ w=\sum_{i=1}^{10}N_iw_i \tag{5-73}$$

其中 N_i 为各结点的形函数。下面引入体积坐标来表述以上形函数，把体积坐标的角标 i、j、k 和 m 分别替换为 1、2、3 和 4，因此在四面体的四个顶点位置的形函数可以表示为

$$\begin{cases}N_1=(2L_1-1)L_1\\N_2=(2L_2-1)L_2\\N_3=(2L_3-1)L_3\\N_4=(2L_4-1)L_4\end{cases} \tag{5-74}$$

在各棱边的中点的形函数为

$$\begin{cases}N_5=4L_3L_4,\ N_6=4L_1L_3,\ N_7=4L_1L_4\\N_8=4L_2L_3,\ N_9=4L_1L_2,\ N_{10}=4L_2L_4\end{cases} \tag{5-75}$$

当二次位移函数对坐标求一次导后，得到线性函数，因此十结点二次四面体单元的应变随坐标线性变化，也称该单元为十结点线性应变四面体单元，对线性弹性力学问题其计算精度大大高于四结点常应变四面体单元。

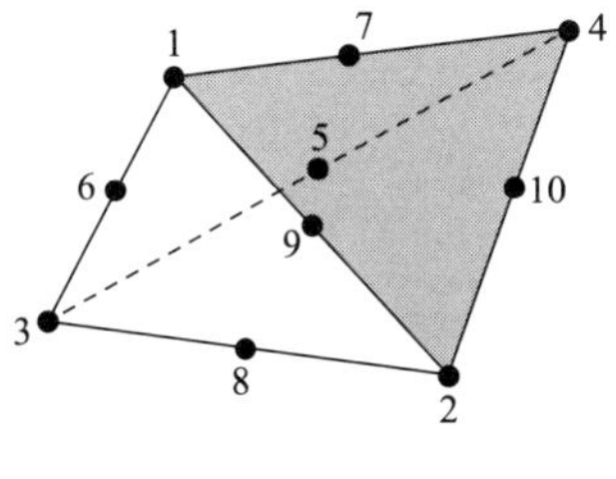

图 5-5　十结点四面体单元

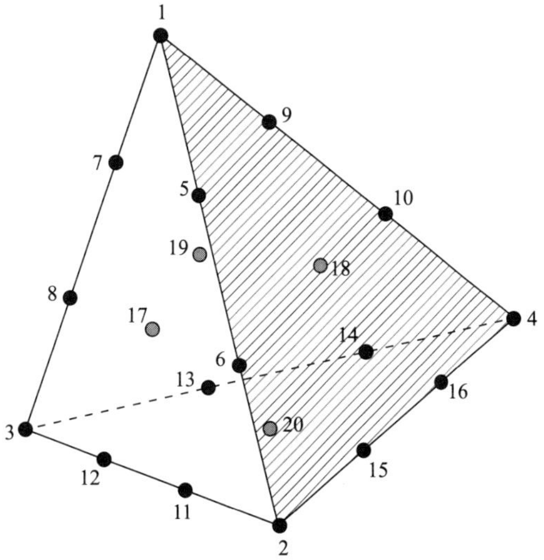

图 5-6　二十结点四面体单元

(2) 二十结点四面体单元

对于三次四面体单元，如图 5-6 所示，共有 20 个结点，分别包括 4 个顶点、12 条棱边三等分点以及 4 个表面中心。

各结点的形函数用体积坐标表示，得到在四个顶点位置的形函数为

$$N_1=\frac{1}{2}(3L_1-1)(3L_1-2)L_1,\ N_2=\frac{1}{2}(3L_2-1)(3L_2-2)L_2$$
$$N_3=\frac{1}{2}(3L_3-1)(3L_3-2)L_3,\ N_4=\frac{1}{2}(3L_4-1)(3L_4-2)L_4 \tag{5-76}$$

在每条棱边的三等分点位置有

$$\begin{aligned}
&N_5=\frac{9}{2}L_1L_2(3L_1-1),\ N_6=\frac{9}{2}L_1L_2(3L_2-1)\\
&N_7=\frac{9}{2}L_1L_3(3L_1-1),\ N_8=\frac{9}{2}L_1L_3(3L_3-1)\\
&N_9=\frac{9}{2}L_1L_4(3L_1-1),\ N_{10}=\frac{9}{2}L_1L_4(3L_4-1)\\
&N_{11}=\frac{9}{2}L_2L_3(3L_2-1),\ N_{12}=\frac{9}{2}L_2L_3(3L_3-1)\\
&N_{13}=\frac{9}{2}L_3L_4(3L_3-1),\ N_{14}=\frac{9}{2}L_3L_4(3L_4-1)\\
&N_{15}=\frac{9}{2}L_2L_4(3L_2-1),\ N_{16}=\frac{9}{2}L_2L_4(3L_4-1)
\end{aligned} \tag{5-77}$$

在表面中心位置有

$$\begin{cases}N_{17}=27L_1L_2L_3,\ N_{18}=27L_1L_2L_4\\ N_{19}=27L_1L_3L_4,\ N_{20}=27L_2L_3L_4\end{cases} \tag{5-78}$$

5.4.2 长方体单元

(1) 八结点长方体单元

除了前面介绍的四面体单元外，在空间问题有限元分析中，常用的一种单元类型为长方体单元。最简单为八结点长方体单元如图 5-7 所示，八结点长方体单元的特点是结点坐标有如下规律：

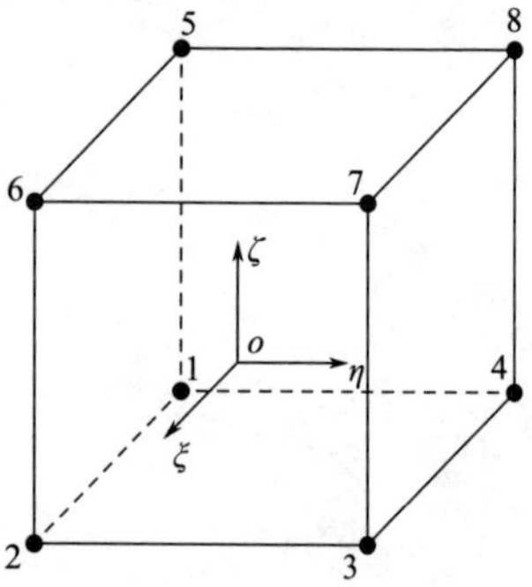

图 5-7 八结点长方体单元

$$\begin{cases}x_1=x_4=x_5=x_8,\ x_2=x_3=x_6=x_7\\ y_1=y_2=y_5=y_6,\ y_3=y_4=y_7=y_8\\ z_1=z_2=z_3=z_4,\ z_5=z_6=z_7=z_8\end{cases} \tag{5-79}$$

单元的中心坐标为

$$x_0=\frac{1}{8}\sum_{i=1}^{8}x_i,\ y_0=\frac{1}{8}\sum_{i=1}^{8}y_i,\ z_0=\frac{1}{8}\sum_{i=1}^{8}z_i \tag{5-80}$$

不同的单元，其长、宽、高是不同的。为了将单元规范化，引入单元自然坐标

$$\xi=\frac{2(x-x_0)}{x_2-x_1},\ \eta=\frac{2(y-y_0)}{y_4-y_1},\ \zeta=\frac{2(z-z_0)}{z_5-z_1} \tag{5-81}$$

在自然坐标下，结点的坐标值为

$$\begin{aligned}
&\xi_1=-1,\ \eta_1=-1,\ \zeta_1=-1\\
&\xi_2=+1,\ \eta_2=-1,\ \zeta_2=-1\\
&\xi_3=+1,\ \eta_3=+1,\ \zeta_3=-1\\
&\xi_4=-1,\ \eta_4=+1,\ \zeta_4=-1\\
&\xi_5=-1,\ \eta_5=-1,\ \zeta_5=+1
\end{aligned} \tag{5-82}$$

$$\xi_6=+1,\ \eta_6=-1,\ \zeta_6=+1$$
$$\xi_7=+1,\ \eta_7=+1,\ \zeta_7=+1$$
$$\xi_8=-1,\ \eta_8=+1,\ \zeta_8=+1$$

单元各点的形函数由三个方向的两点拉格朗日插值函数构成

$$N_i=\frac{1}{8}(1+\xi_i\xi)(1+\eta_i\eta)(1+\zeta_i\zeta) \tag{5-83}$$

其中，$i=1,2,\cdots,8$。

(2) 二十结点长方体单元

如图 5-8 所示，二十结点长方体单元在八结点六面体单元上增加了 12 条棱边上的中点，即

$$\begin{gathered}x_{13}=x_{15}=x_{17}=x_{19}=x_0\\ x_{14}=x_{16}=x_{18}=x_{20}=y_0\\ z_9=z_{10}=z_{11}=z_{12}=z_0\end{gathered} \tag{5-84}$$

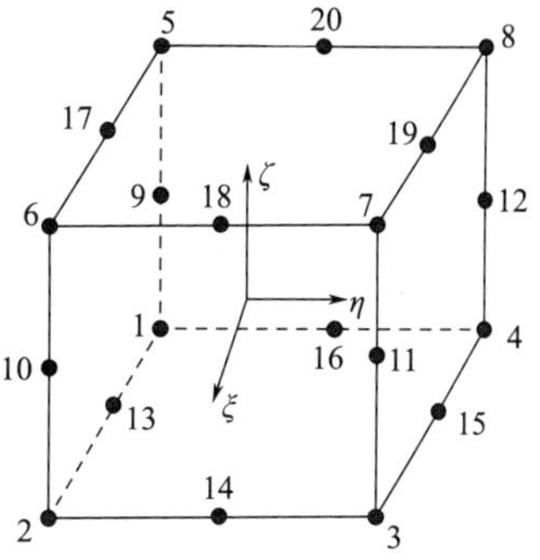

图 5-8　二十结点长方体单元

采用式(5-81) 的自然坐标，用自然坐标来描述单元结点形函数为

$$N_i=\frac{1}{8}(1+\xi_i\xi)(1+\eta_i\eta)(1+\zeta_i\zeta)(\xi_i\xi+\eta_i\eta+\zeta_i\zeta-2) \tag{5-85}$$

其中，$i=1,2,\cdots,8$。

$\xi_i=0$ 的边的中点，在 13、15、17、19 点处：

$$N_i=\frac{1}{8}(1-\xi^2)(1+\eta_i\eta)(1+\zeta_i\zeta) \tag{5-86}$$

$\eta_i=0$ 的边的中点，在 14、16、18、20 点处：

$$N_i=\frac{1}{8}(1-\eta^2)(1+\xi_i\xi)(1+\zeta_i\zeta) \tag{5-87}$$

$\zeta_i=0$ 的边的中点，在 9、10、11、12 点处：

$$N_i=\frac{1}{8}(1-\zeta^2)(1+\xi_i\xi)(1+\eta_i\eta) \tag{5-88}$$

八结点长方体单元精度明显高于相同结点数的四面体单元。二十结点的长方体单元精度更高，但长方体单元的缺点也十分明显，离散化时难以适应工程结构的复杂外形，实际很少采用。通过几何变换，将可变形的六面体单元映射到立方体单元就成为很实用的办法。

5.4.3　六面体等参元

四结点四面体单元形状灵活，但精度很低。长方体单元精度高，但是在实际中难以全部将实体离散为长方体单元。在工程中，应用较多的是等参元，即采用同位移模式中所用形函数对整体坐标进行变换从而将实际空间中的任意六面体单元映射为自然坐标系下的立方体。下面以八结点六面体等参元为例说明等参元的单元分析过程，如图 5-9 所示。

图 5-9(a) 为在整体坐标系 xyz 下一离散的任意六面体单元（称为子单元）。对单元实现几何形状变换，可将任意六面体单元通过坐标变换为单元自然坐标 $\xi\eta\zeta$ 下的规整的正六面体单元（称为母单元），单元形状如图 5-9(b) 所示。

有

$$x=\sum_{i=1}^{m}N'_i(\xi,\eta,\zeta)x_i,\ y=\sum_{i=1}^{m}N'_i(\xi,\eta,\zeta)y_i,\ z=\sum_{i=1}^{m}N'_i(\xi,\eta,\zeta)z_i \tag{5-89}$$

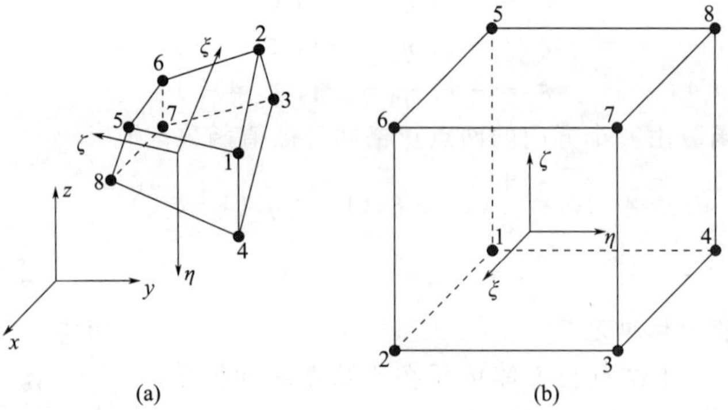

图 5-9　六面体单元等参元变换

对于单元内一点位移函数有

$$u=\sum_{i=1}^{n}N_i(\xi,\eta,\zeta)u_i\text{，}v=\sum_{i=1}^{n}N_i(\xi,\eta,\zeta)v_i\text{，}w=\sum_{i=1}^{n}N_i(\xi,\eta,\zeta)w_i \tag{5-90}$$

当 $m=n$ 且 $N'_i=N_i$ 时，称这种单元为等参元或同参元。等参元的形函数构造规范，收敛性比较清楚。由于母单元是正六面体，在其上定义形函数、作数值积分都是比较规则的，因此这种坐标变换是重要的一环。

对八结点六面体等参元而言，式(5-89) 和式(5-90) 中的插值函数采用拉格朗日插值形式的形函数 N_i：

$$N_i=\frac{1}{8}(1+\xi_i\xi)(1+\eta_i\eta)(1+\zeta_i\zeta)\quad(i=1,2,\cdots,8) \tag{5-91}$$

在式(5-91) 中(ξ_i,η_i,ζ_i)表示结点 i 在自然坐标系下的坐标，单元的结点位移列向量为

$$\boldsymbol{q}^e=(u_1,v_1,w_1,\cdots,u_8,v_8,w_8)^{\mathrm{T}} \tag{5-92}$$

根据结点的位移值，可以使用形函数 N_i 来定义单元内任意一点的位移为

$$\begin{cases}u=N_1u_1+N_2u_2+\cdots+N_8u_8\\ v=N_1v_1+N_2v_2+\cdots+N_8v_8\\ w=N_1w_1+N_2w_2+\cdots+N_8w_8\end{cases} \tag{5-93}$$

在等参变换中，基于结点的几何坐标使用相同的形函数 N_i 来插值单元内任意一点的几何坐标，则

$$\begin{cases}x=N_1x_1+N_2x_2+\cdots+N_8x_8\\ y=N_1y_1+N_2y_2+\cdots+N_8y_8\\ z=N_1z_1+N_2z_2+\cdots+N_8z_8\end{cases} \tag{5-94}$$

根据式(5-93) 易知结点位移 $\boldsymbol{q}^e$ 是不变量，形函数 N_i 是自然坐标(ξ,η,ζ)的显函数，因此位移分量 u,v,w 也是自然坐标(ξ,η,ζ)的显函数。而在单元刚度矩阵等特征矩阵的计算中，涉及形函数对整体坐标(x,y,z)求导数，此外积分也是在整体坐标中进行的。因此，为了算出单元特征矩阵，在等参元单元分析中，需要有如下步骤：①计算用局部坐标表示的形函数 $N_i(\xi,\eta,\zeta)$对整体坐标 (x,y,z) 偏导数；②将整体坐标系中的体积（面积）积分转换为在局部坐标系中的体积（面积）积分；③用数值积分计算出单元特征矩阵 $\boldsymbol{k}^e$、$\boldsymbol{F}_{\mathrm{b}}^e$、$\boldsymbol{F}_{\mathrm{q}}^e$。

首先讨论两种坐标系下偏导数之间的变换。设函数 $f=f[x(\xi,\eta,\zeta),y(\xi,\eta,\zeta),z(\xi,\eta,\zeta)]$，其关于变量自然坐标 ξ、η、ζ 的偏导数为

$$\begin{aligned}
\frac{\partial f}{\partial \xi}&=\frac{\partial f}{\partial x}\times\frac{\partial x}{\partial \xi}+\frac{\partial f}{\partial y}\times\frac{\partial y}{\partial \xi}+\frac{\partial f}{\partial z}\times\frac{\partial z}{\partial \xi}\\
\frac{\partial f}{\partial \eta}&=\frac{\partial f}{\partial x}\times\frac{\partial x}{\partial \eta}+\frac{\partial f}{\partial y}\times\frac{\partial y}{\partial \eta}+\frac{\partial f}{\partial z}\times\frac{\partial z}{\partial \eta}\\
\frac{\partial f}{\partial \zeta}&=\frac{\partial f}{\partial x}\times\frac{\partial x}{\partial \zeta}+\frac{\partial f}{\partial y}\times\frac{\partial y}{\partial \zeta}+\frac{\partial f}{\partial z}\times\frac{\partial z}{\partial \zeta}
\end{aligned} \tag{5-95}$$

写成矩阵形式为

$$\begin{bmatrix}\dfrac{\partial f}{\partial \xi}\\[2mm]\dfrac{\partial f}{\partial \eta}\\[2mm]\dfrac{\partial f}{\partial \zeta}\end{bmatrix}=\begin{bmatrix}\dfrac{\partial x}{\partial \xi}&\dfrac{\partial y}{\partial \xi}&\dfrac{\partial z}{\partial \xi}\\[2mm]\dfrac{\partial x}{\partial \eta}&\dfrac{\partial y}{\partial \eta}&\dfrac{\partial z}{\partial \eta}\\[2mm]\dfrac{\partial x}{\partial \zeta}&\dfrac{\partial y}{\partial \zeta}&\dfrac{\partial z}{\partial \zeta}\end{bmatrix}\begin{bmatrix}\dfrac{\partial f}{\partial x}\\[2mm]\dfrac{\partial f}{\partial y}\\[2mm]\dfrac{\partial f}{\partial z}\end{bmatrix} \tag{5-96}$$

令

$$\boldsymbol{J}=\begin{bmatrix}\dfrac{\partial x}{\partial \xi}&\dfrac{\partial y}{\partial \xi}&\dfrac{\partial z}{\partial \xi}\\[2mm]\dfrac{\partial x}{\partial \eta}&\dfrac{\partial y}{\partial \eta}&\dfrac{\partial z}{\partial \eta}\\[2mm]\dfrac{\partial x}{\partial \zeta}&\dfrac{\partial y}{\partial \zeta}&\dfrac{\partial z}{\partial \zeta}\end{bmatrix} \tag{5-97}$$

其中，3 阶矩阵 $\boldsymbol{J}$ 称为雅可比矩阵。由式(5-96) 解出

$$\begin{bmatrix}\dfrac{\partial f}{\partial x}\\[2mm]\dfrac{\partial f}{\partial y}\\[2mm]\dfrac{\partial f}{\partial z}\end{bmatrix}=\boldsymbol{J}^{-1}\begin{bmatrix}\dfrac{\partial f}{\partial \xi}\\[2mm]\dfrac{\partial f}{\partial \eta}\\[2mm]\dfrac{\partial f}{\partial \zeta}\end{bmatrix} \tag{5-98}$$

把各个结点自然坐标值［式(5-82)］代入到式(5-91)

$$\begin{cases}
N_1=\dfrac{1}{8}(1-\xi)(1-\eta)(1-\zeta), & N_5=\dfrac{1}{8}(1-\xi)(1-\eta)(1+\zeta)\\[2mm]
N_2=\dfrac{1}{8}(1+\xi)(1-\eta)(1-\zeta), & N_6=\dfrac{1}{8}(1+\xi)(1-\eta)(1+\zeta)\\[2mm]
N_3=\dfrac{1}{8}(1+\xi)(1+\eta)(1-\zeta), & N_7=\dfrac{1}{8}(1+\xi)(1+\eta)(1+\zeta)\\[2mm]
N_4=\dfrac{1}{8}(1-\xi)(1+\eta)(1-\zeta), & N_8=\dfrac{1}{8}(1-\xi)(1+\eta)(1+\zeta)
\end{cases} \tag{5-99}$$

根据式(5-94) 和式(5-99) 可计算出式(5-97) 中的各元素，$\boldsymbol{J}$ 计算公式为

$$\boldsymbol{J}=\begin{bmatrix}\dfrac{\partial N_1}{\partial \xi}&\dfrac{\partial N_2}{\partial \xi}&\cdots&\dfrac{\partial N_8}{\partial \xi}\\[2mm]\dfrac{\partial N_1}{\partial \eta}&\dfrac{\partial N_2}{\partial \eta}&\cdots&\dfrac{\partial N_8}{\partial \eta}\\[2mm]\dfrac{\partial N_1}{\partial \zeta}&\dfrac{\partial N_2}{\partial \zeta}&\cdots&\dfrac{\partial N_8}{\partial \zeta}\end{bmatrix}\begin{bmatrix}x_1&y_1&z_1\\x_2&y_2&z_2\\\vdots&\vdots&\vdots\\x_8&y_8&z_8\end{bmatrix} \tag{5-100}$$

形函数 $N_i(i=1\sim8)$即可看成整体坐标（x,y,z）的函数，同时也是自然坐标(ξ,η,ζ)的函数，令 $f=N_i$，由式(5-96) 有

$$\begin{bmatrix} \dfrac{\partial N_i}{\partial x} \\ \dfrac{\partial N_i}{\partial y} \\ \dfrac{\partial N_i}{\partial z} \end{bmatrix} = \boldsymbol{J}^{-1} \begin{bmatrix} \dfrac{\partial N_i}{\partial \xi} \\ \dfrac{\partial N_i}{\partial \eta} \\ \dfrac{\partial N_i}{\partial \zeta} \end{bmatrix} \quad (i=1\sim 8) \tag{5-101}$$

由式(5-30) 可见，单元应变矩阵 $\boldsymbol{B}^e$ 中涉及形函数 $N_i(i=1\sim8)$对整体坐标（x,y,z）求偏导数，把式(5-101) 代入到 $\boldsymbol{B}^e$ 中，则可得到用自然坐标表示的 $\boldsymbol{B}^e$，这样 $\boldsymbol{k}^e$、$\boldsymbol{F}_{\mathrm{b}}^e$、$\boldsymbol{F}_{\mathrm{q}}^e$ 中的被积函数都表示为自然坐标(ξ,η,ζ)的显函数。

为了计算出 $\boldsymbol{k}^e$、$\boldsymbol{F}_{\mathrm{b}}^e$、$\boldsymbol{F}_{\mathrm{q}}^e$，还需要进行两种坐标系下的体积微元和面积微元之间的变换。由图 5-9 有

$$\mathrm{d}V=\mathrm{d}x\,\mathrm{d}y\,\mathrm{d}z=\mathrm{d}\boldsymbol{\xi}\cdot(\mathrm{d}\boldsymbol{\eta}\times\mathrm{d}\boldsymbol{\zeta}) \tag{5-102}$$

由式(5-89)，有

$$\begin{cases} \mathrm{d}\boldsymbol{\xi}=\dfrac{\partial x}{\partial \xi}\mathrm{d}\xi\boldsymbol{i}+\dfrac{\partial y}{\partial \xi}\mathrm{d}\xi\boldsymbol{j}+\dfrac{\partial z}{\partial \xi}\mathrm{d}\xi\boldsymbol{k}=\left(\dfrac{\partial x}{\partial \xi}\boldsymbol{i}+\dfrac{\partial y}{\partial \xi}\boldsymbol{j}+\dfrac{\partial z}{\partial \xi}\boldsymbol{k}\right)\mathrm{d}\xi \\ \mathrm{d}\boldsymbol{\eta}=\dfrac{\partial x}{\partial \eta}\mathrm{d}\eta\boldsymbol{i}+\dfrac{\partial y}{\partial \eta}\mathrm{d}\eta\boldsymbol{j}+\dfrac{\partial z}{\partial \eta}\mathrm{d}\eta\boldsymbol{k}=\left(\dfrac{\partial x}{\partial \eta}\boldsymbol{i}+\dfrac{\partial y}{\partial \eta}\boldsymbol{j}+\dfrac{\partial z}{\partial \eta}\boldsymbol{k}\right)\mathrm{d}\eta \\ \mathrm{d}\boldsymbol{\zeta}=\dfrac{\partial x}{\partial \zeta}\mathrm{d}\zeta\boldsymbol{i}+\dfrac{\partial y}{\partial \zeta}\mathrm{d}\zeta\boldsymbol{j}+\dfrac{\partial z}{\partial \zeta}\mathrm{d}\zeta\boldsymbol{k}=\left(\dfrac{\partial x}{\partial \zeta}\boldsymbol{i}+\dfrac{\partial y}{\partial \zeta}\boldsymbol{j}+\dfrac{\partial z}{\partial \zeta}\boldsymbol{k}\right)\mathrm{d}\zeta \end{cases} \tag{5-103}$$

将式(5-103) 代入式(5-102) 得

$$\mathrm{d}V=\begin{vmatrix} \dfrac{\partial x}{\partial \xi} & \dfrac{\partial y}{\partial \xi} & \dfrac{\partial z}{\partial \xi} \\ \dfrac{\partial x}{\partial \eta} & \dfrac{\partial y}{\partial \eta} & \dfrac{\partial z}{\partial \eta} \\ \dfrac{\partial x}{\partial \zeta} & \dfrac{\partial y}{\partial \zeta} & \dfrac{\partial z}{\partial \zeta} \end{vmatrix}\mathrm{d}\xi\mathrm{d}\eta\mathrm{d}\zeta=|\boldsymbol{J}|\,\mathrm{d}\xi\mathrm{d}\eta\mathrm{d}\zeta \tag{5-104}$$

上式即为两种坐标系下体积微元的变换。

设单元 $\xi=C$ 的表面作用有外载荷，则计算单元面力等效结点力列阵时，需要把整体坐标下的面积微元变换为自然坐标下的面积微元。

有

$$\mathrm{d}\boldsymbol{A}=\mathrm{d}\boldsymbol{S}=\mathrm{d}\boldsymbol{\eta}\times\mathrm{d}\boldsymbol{\zeta} \tag{5-105}$$

将式(5-103) 代入式(5-105) 得面积微元的变换为

$$\begin{aligned} \mathrm{d}A &=|\mathrm{d}\boldsymbol{\eta}\times\mathrm{d}\boldsymbol{\zeta}|_{\xi=C}=\left[\left(\frac{\partial y}{\partial \eta}\frac{\partial z}{\partial \zeta}-\frac{\partial z}{\partial \eta}\frac{\partial y}{\partial \zeta}\right)^2+\left(\frac{\partial z}{\partial \eta}\frac{\partial x}{\partial \zeta}-\frac{\partial x}{\partial \eta}\frac{\partial z}{\partial \zeta}\right)^2+\left(\frac{\partial x}{\partial \eta}\frac{\partial y}{\partial \zeta}-\frac{\partial y}{\partial \eta}\frac{\partial x}{\partial \zeta}\right)^2\right]^{\frac{1}{2}}\mathrm{d}\eta\mathrm{d}\zeta \\ &=A\,\mathrm{d}\eta\mathrm{d}\zeta \end{aligned} \tag{5-106}$$

如果外载荷作用在 $\eta=C$ 的表面上，有

$$\begin{aligned} \mathrm{d}A &=|\mathrm{d}\boldsymbol{\zeta}\times\mathrm{d}\boldsymbol{\xi}|_{\eta=C}=\left[\left(\frac{\partial z}{\partial \zeta}\frac{\partial x}{\partial \xi}-\frac{\partial x}{\partial \zeta}\frac{\partial z}{\partial \xi}\right)^2+\left(\frac{\partial x}{\partial \zeta}\frac{\partial y}{\partial \xi}-\frac{\partial y}{\partial \zeta}\frac{\partial x}{\partial \xi}\right)^2+\left(\frac{\partial y}{\partial \zeta}\frac{\partial z}{\partial \xi}-\frac{\partial z}{\partial \zeta}\frac{\partial y}{\partial \xi}\right)^2\right]^{\frac{1}{2}}\mathrm{d}\zeta\mathrm{d}\xi \\ &=A\,\mathrm{d}\zeta\mathrm{d}\xi \end{aligned} \tag{5-107}$$

如果外载荷作用在 $\zeta=C$ 的表面上，为

$$dA=|d\boldsymbol{\xi}\times d\boldsymbol{\eta}|_{\zeta=C}=\left[\left(\frac{\partial x}{\partial\xi}\frac{\partial y}{\partial\eta}-\frac{\partial y}{\partial\xi}\frac{\partial x}{\partial\eta}\right)^2+\left(\frac{\partial y}{\partial\xi}\frac{\partial z}{\partial\eta}-\frac{\partial z}{\partial\xi}\frac{\partial y}{\partial\eta}\right)^2+\left(\frac{\partial z}{\partial\xi}\frac{\partial x}{\partial\eta}-\frac{\partial x}{\partial\xi}\frac{\partial z}{\partial\eta}\right)^2\right]^{\frac{1}{2}}d\xi d\eta$$
$$=A\,d\xi d\eta \tag{5-108}$$

通过上述对单元的几何形状、体积微元和面积微元的变换，对于自然坐标(ξ,η,ζ)，当$-1\leqslant\xi\leqslant1,-1\leqslant\eta\leqslant1,-1\leqslant\zeta\leqslant1$ 时，有如下的八结点六面体等参元单元特性矩阵计算公式：

$$\boldsymbol{k}^e=\int_{V^e}\boldsymbol{B}^{e\mathrm{T}}\boldsymbol{D}\boldsymbol{B}^e dV=\int_{-1}^{1}\int_{-1}^{1}\int_{-1}^{1}\boldsymbol{B}^{e\mathrm{T}}\boldsymbol{D}\boldsymbol{B}^e\ |\boldsymbol{J}|\ d\xi d\eta d\zeta \tag{5-109}$$

$$\boldsymbol{F}_\mathrm{b}^e=\int_{V^e}\boldsymbol{N}^{e\mathrm{T}}\boldsymbol{f}dV=\int_{-1}^{1}\int_{-1}^{1}\int_{-1}^{1}\boldsymbol{N}^{e\mathrm{T}}\boldsymbol{f}\ |\boldsymbol{J}|\ d\xi d\eta d\zeta \tag{5-110}$$

$$\boldsymbol{F}_\mathrm{q}^e=\int_{S_\sigma}\boldsymbol{N}^{e\mathrm{T}}\boldsymbol{T}dA=\int_{-1}^{1}\int_{-1}^{1}\boldsymbol{N}^{e\mathrm{T}}\boldsymbol{T}A\,d\eta d\zeta\quad(\xi=C\text{ 边}) \tag{5-111}$$

其中 $\boldsymbol{k}^e$ 为 24×24 的方阵，$\boldsymbol{F}_\mathrm{b}^e$、$\boldsymbol{F}_\mathrm{q}^e$ 均为 24×1 列阵，且被积函数中应变矩阵 $\boldsymbol{B}^e$ 和雅可比矩阵行列式$|\boldsymbol{J}|$、形函数矩阵 $\boldsymbol{N}^e$、体力 $\boldsymbol{f}$、面力 $\boldsymbol{T}$ 均可描述为自然坐标 ξ、η 和 ζ 的函数，可以采用数值积分方法计算得到最终的 $\boldsymbol{k}^e$、$\boldsymbol{F}_\mathrm{b}^e$、$\boldsymbol{F}_\mathrm{q}^e$。

在应用等参元的时候需要注意：①单元内结点号的次序不能弄错，否则会造成$|\boldsymbol{J}|<0$；②两个结点如重合，会导致$|\boldsymbol{J}|=0$；③单元形状不能太长、太歪，会影响精度，过分严重的会影响整个方程组的解。前两种情况都是完全不许可的。

习　题

5-1　三结点平面三角形单元与四结点四面体单元的位移模式分别是什么？二者有什么相似性？四面体单元的形函数是否也符合形函数的基本性质？

5-2　四面体单元与长方体单元相比，有什么优缺点？

5-3　什么是等参变换？为什么要用等参变换？单元形状“畸形”在等参变换中会遇到什么问题？为什么有限元软件中要求单元形状不能太“畸形”？

5-4　试写出十结点四面体单元的位移模式，在计算应力梯度较大的结构应力时，选择带中间结点的二次单元会有什么好处？

5-5　归纳平面单元、轴对称单元、三维单元有限元方法，它们的处理流程基本上是一样的，这对于有限元方法及其工程应用有什么好处？试对同一个工程问题，比如轴对称压力容器的应力计算，使用不同的单元类型、不同的单元密度进行分析，比较载荷施加、边界条件施加、求解时间、计算结果的准确性等的优劣。

第 6 章　传热问题有限元分析

【工程问题分析】

热传导问题是工程中一个非常关键的问题，比如化工工艺中存在着大量的热交换，换热器的成本占总投资的 40%，图 6-1 所示为化工常用的 U 形管式换热器。中国的高速铁路在近年来取得了巨大的发展和突破，其中的关键技术之一就是 IGBT（绝缘栅双极晶体管）芯片。IGBT 芯片被誉为高铁的“心脏”，其在高铁建设中起着至关重要的作用，能够使高铁高速平稳行驶，同时还能节约能耗和成本。在运行过程中，由于不平稳的载荷作用，其内部常产生交变的热应力，如果不加以控制就会产生疲劳破坏，如图 6-2 所示为某大功率 IGBT 模块的内外结构实体图。在石化行业还有一种非常关键的部件叫干气密封，干气密封运行过程中，由于气体的压缩和摩擦会产生热量，从而会导致密封端面的变形，在密封设计中，需要详细考虑由于压力导致的密封的力变形和由于生热而导致的热变形，只有两者达到很好的平衡，才能确保密封的稳定运行。图 6-3 所示为干气密封的结构和气膜内的温度分布。

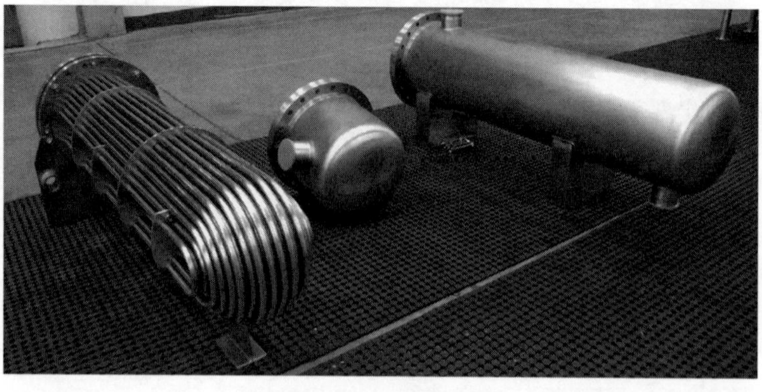

图 6-1　U 形管式换热器

由于结构几何形状和温度边界条件的复杂，要确定结构温度场的精确解一般是非常困难的，在求温度场近似解时，有限元法是一种行之有效的方法。

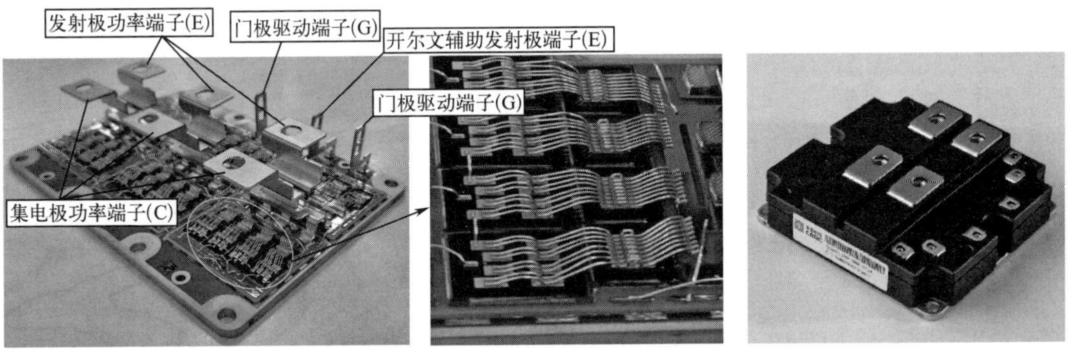

图 6-2　大功率 IGBT 模块内外结构实体图

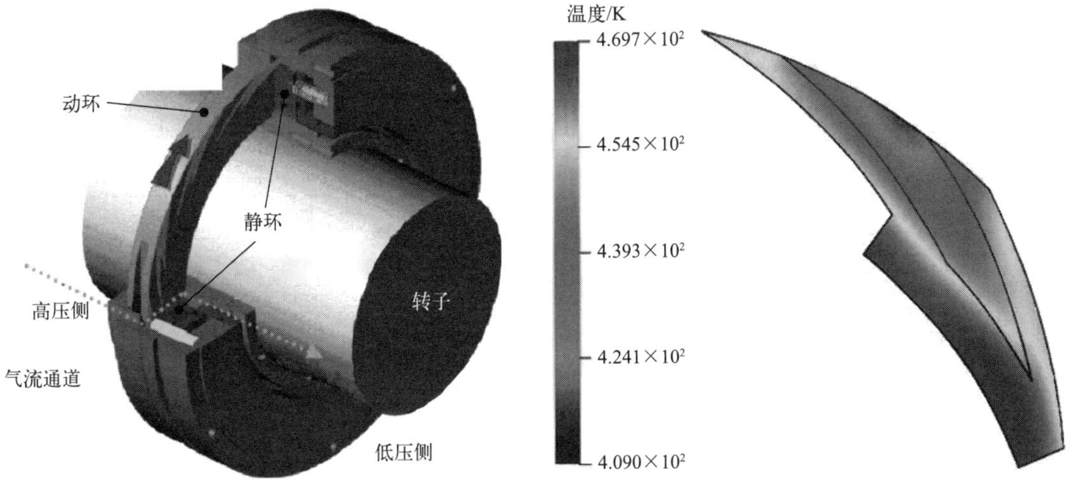

图 6-3　干气密封的结构和气膜内的温度分布

【学习目标】

① 了解工程中的传热问题；
② 理解伽辽金法的基本原理；
③ 掌握二维稳态热传导问题有限元方程的推导；
④ 能根据实际场景施加热边界条件；
⑤ 能运用软件解决传热问题。

6.1　伽辽金方法基本介绍

当微分方程不易求得精确解时，可以用加权余量法中的伽辽金法去求得一个近似解。为了理解伽辽金法，先讨论关于微分方程近似解的加权余量法。例如如下一维微分方程：

$$\begin{cases} Du(x)=0, x\in(a,b) \\ B_1[u]=0,\ x=a \\ B_2[u]=0, x=b \end{cases} \tag{6-1}$$

其中 D 为一维微分算子。

假定 $u(x)$为微分方程的精确解，$\tilde{u}(x)$为近似解。精确解 $u(x)$一般在 $x\in[a,b]$域内均满足方程，而近似解 $\tilde{u}(x)$一般不能满足。为了求得一个近似解，引入以下定理：

$E(x)$为连续函数，有 $E(x)\equiv 0$，$\forall x\in(a,b)\Leftrightarrow$对任意连续函数 $\eta(x)$，使得

$$\int_a^b \eta(x)E(x)\mathrm{d}x=0 \tag{6-2}$$

将 $E(x)$换成 $Du(x)$，微分方程的提法就变成了等效的积分提法，即对于$\forall\eta(x)$，$\eta_1(x)$，$\eta_2(x)$使得

$$\int_a^b \eta(x)Du(x)\mathrm{d}x+\int_a^b \eta_1(x)B_1[u]\mathrm{d}x+\int_a^b \eta_2(x)B_2[u]\mathrm{d}x=0 \tag{6-3a}$$

假定所考虑的 $u(x)$满足全部边界条件，式(6-1) 等效积分形式简化为

$$\int_a^b \eta(x)Du(x)\mathrm{d}x=0 \tag{6-3b}$$

对于任意连续函数 $\eta(x)$可表示为

$$\eta(x)=C_1w_1(x)+C_2w_2(x)+\cdots+C_nw_n(x) \tag{6-4}$$

其中 $w_i(x)$是彼此不相关的（甚至是彼此正交的）函数，它的任意性由系数 C_i 的自由变化实现，则式(6-3b) 又等效于方程组

$$\int_a^b w_i(x)Du(x)\mathrm{d}x=0\quad(i=1,2,\cdots,n) \tag{6-5}$$

将近似解 $\tilde{u}(x)$代入式(6-1)，一般有

$$D\tilde{u}(x)=R(x)\neq 0 \tag{6-6}$$

$R(x)$在(a,b)上不全为零，称为余量。对于近似解 $\tilde{u}(x)$，式(6-1) 变为

$$\begin{cases}D\tilde{u}(x)=R(x)\\B_1(\tilde{u})=R_a\\B_2(\tilde{u})=R_b\end{cases} \tag{6-7}$$

考虑近似解 $\tilde{u}(x)$，引入余量 $R(x)$，式(6-5) 为

$$\int_a^b w_i(x)R(x)\mathrm{d}x=0\quad(i=1,2,3,\cdots,n) \tag{6-8}$$

以上既给出了近似解的定义，也给出了在一定范围内求近似解的方法：通过加权积分迫使余量为零，使近似解是在不足以保证逐点满足 $R(x)=0$ 的条件下做到加权积分为零，这个方法称为加权余量法。其中 $w_i(x)$称为权函数。权函数的取法可以是各种各样的，所以有多种不同的加权余量法，常用的方法包括配点法、子域法、最小二乘法、力矩法和伽辽金法。

待求函数 $u(x)$可写为如下函数组合形式

$$\tilde{u}(x)=u_0(x)+\sum_{i=1}^{m}c_iN_i(x) \tag{6-9}$$

其中 $u_0(x)$与 $N_i(x)$是已知函数。在表达式中包括 $u_0(x)$的目的是使 $\tilde{u}(x)$满足非齐次的边界条件；$N_i(x)$一般称为形函数或试函数，形函数 $N_i(x)$的形式应该有一定的要求，例如彼此正交等，至少应当是彼此线性无关的。$c_i(i=1,2,\cdots,m)$是待定常数，只要求出 c_i，近似解 $\tilde{u}(x)$就可以被确定。

在式(6-8) 中取权函数 $w_i(x)=N_i(x)$，就得到了近似解 $\tilde{u}(x)$中 n 个待定常数 c_i 满足

的代数方程组：

$$\int_a^b N_i(x)R(x)\mathrm{d}x=0 \quad (i=1,2,\cdots,n) \tag{6-10}$$

显然，由式(6-10)可能解出待定常数 c_i，代入式(6-9)从而可以得出近似解 $\tilde{u}(x)$。这种以近似解的试函数作为权函数的方法，即为伽辽金法。

伽辽金法应用的领域非常广泛。以下通过梁单元弯曲的例子和一个算例，进一步了解伽辽金法。

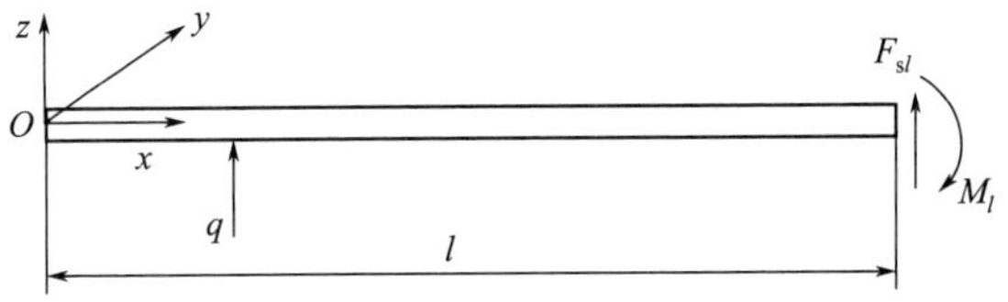

图 6-4　等截面梁

如图 6-4 所示，等截面梁在 xz 面内发生平面弯曲，抗弯刚度为 EI_y。$x=0$ 为固定端，在 $x=l$ 端受剪力 F_{sl} 和力偶 M_l 的作用，q 为分布载荷集度。

此问题按挠度求解的微分方程提法是

$$\begin{cases} EI_y\dfrac{\mathrm{d}^4w}{\mathrm{d}x^4}-q=0 \\ w(0)=0,\dfrac{\mathrm{d}w}{\mathrm{d}x}=0 \\ \left(-EI_y\dfrac{\mathrm{d}^3w}{\mathrm{d}x^3}\right)_l-F_{sl}=0,\left(-EI_y\dfrac{\mathrm{d}^2w}{\mathrm{d}x^2}\right)_l-M_l=0 \end{cases}$$

若

$$\tilde{w}(x)=w_0(x)+\sum_{i=1}^{n}c_iN_i(x)$$

在 $x=0$ 以及 $x=l$ 上满足全部边界条件，则典型的伽辽金方法是

$$\int_0^l N_i\left(EI_y\frac{\mathrm{d}^4\tilde{w}}{\mathrm{d}x^4}-q\right)\mathrm{d}x=0 \quad (i=1,2,\cdots,n)$$

经过积分可以得到关于 c_i 的代数方程组，解出 c_i 就得到近似解 $\tilde{w}(x)$。

【例 6-1】 用伽辽金法求解下二阶常微分方程。

$$\begin{cases} \dfrac{\mathrm{d}^2u}{\mathrm{d}x^2}+u+x=0,\ 0\leqslant x\leqslant 1 \\ u=0,\ x=0 \\ u=0,\ x=1 \end{cases}$$

解　设近似解 $\tilde{u}(x)$ 为

$$\tilde{u}(x)=c_1x(1-x)+c_2x^2(1-x)=c_1N_1(x)+c_2N_2(x)$$

其中有 2 个形函数，分别为 $N_1(x)=x(1-x)$、$N_2(x)=x^2(1-x)$。

常微分方程余量为

$$R(x)=\frac{\mathrm{d}^2\tilde{u}}{\mathrm{d}x^2}+\tilde{u}+x=x+c_1(-2+x-x^2)+c_2(2-6x+x^2-x^3)$$

采用伽辽金法，令 $w_i(x)=N_i(x)$ $(i=1,2)$，得关于 2 个待定常数 c_1 和 c_2 的方程组

$$\begin{cases} \displaystyle\int_a^b N_1R(x)\mathrm{d}x=\int_a^b x(1-x)[x+c_1(-2+x-x^2)+c_2(2-6x+x^2-x^3)]\mathrm{d}x=0 \\ \displaystyle\int_a^b N_2R(x)\mathrm{d}x=\int_a^b x^2(1-x)[x+c_1(-2+x-x^2)+c_2(2-6x+x^2-x^3)]\mathrm{d}x=0 \end{cases}$$

由上式解出 c_1 和 c_2 $\qquad c_1=0.1924,\ c_2=0.1707$

代入近似解 $\tilde{u}(x)$ 中 $\qquad \tilde{u}(x)=x(1-x)(0.1924+0.1707x)$

6.2 二维稳态热传导有限元一般格式

6.2.1 二维稳态热传导微分方程

在固体中热传导的规律服从传热学基本定律——傅里叶热传导定律。以 $\phi(x,y,z)$表示固体中任意一点的温度，各向同性热传导的热导率矢量（即单位时间通过单位正面面积的热量流）$\boldsymbol{q}$ 为

$$\boldsymbol{q}=-k\left(\frac{\partial\phi}{\partial x}\boldsymbol{i}+\frac{\partial\phi}{\partial y}\boldsymbol{j}+\frac{\partial\phi}{\partial z}\boldsymbol{k}\right) \tag{6-11}$$

式中，k 是热传导系数。

考虑能量守恒，在任意一小块体积 V 上传入微体的热量和微体内热源产生的热量应与微体升温所需的热量相平衡。有

$$\int_V \rho Q\,\mathrm{d}V=\int_V \rho C_\mathrm{p}\frac{\partial\phi}{\partial t}\mathrm{d}V+\int_S \boldsymbol{q}\boldsymbol{n}\,\mathrm{d}S \tag{6-12}$$

式中 $\boldsymbol{n}$ 表示边界外法线单位向量；ρ 为质量密度；Q 是单位质量热源物质在单位时间内的生热率；C_p 是比热容。式(6-12）等号左边是 V 中“生成”的热量（例如相变，化学反应等），而等号右边第一项是由物质温度升高而“积累”的热量，等号右边第二项是从 V 表面 S 流出的热量。

显然，由小块体积 V 的任意性，式(6-12）即为

$$k\frac{\partial}{\partial x}\left(\frac{\partial\phi}{\partial x}\right)+k\frac{\partial}{\partial y}\left(\frac{\partial\phi}{\partial y}\right)+k\frac{\partial}{\partial z}\left(\frac{\partial\phi}{\partial z}\right)+\rho Q=\rho C_\mathrm{p}\frac{\partial\phi}{\partial t} \tag{6-13}$$

如果是空间轴对称问题，则为

$$k\frac{\partial}{\partial r}\left(r\frac{\partial\phi}{\partial r}\right)+k\frac{\partial}{\partial z}\left(r\frac{\partial\phi}{\partial z}\right)+\rho rQ=\rho C_\mathrm{p}r\frac{\partial\phi}{\partial t} \tag{6-14}$$

仅考虑稳态传热时，$\frac{\partial\phi}{\partial t}=0$，则式(6-13）和式(6-14）的等号右端为零。直角坐标中的各向同性二维稳态热传导微分方程为

$$k\left(\frac{\partial^2\phi}{\partial x^2}+\frac{\partial^2\phi}{\partial y^2}\right)+\rho Q=0,\ \forall(x,y)\in\Omega \tag{6-15}$$

轴对称问题的各向同性二维稳态热传导微分方程为

$$k\frac{\partial}{\partial r}\left(r\frac{\partial\phi}{\partial r}\right)+k\frac{\partial}{\partial z}\left(r\frac{\partial\phi}{\partial z}\right)+\rho rQ=0 \tag{6-16}$$

要求出温度场 ϕ，需考虑三种边界条件。第一种为给定温度边界 Γ_1，有

$$\phi=\bar{\phi} \tag{6-17}$$

第二种为给定热流边界 Γ_2，有

$$-\left(k\frac{\partial\phi}{\partial x}n_x+k\frac{\partial\phi}{\partial y}n_y\right)=q \tag{6-18}$$

第三种为对流换热边界 Γ_3，有

$$-\left(k\frac{\partial\phi}{\partial x}n_x+k\frac{\partial\phi}{\partial y}n_y\right)=h(\phi-\phi_\alpha) \tag{6-19}$$

其中，h 为对流放热系数，ϕ_α 是对流时环境温度。设(n_x, n_y)是边界外法线单位向量 $\boldsymbol{n}$ 的方向余弦（或向量坐标），$\boldsymbol{n}=(n_x, n_y)^{\mathrm{T}}$，如图 6-5 所示。且

$$\begin{cases}\mathrm{d}x=-n_y\mathrm{d}s\\ \mathrm{d}y=n_x\mathrm{d}s\end{cases} \tag{6-20}$$

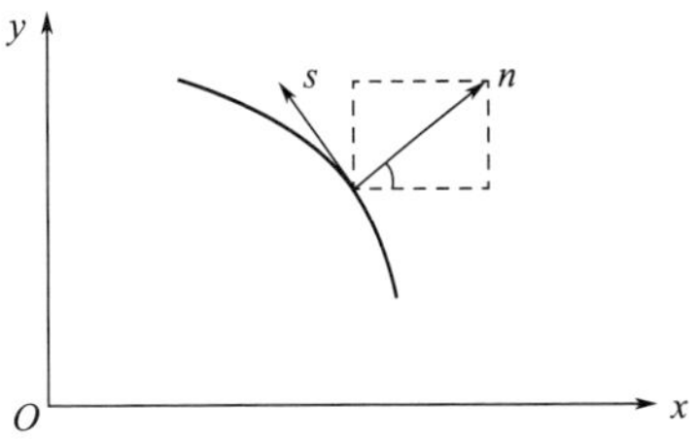

图 6-5　曲边界上的外法线单位向量的坐标

6.2.2　有限元法单元分析一般格式

将温度场求解域离散为有限个单元的思想与用伽辽金法导出近似解的做法结合起来，就可以推导出二维稳态热传导微分方程的有限元方程。

设一个单元 e 内有 n 个结点，单元温度场近似解假定为

$$\tilde{\phi}(x,y)=\sum_{i=1}^{n}N_i(x,y)\phi_i=\boldsymbol{N}^e\boldsymbol{\phi}^e \tag{6-21}$$

其中，$N_i(x,y)$是对应结点 i 的形函数；ϕ_i 是单元结点温度；$\boldsymbol{\phi}^e$ 为单元结点温度列阵，有

$$\boldsymbol{\phi}^e=(\phi_1,\cdots,\phi_n)^{\mathrm{T}} \tag{6-22}$$

单元的形函数矩阵 $\boldsymbol{N}^e$ 为

$$\boldsymbol{N}^e=(N_1,\cdots,N_n) \tag{6-23}$$

约定 $\tilde{\phi}(x,y)$满足第一类边界条件，即在温度边界 Γ_1，$\tilde{\phi}=\bar{\phi}$。对应于近似解 $\tilde{\phi}$ 的二维稳态热传导微分方程［式(6-15)、式(6-18)、式(6-19)］的余量为

$$R_\Omega=k\left(\frac{\partial^2\tilde{\phi}}{\partial x^2}+\frac{\partial^2\tilde{\phi}}{\partial y^2}\right)+\rho Q \tag{6-24}$$

$$R_{\Gamma_1}=0 \tag{6-25}$$

$$R_{\Gamma_2}=-\left[k\left(\frac{\partial\tilde{\phi}}{\partial x}n_x+\frac{\partial\tilde{\phi}}{\partial y}n_y\right)+q\right] \tag{6-26}$$

$$R_{\Gamma_3}=-\left[k\left(\frac{\partial\tilde{\phi}}{\partial x}n_x+\frac{\partial\tilde{\phi}}{\partial y}n_y\right)+h(\tilde{\phi}-\phi_\alpha)\right] \tag{6-27}$$

由伽辽金法，令 $w_i(x)=N_i(x)$，有

$$\int_{\Omega^e}N_iR_\Omega\mathrm{d}\Omega+\int_{\Gamma_2}N_iR_{\Gamma_2}\mathrm{d}s+\int_{\Gamma_3}N_iR_{\Gamma_3}\mathrm{d}s=0\quad(i=1,2,\cdots,n) \tag{6-28}$$

式(6-28) 左边第一项为

$$\begin{aligned}\int_{\Omega^e}N_iR_\Omega\mathrm{d}\Omega&=\int_{\Omega^e}N_i\left[k\left(\frac{\partial^2\tilde{\phi}}{\partial x^2}+\frac{\partial^2\tilde{\phi}}{\partial y^2}\right)+\rho Q\right]\mathrm{d}\Omega\\&=\int_{\Omega^e}\left[\frac{\partial}{\partial x}\left(N_ik\frac{\partial\tilde{\phi}}{\partial x}\right)+\frac{\partial}{\partial y}\left(N_ik\frac{\partial\tilde{\phi}}{\partial y}\right)\right]\mathrm{d}\Omega-\int_{\Omega^e}\left(k\frac{\partial N_i}{\partial x}\times\frac{\partial\tilde{\phi}}{\partial x}+k\frac{\partial N_i}{\partial y}\times\frac{\partial\tilde{\phi}}{\partial y}-N_i\rho Q\right)\mathrm{d}\Omega\end{aligned} \tag{6-29}$$

根据格林（Green）公式和式(6-20) 有

$$\int_{\Omega}\left(\frac{\partial B}{\partial x}-\frac{\partial P}{\partial y}\right)\mathrm{d}\Omega=\int_{\Gamma}P\mathrm{d}x+B\mathrm{d}y=\int_{\Gamma}(Bn_x-Pn_y)\mathrm{d}s \tag{6-30}$$

其中 $B=N_i k\dfrac{\partial\tilde{\phi}}{\partial x}$，$P=-N_i k\dfrac{\partial\tilde{\phi}}{\partial y}$。

根据边界条件，式(6-29) 可改写为

$$\begin{aligned}\int_{\Omega^e} N_i R_\Omega \mathrm{d}\Omega &= \int_{\Gamma}\left(N_i k\frac{\partial\tilde{\phi}}{\partial x}n_x + N_i k\frac{\partial\tilde{\phi}}{\partial y}n_y\right)\mathrm{d}s - \int_{\Omega^e}\left(k\frac{\partial N_i}{\partial x}\times\frac{\partial\tilde{\phi}}{\partial x} + k\frac{\partial N_i}{\partial y}\times\frac{\partial\tilde{\phi}}{\partial y} - N_i\rho Q\right)\mathrm{d}\Omega \\ &= \int_{\Gamma_2} N_i k\left(\frac{\partial\tilde{\phi}}{\partial x}n_x + \frac{\partial\tilde{\phi}}{\partial y}n_y\right)\mathrm{d}s + \int_{\Gamma_3} N_i k\left(\frac{\partial\tilde{\phi}}{\partial x}n_x + \frac{\partial\tilde{\phi}}{\partial y}n_y\right)\mathrm{d}s \\ &\quad - \int_{\Omega^e}\left(k\frac{\partial N_i}{\partial x}\times\frac{\partial\tilde{\phi}}{\partial x} + k\frac{\partial N_i}{\partial y}\times\frac{\partial\tilde{\phi}}{\partial y} - N_i\rho Q\right)\mathrm{d}\Omega\end{aligned}$$

$$\Gamma=\Gamma_1+\Gamma_2+\Gamma_3 \tag{6-31}$$

将式(6-26)、式(6-27)、式(6-31) 代入式(6-28) 整理得

$$\int_{\Omega^e}\left(k\frac{\partial N_i}{\partial x}\times\frac{\partial\tilde{\phi}}{\partial x} + k\frac{\partial N_i}{\partial y}\times\frac{\partial\tilde{\phi}}{\partial y} - N_i\rho Q\right)\mathrm{d}\Omega + \int_{\Gamma_2} N_i q\,\mathrm{d}s + \int_{\Gamma_3} N_i h(\tilde{\phi}-\phi_\alpha)\mathrm{d}s = 0 \quad (i=1,2,\cdots,n) \tag{6-32}$$

上述 n 个方程写成矩阵形式为

$$\int_{\Omega^e}\left[k\left(\frac{\partial \boldsymbol{N}^{e\mathrm{T}}}{\partial x}\times\frac{\partial \boldsymbol{N}^e}{\partial x} + \frac{\partial \boldsymbol{N}^{e\mathrm{T}}}{\partial y}\times\frac{\partial \boldsymbol{N}^e}{\partial y}\right)\mathrm{d}\Omega + \int_{\Gamma_3} h\boldsymbol{N}^{e\mathrm{T}}\boldsymbol{N}^e\,\mathrm{d}s\right]\boldsymbol{\phi}^e = \int_{\Omega^e}\boldsymbol{N}^{e\mathrm{T}}\rho Q\,\mathrm{d}\Omega - \int_{\Gamma_2}\boldsymbol{N}^{e\mathrm{T}}q\,\mathrm{d}s + \int_{\Gamma_3}\boldsymbol{N}^{\mathrm{T}}h\phi_\alpha\,\mathrm{d}s \tag{6-33}$$

令

$$\boldsymbol{k}^e = \int_{\Omega^e} k\left(\frac{\partial \boldsymbol{N}^{e\mathrm{T}}}{\partial x}\times\frac{\partial \boldsymbol{N}^e}{\partial x} + \frac{\partial \boldsymbol{N}^{e\mathrm{T}}}{\partial y}\times\frac{\partial \boldsymbol{N}^e}{\partial y}\right)\mathrm{d}\Omega + \int_{\Gamma_3} h\boldsymbol{N}^{e\mathrm{T}}\boldsymbol{N}^e\,\mathrm{d}s \tag{6-34}$$

$$\boldsymbol{F}^e = \int_{\Omega^e}\boldsymbol{N}^{e\mathrm{T}}\rho Q\,\mathrm{d}\Omega - \int_{\Gamma_2}\boldsymbol{N}^{e\mathrm{T}}q\,\mathrm{d}s + \int_{\Gamma_3}\boldsymbol{N}^{\mathrm{T}}h\phi_\alpha\,\mathrm{d}s \tag{6-35}$$

则式(6-33) 简化为

$$\boldsymbol{k}^e\boldsymbol{\phi}^e = \boldsymbol{F}^e \tag{6-36}$$

式(6-34)～式(6-36) 就是二维稳态热传导的有限元法一般格式。对照弹性力学有限元分析，将系数矩阵 $\boldsymbol{k}^e$ 命名为单元热传导刚度矩阵，列向量 $\boldsymbol{F}^e$ 称为单元温度载荷列阵。

由于每个结点的变量只有一个温度值，即一个结点只有一个自由度，每个单元自由度数等于结点数 n，$\boldsymbol{k}^e$ 为 $n\times n$ 的方阵。

令

$$\begin{cases}\boldsymbol{K}_\Omega^e = \displaystyle\int_{\Omega^e} k\left(\frac{\partial \boldsymbol{N}^{e\mathrm{T}}}{\partial x}\times\frac{\partial \boldsymbol{N}^e}{\partial x} + \frac{\partial \boldsymbol{N}^{e\mathrm{T}}}{\partial y}\times\frac{\partial \boldsymbol{N}^e}{\partial y}\right)\mathrm{d}\Omega \\ \boldsymbol{H}^e = \displaystyle\int_{\Gamma_3} h\boldsymbol{N}^{e\mathrm{T}}\boldsymbol{N}^e\,\mathrm{d}s\end{cases} \tag{6-37}$$

其元素为

$$\begin{cases}k_{rs}^\Omega = \displaystyle\int_{\Omega^e}\left(k\frac{\partial N_r}{\partial x}\times\frac{\partial N_s}{\partial x} + k\frac{\partial N_r}{\partial y}\times\frac{\partial N_s}{\partial y}\right)\mathrm{d}\Omega \\ H_{rs}^\Gamma = \displaystyle\int_{\Gamma_3} hN_rN_s\,\mathrm{d}s\end{cases} \quad (r,s=1,2,\cdots,n) \tag{6-38}$$

单元热传导刚度矩阵 $\boldsymbol{k}^e$ 可改写为两部分刚度矩阵之和：

$$\boldsymbol{k}^e=\boldsymbol{K}_{\Omega}^e+\boldsymbol{H}^e \tag{6-39}$$

单元温度载荷列向量 $\boldsymbol{F}^e$ 的元素为

$$F_r=\int_{\Omega^e} N_r Q\rho \mathrm{d}\Omega-\int_{\Gamma_2} qN_r \mathrm{d}s+\int_{\Gamma_3} N_r h\phi_\alpha \mathrm{d}s \quad (r=1,2,\cdots,n) \tag{6-40}$$

6.2.3　三结点三角形单元和四结点等参元

(1) 三结点三角形单元

上一节中给出了单元结点数为 n 的二维稳态热传导问题有限元法分析中的单元分析一般格式。如同前面讨论的弹性静力学问题，在二维稳态热传导问题有限元分析中，单元类型也有多种，作为例子，考虑三结点三角形单元与四结点等参元的情况。

如图 6-6 所示，直角坐标系下，三结点三角形单元的三个结点坐标分别为 $i(x_i,y_i)$、$j(x_j,y_j)$、$m(x_m,y_m)$。单元结点温度列阵记为

$$\boldsymbol{\phi}^e=(\phi_1,\phi_2,\phi_3)^{\mathrm{T}} \tag{6-41}$$

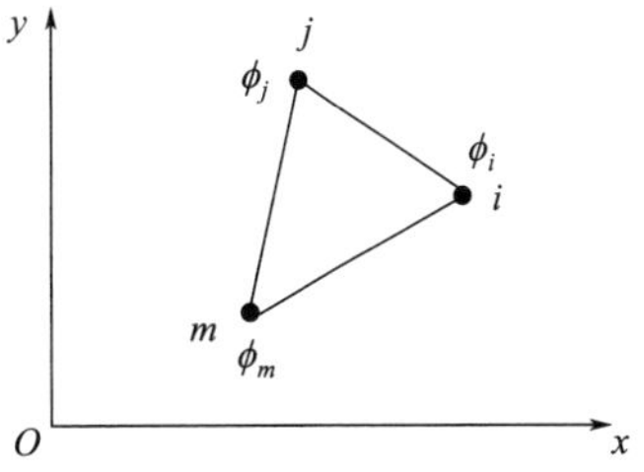

图 6-6　三结点三角形单元

单元温度场函数 $\phi(x,y)$ 设为

$$\phi(x,y)=N_i(x,y)\phi_i+N_j(x,y)\phi_j+N_m(x,y)\phi_m \tag{6-42}$$

其中形函数 $N_i(x,y)(i,j,m)$ 与弹性力学平面问题中三结点三角形单元相同：

$$N_i(x,y)=\frac{a_i+b_ix+c_iy}{2A^e},N_j(x,y)=\frac{a_j+b_jx+c_jy}{2A^e},N_m(x,y)=\frac{a_m+b_mx+c_my}{2A^e} \tag{6-43}$$

其中 a_i、b_i、c_i 参见第 3 章式(3-22)，A^e 是三角形单元 ijm 的面积。

热传导三结点三角形单元的形函数矩阵 $\mathbf{N}^e$ 为

$$\mathbf{N}^e=(N_i,N_j,N_m) \tag{6-44}$$

单元内的温度分布用结点上的温度值表示为

$$\phi=\begin{bmatrix}N_i & N_j & N_m\end{bmatrix}\begin{bmatrix}\phi_i\\ \phi_j\\ \phi_m\end{bmatrix}=\mathbf{N}^e\boldsymbol{\phi}^e \tag{6-45}$$

形函数 $N_r(x,y)$ 对坐标求偏导有

$$\frac{\partial N_r(x,y)}{\partial x}=\frac{b_r}{2A^e},\ \frac{\partial N_r(x,y)}{\partial y}=\frac{c_r}{2A^e} \quad (r=i,j,m) \tag{6-46}$$

由式(6-37) 和式(6-38) 中的第一式可得

$$\boldsymbol{K}_{\Omega}^e=\frac{k}{4A^e}\begin{bmatrix}b_i^2 & b_ib_j & b_ib_m\\ b_jb_i & b_j^2 & b_jb_m\\ b_mb_i & b_mb_j & b_m^2\end{bmatrix}+\frac{k}{4A^e}\begin{bmatrix}c_i^2 & c_ic_j & c_ic_m\\ c_jc_i & c_j^2 & c_jc_m\\ c_mc_i & c_mc_j & c_m^2\end{bmatrix} \tag{6-47}$$

设对流传热系数 h 是常数，若 Γ_3 是 ij 边，由式(6-37) 和式(6-38) 中的第二式得

$$\boldsymbol{H}^e=\frac{hl_{ij}}{6}\begin{bmatrix}2 & 1 & 0\\1 & 2 & 0\\0 & 0 & 0\end{bmatrix} \tag{6-48}$$

得热传导三结点三角形单元的单元热传导刚度矩阵 $\boldsymbol{k}^e$ 为

$$\boldsymbol{k}^e=\frac{k}{4A^e}\begin{bmatrix}b_i^2 & b_ib_j & b_ib_m\\b_jb_i & b_j^2 & b_jb_m\\b_mb_i & b_mb_j & b_m^2\end{bmatrix}+\frac{k}{4A^e}\begin{bmatrix}c_i^2 & c_ic_j & c_ic_m\\c_jc_i & c_j^2 & c_jc_m\\c_mc_i & c_mc_j & c_m^2\end{bmatrix}+\frac{hl_{ij}}{6}\begin{bmatrix}2 & 1 & 0\\1 & 2 & 0\\0 & 0 & 0\end{bmatrix} \tag{6-49}$$

显然，单元的热传导刚度矩阵是对称的。

下面讨论单元温度载荷列阵 $\boldsymbol{F}^e$。如果单元的热源密度 ρ 为常数，由内部热源产生的温度载荷列阵为

$$\boldsymbol{F}_Q^e=\int_{\Omega^e}\boldsymbol{N}^{e\mathrm{T}}Q\rho\,\mathrm{d}\Omega=Q\rho\int_{\Omega^e}\begin{bmatrix}N_i\\N_j\\N_m\end{bmatrix}\mathrm{d}\Omega=\frac{Q\rho A^e}{3}\begin{bmatrix}1\\1\\1\end{bmatrix} \tag{6-50}$$

设 h，q，ϕ_α 都是常数，如 Γ_2 为 jm 边，Γ_3 为 ij 边，根据式(6-40) 可得

$$\boldsymbol{F}_h^e=-\int_{\Gamma_2}\boldsymbol{N}^{e\mathrm{T}}q\,\mathrm{d}s=\int_{l_{jm}}\begin{bmatrix}N_i\\N_j\\N_m\end{bmatrix}q\,\mathrm{d}s=-\frac{ql_{jm}}{2}\begin{bmatrix}0\\1\\1\end{bmatrix} \tag{6-51}$$

$$\boldsymbol{F}_{\phi_\alpha}^e=\int_{\Gamma_3}\boldsymbol{N}^{e\mathrm{T}}h\phi_\alpha\,\mathrm{d}s=\int_{l_{ij}}\begin{bmatrix}N_i\\N_j\\N_m\end{bmatrix}h\phi_\alpha\,\mathrm{d}s=\frac{h\phi_\alpha l_{ij}}{2}\begin{bmatrix}1\\1\\0\end{bmatrix} \tag{6-52}$$

(2) 四结点等参元

设四结点等参元四个结点在整体坐标系 xy 中的坐标为$(x_i, y_i)(i=1,2,3,4)$。自然坐标系下的形函数 $N_r(\xi,\eta)(r=1,2,3,4)$为

$$\begin{cases}N_1=\dfrac{1}{4}(1+\xi)(1+\eta)\\N_2=\dfrac{1}{4}(1-\xi)(1+\eta)\\N_3=\dfrac{1}{4}(1-\xi)(1-\eta)\\N_4=\dfrac{1}{4}(1+\xi)(1-\eta)\end{cases}\quad(-1\leqslant\xi\leqslant1,-1\leqslant\eta\leqslant1) \tag{6-53}$$

参照第 5 章六面体等参元分析可知，在两种坐标系下的导数变换为

$$\begin{bmatrix}\dfrac{\partial N_r}{\partial x}\\\dfrac{\partial N_r}{\partial y}\end{bmatrix}=\boldsymbol{J}^{-1}\begin{bmatrix}\dfrac{\partial N_r}{\partial \xi}\\\dfrac{\partial N_r}{\partial \eta}\end{bmatrix}\quad(r=1,2,3,4) \tag{6-54}$$

雅可比矩阵 $\boldsymbol{J}$ 为

$$
\boldsymbol{J}=\begin{bmatrix}\dfrac{\partial x}{\partial \xi} & \dfrac{\partial y}{\partial \xi}\\ \dfrac{\partial x}{\partial \eta} & \dfrac{\partial y}{\partial \eta}\end{bmatrix}=\begin{bmatrix}\dfrac{\partial N_1}{\partial \xi} & \dfrac{\partial N_2}{\partial \xi} & \dfrac{\partial N_3}{\partial \xi} & \dfrac{\partial N_4}{\partial \xi}\\ \dfrac{\partial N_1}{\partial \eta} & \dfrac{\partial N_2}{\partial \eta} & \dfrac{\partial N_3}{\partial \eta} & \dfrac{\partial N_4}{\partial \eta}\end{bmatrix}\begin{bmatrix}x_1 & y_1\\ x_2 & y_2\\ x_3 & y_3\\ x_4 & y_4\end{bmatrix} \tag{6-55}
$$

单元热传导矩阵元素的积分（暂时不计 Γ_3）则改写为

$$
\int_{\Omega^e} k\left(\frac{\partial N_r}{\partial x}\times\frac{\partial N_s}{\partial x}+\frac{\partial N_r}{\partial y}\times\frac{\partial N_s}{\partial y}\right)\mathrm{d}\Omega=\int_{\Omega^e} k\begin{bmatrix}\dfrac{\partial N_r}{\partial x} & \dfrac{\partial N_r}{\partial y}\end{bmatrix}\begin{bmatrix}\dfrac{\partial N_s}{\partial x}\\ \dfrac{\partial N_s}{\partial y}\end{bmatrix}\mathrm{d}\Omega
$$

$$
=\int_{-1}^{+1}\int_{-1}^{+1} k\begin{bmatrix}\dfrac{\partial N_r}{\partial \xi} & \dfrac{\partial N_r}{\partial \eta}\end{bmatrix}\boldsymbol{J}^{-1\mathrm{T}}\boldsymbol{J}^{-1}\begin{bmatrix}\dfrac{\partial N_s}{\partial \xi}\\ \dfrac{\partial N_s}{\partial \eta}\end{bmatrix}|\boldsymbol{J}|\,\mathrm{d}\xi\mathrm{d}\eta \quad (r,s=1,2,3,4) \tag{6-56}
$$

上式需采用数值积分计算。H_{rs}^{Γ} 与 F_r 也可以通过自然坐标表示的数值积分来计算。

在稳态热传导问题中，第一类边界 Γ_1 是必须有的，即至少要知道一个点的温度方程才有唯一解。

因为求结点温度与求应变与应力不同，无须再做数值微分，所以三角形单元和四结点等参元求得的结点温度、温度场分布都有较好的精度。

6.3 案例分析：IGBT 芯片热疲劳问题

绝缘栅双极晶体管（insulated gate bipolar transistor，IGBT）是一种新型电力电子器件，是工业控制与自动化领域的核心元件，它可以根据工业设备的信号指示来快速精确地调整电路中的电压、电流、频率、相位等。自从 1985 年问世以来，IGBT 已成为半导体变流装置的主流开关器件。它具有驱动功耗小而饱和压降低、开关频率及关断电压高、导通电流大的特点，近似于理想开关器件，并且符合节能环保理念，这使其在轨道交通牵引应用中愈加广泛。随着 IGBT 向更大功率方向发展，需要不断改进 IGBT 的设计和工艺水平来满足综合性能的要求。国内外 IGBT 的市场规模近年持续强劲增长，而国内相关设计、开发、试验等基础研究相对薄弱，且在生产制造方面相对全球市场占有率低；国内市场的产品供应状态不稳定，供需矛盾日益突出。在已有工艺的基础上，对 IGBT 性能退化及寿命评估方法研究，对提高 IGBT 可靠性具有重要意义。

本案例研究工况范围为高速动车组列车运行环境。机车牵引变流器功率组件包括整流器和逆变器两部分，其中 IGBT 是牵引变流器的核心半导体器件，它在其中维护着牵引变流器系统特殊复杂的工作状态稳定。与其他工业用 IGBT 器件相比，轨道交通用 IGBT 器件主要为 3300V、4500V 和 6500V 的高压大功率等级的器件。由于轨道机车处于外界温度变化大、持续受到轨道传递的振动载荷等复杂的运行环境，其中的设备部件具有比较特殊的负载特性，不仅要经受长时间的高压、大功率电流的冲击，以及由脉冲电流和循环功率带来的电应力、机械应力，还要承受极端的环境温度变化产生的热应力。

为此，要研究其循环载荷下的热疲劳寿命以及机械载荷作用下的疲劳寿命。详细案例可扫码查看。

习 题

6-1 如下常微分方程，设满足边界条件的试函数为 $u(x)=1+cx$，试用伽辽金法确定 c 值。

$$\begin{cases}\dfrac{du}{dx}+u=0, & 0\leqslant x\leqslant 1,\\ u=0, & x=0\end{cases}$$

6-2 用伽辽金法导出以下微分方程的一维二结点单元有限元方程。

$$a\frac{d^2u}{dx^2}+b\frac{du}{dx}=f(x),\quad 0\leqslant x\leqslant l$$

$$u(0)=0,\quad u(l)=0$$

6-3 考虑一个平面墙内热传导问题，其中具有均布热源。设 A 为面积，它的法线为热流方向，而 Q（W/m^2）为每单位体积产生的内热。其控制方程和边界条件如下

$$\frac{d}{dx}\left(k\frac{dT}{dx}\right)+Q=0$$

$$T_{x=0}=T_0,\quad q\big|_{x=L}=h(T_L-T_\infty)$$

请推导其有限元方程。

6-4 考虑一个 1.5m×1.5m 的方形板（图 6-7），其顶部表面在高温下，$T_H=600$℃。左侧、右侧和底部表面受到 $h_c=30W/(m^2\cdot℃)$ 和对流条件 $T_\infty=25$℃。材料导热系数 $k=30W/(m\cdot℃)$。根据图 6-7 中所示的网格分布，采用有限元法计算板坯中的二维温度分布。控制方程和边界条件如下：

$$\frac{\partial^2T}{\partial x^2}+\frac{\partial^2T}{\partial y^2}=0$$

$$x=0, k\frac{\partial T}{\partial x}\bigg|_{x=0}=h_c(T|_{x=0}-T_\infty);\quad x=L, -k\frac{\partial T}{\partial x}\bigg|_{x=L}=h_c(T|_{x=L}-T_\infty)$$

$$y=0, k\frac{\partial T}{\partial y}\bigg|_{y=0}=h(T|_{y=0}-T_\infty);\quad y=H, T(x,H)=T_H$$

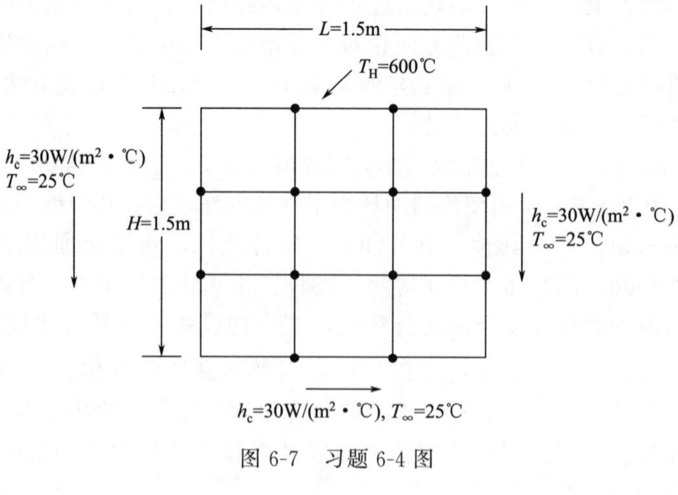

图 6-7 习题 6-4 图

第7章　动力学问题有限元分析

【工程问题分析】

发展航天事业，建设航天强国，是我们不懈追求的航天梦。而航天强国的基础是有大推力的火箭发动机，这也是航天强国的标志。自美国开发航天飞机发动机（如图7-1）开始，液体火箭发动机（液氧甲烷发动机、液氧液氢发动机）转子的开发的核心难点就是振动问题（如图7-2），失稳振动是这一类发动机的顽疾。美国国家航空航天局（NASA）于1980年发起了“Rotordynamic Instability Problems in High-Performance Turbomachinery”会议，专门研究高性能透平机械的稳定性，取得了一系列成果，也为现代的民用领域的高性能透平机械的研发，奠定了很好的基础。中国工程院院士、北京化工大学高金吉教授，紧密结合工程实践，于1985年在NASA组织的会议上，发表了离心压缩机内的转静碰摩振动相关研究成果，并首次提出了临界负荷的概念。

图7-1　“发现”号航天飞机

法国SOFRAIR公司设计制造的某公司环氧乙烷装置离心式空气压缩机由高低压两缸组成，低压缸为H型三轴式压缩机，其高速轴末端又驱动一高压缸。其结构如图7-3所示。这台压缩机于1980年2月1日初次试车时，曾发生高压缸转子强烈振动损坏事故。法国制造厂派专家专程赴现场处理，再次试运又多次发生低压缸一、三段（LP1、LP3）转子强烈振动故障。经过改造设计，更换了高压缸转子，并将低压缸全部轴承由四油叶轴瓦改为圆形错口瓦，基本上消除了振动。1980 年 9 月该压缩机开始投入生产运行。

图 7-2　火箭发动机涡轮泵

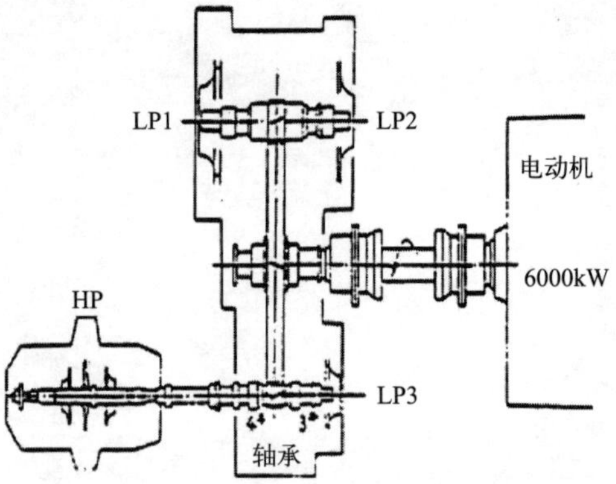

图 7-3　齿轮驱动 H 型离心压缩机结构图

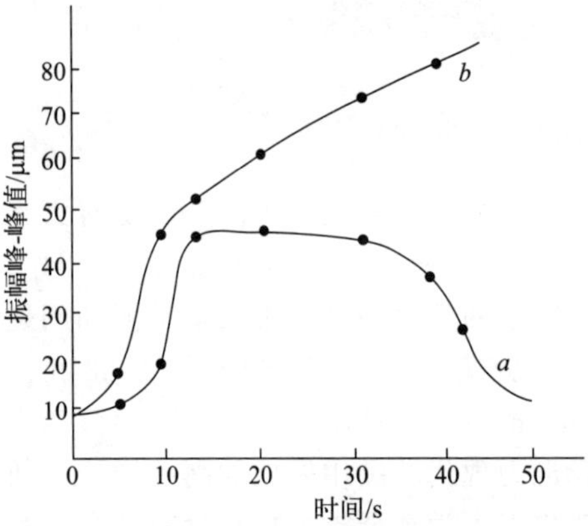

图 7-4　压缩机组启动振动曲线

a—正常时；*b*—故障时

1981 年 10 月 28 日检修后再次启动机组时，随着导叶开大，振动达 325μm 以上居高不下，无法投入运行。1982 年 8 月和 1984 年 8 月再次出现开大导叶时振动剧烈的情况。特别是 1984 年大检修时，曾拆机检查十几次，启动三十几次，振动最高达 200μm，机器基础都发生强烈振动，十几天机器无法启动，产生巨大影响，几乎使全公司生产中断。压缩机正常启动振动曲线如图 7-4 的 *a* 线所示，启动故障时振动曲线如图 7-4 的 *b* 线所示。

（1）启动时振动特征

为了查清启动机组时随导叶开大振幅变大，而到某一开度时振动锐减的原因，研究人员曾测试了机器启动到额定转速时三维谱图和振幅随导叶开度变化图（见图 7-5 和图 7-6）。从图 7-5 中不难看出转速从 0 到正常转速 13987r/min 时没有通过临界转速的峰值，由三维谱图可看出振动为同频振动，但从图 7-6 中清楚可见振动随导叶开度变化有

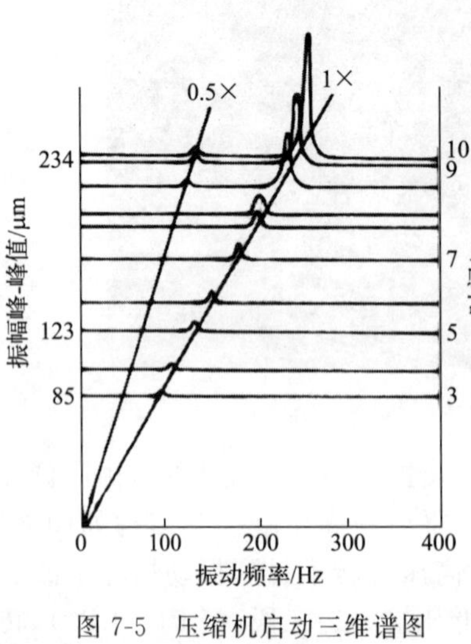

图 7-5　压缩机启动三维谱图

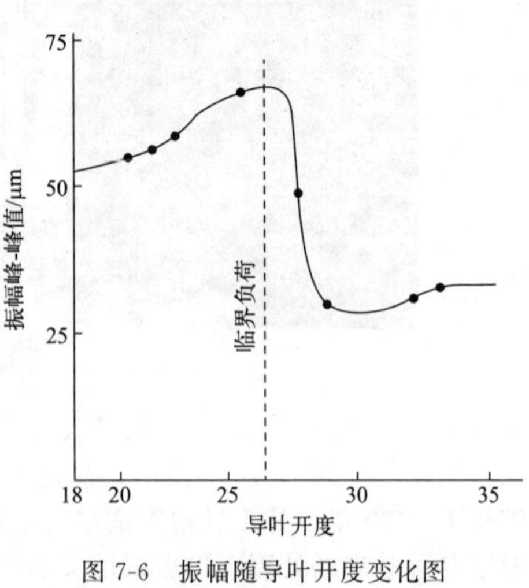

图 7-6　振幅随导叶开度变化图

明显峰值。鉴于此机结构不同于单轴式离心压缩机，有必要对其进行结构动力分析。

（2）LP3 轴承动负荷分析

一般离心压缩机转子是由联轴器驱动，仅承受扭矩，因此支承轴承的径向负荷主要是由转子本身重量引起的，基本上是恒定的。而 H 型压缩机转子是由大齿轮驱动，转轴还要受到大齿轮的啮合力，其支承轴承上的径向负荷随转子上齿轮传递的功率变化。作用于轴承上的负荷，转子重量是一定的，齿轮传递扭矩产生的动负荷随传递的功率变化。轴承上由转子重量引起的静负荷和齿轮传递扭矩产生的动负荷可大致计算：LP3 两轴承静负荷为 1013N，而最大动负荷近 20000N，比静负荷大近 19 倍。由于力和油膜及支承系统产生变形的非线性关系，必然引起支承刚度的很大变化。高速轴动负荷 R 及方向角 θ 随功率变化曲线见图 7-7。

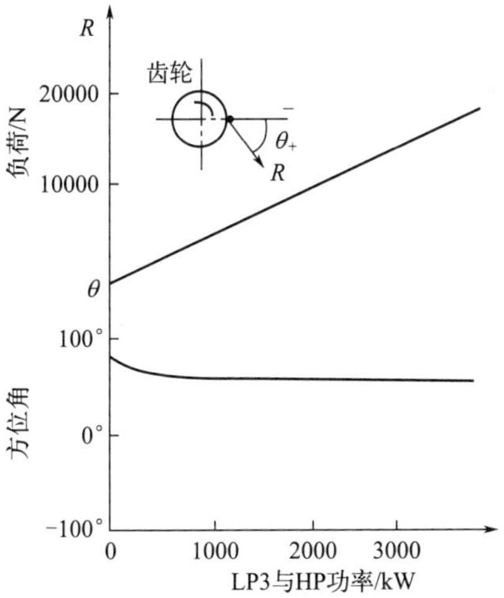

图 7-7　高速轴 R、θ 随功率变化曲线图

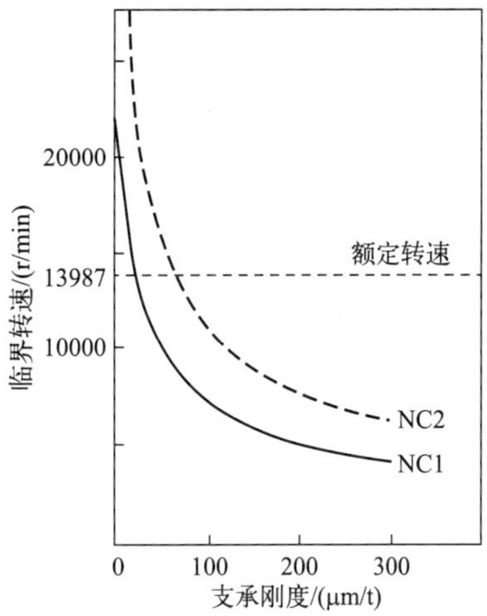

图 7-8　转子临界转速随支承刚度变化图

（3）支承刚度对临界转速的影响

由上述分析可知，由于轴承负荷随功率变化，高速转子是支承在一个刚度随功率变化的支承上，因此其临界转速要随之变化，转子临界转速随支承刚度的变化见图 7-8。

在轴承弹性系数变为 25μm/t 左右时工作转速与第一临界转速 NC1 重合，振幅出现峰值，这显然是由支承系统刚度变化引起的。而支承刚度的变化是由于气动负荷的变化造成的，当时把临界转速时支承刚度对应的负荷称为“临界负荷”。当负荷超过这一临界负荷时，由于刚度继续变大，NC1 增大，反而远离了恒定的工作转速，避开了共振，振幅又会突然变小。

这就很容易地解释了启动时振幅出现峰值的原因，即通过临界负荷时，使转子-支承系统刚度变化，NC1 与工作转速重合，振动出现峰值，超过临界负荷，振动必然锐减。此时通过临界转速时的高振动理应为同频振动。

（4）消振措施及效果

由于生产需要不可能有足够的时间对机组做较大修改和调整。当时采取了如下两个应急措施消除振动：

① 将 LP3、LP4 轴承顶隙从 0.48mm 减小到 0.31mm（1984 年 11 月 2 日）；

② 增加润滑油黏度，用 PRESLIA 30 油代替原用的 PRESLIA 20 油，在试运行时振动出现了大幅度波动，油温从 42℃降到 28～30℃（1984 年 11 月 3 日）。

轴承间隙减小后取得了明显效果，机组启动后在通过临界负荷时振动很小。转子轨迹是一个很小的圆。但运行一段时间后振动出现大的波动，8 字形轨迹时有时无，凡出现 8 字形轨迹时振动变大，采取了降油温措施后，即增加了轴承阻尼，运行一直平稳。LP3 处转子振动在 20μm 之下，启动振动故障彻底消除。

通过以上案例可知，动力学分析在工程中是解决很多问题的“利器”。

【学习目标】

① 了解工程中的动力学现象和动力学问题；

② 掌握动力学问题的基本公式；

③ 了解不同种类单元的质量矩阵的导出方法；

④ 掌握通过求特征值和特征向量来获得模态特性的方法。

之前讨论了有限元分析中的结构静力学。静力学是指载荷缓慢加载到物体上的情况，当载荷突然变化或按照给定规律变化时，需要考虑由此引起的质量和加速度效应。对于固体而言，例如某结构受到外载荷作用后发生弹性变形并突然释放外载荷，该结构会在平衡位置附近振动。这种由结构存储的应变能引起的周期性运动称为自由振动，每单位时间内的循环次数称为频率，离开平衡位置的最大位移称为振幅。在实际结构中，由于各种耗散阻尼的存在，振动往往会随时间衰减，通常在简化模型中会忽略阻尼，这种简化后的振动模型为研究结构的动力学特性提供了重要信息。

7.1 动力学基本公式

7.1.1 双自由度系统

为了保持方程的代表性，考虑如图 7-9 所示的双自由度弹簧-质量系统，其动能和势能分别用以下形式表示：

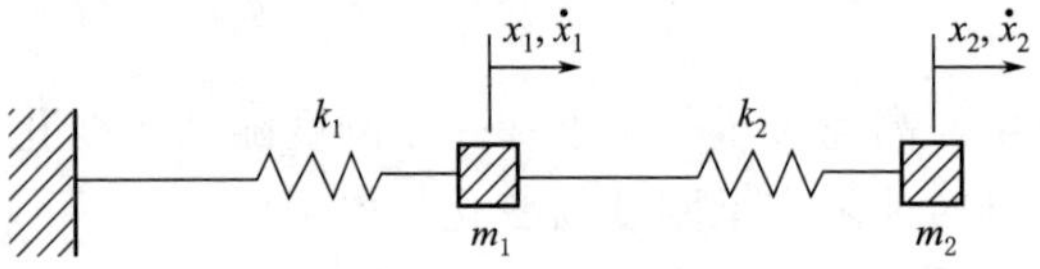

图 7-9 弹簧-质量系统

$$T=\frac{1}{2}m_1\dot{x}_1^2+\frac{1}{2}m_2\dot{x}_2^2 \tag{7-1}$$

$$V=\frac{1}{2}k_1x_1^2+\frac{1}{2}k_2(x_2-x_1)^2 \tag{7-2}$$

令

$$L=T-V \tag{7-3}$$

根据哈密顿原理，对于任意时间间隔 t_1 到 t_2，结构的运动状态将使得以下泛函取极值

$$I=\int_{t_1}^{t_2}L\,\mathrm{d}t \tag{7-4}$$

如果 L 可以表述为下述一般变量的函数($q_1,q_2,\cdots,q_n,\dot{q}_1,\dot{q}_2,\cdots,\dot{q}_n$)，其中，$\dot{q}_i=\mathrm{d}q_i/\mathrm{d}t$，则拉格朗日方程可以用下式表述

$$\frac{\mathrm{d}}{\mathrm{d}t}\left(\frac{\partial L}{\partial\dot{q}_i}\right)-\frac{\partial L}{\partial q_i}=0\quad(i=1,2,\cdots,n) \tag{7-5}$$

因此将式(7-1) 和式(7-2) 代入式(7-5) 可以得到拉格朗日方程

$$\begin{cases}\dfrac{\mathrm{d}}{\mathrm{d}t}\left(\dfrac{\partial L}{\partial\dot{x}_1}\right)-\dfrac{\partial L}{\partial x_1}=m_1\ddot{x}_1+k_1x_1-k_2(x_2-x_1)=0\\[2ex]\dfrac{\mathrm{d}}{\mathrm{d}t}\left(\dfrac{\partial L}{\partial\dot{x}_2}\right)-\dfrac{\partial L}{\partial x_2}=m_2\ddot{x}_2+k_2(x_2-x_1)=0\end{cases} \tag{7-6}$$

改写成矩阵形式为

$$\begin{bmatrix} m_1 & 0 \\ 0 & m_2 \end{bmatrix}\begin{bmatrix} \ddot{x}_1 \\ \ddot{x}_2 \end{bmatrix}+\begin{bmatrix} k_1+k_2 & -k_2 \\ -k_2 & k_2 \end{bmatrix}\begin{bmatrix} x_1 \\ x_2 \end{bmatrix}=\begin{bmatrix} 0 \\ 0 \end{bmatrix} \tag{7-7}$$

即

$$\boldsymbol{M}\ddot{\boldsymbol{x}}+\boldsymbol{K}\boldsymbol{x}=\boldsymbol{0} \tag{7-8}$$

式中，$\boldsymbol{M}$ 是质量分布矩阵；$\boldsymbol{K}$ 是刚度矩阵；$\ddot{\boldsymbol{x}}$ 和 $\boldsymbol{x}$ 分别表示加速度和位移向量。

7.1.2　具有分布质量的连续体系统

现在考虑一个具有分布质量的连续体系统，如图 7-10 所示。其动能则由以下式子给出

$$T=\frac{1}{2}\int_V \dot{\boldsymbol{u}}^{\mathrm{T}}\dot{\boldsymbol{u}}\rho\,\mathrm{d}V \tag{7-9}$$

其中，ρ 是材料的密度（单位体积的质量），而

$$\dot{\boldsymbol{u}}=(\dot{u},\dot{v},\dot{w})^{\mathrm{T}} \tag{7-10}$$

是位于点(x,y,z)的速度向量，其分量为 $\dot{u}$、$\dot{v}$ 和 $\dot{w}$。在有限元分析中，连续体被分割成离散的单元，在每个单元中，通过形状函数矩阵 $\boldsymbol{N}$，用单元结点位移列向量 $\boldsymbol{q}$ 来表示位移场 $\boldsymbol{u}$ 有

$$\boldsymbol{u}=\boldsymbol{N}\boldsymbol{q} \tag{7-11}$$

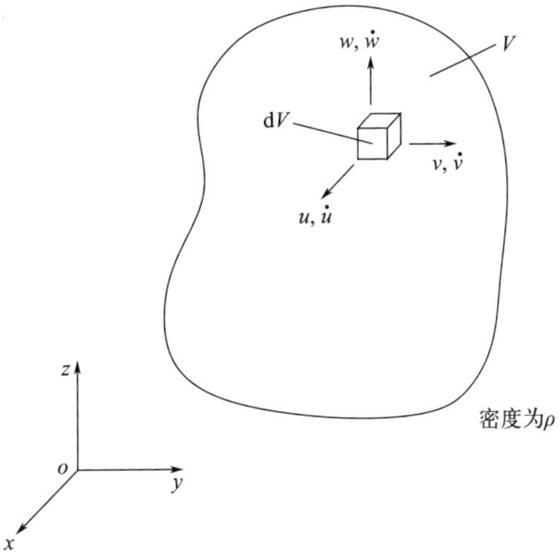

图 7-10　具有分布质量的连续体系统

在动力学分析中，单元结点位移列向量 $\boldsymbol{q}$ 随时间变化，而矩阵 $\boldsymbol{N}$ 是定义在基准单元上的形状函数矩阵（仅与空间形状有关），因此，速度向量可以由以下公式给出：

$$\dot{\boldsymbol{u}}=\boldsymbol{N}\dot{\boldsymbol{q}} \tag{7-12}$$

将式(7-12) 代入式(7-9)，单元动能 $\boldsymbol{T}^e$ 为

$$\boldsymbol{T}^e=\frac{1}{2}\dot{\boldsymbol{q}}^{\mathrm{T}}\left(\int_e \rho\boldsymbol{N}^{\mathrm{T}}\boldsymbol{N}\,\mathrm{d}V\right)\dot{\boldsymbol{q}} \tag{7-13}$$

括号内的表达式是单元的质量矩阵，即

$$\boldsymbol{m}^e=\int_e \rho\boldsymbol{N}^{\mathrm{T}}\boldsymbol{N}\,\mathrm{d}V \tag{7-14}$$

使用相同的形状函数矩阵构建质量矩阵，因此被称为一致质量矩阵。对所有单元进行求和，即可得到整个连续系统的动能：

$$\boldsymbol{T}=\sum_e \boldsymbol{T}^e=\sum_e \frac{1}{2}\dot{\boldsymbol{q}}^{\mathrm{T}}\boldsymbol{m}^e\dot{\boldsymbol{q}}=\frac{1}{2}\dot{\boldsymbol{Q}}^{\mathrm{T}}\boldsymbol{M}\dot{\boldsymbol{Q}} \tag{7-15}$$

而势能由下式给出

$$\boldsymbol{V}=\frac{1}{2}\boldsymbol{Q}^{\mathrm{T}}\boldsymbol{K}\boldsymbol{Q}-\boldsymbol{Q}^{\mathrm{T}}\boldsymbol{F} \tag{7-16}$$

应用拉格朗日算符 $L=T-V$，可得整个系统的运动方程为

$$\boldsymbol{M}\ddot{\boldsymbol{Q}}+\boldsymbol{K}\boldsymbol{Q}=\boldsymbol{F} \tag{7-17}$$

对于自由振动，则载荷向量 $\boldsymbol{F}$ 为零，有

$$\boldsymbol{M}\ddot{\boldsymbol{Q}}+\boldsymbol{K}\boldsymbol{Q}=\boldsymbol{0} \tag{7-18}$$

在稳态条件下则设定位移解为

$$Q = U e^{\omega t} \tag{7-19}$$

式中，U 是结点的振幅，ω（单位 rad/s）是角频率。将式(7-19) 代入式(7-18) 中，有

$$KU = \omega^2 MU \tag{7-20}$$

于是变为广义特征值问题

$$KU = \lambda MU \tag{7-21}$$

式中，U 是特征向量，表示对应于特征值 λ 的振动模态；特征值 λ 等于角频率 ω 的平方，频率 f 由下列公式求得

$$f = \frac{\omega}{2\pi} \tag{7-22}$$

上述方程也可以通过达朗贝尔原理和虚功原理推导得出，将伽辽金法应用于弹性体的运动方程推导，同样也能得到这组方程。

7.2 单元质量矩阵

在前面的章节中已经详细讨论了各种单元的形状函数，因此直接给出这些单元的质量矩阵。假设这些单元的材料密度 ρ 均为常数，根据式(7-14)，有

$$m^e = \rho \int_e N^T N \mathrm{d}V \tag{7-23}$$

7.2.1 局部坐标系中的一维杆单元

考虑如图 7-11 所示的均质杆单元。

在计算出 $N^T N$ 的每一元素积分后，可以得到：

$$m^e = \frac{\rho A l}{6}\begin{bmatrix} 2 & 1 \\ 1 & 2 \end{bmatrix} \tag{7-24}$$

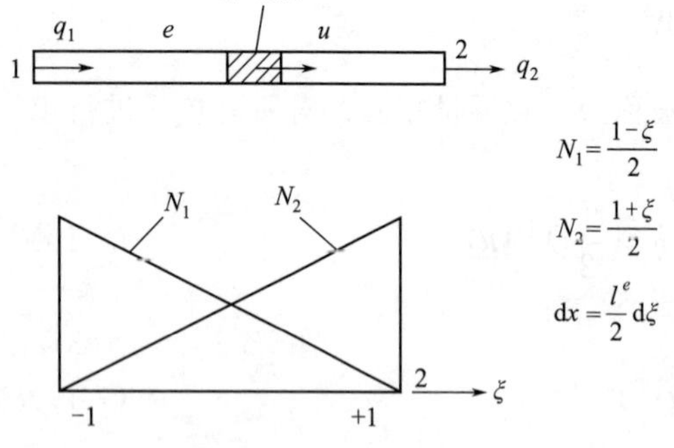

图 7-11 杆单元

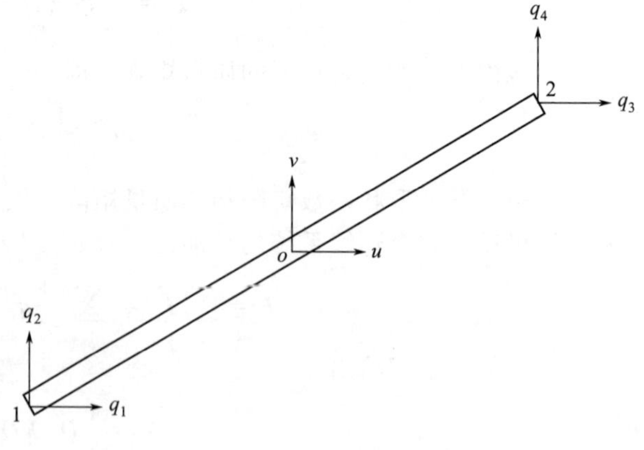

图 7-12 桁架单元

7.2.2 平面桁架单元

如图 7-12 所示，平面桁架单元结点位移场为

$$u = (u, v)^T \tag{7-25}$$

单元结点位移列向量为

$$\boldsymbol{q}=(u_1,v_1,u_2,v_2)^{\mathrm{T}} \tag{7-26}$$

由此得到

$$\boldsymbol{m}^e=\frac{\rho Al}{6}\begin{bmatrix}2&0&1&0\\0&2&0&1\\1&0&2&0\\0&1&0&2\end{bmatrix} \tag{7-27}$$

7.2.3　常应变三角形（CST）单元

对于处于平面应力和平面应变条件下的常应变三角形（CST）单元（见图 7-13），单元质量矩阵为

$$\boldsymbol{m}^e=\rho t\int_e \mathbf{N}^{\mathrm{T}}\mathbf{N}\,\mathrm{d}A \tag{7-28}$$

单元质量矩阵由式(7-29) 给出

$$\boldsymbol{m}^e=\frac{\rho tA}{12}\begin{bmatrix}2&0&1&0&1&0\\0&2&0&1&0&1\\1&0&2&0&1&0\\0&1&0&2&0&1\\1&0&1&0&2&0\\0&1&0&1&0&2\end{bmatrix} \tag{7-29}$$

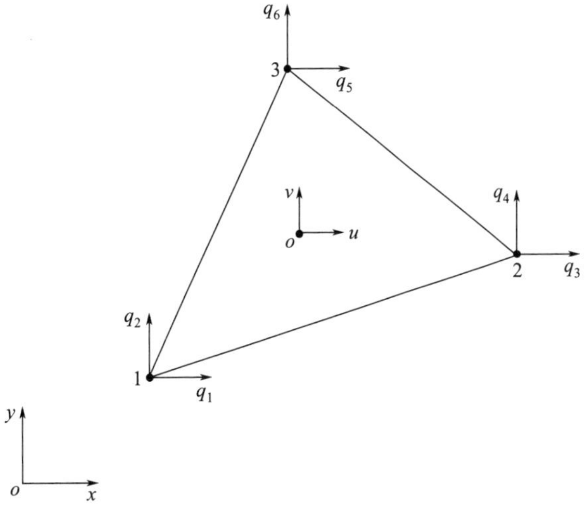

图 7-13　常应变三角形单元

7.2.4　轴对称三结点三角形单元

对于轴对称三角形单元的质量矩阵为

$$\boldsymbol{m}^e=\int_e \rho\mathbf{N}^{\mathrm{T}}\mathbf{N}\,\mathrm{d}V=\int_e \mathbf{N}^{\mathrm{T}}\mathbf{N}\,2\pi r\,\mathrm{d}A \tag{7-30}$$

因此，可得单元的质量矩阵为

$$\boldsymbol{m}^e=\frac{\pi\rho A}{10}\begin{bmatrix}\frac{4}{3}r_1+2\bar{r}&0&2\bar{r}-\frac{r_3}{3}&0&2\bar{r}-\frac{r_2}{3}&0\\0&\frac{4}{3}r_1+2\bar{r}&0&2\bar{r}-\frac{r_3}{3}&0&2\bar{r}-\frac{r_2}{3}\\2\bar{r}-\frac{r_3}{3}&0&\frac{4}{3}r_2+2\bar{r}&0&2\bar{r}-\frac{r_1}{3}&0\\0&2\bar{r}-\frac{r_3}{3}&0&\frac{4}{3}r_2+2\bar{r}&0&2\bar{r}-\frac{r_1}{3}\\2\bar{r}-\frac{r_2}{3}&0&2\bar{r}-\frac{r_1}{3}&0&\frac{4}{3}r_3+2\bar{r}&0\\0&2\bar{r}-\frac{r_2}{3}&0&2\bar{r}-\frac{r_1}{3}&0&\frac{4}{3}r_3+2\bar{r}\end{bmatrix} \tag{7-31}$$

其中

$$\bar{r}=\frac{r_1+r_2+r_3}{3} \tag{7-32}$$

7.2.5 四结点四边形单元

对于平面应力问题和平面应变问题中的四边形单元，形函数矩阵为

$$\boldsymbol{N}=\begin{bmatrix} N_1 & 0 & N_2 & 0 & N_3 & 0 & N_4 & 0 \\ 0 & N_1 & 0 & N_2 & 0 & N_3 & 0 & N_4 \end{bmatrix} \tag{7-33}$$

质量矩阵由下式给出

$$\boldsymbol{m}^e=\rho t\int_{-1}^{+1}\int_{-1}^{+1}\boldsymbol{N}^{\mathrm{T}}\boldsymbol{N}\det\boldsymbol{J}\,\mathrm{d}\xi\mathrm{d}\eta \tag{7-34}$$

注意该积分的计算一般需要采用数值积分进行运算。

7.2.6 局部坐标系中的梁单元

有梁单元如图 7-14 所示，根据第 5 章给出的形函数矩阵，可以得到如下公式：

$$\boldsymbol{u}=\boldsymbol{N}\boldsymbol{q} \tag{7-35}$$

$$\boldsymbol{m}^e=\frac{1}{2}\int_{-1}^{+1}\boldsymbol{N}^{\mathrm{T}}\boldsymbol{N}\rho Al\,\mathrm{d}\xi \tag{7-36}$$

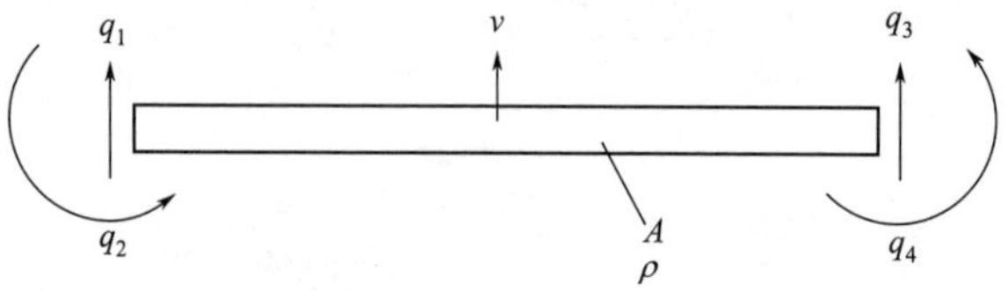

图 7-14 梁单元

式中，l 为梁单元长度。

将式(7-36) 中各项元素积分后有

$$\boldsymbol{m}^e=\frac{\rho Al}{420}\begin{bmatrix} 156 & 22l & 54 & -13l \\ 22l & 4l^2 & 13l & -3l^2 \\ 54 & 13l & 156 & -22l \\ -13l & -3l^2 & -22l & 4l^2 \end{bmatrix} \tag{7-37}$$

7.2.7 平面梁单元

如图 7-15 所示的梁框架单元，其质量矩阵在物体的局部坐标系统中可以看作是杆单元和梁单元的组合。因此，单元质量矩阵在局部坐标系中可由以下式子给出：

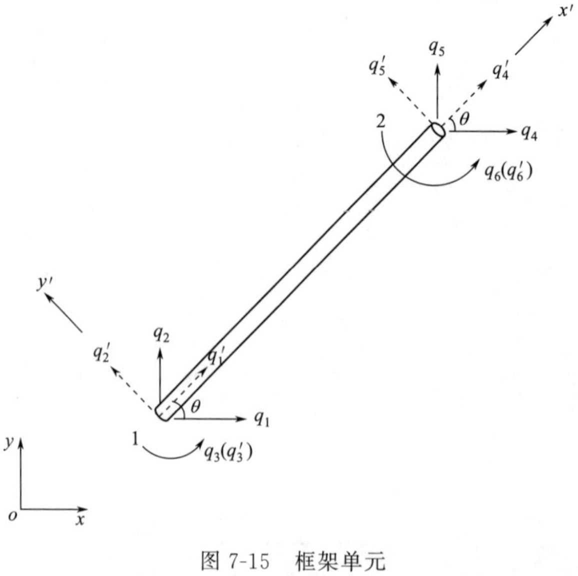

图 7-15 框架单元

$$
\boldsymbol{m}'^{e}=\begin{bmatrix}2a & 0 & 0 & a & 0 & 0\\ 0 & 156b & 22l^{2}b & 0 & 54b & -13lb\\ 0 & 22l^{2}b & 4l^{2}b & 0 & 13lb & -3l^{2}b\\ a & 0 & 0 & 2a & 0 & 0\\ 0 & 54b & 13lb & 0 & 156b & -22lb\\ 0 & -13lb & -3l^{2}b & 0 & -22lb & 4l^{2}b\end{bmatrix} \tag{7-38}
$$

其中

$$
a=\frac{\rho Al}{6},b=\frac{\rho Al}{420} \tag{7-39}
$$

式中，l 为框架单元长度。

应用式(7-41) 的变换矩阵，可以得到整体坐标系下的单元质量矩阵 $\boldsymbol{m}^{e}$ 为

$$
\boldsymbol{m}^{e}=\boldsymbol{T}^{\mathrm{T}}\boldsymbol{m}'^{e}\boldsymbol{T} \tag{7-40}
$$

其中，变换矩阵 $\boldsymbol{T}$ 为

$$
\boldsymbol{T}=\begin{bmatrix}\cos\alpha & -\sin\alpha & 0 & 0 & 0 & 0\\ \sin\alpha & \cos\alpha & 0 & 0 & 0 & 0\\ 0 & 0 & 1 & 0 & 0 & 0\\ 0 & 0 & 0 & \cos\alpha & -\sin\alpha & 0\\ 0 & 0 & 0 & \sin\alpha & \cos\alpha & 0\\ 0 & 0 & 0 & 0 & 0 & 1\end{bmatrix} \tag{7-41}
$$

7.2.8　四结点四面体单元

对于四面体单元，其位移场为

$$
\boldsymbol{u}=(u,v,w)^{\mathrm{T}} \tag{7-42}
$$

形函数矩阵为

$$
\boldsymbol{N}=\begin{bmatrix}N_{1} & 0 & 0 & N_{2} & 0 & 0 & N_{3} & 0 & 0 & N_{4} & 0 & 0\\ 0 & N_{1} & 0 & 0 & N_{2} & 0 & 0 & N_{3} & 0 & 0 & N_{4} & 0\\ 0 & 0 & N_{1} & 0 & 0 & N_{2} & 0 & 0 & N_{3} & 0 & 0 & N_{4}\end{bmatrix} \tag{7-43}
$$

单元质量矩阵为

$$
\boldsymbol{m}^{e}=\frac{\rho V}{20}\begin{bmatrix}2&0&0&1&0&0&1&0&0&1&0&0\\0&2&0&0&1&0&0&1&0&0&1&0\\0&0&2&0&0&1&0&0&1&0&0&1\\1&0&0&2&0&0&1&0&0&1&0&0\\0&1&0&0&2&0&0&1&0&0&1&0\\0&0&1&0&0&2&0&0&1&0&0&1\\1&0&0&1&0&0&2&0&0&1&0&0\\0&1&0&0&1&0&0&2&0&0&1&0\\0&0&1&0&0&1&0&0&2&0&0&1\\1&0&0&1&0&0&1&0&0&2&0&0\\0&1&0&0&1&0&0&1&0&0&2&0\\0&0&1&0&0&1&0&0&1&0&0&2\end{bmatrix} \tag{7-44}
$$

7.3 特征值与特征向量

计算自由振动的一般问题包括解特征值 $\lambda(=\omega^2)$ 及其对应的描述振动模态的特征向量 $\boldsymbol{U}$，其中特征值用于表示振动的频率。根据 7.1 节，可以得到

$$\boldsymbol{KU}=\lambda\boldsymbol{MU} \tag{7-45}$$

此处 $\boldsymbol{K}$ 和 $\boldsymbol{M}$ 都是对称矩阵。对于消除了刚体位移的系统，矩阵 $\boldsymbol{K}$ 为正定矩阵。

7.3.1 特征向量的特性

对于维数为 n、正定且对称的刚度矩阵，必然存在 n 个实数特征值，同时也存在相应的 n 个特征向量，它们满足式(7-45)。将特征值按照从小到大的顺序排列，得到

$$0\leqslant\lambda_1\leqslant\lambda_2\leqslant\cdots\leqslant\lambda_n \tag{7-46}$$

如果 $\boldsymbol{U}_1,\boldsymbol{U}_2,\cdots,\boldsymbol{U}_n$ 是对应的特征向量，则有

$$\boldsymbol{KU}_i=\lambda_i\boldsymbol{MU}_i \tag{7-47}$$

特征向量同时关于质量矩阵和刚度矩阵具有正交性，即有

$$\begin{cases}\boldsymbol{U}_i^{\mathrm{T}}\boldsymbol{MU}_j=0 & (i\neq j)\\ \boldsymbol{U}_i^{\mathrm{T}}\boldsymbol{KU}_j=0 & (i\neq j)\end{cases} \tag{7-48}$$

特征向量的长度一般要经过归一化处理，即要求

$$\boldsymbol{U}_i^{\mathrm{T}}\boldsymbol{MU}_i=1 \tag{7-49}$$

经过归一化处理的特征向量，将使得

$$\boldsymbol{U}_i^{\mathrm{T}}\boldsymbol{KU}_i=\lambda_i \tag{7-50}$$

一般计算机程序也采用其他的标准化处理方法；对于特征向量的归一化处理也会进行一些设定，一般会将其最大分量设置为某个值，例如可以设定为单位 1。

7.3.2 求解特征值与特征向量

7.3.2.1 特征多项式法

由式(7-45)，有

$$(\boldsymbol{K}-\lambda\boldsymbol{M})\boldsymbol{U}=\boldsymbol{0} \tag{7-51}$$

要使得特征向量有非零解，必须有

$$|\boldsymbol{K}-\lambda\boldsymbol{M}|=0 \tag{7-52}$$

这是含有 λ 的特征多项式。

7.3.2.2 向量迭代法

各种不同的向量迭代方法都依赖于瑞利商这一特性。对于由式(7-45) 给出的一般性特征值问题，瑞利商定义为

$$Q(\boldsymbol{v})=\frac{\boldsymbol{v}^{\mathrm{T}}\boldsymbol{Kv}}{\boldsymbol{v}^{\mathrm{T}}\boldsymbol{Mv}} \tag{7-53}$$

其中，$\boldsymbol{v}$ 为任意向量。瑞利商的一个基本特性就是它处于最大和最小特征值之间，即

$$\lambda_1\leqslant Q(\boldsymbol{v})\leqslant\lambda_n \tag{7-54}$$

幂迭代法、反迭代法和子空间迭代法也都依赖于这一性质。幂迭代法旨在计算出最大的特征值；子空间迭代法适用于解决大规模特征值问题，许多商业软件中采用了该方法；反迭

代法则用于求解最小的特征值。

7.3.2.3　反迭代法

反迭代法的计算步骤中，从试探向量 $\boldsymbol{u}^0$ 开始计算，具体的迭代步骤如下：

第 0 步：预估试探向量 $\boldsymbol{u}^0$，设迭代步 $k=0$；

第 1 步：设 $k=k+1$；

第 2 步：确定方程 $\boldsymbol{Ku}=\lambda\boldsymbol{Mv}$ 的右边项 $\boldsymbol{Mv}$，并记为 $\boldsymbol{v}^{k-1}=\boldsymbol{Mu}^{k-1}$；

第 3 步：求解方程 $\boldsymbol{K}\hat{\boldsymbol{u}}^k=\boldsymbol{v}^{k-1}$；

第 4 步：计算表达式 $\hat{\boldsymbol{v}}^k=\boldsymbol{M}\hat{\boldsymbol{u}}^k$；

第 5 步：估算特征值 $\lambda^k=\dfrac{\boldsymbol{u}^{k\mathrm{T}}\boldsymbol{v}^{k-1}}{\hat{\boldsymbol{u}}^{k\mathrm{T}}\hat{\boldsymbol{v}}^k}$；

第 6 步：正交化特征向量 $\boldsymbol{u}^k=\dfrac{\hat{\boldsymbol{u}}^k}{\sqrt{\hat{\boldsymbol{u}}^{k\mathrm{T}}\hat{\boldsymbol{v}}^k}}$；

第 7 步：检查误差 $\left|\dfrac{\lambda^k-\lambda^{k-1}}{\lambda^k}\right|\leqslant\varepsilon$。

当误差满足给定容差 ε 时，则将特征向量 $\boldsymbol{u}^k$ 记为矩阵 $\boldsymbol{U}$，并退出；否则，转到第 1 步继续运算。

7.3.2.4　矩阵变换法

这类方法的基本思路是先将矩阵转换为更简单的形式，再求解特征值和特征向量；主要包括广义雅可比分解和 QR 分解（正交三角分解）方法，适用于解决大型矩阵问题。在 QR 分解中，首先通过豪斯霍尔德（Householder）矩阵将矩阵转换为三对角形式；而广义雅可比方法则通过矩阵变换同时对角化刚度矩阵和质量矩阵，这需要对矩阵进行完全处理。对于小型矩阵而言，这些方法可以高效地计算出所有特征值和特征向量。

将特征向量按列排列成矩阵 $\boldsymbol{U}$，并将对应的特征值组成对角线元素构成对角矩阵 $\boldsymbol{\Lambda}$，则广义特征值问题可以表述为以下形式：

$$\boldsymbol{KU}=\boldsymbol{MU\Lambda} \tag{7-55}$$

其中

$$\boldsymbol{U}=(\boldsymbol{U}_1,\boldsymbol{U}_2,\cdots,\boldsymbol{U}_n) \tag{7-56}$$

$$\boldsymbol{\Lambda}=\begin{bmatrix}\lambda_1 & 0 & \cdots & 0\\ 0 & \lambda_2 & \cdots & 0\\ \vdots & \vdots & & \vdots\\ 0 & 0 & \cdots & \lambda_n\end{bmatrix} \tag{7-57}$$

由于特征向量关于 $\boldsymbol{M}$ 具有正交性，则有

$$\boldsymbol{U}^{\mathrm{T}}\boldsymbol{MU}=\boldsymbol{\Lambda} \tag{7-58}$$

$$\boldsymbol{U}^{\mathrm{T}}\boldsymbol{KU}=\boldsymbol{I} \tag{7-59}$$

式中，$\boldsymbol{I}$ 是单位矩阵。

7.4　Guyan 缩减

在船舶、飞机、火箭、燃气轮机、核反应堆等工程结构的应力和变形分析中，其有限元

模型通常具有数千个自由度；然而，在动力学分析中，使用这种考虑各种细节的静态计算模型显然既不切实际也没有必要。此外，设计和控制方法更适用于自由度较少的系统。为了应对这一挑战，一些学者提出了在进行动力学分析之前减少系统自由度的动力学缩减技术，其中 Guyan 缩减是最常用的方法之一，应用时需要确定哪些自由度需要保留，哪些可以忽略。

缩减刚度矩阵和质量矩阵的方法是，在运动方程式(7-17) 中，如果将惯性力与施加的力合并，那么方程变为

$$\boldsymbol{K}\boldsymbol{Q}=\boldsymbol{F} \tag{7-60}$$

将 $\boldsymbol{Q}$ 分为

$$\boldsymbol{Q}=\begin{bmatrix}\boldsymbol{Q}_{\mathrm{r}}\\ \boldsymbol{Q}_{\mathrm{o}}\end{bmatrix} \tag{7-61}$$

式中，$\boldsymbol{Q}_{\mathrm{r}}$ 表示需要保留的自由度组；$\boldsymbol{Q}_{\mathrm{o}}$ 表示要忽略的自由度组。通常情况下，保留的自由度数约占总数的 20%，运动方程可以写成分块形式。

$$\begin{bmatrix}\boldsymbol{K}_{\mathrm{rr}} & \boldsymbol{K}_{\mathrm{ro}}\\ \boldsymbol{K}_{\mathrm{or}} & \boldsymbol{K}_{\mathrm{oo}}\end{bmatrix}\begin{bmatrix}\boldsymbol{Q}_{\mathrm{r}}\\ \boldsymbol{Q}_{\mathrm{o}}\end{bmatrix}=\begin{bmatrix}\boldsymbol{F}_{\mathrm{r}}\\ \boldsymbol{F}_{\mathrm{o}}\end{bmatrix} \tag{7-62}$$

选择要忽略的自由度的思路是，它们对应的载荷分量 $\boldsymbol{F}_{\mathrm{o}}$ 在数值上应较小；因此，应当保留的自由度组（用 $\boldsymbol{Q}_{\mathrm{r}}$ 表示的那组）应该具有较大的集中质量和集中力（用于瞬态分析），同时还要保证所保留的自由度组足以描述振动模态。假设 $\boldsymbol{F}_{\mathrm{o}}=0$，式(7-61) 的下半部分可表示为

$$\boldsymbol{Q}_{\mathrm{o}}=-\boldsymbol{K}_{\mathrm{oo}}^{-1}\boldsymbol{K}_{\mathrm{ro}}^{\mathrm{T}}\boldsymbol{Q}_{\mathrm{r}} \tag{7-63}$$

结构的应变能为

$$\boldsymbol{U}=\frac{1}{2}\boldsymbol{Q}^{\mathrm{T}}\boldsymbol{K}\boldsymbol{Q} \tag{7-64}$$

可以写为

$$\boldsymbol{U}=\frac{1}{2}(\boldsymbol{Q}_{\mathrm{r}}^{\mathrm{T}},\boldsymbol{Q}_{\mathrm{o}}^{\mathrm{T}})\begin{bmatrix}\boldsymbol{K}_{\mathrm{rr}} & \boldsymbol{K}_{\mathrm{ro}}\\ \boldsymbol{K}_{\mathrm{or}} & \boldsymbol{K}_{\mathrm{oo}}\end{bmatrix}\begin{bmatrix}\boldsymbol{Q}_{\mathrm{r}}\\ \boldsymbol{Q}_{\mathrm{o}}\end{bmatrix} \tag{7-65}$$

将式(7-62) 代入式(7-65)，可以将应变能写为

$$\boldsymbol{U}=\frac{1}{2}\boldsymbol{Q}_{\mathrm{r}}^{\mathrm{T}}\boldsymbol{K}_{\mathrm{r}}\boldsymbol{Q}_{\mathrm{r}} \tag{7-66}$$

其中

$$\boldsymbol{K}_{\mathrm{r}}=\boldsymbol{K}_{\mathrm{rr}}-\boldsymbol{K}_{\mathrm{ro}}\boldsymbol{K}_{\mathrm{oo}}^{-1}\boldsymbol{K}_{\mathrm{ro}}^{\mathrm{T}} \tag{7-67}$$

是缩减的刚度矩阵。为了得到缩减的质量矩阵表达式，设动能为

$$\boldsymbol{V}=\frac{1}{2}\dot{\boldsymbol{Q}}^{\mathrm{T}}\boldsymbol{M}\dot{\boldsymbol{Q}} \tag{7-68}$$

将质量矩阵分块，并应用式(7-63)，可以将动能写为

$$\boldsymbol{V}=\frac{1}{2}\dot{\boldsymbol{Q}}_{\mathrm{r}}^{\mathrm{T}}\boldsymbol{M}_{\mathrm{r}}\dot{\boldsymbol{Q}}_{\mathrm{r}} \tag{7-69}$$

其中

$$\boldsymbol{M}_{\mathrm{r}}=\boldsymbol{M}_{\mathrm{rr}}-\boldsymbol{M}_{\mathrm{ro}}\boldsymbol{K}_{\mathrm{oo}}^{-1}\boldsymbol{K}_{\mathrm{ro}}^{\mathrm{T}}-\boldsymbol{K}_{\mathrm{ro}}\boldsymbol{K}_{\mathrm{oo}}^{-1}\boldsymbol{M}_{\mathrm{ro}}^{\mathrm{T}}+\boldsymbol{K}_{\mathrm{ro}}\boldsymbol{K}_{\mathrm{oo}}^{-1}\boldsymbol{M}_{\mathrm{oo}}\boldsymbol{K}_{\mathrm{oo}}^{-1}\boldsymbol{K}_{\mathrm{ro}}^{\mathrm{T}} \tag{7-70}$$

是缩减的质量矩阵。对于缩减的刚度矩阵和缩减的质量矩阵，其特征值问题的求解规模大大减小，即

$$\boldsymbol{K}_{\mathrm{r}}\boldsymbol{U}_{\mathrm{r}}=\lambda\boldsymbol{M}_{\mathrm{r}}\boldsymbol{U}_{\mathrm{r}} \tag{7-71}$$

然后可以恢复所忽略的部分

$$\boldsymbol{U}_{\mathrm{o}}=-\boldsymbol{K}_{\mathrm{oo}}^{-1}\boldsymbol{K}_{\mathrm{ro}}^{\mathrm{T}}\boldsymbol{U}_{\mathrm{r}} \tag{7-72}$$

7.5　工程案例分析

宁夏某炼化公司氨气压缩机组中汽轮机、低压缸、增速机、高压缸依次排列，它们之间经齿式联轴器串联安装在同一基础底盘上。低压缸外观和剖面图如图 7-16 和图 7-17 所示。机组运行比较稳定，振动、轴位移情况一直比较好。

图 7-16　氨气压缩机组低压缸外观图

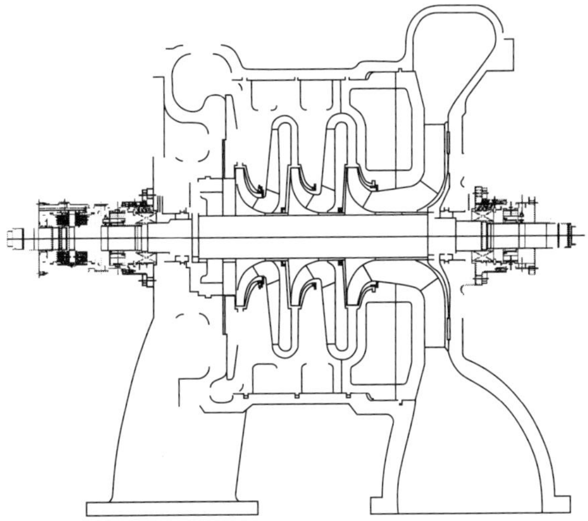

图 7-17　氨气压缩机低压缸剖面图

在 2005 年底合成氨装置的扩能改造中，该机组的负荷要相应增加，须对整个机组进行改造。机组整体改造保持原缸体不动，透平及高、低压缸转子及隔板气封等内件全部进行更换。机组改造后低压缸的功率为 9368kW，工作转速为 8600r/min。

改造后机组运行比较稳定，当整个装置在满负荷的 85%时，转速达到设计转速 8600r/min，振幅在 60μm 左右波动，但能够稳定运行。2006 年 11 月 5 日，由于喘振造成低压缸干气密封烧损，后更换干气密封，运行基本正常。2007 年 11 月 15 日机组运行时再次出现喘振，当时怀疑低压缸干气密封损坏，于是检查低压缸两侧干气密封。检修完试车推力轴承侧振值较高，超过联锁值 125μm，无法维持运行。一个月内共 6 次解体检修，还采用转子高速动平衡、加装挤压油膜阻尼器等方式抑制振动，但一直没有解决低压缸严重振动问题。

2007 年 12 月 12 日笔者及同事应邀去现场进行了实地考察，听取了机组故障及处理情况介绍。通过对机组的改造情况、改造前后运行情况、近三个月共 6 次的检修情况详细分析，同时在现场对低压缸结构的合理性进行了评估，发现机组改造时因受原机组结构限制，改造设计者尽量未改动原设计尺寸，造成低压缸止推轴承端悬臂尺寸过大。齿轮箱侧径向轴承至联轴器约为 300mm，而低压缸透平端径向轴承至联轴器距离超过 600mm。如图 7-18 所示。

另外，从转子运行监测记录分析，在 7300r/min 运行时转子相位稳定，如图 7-19 所示。这表明转子止推轴承悬臂端是同频正进动，因此对不平衡敏感，在联轴器上配重做现场动平衡应该有效。经过振型分析及相应计算，预计启停 2 次可消除振动。

经讨论分析，12 月 13 日提出对机组故障分析及按照临时解决方案和彻底解决方案两步

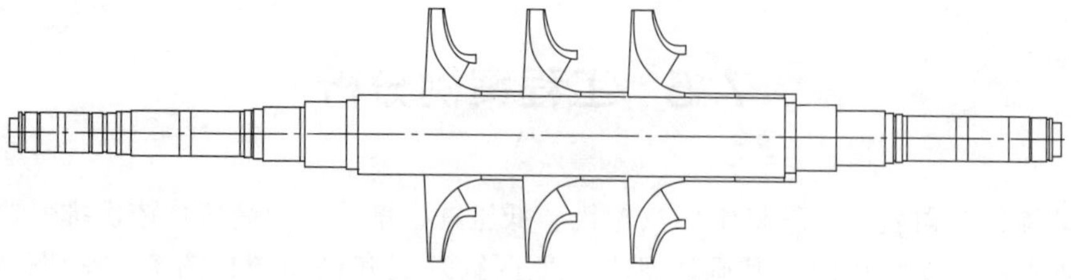

图 7-18　氨气压缩机低压缸转子结构图

走的分析诊治意见，提出应急方案——现场动平衡，步骤如下：

① 详细计算转子的临界转速；

② 对系统进行模态分析和振型分析，同时分别计算各个敏感转速区间的振型响应数据；

③ 根据计算结果进行现场动平衡，解决机组振动问题。

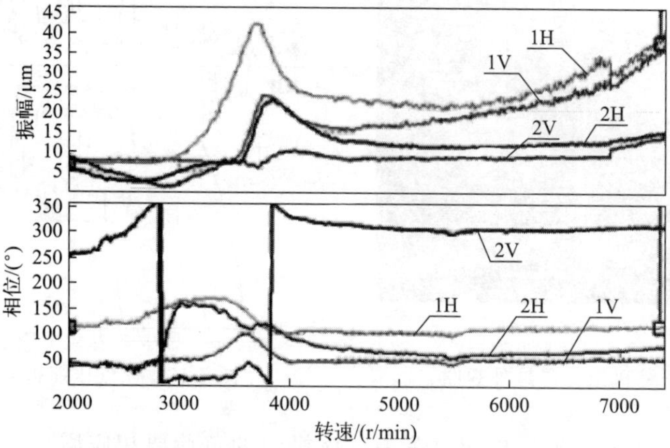

图 7-19　氨气压缩机低压缸转子同频振动幅值和相位随转速变化

1H,2H—轴承 1、2 水平方向；1V,2V—轴承 1、2 竖直方向

该离心式氨气压缩机，其转子结构如图 7-20 所示。在运行过程中由于振动大而达不到额定的工作转速，严重影响了机组运行。频谱分析结果表明，同频振动占主导，其幅值和相位随转速的变化如图 7-19 所示。综合分析转子结构、启停车的历史数据、检修以及转子高速动平衡的记录，我们认为不平衡是导致转子振动的主要原因，通过现场动平衡的方法可以解决该机组的振动问题。由于振动故障主要表现为轴承 1 的振动。经过振型及不平衡响应分析可知，轴承 1 处的振动对联轴器 1 处的不平衡量较敏感。因此，确定取靠近轴承 1 的联轴器 1 作为平衡平面。

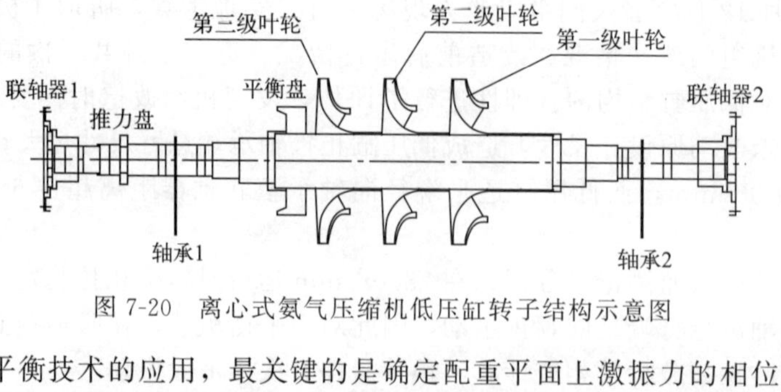

图 7-20　离心式氨气压缩机低压缸转子结构示意图

无试重现场平衡技术的应用，最关键的是确定配重平面上激振力的相位同测量平面的转子振动的相位的关系，即确定该滞后角。该滞后角同转子-轴承系统的质量、刚度、阻尼有

关系。所建立的转子有限元模型如图 7-21 所示。在转子-轴承系统中最难确定的是轴承的刚度和阻尼。

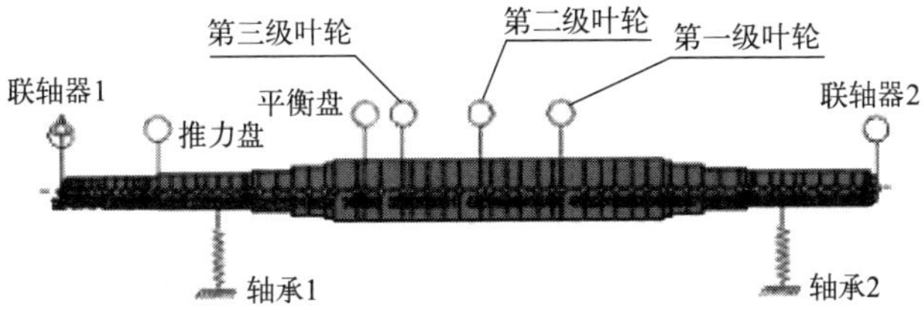

图 7-21　氨气压缩机低压缸转子有限元模型图

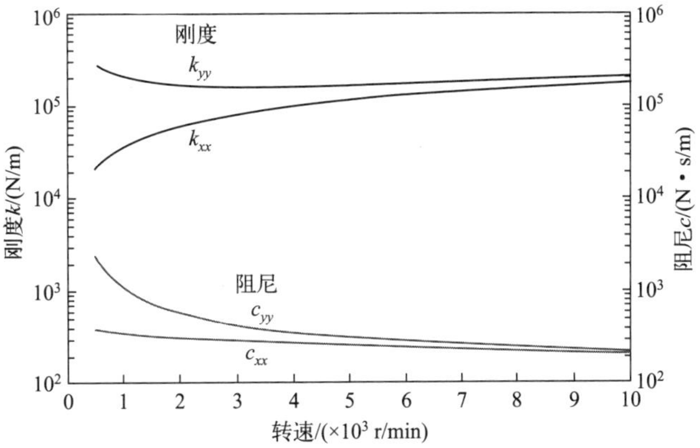

图 7-22　氨气压缩机低压缸转子轴承刚度及阻尼随转速变化曲线

在分析中，采用求解雷诺方程的方法确定轴承的油膜压力的分布，并通过小扰动法得到轴承的动力学特性参数，计算得到的轴承刚度及阻尼随转速的变化曲线如图 7-22 所示。将通过求解雷诺方程得到的参数代入转子-轴承系统的有限元模型中，进行动力学分析，然后将分析的结果同机组启停车的历史数据进行对比，图 7-23 所示为求得的低压缸转子的前三阶振型。结果证明，计算得到的转子的临界转速同测得的临界转速很吻合。在有限元模型上对联轴器 1 施加 500g·mm∠0°虚拟不平衡量时轴承 1 处的振动如图 7-24 所示，这同图 7-19 转子振动曲线一致，说明本分析结果是有效的。

从图 7-24 可以看出，当在联轴器 1 处施加 500g·mm∠0°虚拟不平衡量时，在 7100r/min 时，轴承 1 处的振动水平方向振幅为 9.22μm∠142°，垂直方向的振幅为 9.46μm∠228°。也就是说，此时水平方向的振动滞后角为 142°，垂直方向的振动滞后角为 228°。

在 7100r/min 时轴承 1 处水平方向的振幅为 35μm，如图 7-19 所示。假设该转子的振动行为为线性，经计算则需要的配

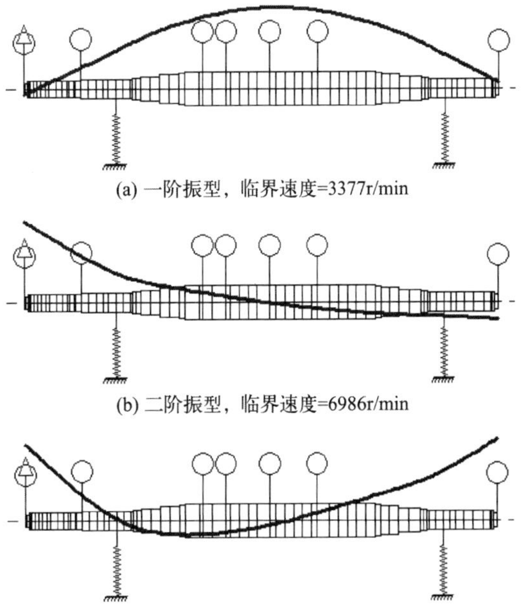

(a) 一阶振型，临界速度=3377r/min

(b) 二阶振型，临界速度=6986r/min

(c) 三阶振型，临界速度=10117r/min

图 7-23　氨气压缩机低压缸转子前三阶振型

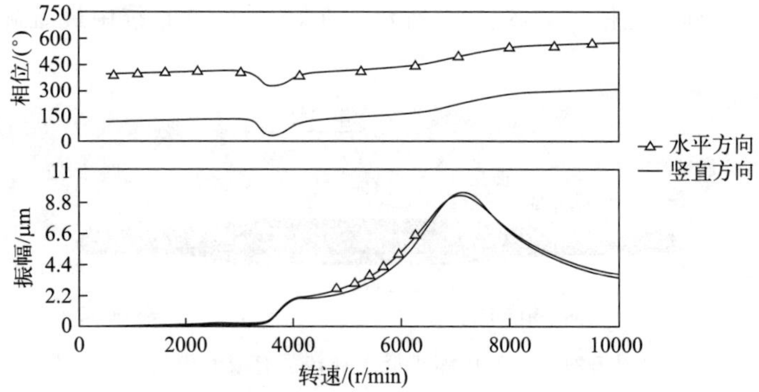

图 7-24　轴承 1 处的振动幅值、相位随转速的变化

重质量 q 为

$$q=\left(\frac{35}{9.22}\times 500\right)/185=10.26(\mathrm{g}) \tag{7-73}$$

式中，185 为联轴器处配重螺栓的半径，mm。

在实际操作中，由于158°方向上没有可进行配重的螺栓，因此选择离该位置最近的螺栓进行配重，实际配重位置为 167°，配重质量为 8g。经过平衡后的压缩机转子在启动过程中的振动数据如图 7-25 所示。可以看出，平衡后，转速在 7300r/min 时轴承 1 处水平方向的振幅由 40μm 降到了 8μm。现场工程应用表明，现场动平衡是可靠有效的，顺利到达额定转速并一次启动成功，实现了辅助康复的目标。

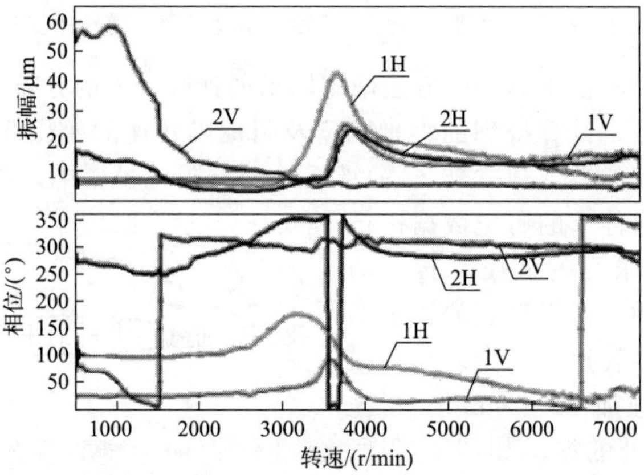

图 7-25　平衡后的压缩机转子启动中振动幅值、相位随转速的变化现场动平衡实施

以上案例说明，笔者通过精细的动力学分析，只用了三个小时就解决了企业反复停车检修六次、一个多月都没有解决的难题。可见动力学分析在工程中发挥了重要作用。新的时代背景下，想要成为相关行业的卓越工程师，就要深刻掌握动力学分析理论知识，并充分运用这些知识去解决工程复杂问题。

旋转机械无试重现场动平衡案例可扫描二维码查看。

习　题

7-1　求解如图 7-26 所示的阶梯杆的特征值和特征向量。

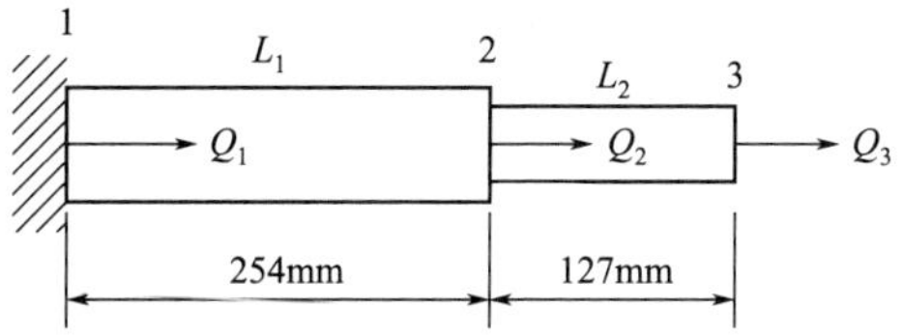

E=2.1×10^{11}Pa, A_1=645.16mm², A_2=322.58mm²
给定单位体积重量 f=7850kg/m³

图 7-26　习题 7-1 图

7-2　计算如图 7-27 所示的梁的最低阶特征值和对应的特征模态。

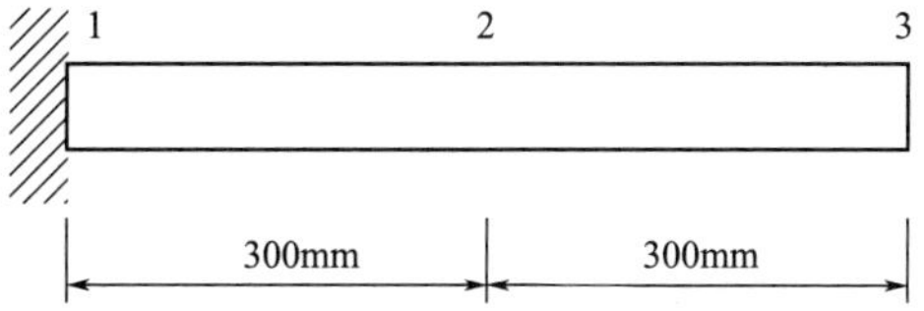

E=2.1×10^{11}Pa, ρ=7840kg/m³, I=2000mm⁴, A= 240mm²

图 7-27　习题 7-2 图

7-3　求解如图 7-28 所示的转子的前两阶临界转速，考虑以下情况：

(1) 设三个推力轴承为简支；

(2) 每个推力轴承简化为刚度等于 25000N/m 的弹簧。

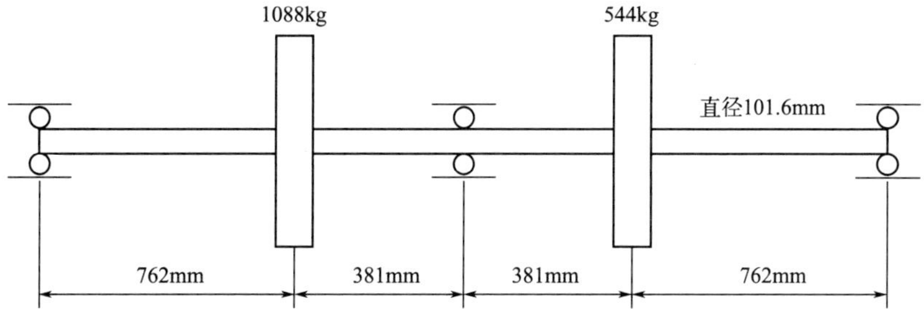

图 7-28　习题 7-3 图

第 8 章　非线性问题有限元分析

【工程问题分析】

在工厂里，有很多典型的问题。如图 8-1 所示的整体齿轮增速式压缩机，在化工、石化、工业气体和天然气行业得到广泛应用，由于其效率高、设计紧凑等特点，成为越来越多用户的首选。国内沈阳透平机械股份有限公司、西安陕鼓动力股份有限公司等大型企业，都投入大量精力进行了这种压缩机的过程化研究。

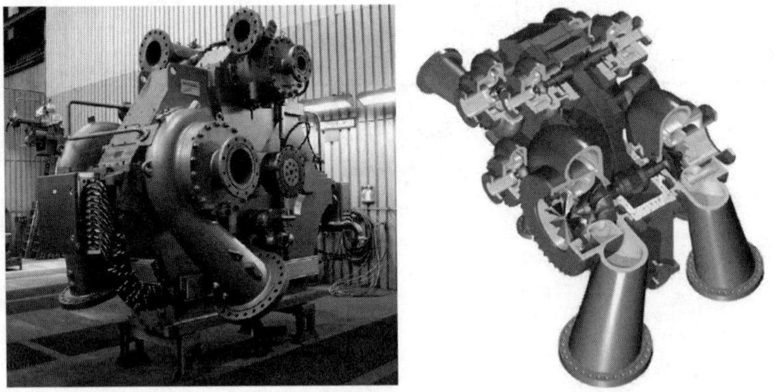

(a)　　　　　　　　(b)

图 8-1　整体齿轮增速式压缩机

在透平压缩机上，存在很多的连接问题，比如叶轮和转子的连接问题，目前这种连接有通过热缩配合来连接的，如图 8-2 所示的压缩机转子。也有通过端面齿或者法兰等方式连接的，如图 8-3 所示的是几种比较典型的端面齿。无论是热缩配合，还是端面齿连接，过程中都需要进行接触分析，而两个物体的接触分析就是比较典型的非线性问题。

图 8-2　单轴式离心压缩机

图 8-3　端面齿

【学习目标】

严格意义上讲，工程中所有的问题都是非线性的，为适应工程问题的需要，在解决某些具体问题时，往往可以忽略一些次要因素，将此类问题近似地视为线性问题处理，这在多数情况下是满足工程要求的。但在有些工程问题中，采用线性理论并不能得到与实际相符的计算结果。为适应工程的需要，非线性有限元法是目前进行非线性问题的数值计算中最有效的方法。

线弹性力学的方程具有以下特点：

① 表征材料应力应变关系的本构方程是线性的；

② 描述应变和位移之间关系的几何方程是线性的；

③ 建立于变形前状态的有限元平衡方程仍然适用于变形后的体系，即变形对平衡条件的影响是高阶微量，可以忽略；

④ 结构的边界条件是线性的。

在实际的工程问题中，上述四个特点往往不能同时满足，不满足特点①的问题称为材料非线性问题；不满足特点②、③的问题称为几何非线性问题；不满足特点④的问题称为边界非线性问题。

与时间无关的材料非线性问题又可分为两类。一类是非线性弹性问题，非线性弹性问题是可逆的，即卸载过程的载荷——应变曲线与加载过程的曲线完全吻合，卸载后结构应变会恢复到加载前的水平。另一类是非线性弹塑性问题，弹塑性材料有一个从弹性进入塑性的转折点，材料超过屈服点之后呈现非线性性质。非线性弹塑性问题是不可逆的。

8.1　离心压缩机轴与叶轮接触强度分析

现代的离心压缩机多采用过盈的方式将轴与叶轮配合，过盈量的大小决定了摩擦力的大小，决定了接触强度的大小，也决定了传递的扭矩大小。过盈量越小，离心叶轮内孔应力越小，但是当转速逐渐增加时，轴与叶轮的连接可能会发生松动，引起较大的振动。然而过盈量越大，轴与原来的装配应力也就会越大，严重时可能导致连接处出现裂纹。所以，过盈量对离心压缩机转子的安全运行至关重要。

本节以工程实际中某离心压缩机的离心叶轮为研究对象，建立轴与叶轮的模型，并且设置半径过盈量分别为 0.2mm、0.25mm、0.3mm、0.35mm，然后分别对其进行接触强度的分析计算，以及传递扭矩的计算，试着找到最合适的过盈量范围，确保离心压缩机的安全运行。

8.1.1 接触强度的计算过程

在 UG 中建立离心叶轮与轴的三维模型，由于叶轮和轴的接触面积有限，叶轮内孔为台阶孔，台阶孔上表面为接触区域，因此可以将整个轴简化为一段轴，然后导入到 ANSYS Workbench 中进行接触强度的计算，离心叶轮的材料同样为 FV520B，模型如图 8-4(a) 所示。通过 ANSYS Workbench 中的网格自动划分功能，对分析模型进行网格划分，网格单元为默认的四面体网格实体单元，同时设定单元尺寸为 6mm，经过自动网格划分，最终形成的网格划分模型如图 8-4(b) 所示，其中得到网格单元数为 346229，网格结点数为 700959。

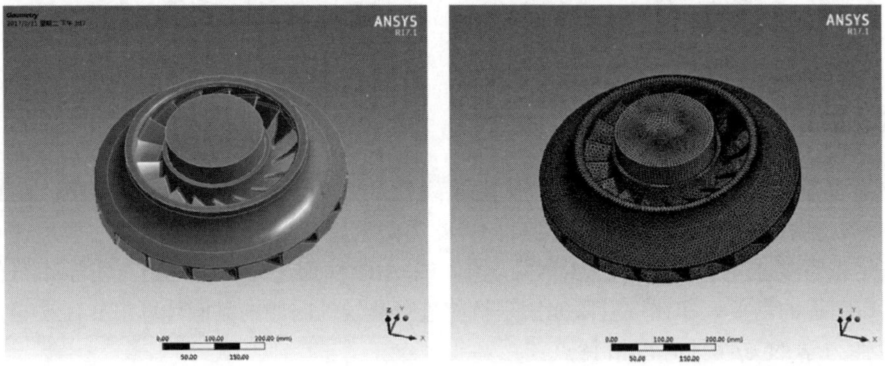

(a) (b)

图 8-4 离心叶轮与轴的模型和网格划分模型

然后对模型设置边界条件，即设置约束条件和施加结构载荷，建立离心叶轮内孔表面与轴外表面的接触对，设置接触类型为摩擦接触（frictional），摩擦系数（friction coefficient）为 0.1，半径过盈量（offset）为 0.25mm。和离心叶轮强度计算相似，在本研究中设置的约束条件为：在轮毂内表面和轴表面设置为径向自由、轴向和周向固定的圆柱约束（cylindrical support）。离心叶轮的气动载荷本节暂不考虑，同时离心叶轮的重力载荷可以忽略不计，所以只需要施加由于转动造成的离心力载荷，由于离心叶轮的工作转速为 9351r/min，所以在边界条件设置中转速（rotational velocity）设定为 9351r/min。具体设置如图 8-5 所示。

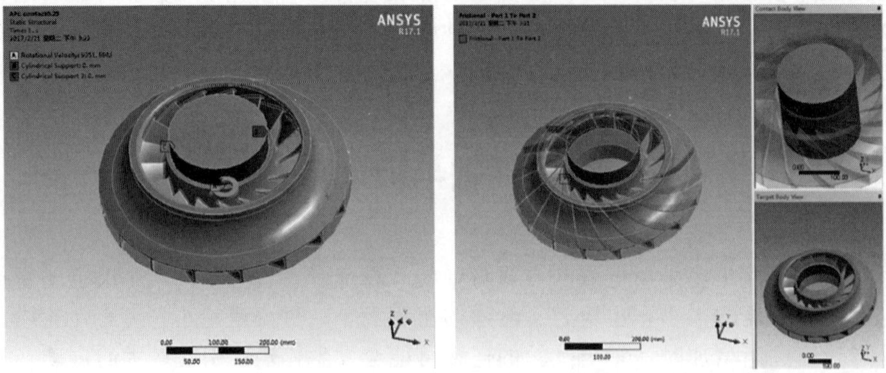

(a) (b)

图 8-5 边界条件与接触对设置

通过计算机求解得到计算结果，离心叶轮与轴的整体应力云图以及接触应力云图如图 8-6 所示。

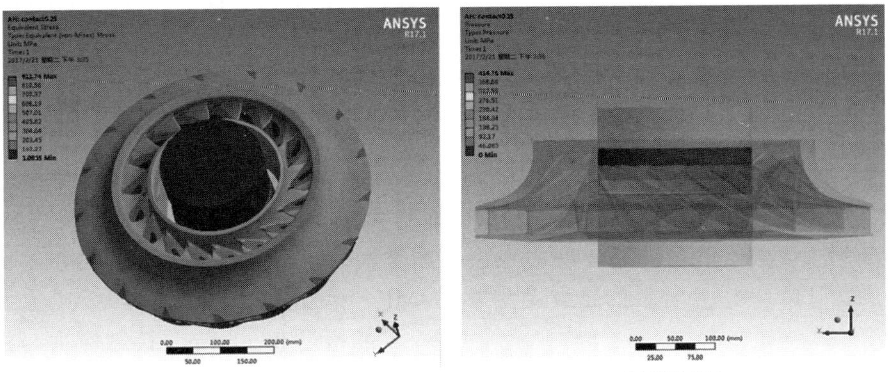

(a) 整体应力　　(b) 接触应力

图 8-6　整体应力与接触应力云图

由图 8-6 可以看出，离心叶轮与轴的最大整体应力为 911.97MPa，最大接触应力为 414.76MPa。如果首先以靠近离心叶轮入口的内孔表面为基准，接触面沿着轴向的长度为 60mm，距离基准每隔 10mm 取一次接触应力值，可以将接触应力与轴向距离的关系绘制成图，如图 8-7 所示。

将所得接触应力数值导出求得平均应力，经计算，接触面上的平均接触应力为 $p=90.97$MPa。可以根据相关数据，通过公式计算得到传递扭矩和驱动功率如下：

接触面积　$A=\pi DH=\pi\times158\times60=29767.2(\mathrm{mm}^2)$

摩擦力　$F_f=0.1pA=0.1\times90.97\times29767.2=270792.2(\mathrm{N})$

传递转矩　$T=F_f(D/2)=21392.6(\mathrm{N\cdot m})$

驱动功率　$P=Tn/9550=20946.8(\mathrm{kW})$

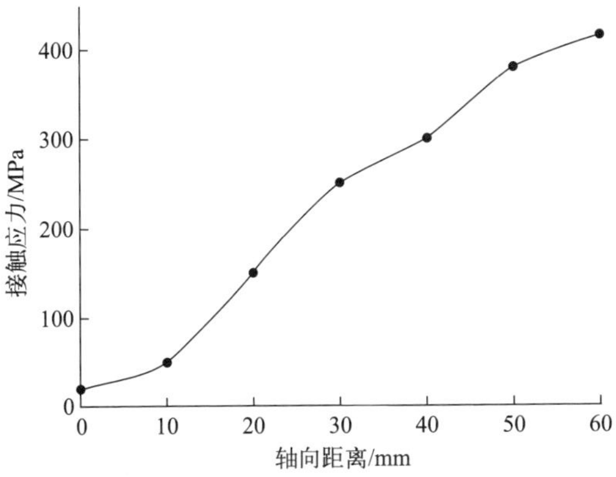

图 8-7　接触应力与轴向距离的关系

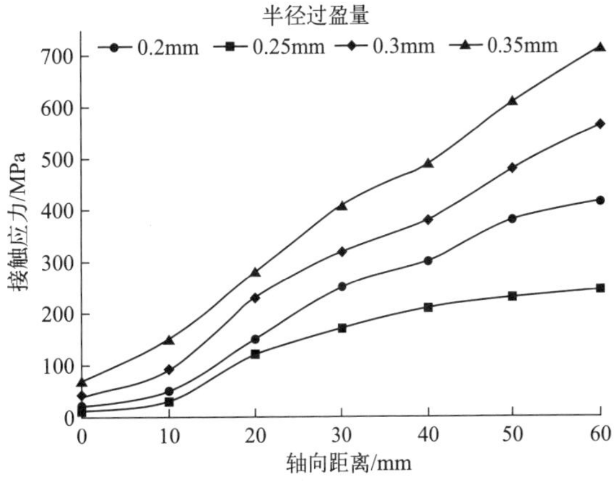

图 8-8　接触应力与轴向距离的关系对比

8.1.2　过盈量对接触强度的影响

改变离心叶轮与轴的半径过盈量为 0.2mm、0.25mm、0.3mm、0.35mm，分别对其进行接触强度分析，分析流程如上文所述。对得到的结果进行对比分析，绘制对比图如图 8-8 所示。

从图 8-8 中，一方面可以看出随着叶轮与轴的过盈量的增大，接触应力也随着明显增大；另一方面可以看出最大接触应力均在离心叶轮与轴接触面的最末端，最小接触应力均在离心叶轮的基准面上，随着轴向距离的增大，接触应力也相应地增大，这是因为离心叶轮内孔的外径随着轴向距离增大呈变小的趋势，导致应力增大。因为边缘效应的影响，接触应力在离心叶轮与轴的接触面最末端产生了应力集中，接触应力最大。

8.1.3 最优过盈量的选取

从上文可知，接触应力随着过盈量的增大而增大，可传递扭矩也相应增大。然而，随着过盈量不断增大，离心叶轮的整体应力也会不断增大，当过盈量为 0.30mm 的时候，叶轮的整体应力为 1153MPa，材料的屈服强度为 980MPa，叶轮可能发生材料失效，所以过盈量不能超过 0.30mm。接触应力与过盈量的关系如图 8-9 所示。

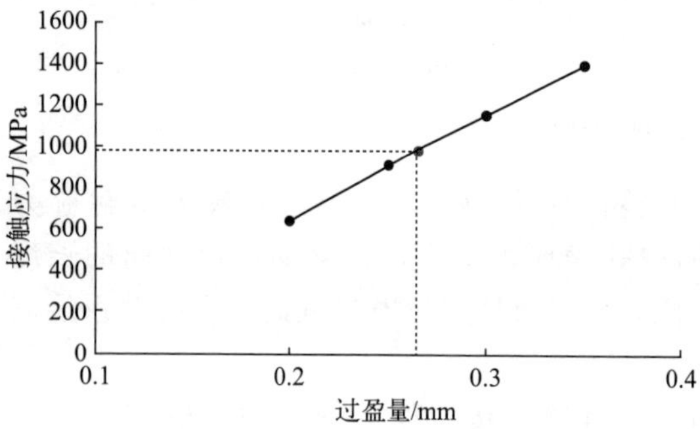

图 8-9　接触应力与过盈量的关系

由于离心叶轮的整体应力随着过盈量变化呈线性变化，根据材料的屈服强度为 980MPa，可以从图 8-9 中得到，最大过盈量为 0.26mm。另一方面，根据转子所需要传递的最小扭矩，可以得出离心叶轮与轴的最小过盈量为 0.15mm。因此，通过研究最终确定最优过盈量范围为 0.15～0.26mm。

8.2 材料非线性

材料非线性问题是由材料的非线性应力-应变关系（本构关系）引起的。这类问题表现为非线性弹性与弹塑性。

非线性弹性与弹塑性材料中的塑性阶段均呈现非线性物理性质，如果按加载过程分析，这两类问题的非线性性质是类似的，只要给出非线性问题的本构关系，其计算方法与线性理论的计算方法是类似的。但是二者具有明显的不同点，一是弹塑性材料有一个从弹性进入塑性的转折点，二是卸载过程会出现不同的物理现象。非线性弹性问题是可逆的，即卸载过程的载荷-应变曲线与加载过程的曲线吻合，卸载后结构应变会恢复到加载前的水平。而弹塑性材料的变形是部分不可逆的，且其卸载时的载荷-位移曲线呈现线性关系。再加载时会出现残余应变和大于初始弹性极限的弹性区域，从而导致应力应变关系不唯一，且与加载历史有关。这是有限元分析中必须注意到的一个问题。

另外一类材料非线性是某些材料在保持应力不变条件下，变形与时间有关，即产生徐变，徐变随着载荷作用期的延长而增大。

上述材料的应变随着时间变化的特性称为黏性，黏性材料的本构关系与时间有关。在结构分析中常会遇到各种本构关系的材料，如弹性材料、黏弹性材料等。

理论上，已有的本构关系模型主要有：弹性理论、非线性弹性理论、弹塑性理论、断裂力学理论、损伤力学理论和内时理论等。为了对比，在建立本构关系中应用的理论模型的特点，以一维问题为例，对现有的理论模型作一简单回顾。

8.2.1　线弹性本构关系

应力应变在加载或者卸载时呈现线性关系，即服从胡克定律，如图 8-10 所示，其表达式为

$$\sigma=E\varepsilon \tag{8-1}$$

弹性关系中应力状态与应变状态呈一一对应的关系，并且呈线性关系，称为线弹性。在实际结构设计中，线弹性仍然是应用很广泛的本构模式。

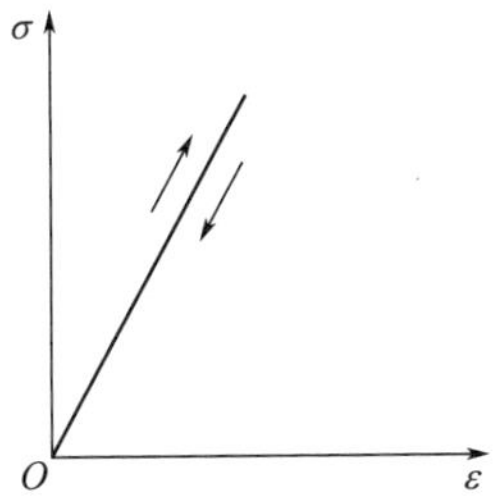

图 8-10　线弹性本构关系

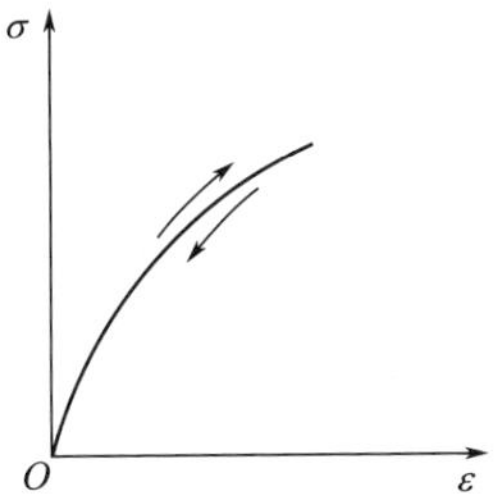

图 8-11　非线性弹性本构关系

8.2.2　非线性弹性本构关系

如图 8-11 所示，应力和应变不成正比，但是有一一对应关系。卸载后没有残余变形，应力状态完全由应变状态决定，而与加载历史无关，该关系可以表示为

$$\sigma=E(\sigma)\varepsilon \tag{8-2}$$

$$\mathrm{d}\sigma=E(\sigma)\mathrm{d}\varepsilon=E_{\mathrm{t}}\mathrm{d}\varepsilon \tag{8-3}$$

其中，弹性模量 E_{t} 是应力水平（或应变大小）的函数。如果找到了 $E(\sigma)$ 合适的表达式，则它可以较好地描述材料在单调加载条件下的应力应变关系。

前面知道在三维空间中，应力、应变分别可以表示为

$$\boldsymbol{\sigma}=\begin{bmatrix}\sigma_x & \sigma_y & \sigma_z & \tau_{xy} & \tau_{yz} & \tau_{zx}\end{bmatrix}^{\mathrm{T}} \tag{8-4}$$

$$\boldsymbol{\varepsilon}=\begin{bmatrix}\varepsilon_x & \varepsilon_y & \varepsilon_z & \gamma_{xy} & \gamma_{yz} & \gamma_{zx}\end{bmatrix}^{\mathrm{T}} \tag{8-5}$$

线弹性本构关系可以表示为

$$\boldsymbol{\sigma}=\boldsymbol{D}\boldsymbol{\varepsilon} \tag{8-6}$$

其中，$\boldsymbol{D}$ 为材料本构关系矩阵，可以表示为

$$\boldsymbol{D}=\frac{E}{(1+\mu)(1-2\mu)}\begin{bmatrix}1-\mu & \mu & \mu & 0 & 0 & 0\\ \mu & 1-\mu & \mu & 0 & 0 & 0\\ \mu & \mu & 1-\mu & 0 & 0 & 0\\ 0 & 0 & 0 & \dfrac{1-2\mu}{2} & 0 & 0\\ 0 & 0 & 0 & 0 & \dfrac{1-2\mu}{2} & 0\\ 0 & 0 & 0 & 0 & 0 & \dfrac{1-2\mu}{2}\end{bmatrix} \tag{8-7}$$

其中，E 为弹性模量，μ 为泊松比。

由于线弹性关系简洁，并且应用广泛，如果不将材料弹性模量 E、泊松比 μ 等设为常

数，而是设为随应力状态而变化的参数，则这种关系便变为非线性弹性关系了。基于这一想法，许多学者提出了许多非线性弹塑性本构关系，如弹塑性增量理论。

弹塑性增量理论要对以下三个方面作出基本假定：

① 屈服准则　即确定应力状态满足什么条件进入屈服状态的法则。

② 流动法则　该法则确定了材料处于屈服状态时塑性变形增量的方向。

③ 硬化法则　即材料达到初始屈服面以后，屈服条件变化的法则。相当于一维应力状态下，材料达到初始屈服条件后，判断其屈服强度是不变的（理想弹塑性），还是提高（硬化弹塑性）的，或是降低（软化）的法则。

8.2.3　弹塑性本构关系

在变形体材料加载后卸载时产生的不可恢复变形称为塑性变形，基于这一现象，建立塑性理论。如图 8-12 所示为典型的钢材单向拉伸 σ-ε 曲线。由图可知，当 $\sigma<\sigma_y$ 时，σ 与 ε 呈弹性关系，即 $\sigma=E\varepsilon$；当 $\sigma>\sigma_y$ 时，产生塑性变形，即 $\sigma=\Phi(\varepsilon)$，$\varepsilon=\varepsilon^e+\varepsilon^p$。其中，$\varepsilon^e$ 在卸载时可以恢复，称为弹性变形；ε^p 不可恢复，称为塑性变形。全过程可以分为若干阶段，OA 称为弹性阶段，AB 称为流动阶段，BC 称为硬化阶段。在一般情况下，根据材料的不同条件作不同的简化。常用的简化模型如下：

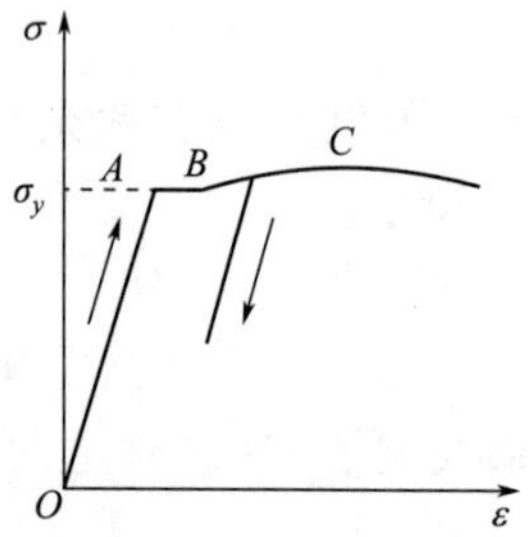

图 8-12　钢材单向拉伸应力-应变曲线

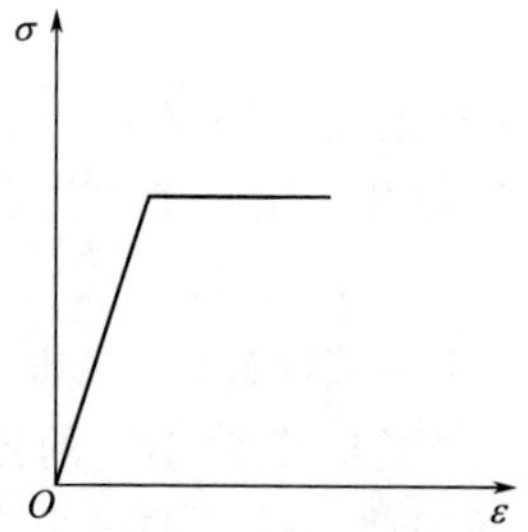

图 8-13　理想弹塑性模型

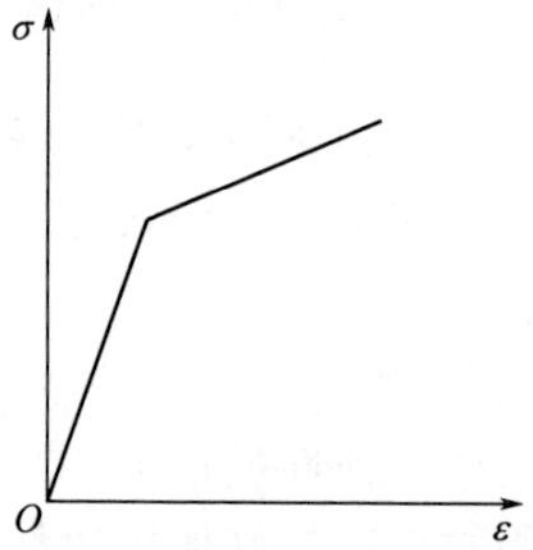

图 8-14　线性强化弹塑性模型

(1) 理想弹塑性模型

如图 8-13 所示，当材料流动阶段较长而结构应变又不太大时，强化阶段可以忽略，而简化为理想弹塑性材料。其应力应变关系为

$$|\sigma|<\sigma_y \text{ 时 } \varepsilon=\frac{\sigma}{E} \tag{8-8}$$

$$|\sigma|=\sigma_y \text{ 时}\begin{cases}\varepsilon=\dfrac{\sigma}{E}+\lambda\,\mathrm{sign}\sigma, & \sigma\mathrm{d}\sigma\geqslant 0(\text{加载})\\ \mathrm{d}\varepsilon=\dfrac{\mathrm{d}\sigma}{E}, & \sigma\mathrm{d}\sigma<0(\text{卸载})\end{cases} \tag{8-9}$$

其中 $\lambda\geqslant 0$，为一个参数；sign 为符号函数，其表示为

$$\mathrm{sign}=\begin{cases}+1, & \sigma>0\\ 0, & \sigma=0\\ -1, & \sigma<0\end{cases} \tag{8-10}$$

(2) 线性强化弹塑性模型

如图 8-14 所示，当材料有明显强化作用时，为计算简单起见，将弹性阶段与强化阶段

用两条直线表示，即

$$|\sigma|\leqslant\sigma_y \text{ 时 } \varepsilon=\frac{\sigma}{E} \tag{8-11}$$

$$|\sigma|>\sigma_y \text{ 时}\begin{cases}\varepsilon=\dfrac{\sigma}{E}+(|\sigma|-\sigma_y)\left(\dfrac{1}{E'}-\dfrac{1}{E}\right)\text{sign}\sigma & \text{（加载）}\\ \mathrm{d}\varepsilon=\dfrac{\mathrm{d}\sigma}{E} & \text{（卸载）}\end{cases} \tag{8-12}$$

（3）一般加载规律模型

如图 8-15 所示，在塑性以及强化阶段，应力应变为一般的曲线关系，即

$$\sigma=\Phi(\varepsilon) \tag{8-13}$$

伊柳辛（Ilyushin）建议表达式为　$\sigma=E\varepsilon[1-\omega(\varepsilon)]$　(8-14)

其中

$$\begin{cases}\omega(\varepsilon)=0, & |\varepsilon|\leqslant\varepsilon_y\\ \omega(\varepsilon)=\dfrac{E\varepsilon-\Phi(\varepsilon)}{E\varepsilon}, & |\varepsilon|>\varepsilon_y\end{cases} \tag{8-15}$$

由图 8-15 可知，$\omega(\varepsilon)=AC/AB$，它表示了应力应变关系偏离线性关系的程度。在非线性方程用迭代法求解时比较方便。

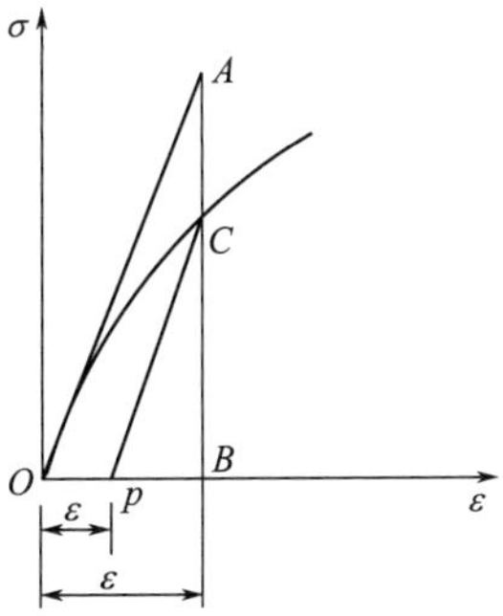

图 8-15　一般加载规律模型

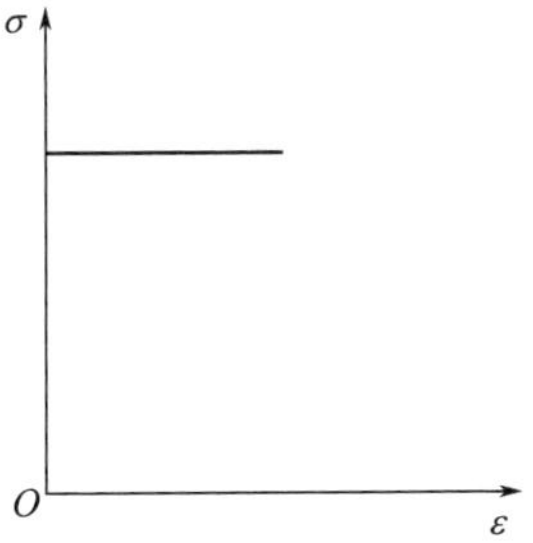

图 8-16　刚塑性模型

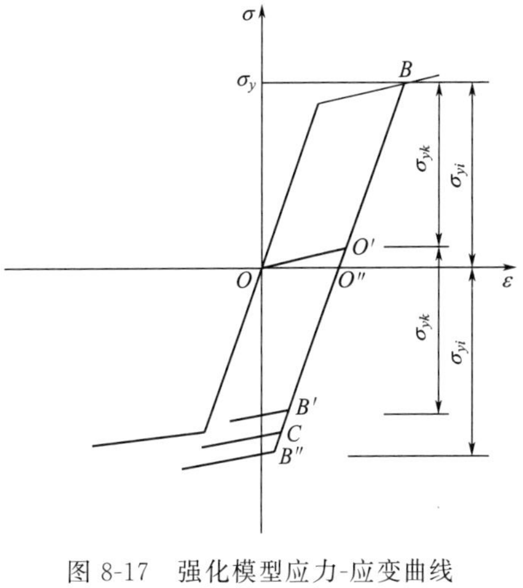

图 8-17　强化模型应力-应变曲线

（4）刚塑性模型

如图 8-16 所示，在总的变形中，若可恢复的弹性变形所占比例很小，即 $\varepsilon^{e}\ll\varepsilon^{p}$ 时，为简化计算常常忽略弹性变形部分，即认为 $\sigma<\sigma_y$ 时，$\varepsilon\approx0$，这种本构关系称为刚塑性模型，这在计算结构所能够承受的极限载荷时常常应用。

（5）强化模型

在应力改变符号并产生反方向的屈服时，根据其屈服强度变化的不同，常采用以下两种简化模型。

① 等强强化模型　拉伸和压缩时的强化屈服强度是相等的，即

$$\sigma_y^{+}=\sigma_y^{-}=\varphi\int \mathrm{d}\,\varepsilon^{p} \tag{8-16}$$

其屈服强度取决于历史上达到的绝对最高应力值，它与塑性变形的总和有关，见图 8-17 中的 $BO''B''$ 曲线。

② 随动强化模型　该模型认为弹性的范围不变，卸载并反向加载的应力应变曲线原点从 O 移到 O'，如图 8-17 中的 $BO'B'$ 曲线。因而有

$$\sigma_y = |\sigma - H(\varepsilon^{\mathrm{p}})| \tag{8-17}$$

在线性强化阶段可以写为

$$\sigma_y = |\sigma - C\varepsilon^{\mathrm{p}}| \tag{8-18}$$

对比金属实验数据，实际上的屈服强度介于上述两种假设之间，因而有学者又提出了混合强化的模型，如图 8-17 中 BC 曲线。

由于塑性理论中应力状态与加载历史和加载路径有关，可以较好地描述结构在各种复杂加载过程中的应力应变状态，因此得到了广泛的应用。

8.3　几何非线性

在经典的材料力学中有一个基本假定，即位移与应变的关系是线性的，且应变为小量，从而得到了线性方程组，通过求解方程组可获得线性有限元的解。对于非线性有限元问题，求解的基本步骤与线性问题基本相同，仍可分为单元分析、整体分析和方程求解三个步骤。

① 单元分析　在线性问题中，单元刚度矩阵为一常量矩阵。在非线性问题中，当为材料非线性问题时，应采用材料的非线性本构关系；当为几何非线性问题时，可以建立应变与位移关系矩阵，此时应考虑位移的高阶导数项的响应，且对单元积分时，要考虑单元体积的变化；当考虑材料和几何两种非线性性能时，应考虑两种非线性问题的耦合作用。

② 整体分析　获得单元刚度矩阵后，即可进行单元刚度矩阵的集成和边界条件处理，从而形成整体刚度矩阵。此过程基本上与线性问题相同。由于非线性问题存在，整体的刚度方程通常采用的是增量形式。

③ 非线性方程组的求解　非线性方程求解较为复杂，一般情况下，都是将非线性方程线性化，即将非线性问题转化为一系列线性问题求解。转化为线性问题的方法有许多，但可归纳为全量法和增量法两类。在涉及几何非线性问题的有限单元法中，通常采用增量法进行分析，它可以采用两种不同的表达式。第一种格式中所有静力学和运动学变量总是参考于初始变形，即在整个分析过程中参考位形始终不变，这种格式称为完全的拉格朗日列式；另一种格式中所有静力学和运动学变量受每一载荷或时间步长开始时的位移影响，即在分析过程中参考位形是不断被更新的，这种格式称为更新的拉格朗日列式。

非线性问题是工程中非常常见且重要的问题，主要有接触问题、材料非线性问题和几何非线性问题。本章主要是介绍非线性问题的种类，让读者在遇到此类问题时，能够理解其原理。具体到细节的非线性有限元的细节，见电子资源。

习　题

8-1　请列举几个工程中的非线性有限元的例子。

8-2　设计离心压缩机叶轮的过盈量，应该考虑哪些因素？

8-3　O 形圈密封是工程上常用的结构，用有限元法进行这种密封性能的分析时，会涉及哪几种非线性因素？

第 9 章 杆件结构有限元分析

【工程问题分析】

工程结构的基本组成部分统称为构件。实际构件有各种不同的形状，当构件长度方向的尺寸远大于横截面尺寸时，称为杆件，或简称为杆，杆的受力问题可以简化为一维问题。杆件是工程结构中基本元件之一，在工程中有着广泛的应用。由杆件构成的结构有桁架、钢架、轴系等。杆件结构在工程和日常生活中也是常见的一类结构，如钢塔、电视塔等都是生活中常见的杆件结构。与石化行业紧密相关的则有换热器的管束、工艺流程中传输介质的管路结构等，如图 9-1 所示。杆件结构的计算分析对于工程结构分析设计来说具有非常重要的作用。

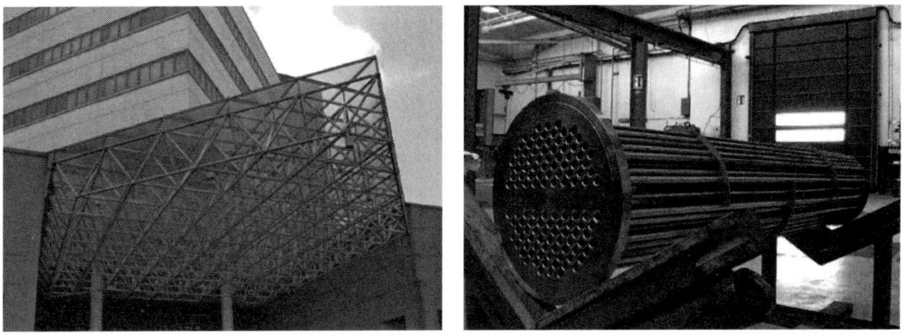

图 9-1 生活和工程中常见的杆件结构

图 9-2 展示了由中国自主研发建造的全球首座 10 万吨级深水半潜式生产储油平台，也就是“深海一号”。这一海洋工程重大装备，实现了 3 项世界级创新，运用了 13 项国内首创技术，被誉为迄今中国相关领域技术集大成之作。

笔者有幸参与了该平台上某往复压缩机机撬的动力学计算与分析软件开发工作。为了实现管道与机撬内罐体的整体快速建模与高效分析，课题组完全自主开发了以空间梁单元为基本单元的有限元分析软件，如图 9-3 所示。

本章主要讨论各种杆件单元和由它们组成的杆系结构的有限元分析方法。相信通过对本章知识的学习，读者也可以自己编写一些计算程序，实现对杆件结构的有限元分析。

图 9-2 “深海一号”平台和平台上的往复压缩机机撬

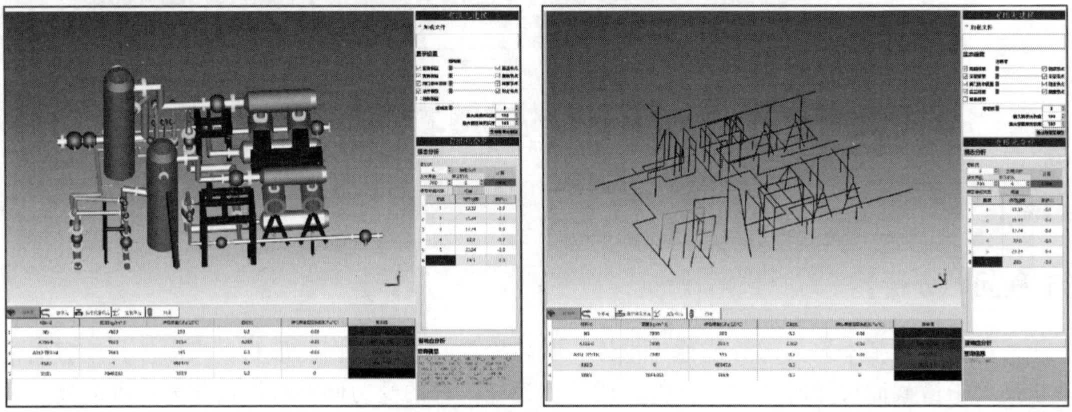

图 9-3 “深海一号”平台上某往复压缩机管道及罐体动力学计算与分析软件

【学习目标】

通过本章的学习，掌握以下内容。

① 掌握弹性力学一维问题的基本概念和基本方程；

② 明确一维问题有限元法基本分析路线和特点，包括单元的划分、单元的自由度、单元分析、用结点位移表示结点力、单元刚度矩阵元素的物理意义、坐标变换、约束的引入等；

③ 能手动分析、计算简单的平面梁结构问题及简单的桁架问题。

9.1 杆单元的有限元分析

9.1.1 杆单元

杆单元是工程桁架结构的基本构件，是常见的承力构件，它的受力特点是外力合力的作用线与轴线重合，对应的变形为沿轴向拉伸或压缩，横截面上的内力只有轴力。杆单元组成的杆件结构连接特点是：连接杆件两端的一般都是铰接接头，因此，它主要承受沿轴线的轴向力；因两个连接的构件在铰接接头处可以转动，所以它不传递和承受弯矩。

杆单元根据其几何和受力特征可以视作一维问题，在建立力学几何模型时，只需建立轴线。杆的轴线由所有横截面形心的连线构成。首先在局部坐标系中分析杆单元的数学提法和有限元法单元格式。

(1) 杆单元的力学模型描述

对于拉压杆单元，建立局部坐标系如图 9-4 所示，杆件轴线方向为 x 轴，则有关量如应力、应变、位移和载荷只是自变量 x 的函数，结构为一维问题。

因此，在一维局部坐标系中，位移矢量 $\boldsymbol{u}$ 表示为

$$\boldsymbol{u}=u(x) \tag{9-1}$$

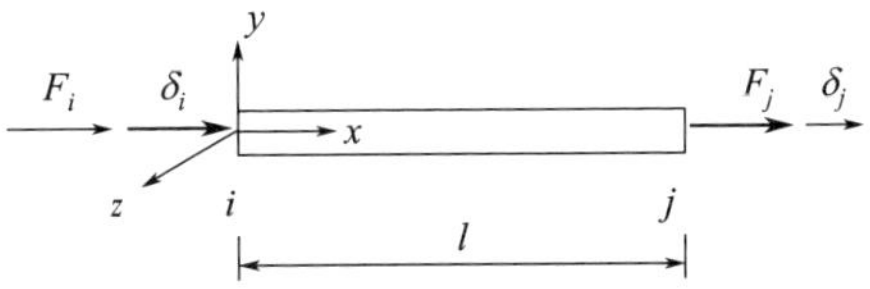

图 9-4　拉压杆单元局部坐标系

应力和应变分别表示为

$$\boldsymbol{\sigma}=\sigma(x) \tag{9-2}$$

$$\boldsymbol{\varepsilon}=\varepsilon(x) \tag{9-3}$$

作用在拉压杆单元上的分布外力表示为沿轴线分布为

$$\boldsymbol{f}=f(x) \tag{9-4}$$

一维空间中，几何方程为

$$\varepsilon=\frac{\mathrm{d}u}{\mathrm{d}x} \tag{9-5}$$

根据胡克定理，物理方程为

$$\sigma=E\varepsilon \tag{9-6}$$

式中，E 为材料的弹性模量。

(2) 杆单元的位移模式、形函数

如图 9-4 所示一任意线性杆单元，单元长度为 l，有两个结点 i 和 j。结点坐标为 $x_i=0, x_j=l$。结点在 x 方向的位移为 δ_i、δ_j。单元结点位移列阵 $\boldsymbol{q}^e$ 为

$$\boldsymbol{q}^e=(\delta_i, \delta_j)^{\mathrm{T}} \tag{9-7}$$

根据位移模式的确定原则，二结点杆单元的位移模式为

$$u(x)=\beta_1+\beta_2 x \tag{9-8}$$

其中 β_1、β_2 为两个待定系数。把结点坐标代入位移模式可解得

$$\beta_1=\delta_i，\ \beta_2=(\delta_j-\delta_i)/l \tag{9-9}$$

把式(9-9) 代入位移模式整理有

$$u(x)=\left(1-\frac{x}{l}\right)\delta_i+\frac{x}{l}\delta_j \tag{9-10}$$

令

$$N_i=\left(1-\frac{x}{l}\right)，\ N_j=\frac{x}{l} \tag{9-11}$$

N_i、N_j 即为二结点杆单元的形函数。引入自然坐标 $\xi=\dfrac{x}{l}$，形函数改写为

$$N_i=1-\xi，\ N_j=\xi \tag{9-12}$$

形函数矩阵 $\boldsymbol{N}^e$ 为

$$\boldsymbol{N}^e=(N_i \quad N_j) \tag{9-13}$$

位移模式写成矩阵形式为

$$u(x)=\boldsymbol{N}^e\boldsymbol{q}^e \tag{9-14}$$

(3) 杆单元的应力和应变

因 $\dfrac{\mathrm{d}\xi}{\mathrm{d}x}=\dfrac{1}{l}$，由几何方程式(9-5) 可求得用结点位移表示的应变为

$$\boldsymbol{\varepsilon}=\frac{\mathrm{d}u}{\mathrm{d}x}=\frac{\mathrm{d}u}{\mathrm{d}\xi}\times\frac{\mathrm{d}\xi}{\mathrm{d}x}=\frac{1}{l}\times\frac{\partial}{\partial\xi}(\boldsymbol{N}^e\boldsymbol{q}^e)=\frac{1}{l}\begin{bmatrix}\dfrac{\partial N_i}{\partial\xi} & \dfrac{\partial N_j}{\partial\xi}\end{bmatrix}\begin{bmatrix}\delta_i\\ \delta_j\end{bmatrix}=\frac{1}{l}\begin{bmatrix}-1 & 1\end{bmatrix}\begin{bmatrix}\delta_i\\ \delta_j\end{bmatrix}=\boldsymbol{B}^e\boldsymbol{q}^e \tag{9-15}$$

其中 $\boldsymbol{B}^e$ 为杆单元的应变矩阵：

$$\boldsymbol{B}^{e}=\frac{1}{l}\begin{bmatrix}-1 & 1\end{bmatrix} \tag{9-16}$$

将应变代入物理方程，可得拉压杆单元横截面上的应力为

$$\boldsymbol{\sigma}=E\boldsymbol{\varepsilon}=E\boldsymbol{B}^{e}\boldsymbol{q}^{e}=\boldsymbol{S}^{e}\boldsymbol{q}^{e} \tag{9-17}$$

因此，单元的应力矩阵为

$$\boldsymbol{S}^{e}=E\boldsymbol{B}^{e}=\left(-\frac{E}{l},\frac{E}{l}\right) \tag{9-18}$$

根据式(9-16)和式(9-18)可以看出，使用线性形函数得到的单元应变矩阵 $\boldsymbol{B}^e$、单元应力矩阵 $\boldsymbol{S}^e$ 的元素均是常数，因此，单元应变和单元应力均为常数，即为常应变和常应力单元。

(4) 杆单元的刚度矩阵

对于一维杆单元，总势能的表达式为

$$\boldsymbol{\Pi}^{e}=\frac{1}{2}\int_{l^{e}}\boldsymbol{\sigma}^{e\mathrm{T}}\boldsymbol{\varepsilon}^{e}A^{e}\,\mathrm{d}x-\int_{l^{e}}\boldsymbol{u}^{e\mathrm{T}}\boldsymbol{f}\,\mathrm{d}x-\sum_{i}\boldsymbol{\delta}_{i}^{\mathrm{T}}\boldsymbol{P}_{i} \tag{9-19}$$

式中，$\boldsymbol{P}_i$ 是作用在点 i 处的集中力；$\boldsymbol{\delta}_i$ 是该点的 x 方向的位移，其中对 i 求和表示计算由所有集中力引起的势能。

参照第 3 章的分析，读者可自行对一维杆单元总势能泛函求极值，可得单元结点平衡方程为

$$\boldsymbol{k}^{e}\boldsymbol{q}^{e}=\boldsymbol{F}^{e} \tag{9-20}$$

其中 $\boldsymbol{k}^e$ 为单元刚度矩阵，$\boldsymbol{F}_{\mathrm{I}}^e$ 为单元结点力列阵，有

$$\boldsymbol{k}^{e}=\int_{l^{e}}\boldsymbol{B}^{e\mathrm{T}}E\boldsymbol{B}^{e}A^{e}\,\mathrm{d}x \tag{9-21}$$

$$\boldsymbol{F}_{\mathrm{I}}^{e}=\int_{l^{e}}\boldsymbol{N}^{e\mathrm{T}}f(x)\,\mathrm{d}x+\sum_{i}\boldsymbol{N}^{e\mathrm{T}}\Big|_{i}\boldsymbol{P}_{i} \tag{9-22}$$

对于二结点杆单元，$\boldsymbol{k}^e$ 为 2×2 矩阵：

$$\boldsymbol{k}^{e}=\frac{EA^{e}}{l}\begin{bmatrix}1 & -1\\ -1 & 1\end{bmatrix} \tag{9-23}$$

(5) 杆单元的等效结点力

令 $\boldsymbol{F}_{\mathrm{b}}^e$ 为单元分布力等效结点力列阵，有

$$\boldsymbol{F}_{\mathrm{b}}^{e}=\int_{l^{e}}\boldsymbol{N}^{e\mathrm{T}}f(x)\,\mathrm{d}x \tag{9-24}$$

当单元上作用的分布力 $f(x)$ 为常数 f 时，代入式(9-19)，计算 $\boldsymbol{F}_{\mathrm{b}}^e$ 为

$$\boldsymbol{F}_{\mathrm{b}}^{e}=\frac{lf}{2}\begin{bmatrix}1\\ 1\end{bmatrix} \tag{9-25}$$

单元特性矩阵 $\boldsymbol{k}^e$、$\boldsymbol{F}_{\mathrm{b}}^e$ 得到后，则可进入单元组装步骤。

9.1.2 扭转杆单元

当杆件的两端作用两个大小相等、方向相反且作用平面垂直于杆件轴线的力偶时，杆件将发生扭转基本变形，变形量用扭转角 θ 度量。本节仅讨论自由扭转圆截面（或圆环截面）直杆，如图 9-5 所示。扭转杆单元有两个结点，结点 i 处的位移为 θ_i，结点力为 M_{ix}，单元

长度为 l。单元结点位移列阵为

$$q^e=(\theta_i,\theta_j)^{\mathrm{T}} \tag{9-26}$$

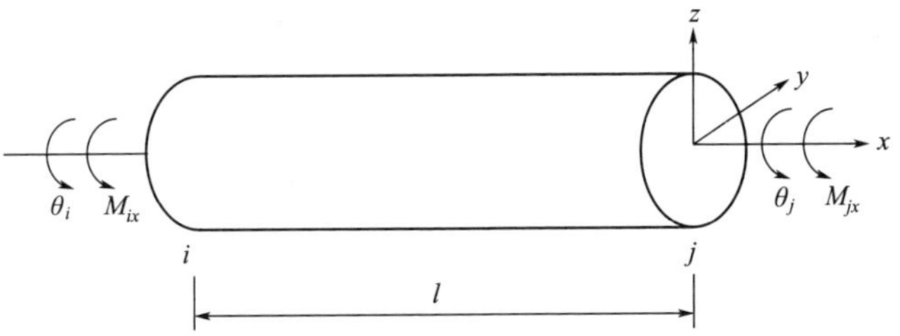

图 9-5　扭转杆单元

单元结点力列阵 $\boldsymbol{F}^e$ 为

$$\boldsymbol{F}^e=(M_{ix},M_{jx})^{\mathrm{T}} \tag{9-27}$$

根据材料力学扭转基本变形理论可知，杆横截面上每点的切应变和切应力为

$$\gamma_\rho=\frac{\rho\mathrm{d}\theta}{\mathrm{d}x},\ \tau_\rho=G\gamma_\rho=G\rho\frac{\mathrm{d}\theta}{\mathrm{d}x} \tag{9-28}$$

式中，ρ 为应力点到圆心距离；G 为材料剪切模量。

则只受集中力作用的自由扭转杆的总势能为

$$\Pi^e=\int_0^l\frac{1}{2}GI_{\mathrm{P}}(\theta'_x)^2\mathrm{d}x-\sum_i M_{ix}\theta_{ix}$$

式中，I_{P} 为截面的极惯性矩。

设二结点杆单元的位移模式为

$$\theta(x)=\beta_1+\beta_2x \tag{9-29}$$

参照拉压杆单元的有限元法单元分析，同理可得到单元应变矩阵 $\boldsymbol{B}^e$ 为

$$\boldsymbol{B}^e=\left(-\frac{\rho}{l},\frac{\rho}{l}\right) \tag{9-30}$$

单元的应力矩阵为

$$\boldsymbol{S}^e=\left(-\frac{G\rho}{l},\frac{G\rho}{l}\right) \tag{9-31}$$

二结点扭转杆单元的单元刚度矩阵 $\boldsymbol{k}^e$ 为

$$\boldsymbol{k}^e=\begin{bmatrix}\dfrac{GI_{\mathrm{P}}}{l} & -\dfrac{GI_{\mathrm{P}}}{l}\\ -\dfrac{GI_{\mathrm{P}}}{l} & \dfrac{GI_{\mathrm{P}}}{l}\end{bmatrix} \tag{9-32}$$

9.1.3　弯曲梁单元

当外力（包括力偶）的作用线垂直于杆轴线时，杆件将产生弯曲基本变形。对于平面弯曲，弯曲变形后的轴线是一条在该纵向对称面内的平面曲线。以弯曲变形为主的杆件称为梁，其变形量用挠度和转角来度量。梁横截面上的内力有弯矩和剪力。不失一般性，考虑梁在 xy 面内产生平面弯曲。图 9-6 为二结点梁单元，结点 i 处的位移（变形量）为挠度 v_i、转角 θ_i；结点力为 F_{iy}、M_{iz}，单元长度为 l。

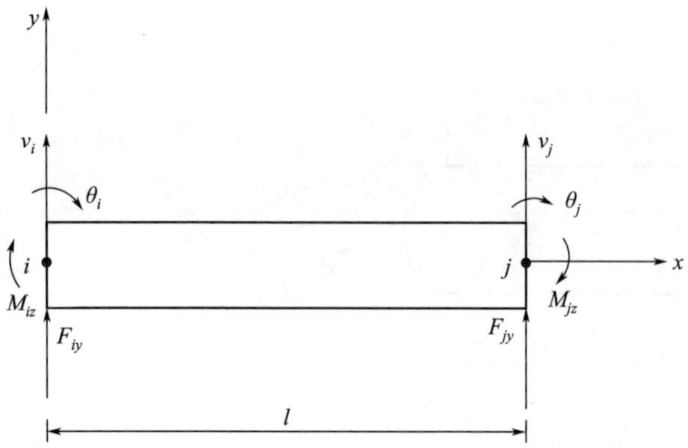

图 9-6　二结点梁单元

小变形下，根据欧拉-伯努利梁关于梁变形的假设，挠度和转角关系为 $\theta_i = v'(x)$。单元结点位移列阵表示为

$$\boldsymbol{q}^e = \left[v_i, \left(\frac{\mathrm{d}v}{\mathrm{d}x}\right)_i, v_j, \left(\frac{\mathrm{d}v}{\mathrm{d}x}\right)_j \right]^{\mathrm{T}} \tag{9-33}$$

单元结点力列阵表示为

$$\boldsymbol{F}^e = (F_{iy}, M_{iz}, F_{jy}, M_{jz})^{\mathrm{T}} \tag{9-34}$$

从以上位移列阵可以知道，每个结点有两个自由度，分别是结点挠度 v_i 和截面转角 $(\mathrm{d}v/\mathrm{d}x)_i = \theta_i$。位移场变量仅有一个 $v(x)$，假设梁轴线上各点的挠度、转角位移模式为

$$v(x) = \beta_1 + \beta_2 x + \beta_3 x^2 + \beta_4 x^3 \tag{9-35a}$$

$$\theta(x) = \beta_2 + 2\beta_3 x + 3\beta_4 x^2 \tag{9-35b}$$

把结点坐标 $x_i = 0, x_j = l$ 代入式(9-35)，通过整理可解得四个待定系数 $\beta_1 \sim \beta_4$ 为

$$\begin{cases} \beta_1 = v_i \\ \beta_2 = \theta_i \\ \beta_3 = \dfrac{1}{l^2}(-3v_i - 2l\theta_i + 3v_j - l\theta_j) \\ \beta_4 = \dfrac{1}{l^3}(2v_i + l\theta_i - 2v_j + l\theta_j) \end{cases} \tag{9-36}$$

将式(9-36) 代入式(9-35)，挠度函数表示为

$$v(x) = [N_1 \quad N_2 \quad N_3 \quad N_4]\boldsymbol{q}^e = \boldsymbol{N}^e \boldsymbol{q}^e \tag{9-37}$$

其中形函数 $N_i(i=1,4)$用局部坐标 $\xi = x/l$ 描述为

$$\begin{matrix} N_1 = 1 - 3\xi^2 + 2\xi^3, & N_2 = (\xi - 2\xi^2 + \xi^3)l \\ N_3 = 3\xi^2 - 2\xi^3, & N_4 = (\xi^3 - \xi^2)l \end{matrix} \tag{9-38}$$

容易验证式(9-37) 可以满足

$$v(\xi=0) = v_i \quad v(\xi=1) = v_j \tag{9-39}$$

$$\left.\left(\frac{\mathrm{d}v}{\mathrm{d}x}\right)\right|_{\xi=0} = \left(\frac{\mathrm{d}v}{\mathrm{d}x}\right)_i \quad \left.\left(\frac{\mathrm{d}v}{\mathrm{d}x}\right)\right|_{\xi=1} = \left(\frac{\mathrm{d}v}{\mathrm{d}x}\right)_j \tag{9-40}$$

这就可以保证在单元间挠度连续，截面转角连续。

由挠曲线近似微分方程有

$$\frac{\mathrm{d}^2 v}{\mathrm{d}x^2} = \frac{M_z}{EI_z} \tag{9-41}$$

式中，M_z 是截面上的弯矩。

单元横截面上距中性轴为 y 的点的弯曲正应力为

$$\sigma = \frac{M_z}{I_z} y \tag{9-42}$$

式中，I_z 为截面对中性轴的惯性矩。

根据胡克定律，纵向纤维的线应变为

$$\varepsilon = \frac{\sigma}{E} \tag{9-43}$$

在微元长度 $\mathrm{d}x$ 内，微元的应变能为

$$\mathrm{d}U=\frac{1}{2}\int_{l}\left(\int_{A}\sigma\varepsilon\,\mathrm{d}A\right)\mathrm{d}x=\frac{1}{2}\int_{l}\left(\frac{M_z^2}{EI^2}\int_{A}z^2\,\mathrm{d}A\right)\mathrm{d}x \tag{9-44}$$

注意到惯性矩为

$$I_z=\int_{A}y^2\,\mathrm{d}A \tag{9-45}$$

梁单元的总应变能为

$$U=\frac{1}{2}\int_0^l EI_z\left(\frac{\mathrm{d}^2 w}{\mathrm{d}x^2}\right)^2\mathrm{d}x \tag{9-46}$$

弯曲梁单元的总势能为

$$\Pi^e=\frac{1}{2}\int_0^l EI_z\left(\frac{\mathrm{d}^2 v}{\mathrm{d}x^2}\right)^2\mathrm{d}x-\int_0^l qv\,\mathrm{d}x-\sum_i M_{iz}\left(\frac{\mathrm{d}v}{\mathrm{d}x}\right)_i-\sum_j F_{jy}v_j \tag{9-47}$$

式中，q 为梁单元 y 方向的分布载荷；M_{iz} 为作用在 i 点处的对 z 轴的弯矩；F_{jy} 为作用在 j 点处的沿 y 方向的集中力。

将式(9-37) 代入式(9-47)，只考虑分布载荷 q 作用时，由最小势能原理，令 $\frac{\partial \Pi^e}{\partial q}=0$ 得

$$\boldsymbol{k}^e\boldsymbol{q}=\boldsymbol{F}^e \tag{9-48}$$

其中，单元刚度矩阵 $\boldsymbol{k}^e$ 为

$$\begin{aligned}\boldsymbol{k}^e&=\int_0^l\frac{EI_z}{l^3}\left(\frac{\mathrm{d}^2\boldsymbol{N}^e}{\mathrm{d}\xi^2}\right)^{\mathrm{T}}\left(\frac{\mathrm{d}^2\boldsymbol{N}^e}{\mathrm{d}\xi^2}\right)\mathrm{d}\xi\\
&=\frac{EI_z}{l^3}\int_0^l\begin{bmatrix}-6(1-2\xi)\\2(-2+3\xi)l\\6(1-2\xi)\\-2(1-3\xi)l\end{bmatrix}\begin{bmatrix}-6(1-2\xi) & 2(-2+3\xi)l & 6(1-2\xi) & -2(1-3\xi)l\end{bmatrix}\mathrm{d}\xi\\
&=\frac{EI_z}{l^3}\begin{bmatrix}12 & 6l & -12 & 6l\\6l & 4l^2 & -6l & 2l^2\\-12 & -6l & 12 & -6l\\6l & 2l^2 & -6l & 4l^2\end{bmatrix}\end{aligned} \tag{9-49}$$

单元等效结点力列阵 $\boldsymbol{F}^e$ 为

$$\boldsymbol{F}^e=\int_0^1 q\boldsymbol{N}^{e\mathrm{T}}l\,\mathrm{d}\xi \tag{9-50}$$

如果分布载荷为均布载荷，载荷集度为 q_0，则

$$\boldsymbol{F}^e=\frac{q_0 l}{12}\begin{bmatrix}6\\l\\6\\-l\end{bmatrix} \tag{9-51}$$

当单元结点上有直接作用的力时，叠加到 $\boldsymbol{F}^e$ 为

$$\boldsymbol{F}^e=\int_0^l q\boldsymbol{N}^{\mathrm{T}}l\,\mathrm{d}\xi+\begin{bmatrix}F_{1y}\\-M_{z1}\\F_{2y}\\-M_{z2}\end{bmatrix} \tag{9-52}$$

该单元上均布载荷 q_0 的等效结点力如图 9-7 所示。

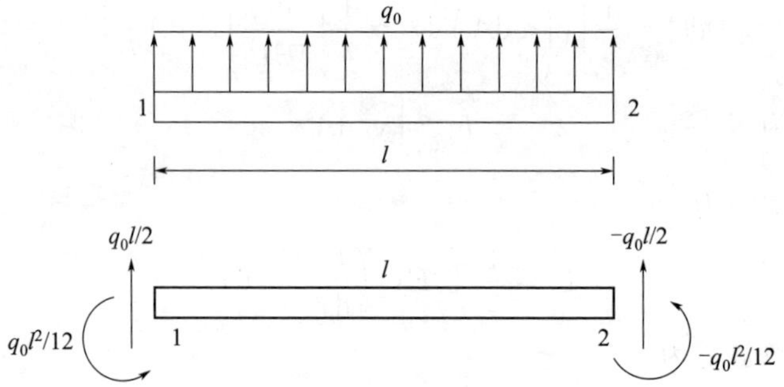

图 9-7 单元上的均布载荷等效结点力

【例 9-1】 如图 9-8(a) 所示简支梁，梁长为 $2l$，弹性模量为 E，截面 z 轴惯性矩为 I_z，均布载荷集度为 q_0。试求出两种有限元模型情况下中点的挠度并比较。

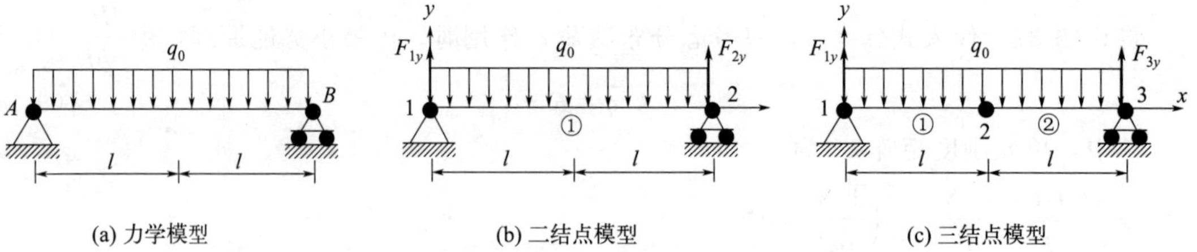

图 9-8 受均布载荷作用的简支梁

解 (1) 二结点模型有限元分析

如图 9-8(b) 所示，受均布载荷作用的简支梁离散为一个梁单元，标号为①；两个结点，标号为 1、2；结点 1、2 处分别作用有约束反力 F_{1y} 和 F_{2y}；位移约束条件为 $v_1=v_2=0$。

按照有限元分析步骤，此简单模型的有限元方程为

$$\frac{EI_z}{l^{3e}}\begin{bmatrix} 12 & 6l^e & -12 & 6l^e \\ 6l^e & 4l^{2e} & -6l^e & 2l^{2e} \\ -12 & -6l^e & 12 & -6l^e \\ 6l^e & 2l^{2e} & -6l^e & 4l^{2e} \end{bmatrix}\begin{bmatrix} 0 \\ \left(\dfrac{\mathrm{d}v}{\mathrm{d}x}\right)_1 \\ 0 \\ \left(\dfrac{\mathrm{d}v}{\mathrm{d}x}\right)_2 \end{bmatrix}=\begin{bmatrix} F_{1y}-\dfrac{q_0 l^e}{2} \\ -\dfrac{q_0 l^{2e}}{12} \\ F_{2y}-\dfrac{q_0 l^e}{2} \\ \dfrac{q_0 l^{2e}}{12} \end{bmatrix}$$

引入位移边界条件 $v_1=v_2=0$，采用删行删列法修正上述方程组，得到

$$\frac{4EI_z}{l^e}\begin{bmatrix} 1 & 0.5 \\ 0.5 & 1 \end{bmatrix}\begin{bmatrix} \left(\dfrac{\mathrm{d}v}{\mathrm{d}x}\right)_1 \\ \left(\dfrac{\mathrm{d}v}{\mathrm{d}x}\right)_2 \end{bmatrix}=-\frac{q_0 l^{2e}}{12}\begin{bmatrix} 1 \\ -1 \end{bmatrix}$$

求解得到

$$\begin{bmatrix} \left(\dfrac{\mathrm{d}v}{\mathrm{d}x}\right)_1 \\ \left(\dfrac{\mathrm{d}v}{\mathrm{d}x}\right)_2 \end{bmatrix}=\frac{q_0 l^{3e}}{24EI_z}\begin{bmatrix} -1 \\ 1 \end{bmatrix}$$

为计算梁中点挠度，写出单元结点位移列阵为

$$\boldsymbol{q}^e=\frac{q_0 l^{3e}}{24EI_z}\begin{bmatrix}0 & -1 & 0 & 1\end{bmatrix}^{\mathrm{T}}$$

中点的自然坐标为 $\xi=0.5$，则形函数矩阵在该点为

$$\boldsymbol{N}^e\big|_{\xi=0.5}=\begin{bmatrix}\frac{1}{2} & \frac{l^e}{8} & \frac{1}{2} & -\frac{l^e}{8}\end{bmatrix}$$

由位移模式(9-37) 和 $l^e=2l$，可得中点的挠度为

$$v(\xi=0.5)=\boldsymbol{N}^e\big|_{\xi=0.5}\boldsymbol{q}^e=-\frac{4q_0 l^4}{24EI_z}$$

(2) 三结点模型有限元分析

三结点模型有限元分析如图 9-8(c) 所示，受均布载荷作用的简支梁离散为两个梁单元，标号为①、②，单元长均为 l；三个结点，标号为 1、2、3，三个结点的 x 坐标分别为 $x_1=0, x_2=l, x_3=2l$；结点 1、3 处分别作用有约束反力 F_{1y} 和 F_{3y}；位移约束条件为 $v_1=v_3=0$。单元结点信息数组为

$$\mathbf{JS}=\begin{bmatrix}1 & 2\\ 2 & 3\end{bmatrix}$$

由单元分析可知，两个单元的单元刚度矩阵是相同的，为

$$\boldsymbol{k}^1=\boldsymbol{k}^2=\frac{EI_z}{l^3}\begin{bmatrix}12 & 6l & -12 & 6l\\ 6l & 4l^2 & -6l & 2l^2\\ -12 & -6l & 12 & -6l\\ 6l & 2l^2 & -6l & 4l^2\end{bmatrix}$$

两个单元的单元刚度矩阵表示为子矩阵的形式分别为

$$\boldsymbol{k}^1=\begin{bmatrix}k_{11}^1 & k_{12}^1\\ k_{21}^1 & k_{22}^1\end{bmatrix},\ \boldsymbol{k}^2=\begin{bmatrix}k_{22}^2 & k_{23}^2\\ k_{32}^2 & k_{33}^2\end{bmatrix}$$

按照结点信息数组，将两个单元刚度矩阵的子块叠加到总刚度矩阵 $\boldsymbol{K}$ 中对应位置有

$$\boldsymbol{K}=\begin{bmatrix}k_{11}^1 & k_{12}^1 & 0\\ k_{21}^1 & k_{22}^1+k_{22}^2 & k_{23}^2\\ 0 & k_{32}^2 & k_{33}^2\end{bmatrix}=\frac{EI_z}{l^3}\begin{bmatrix}12 & 6l & -12 & 6l & 0 & 0\\ 6l & 4l^2 & -6l & 2l^2 & 0 & 0\\ -12 & -6l & 24 & 0 & -12 & 6l\\ 6l & 2l^2 & 0 & 8l^2 & -6l & 2l^2\\ 0 & 0 & -12 & -6l & 12 & -6l\\ 0 & 0 & 6l & 2l^2 & -6l & 4l^2\end{bmatrix}$$

两个单元上均有分布载荷作用，由式(9-51) 得两个单元等效结点力列阵为

$$\boldsymbol{F}^1=\frac{q_0 l}{12}\begin{bmatrix}-6 & -l & -6 & l\end{bmatrix}=\begin{bmatrix}F_1 & F_2\end{bmatrix}$$

$$\boldsymbol{F}^2=\frac{q_0 l}{12}\begin{bmatrix}-6 & -l & -6 & l\end{bmatrix}=\begin{bmatrix}F_2 & F_3\end{bmatrix}$$

对两个单元的单元等效结点力列阵组装得到的结构结点载荷列阵 $\boldsymbol{F}$ 为

$$\boldsymbol{F}=\begin{bmatrix}F_{1y}-\frac{q_0 l}{2} & -\frac{q_0 l^2}{12} & -q_0 l & 0 & F_{3y}-\frac{q_0 l}{2} & \frac{q_0 l^2}{12}\end{bmatrix}^{\mathrm{T}}$$

整体结构结点位移列阵为

$$\boldsymbol{Q}=\begin{bmatrix} v_1 & \left(\dfrac{\mathrm{d}v}{\mathrm{d}x}\right)_1 & v_2 & \left(\dfrac{\mathrm{d}v}{\mathrm{d}x}\right)_2 & v_3 & \left(\dfrac{\mathrm{d}v}{\mathrm{d}x}\right)_3 \end{bmatrix}^{\mathrm{T}}$$

结构有限元方程 $\boldsymbol{KQ}=\boldsymbol{F}$ 为

$$\frac{EI_z}{l^3}\begin{bmatrix} 12 & 6l & -12 & 6l & 0 & 0 \\ 6l & 4l^2 & -6l & 2l^2 & 0 & 0 \\ -12 & -6l & 24 & 0 & -12 & 6l \\ 6l & 2l^2 & 0 & 8l^2 & -6l & 2l^2 \\ 0 & 0 & -12 & -6l & 12 & -6l \\ 0 & 0 & 6l & 2l^2 & -6l & 4l^2 \end{bmatrix}\begin{bmatrix} v_1 \\ \theta_1 \\ v_2 \\ \theta_2 \\ v_3 \\ \theta_3 \end{bmatrix}=\begin{bmatrix} F_{1y}-\dfrac{q_0 l}{2} \\ -\dfrac{q_0 l^2}{12} \\ -q_0 l \\ 0 \\ F_{3y}-\dfrac{q_0 l}{2} \\ \dfrac{q_0 l^2}{12} \end{bmatrix}$$

引入位移约束条件 $v_1=v_3=0$，采用删行删列法修正上述方程组为

$$\begin{bmatrix} 4 & -\dfrac{6}{l} & 2 & 0 \\ -\dfrac{6}{l} & \dfrac{24}{l^2} & 0 & \dfrac{6}{l} \\ 2 & 0 & 8 & 2 \\ 0 & \dfrac{6}{l} & 2 & 4 \end{bmatrix}\begin{bmatrix} \theta_1 \\ v_2 \\ \theta_2 \\ \theta_3 \end{bmatrix}=-\frac{q_0 l^3}{12EI_z}\begin{bmatrix} 1 \\ \dfrac{12}{l} \\ 0 \\ -1 \end{bmatrix}$$

求解线性方程组得

$$\begin{bmatrix} \theta_1 \\ v_2 \\ \theta_2 \\ \theta_3 \end{bmatrix}=-\frac{q_0 l^3}{12EI_z}\begin{bmatrix} 4 \\ \dfrac{5}{2}l \\ 0 \\ -4 \end{bmatrix}$$

则中点挠度为

$$v_2=-\frac{5q_0 l^4}{24EI_z}$$

由材料力学知均布载荷 q_0 作用下简支梁中点挠度为

$$v_{中点}=-\frac{5q_0 l^4}{24EI}$$

基于材料力学理论，比较两种有限元模型结果可知，三结点模型中点挠度值同材料力学理论值一致，二结点模型中点挠度值要小，其原因在于梁单元数量较少，计算结果误差较大。

9.1.4 考虑剪切的弯曲梁单元

平面假设适用于欧拉-伯努利梁，因此变形量挠度和转角有关系 $\theta_i=v'(x)$。然而当梁横截面上作用有横向力时，截面上有切应力和切应变，当考虑剪切效应时，平面假设显然不再成立。下面讨论剪切对梁变形的影响，导出考虑剪切效应下梁单元的单元特性矩阵。

横力弯曲情况下，梁横截面上既有弯曲正应力，同时也有弯曲切应力。且切应力在中性层处最大，相应切应变 γ 也在中性层处最大，到截面距中性层最远的两端处 $\gamma=0$。原本为平面的横截面变成了曲面。仍然假设变形后横截面是平面。引入平均切应变 $\bar{\gamma}$，仍用 θ 表示横截面转角，如图 9-9 所示，则平均切应变为

$$\bar{\gamma}=\frac{\mathrm{d}v}{\mathrm{d}x}-\theta \tag{9-53}$$

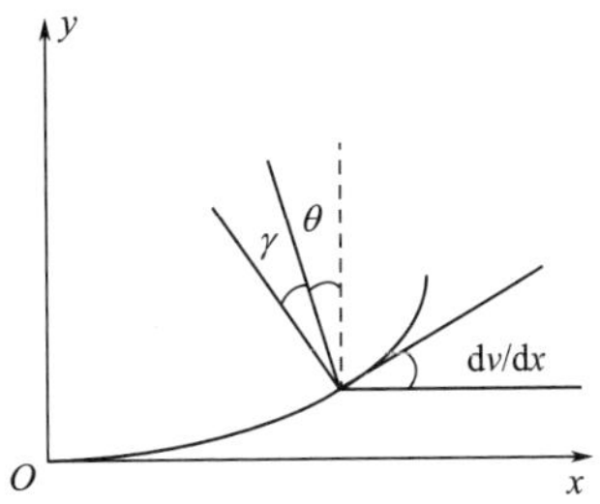

图 9-9　轴线转角、截面转角与平均切应变

平均切应力为

$$\bar{\tau}=\frac{F_{\mathrm{s}}}{A} \tag{9-54}$$

式中，F_{s} 是横截面上的剪力。

为了使 $\bar{\gamma}$ 表示的剪切应变能等于真实切应变的应变能，引入一个名为形式剪切系数的修正因子 k，有

$$\bar{\tau}=\frac{G\bar{\gamma}}{k} \tag{9-55}$$

形式剪切系数 k 与截面形状有关，如：矩形截面，$k=6/5$；圆形截面，$k=10/9$；薄圆管截面，$k=2$。

由于考虑了剪切效应，在弯曲梁总势能表达式(9-47) 中须增加剪切应变能

$$\iint\limits_{l\,A}\frac{1}{2}\,\frac{G\bar{\gamma}}{k}\bar{\gamma}\,\mathrm{d}A\,\mathrm{d}x=\frac{1}{2}\int\limits_{l}GA\,\frac{\bar{\gamma}^2}{k}\mathrm{d}x \tag{9-56}$$

采用以上假设的梁理论通常被称为铁木辛柯梁理论。用该理论可以更精确地计算出横力弯曲梁的挠度。对于某些夹层梁或动力学问题有时会很重要。

考虑剪切效应情况下，一点挠度 v 可表示为弯曲挠度 v_{b} 与剪切挠度 v_{s} 之和：

$$v=v_{\mathrm{b}}+v_{\mathrm{s}} \tag{9-57}$$

其中

$$\frac{\mathrm{d}v_{\mathrm{b}}}{\mathrm{d}x}=\theta \tag{9-58}$$

将式(9-57) 和式(9-58) 代入到式(9-53) 得到

$$\bar{\gamma}=\frac{\mathrm{d}v_{\mathrm{s}}}{\mathrm{d}x} \tag{9-59}$$

剪切应变能为

$$\frac{1}{2}\int_l\frac{GA}{k}\left(\frac{\mathrm{d}v_{\mathrm{s}}}{\mathrm{d}x}\right)^2\mathrm{d}x \tag{9-60}$$

因此考虑剪切效应时梁单元的总势能为

$$\begin{aligned}\Pi^e=&\int_0^l\frac{1}{2}EI_z\left(\frac{\mathrm{d}^2v_{\mathrm{b}}}{\mathrm{d}x^2}\right)^2\mathrm{d}x+\int_0^l\frac{1}{2}\,\frac{GA}{k}\left(\frac{\mathrm{d}v_{\mathrm{s}}}{\mathrm{d}x}\right)^2\mathrm{d}x-\int_0^l qv\,\mathrm{d}x\\&-\sum_j F_{jy}v_j-\sum_i M_{iz}\left(\frac{\mathrm{d}v_{\mathrm{b}}}{\mathrm{d}x}\right)_i\end{aligned} \tag{9-61}$$

图 9-10 所示为考虑剪切效应的二结点梁单元。每个结点有三个位移参数 v_{b}、v_{s}、θ。其单元结点弯曲挠度位移列阵和单元结点剪切挠度位移列阵分别为

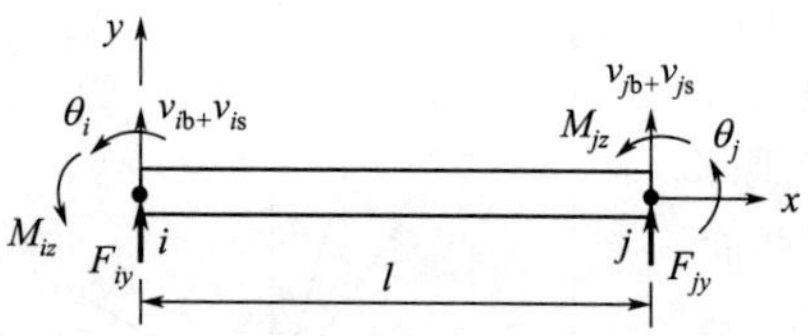

图 9-10 考虑剪切的二结点梁单元

$$\boldsymbol{q}_b^e=\begin{bmatrix}v_{ib}\\ \theta_i\\ v_{jb}\\ \theta_j\end{bmatrix},\ \boldsymbol{q}_s^e=\begin{bmatrix}v_{is}\\ v_{js}\end{bmatrix} \tag{9-62}$$

用形函数和单元结点位移表示的单元位移场为

$$\begin{aligned}v_b&=N_1v_{ib}+N_2\theta_i+N_3v_{jb}+N_4\theta_j=\boldsymbol{N}_b^e\boldsymbol{q}_b^e\\ v_s&=N_5v_{is}+N_6v_{js}=\boldsymbol{N}_s^e\boldsymbol{q}_s^e\end{aligned} \tag{9-63}$$

引入自然坐标 $\xi=x/l$，形函数 N_1、N_2、N_3、N_4、N_5 和 N_6 分别为

$$\begin{aligned}&N_1=1-3\xi^2+2\xi^3,\quad N_2=(\xi-2\xi^2+\xi^3)l,\quad N_3=3\xi^2-2\xi^3\\ &N_4=(\xi^3-\xi^2)l,\quad N_5=1-\xi,\quad N_6=\xi\end{aligned} \tag{9-64}$$

将式(9-63) 代入到式(9-61)，根据最小势能原理，令 $\dfrac{\partial \Pi}{\partial \boldsymbol{q}_b^e}=0$，$\dfrac{\partial \Pi}{\partial \boldsymbol{q}_s^e}=0$，可得如下方程

$$\boldsymbol{k}_b^e\boldsymbol{q}_b^e=\boldsymbol{F}_b^e \tag{9-65}$$

$$\boldsymbol{k}_s^e\boldsymbol{q}_s^e=\boldsymbol{F}_s^e \tag{9-66}$$

其中式(9-65) 与 9.1.3 节中不含剪切因素的有限元方程［式(9-48)］是类似的。而关于剪切挠度的方程［式(9-66)］可以推导出

$$\boldsymbol{k}_s^e=\frac{GA}{kl}\begin{bmatrix}1 & -1\\ -1 & 1\end{bmatrix} \tag{9-67}$$

$$\boldsymbol{F}_s^e=\int_0^1\boldsymbol{N}_s^{eT}ql\,d\xi+\sum_j\boldsymbol{N}_s^{eT}(\xi_j)F_{jy} \tag{9-68}$$

因有 $v_i=v_{ib}+v_{is}$，$v_j=v_{jb}+v_{js}$，单元结点位移列阵改写为

$$\boldsymbol{q}^e=[v_i\quad \theta_i\quad v_j\quad \theta_j]^T \tag{9-69}$$

可以通过单元内部分析处理将式(9-65) 和式(9-66) 合并为与 $\boldsymbol{q}^e$ 有关的单元结点平衡方程，使其得到的单元特性矩阵维数与不考虑剪切的梁单元的特性矩阵一致。横截面上的剪力为

$$F_s=\frac{AG}{k}\bar{\gamma}=\frac{AG}{k}\frac{dv_s}{dx}=\frac{GA}{kl}(v_{js}-v_{is}) \tag{9-70}$$

横截面上的弯矩为

$$M=\int_A y\sigma_x\,dA=EI_z\frac{d^2v_b}{dx^2}=\frac{EI_z}{l^2}[(6-12\xi)(v_{jb}-v_{ib})+l(6\xi-4)\theta_i+l(6\xi-2)\theta_j] \tag{9-71}$$

利用弯矩和剪力之间的微分关系

$$F_s=\frac{dM}{dx}=\frac{6EI_z}{l^3}[2(v_{jb}-v_{ib})-l(\theta_i+\theta_j)] \tag{9-72}$$

结点 j 的挠度减去结点 i 的挠度得

$$v_j-v_i=v_{jb}-v_{ib}+v_{js}-v_{is} \tag{9-73}$$

引入参数

$$b=\frac{12EI_zk}{GAl^2} \tag{9-74}$$

联立式(9-70)～式(9-74)，可以计算出

$$\begin{bmatrix} v_{j\mathrm{b}}-v_{i\mathrm{b}} \\ v_{j\mathrm{s}}-v_{i\mathrm{s}} \end{bmatrix}=\begin{bmatrix} \dfrac{1}{1+b}\left(-1 \quad \dfrac{lb}{2} \quad 1 \quad \dfrac{lb}{2}\right) \\ \dfrac{1}{1+b}\left(-1 \quad -\dfrac{l}{2} \quad 1 \quad \dfrac{lb}{2}\right) \end{bmatrix}\boldsymbol{q}^e \tag{9-75}$$

将式(9-75) 代入式(9-65)～式(9-68)，将 6 个方程按照次序 $\boldsymbol{q}^e$ 列为 4 个方程，得到单元方程

$$\boldsymbol{k}^e\boldsymbol{q}^e=\boldsymbol{F}^e \tag{9-76}$$

其中

$$\boldsymbol{k}^e=\frac{EI_z}{(1+b)l^3}\begin{bmatrix} 12 & 6l & -12 & 6l \\ 6l & (4+b)l^2 & -6l & (2-b)l^2 \\ -12 & -6l & 12 & -6l \\ 6l & (2-b)l^2 & -6l & (4+b)l^2 \end{bmatrix} \tag{9-77}$$

$$\boldsymbol{F}^e=\int_0^1 \overline{\boldsymbol{N}}^{\mathrm{T}} ql\,\mathrm{d}\xi+\sum_j \overline{\boldsymbol{N}}^{\mathrm{T}}(\xi_j)F_j+\sum_i \frac{\mathrm{d}\boldsymbol{N}_{\mathrm{b}}^{e\mathrm{T}}(\xi_i)}{\mathrm{d}\xi}\times\frac{M_{zi}}{l} \tag{9-78}$$

$$\overline{\boldsymbol{N}}=\left[\frac{1}{2}(N_1+N_5) \quad N_2 \quad \frac{1}{2}(N_3+N_6) \quad N_4\right] \tag{9-79}$$

式(9-78) 若集中力只作用于结点处，后两项会简单些。由式(9-77) 可见，由于考虑了剪切，出现了参数 b，而 b 可使刚度减小从而使位移增加。例如对矩形截面的梁 $b=6Eh^2/5Gl^2$，当 h 相对 l 小得较多时，剪切的影响可以忽略。

为了便于读者做数值实验，介绍考虑剪切梁理论的解析解。

若简支梁跨度为 l，梁 a 受均布载荷 q_0；梁 b 在梁中心截面受集中力 F，则梁 a、梁 b 中心截面挠度为

$$w_{\mathrm{c}}^{\mathrm{a}}=\frac{5ql^4}{384EI_y}+\frac{kql^2}{6GA}$$

$$w_{\mathrm{c}}^{\mathrm{b}}=\frac{Fl^3}{48EI_y}+\frac{kFl}{4GA}$$

式中的第二项就是由于剪切影响而增加的挠度。

9.2 桁架结构的有限元分析

桁架是一种许多杆件彼此在两端用铰链连接而成的结构，它在受力后几何形状不变。各连接杆件主要承受拉压力，且主要沿轴向变形。桁架又可以分为平面桁架和空间桁架，图 9-11 所示为一空间桁架结构。

图 9-11 空间桁架结构

9.2.1 平面桁架结构杆单元的坐标变换

桁架结构的有限元分析中，组成桁架结构的每根杆可离散为一个杆单元。对二结点杆单元而言，在局部坐标系下的单元分析都是类似的，见 9.1.1 节。由于每个杆单元的轴线在平面内方向不同，因此杆单元的局部坐标系也不同，这样导

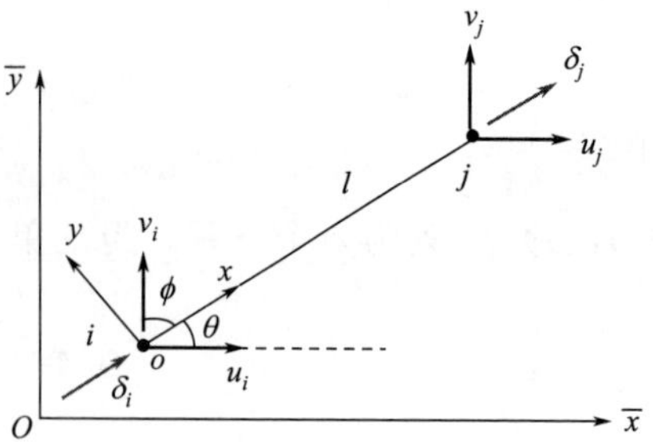

图 9-12　二结点杆单元

致铰接结点在各相关单元内有不同的位移分量描述，从而在单元分析完后无法组装成整体有限元方程进行求解。为了解决这个问题，在杆系结构有限元分析中，需要通过坐标变换把局部坐标系下的单元特性矩阵变换为整体坐标系下的单元特性矩阵。

如图 9-12 所示二结点杆单元，单元长度为 l，两个结点编号分别为 i 和 j。xoy 为杆单元的局部坐标系，其中坐标轴 x 沿杆轴线。$\bar{x}O\bar{y}$ 为整体坐标系，对所有杆单元一致，两个结点的整体坐标为 $\bar{x}_i$、$\bar{y}_i$、$\bar{x}_j$、$\bar{y}_j$。

在局部坐标系 xoy 中的单元结点位移列阵和单元结点力列阵为

$$\boldsymbol{q}^e=(\delta_i,\delta_j)^{\mathrm{T}},\ \boldsymbol{F}^e=(F_i,F_j)^{\mathrm{T}} \tag{9-80}$$

在整体坐标系 $\bar{x}O\bar{y}$ 中的单元结点位移列阵和单元结点力列阵为

$$\boldsymbol{a}^e=(u_i,v_i,u_j,v_j)^{\mathrm{T}},\ \boldsymbol{P}^e=(F_{ix},F_{iy},F_{jx},F_{jy})^{\mathrm{T}} \tag{9-81}$$

设杆单元轴线与整体坐标轴 $\bar{x}$ 的夹角为θ，与 $\bar{y}$ 的夹角为 ϕ，如图 9-12 所示。则两种坐标下的位移有如下关系

$$\begin{cases}\delta_i=u_i\cos\theta+v_i\cos\phi\\ \delta_j=u_j\cos\theta+v_j\cos\phi\end{cases} \tag{9-82}$$

有 $\cos\theta=\dfrac{\bar{x}_j-\bar{x}_i}{l}=\alpha,\cos\phi=\dfrac{\bar{y}_j-\bar{y}_i}{l}=\beta$，式(9-82) 改写为

$$\begin{cases}\delta_i=u_i\alpha+v_i\beta\\ \delta_j=u_j\alpha+v_j\beta\end{cases} \tag{9-83}$$

式(9-83) 写为矩阵形式为

$$\boldsymbol{q}^e=\begin{bmatrix}\alpha & \beta & 0 & 0\\ 0 & 0 & \alpha & \beta\end{bmatrix}\begin{bmatrix}u_i\\ v_i\\ u_j\\ v_j\end{bmatrix}=\boldsymbol{T}^e\boldsymbol{a}^e \tag{9-84}$$

式中，$\boldsymbol{T}^e$ 为坐标转换矩阵：

$$\boldsymbol{T}^e=\begin{bmatrix}\alpha & \beta & 0 & 0\\ 0 & 0 & \alpha & \beta\end{bmatrix} \tag{9-85}$$

同理，则两种坐标下的单元结点力有如下关系

$$\boldsymbol{F}^e=\boldsymbol{T}^e\boldsymbol{P}^e\quad 或\quad \boldsymbol{P}^e=\boldsymbol{T}^{e\mathrm{T}}\boldsymbol{F}^e \tag{9-86}$$

设单元上只有结点力作用，则二结点杆单元的总势能为

$$\begin{aligned}\Pi^e&=\int_0^l\frac{1}{2}AE\left(\frac{\mathrm{d}u}{\mathrm{d}x}\right)^2\mathrm{d}x-\sum_i F_i\delta_i\\ &=\frac{1}{2}\boldsymbol{q}^{e\mathrm{T}}\boldsymbol{K}^e\boldsymbol{q}^e-\boldsymbol{q}^{e\mathrm{T}}\boldsymbol{F}^e\\ &=\frac{1}{2}\frac{EA}{l}\begin{bmatrix}\delta_i & \delta_j\end{bmatrix}\begin{bmatrix}1 & -1\\ -1 & 1\end{bmatrix}\begin{bmatrix}\delta_i\\ \delta_j\end{bmatrix}-\begin{bmatrix}F_i & F_j\end{bmatrix}\begin{bmatrix}\delta_i\\ \delta_j\end{bmatrix}\end{aligned} \tag{9-87}$$

代入式(9-84)、式(9-86) 到式(9-87)，可得用整体坐标位移列阵表示的总势能为

$$\begin{aligned}\Pi^e &= \frac{1}{2}\boldsymbol{a}^{e\mathrm{T}}\boldsymbol{T}^{e\mathrm{T}}\boldsymbol{K}^e\boldsymbol{T}^e\boldsymbol{a}^e - \boldsymbol{a}^{e\mathrm{T}}\boldsymbol{T}^{e\mathrm{T}}\boldsymbol{F}^e \\ &= \frac{1}{2}\boldsymbol{a}^{e\mathrm{T}}\bar{\boldsymbol{K}}^e\boldsymbol{a}^e - \boldsymbol{a}^{e\mathrm{T}}\boldsymbol{P}^e\end{aligned} \tag{9-88}$$

式中，$\bar{\boldsymbol{K}}^e$ 为整体坐标系的单元刚度矩阵。对于平面二结点杆单元，$\bar{\boldsymbol{K}}^e$ 为 4×4 的对称矩阵，即

$$\bar{\boldsymbol{K}}^e = \boldsymbol{T}^{e\mathrm{T}}\boldsymbol{k}^e\boldsymbol{T}^e \tag{9-89}$$

上式表明通过坐标变换矩阵 $\boldsymbol{T}^e$，把局部坐标系下的 2×2 的单元刚度矩阵 $\boldsymbol{k}^e$ 变换成了整体坐标系下的单元刚度矩阵 $\bar{\boldsymbol{K}}^e$，从而便于后续有限元分析。

由最小势能原理，对式(9-88) 求极值有 $\dfrac{\partial \boldsymbol{\Pi}^e}{\partial \boldsymbol{a}^e}=0$，整体坐标系下的单元结点平衡方程为

$$\bar{\boldsymbol{K}}^e\boldsymbol{a}^e = \boldsymbol{P}^e \tag{9-90}$$

由式(9-23) 和式(9-85)、式(9-89)，通过矩阵运算得

$$\bar{K}^e = \frac{EA}{l}\begin{bmatrix} \alpha^2 & \alpha\beta & -\alpha^2 & -\alpha\beta \\ \alpha\beta & \beta^2 & -\alpha\beta & -\beta^2 \\ -\alpha^2 & -\alpha\beta & \alpha^2 & \alpha\beta \\ -\alpha\beta & -\beta^2 & \alpha\beta & \beta^2 \end{bmatrix} \tag{9-91}$$

得到整体坐标下的各单元特性矩阵后，可按有限元法分析步骤进行求解。下面以一个算例说明平面桁架结构有限元分析过程。

【例 9-2】 如图 9-13(a) 所示平面桁架结构，已知弹性模量为 E，杆横截面面积为 A，不计自重。试用有限元法求出 A、B 处的约束反力、各连接点处的位移以及②杆内力。

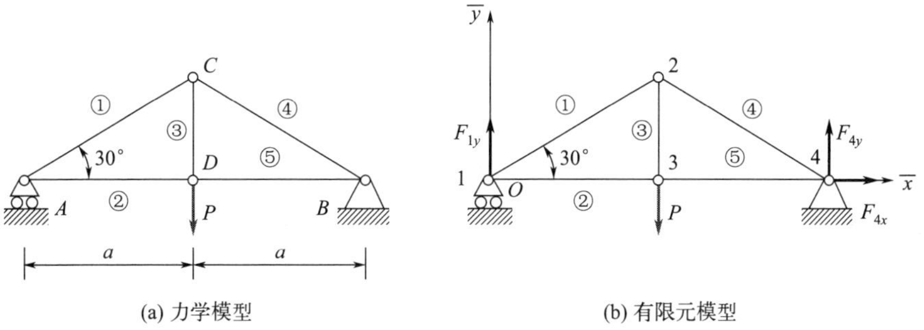

图 9-13　平面桁架结构

解　(1) 结构离散化

a. 建立整体坐标系 $\bar{x}O\bar{y}$ 如图 9-13(b) 所示；

b. 选择二结点杆单元类型划分结构，一根杆为一个杆单元，则将原求解域划分为 5 个二结点杆单元组合体；

c. 对结点和单元编号，有 $N=4$ 共四个结点，编号为 1～4；共有 5 个单元，编号为①～⑤；

d. 用二维数组 **ZB** 记录结点坐标如下：

$$\mathbf{ZB} = \begin{bmatrix} 0 & 0 \\ a & \dfrac{\sqrt{3}}{3}a \\ a & 0 \\ 2a & 0 \end{bmatrix}$$

e. 给出描述每个单元内的结点号和结点排列顺序的单元结点信息数组 **JS**；

$$\mathbf{JS}=\begin{bmatrix}1 & 2\\ 1 & 3\\ 3 & 2\\ 2 & 4\\ 3 & 4\end{bmatrix}$$

f. 将载荷及位移约束表示在相应结点上。有位移约束 $v_1=u_4=v_4=0$；作用在结点上的外力有约束力 F_{1y}，F_{4x}、F_{4y} 以及主动力 $\boldsymbol{P}$。

(2) 单元分析，建立单元特性矩阵

单元①：$\cos\theta=\alpha=\dfrac{\sqrt{3}}{2}$；$\cos\phi=\beta=\dfrac{1}{2}$；$l=\dfrac{2a\sqrt{3}}{3}$。由式(9-91) 和结点信息数组，可得到单元①的整体坐标系下的单元刚度矩阵。可计算出有关元素，并按结点号写成分块形式

$$\bar{\boldsymbol{K}}^1=\frac{\sqrt{3}EA}{2a}\begin{bmatrix}\frac{3}{4} & \frac{\sqrt{3}}{4} & -\frac{3}{4} & -\frac{\sqrt{3}}{4}\\ \frac{\sqrt{3}}{4} & \frac{1}{4} & -\frac{\sqrt{3}}{4} & -\frac{1}{4}\\ -\frac{3}{4} & -\frac{\sqrt{3}}{4} & \frac{3}{4} & \frac{\sqrt{3}}{4}\\ -\frac{\sqrt{3}}{4} & -\frac{1}{4} & \frac{\sqrt{3}}{4} & \frac{1}{4}\end{bmatrix}=\begin{bmatrix}\boldsymbol{K}_{11}^1 & \boldsymbol{K}_{12}^1\\ \boldsymbol{K}_{21}^1 & \boldsymbol{K}_{22}^1\end{bmatrix}$$

单元②：$\cos\theta=\alpha=1$；$\cos\phi=\beta=0$；$l=a$。$\bar{\boldsymbol{K}}^2$ 为

$$\bar{\boldsymbol{K}}^2=\frac{EA}{a}\begin{bmatrix}1 & 0 & -1 & 0\\ 0 & 0 & 0 & 0\\ -1 & 0 & 1 & 0\\ 0 & 0 & 0 & 0\end{bmatrix}=\begin{bmatrix}\boldsymbol{K}_{11}^2 & \boldsymbol{K}_{13}^2\\ \boldsymbol{K}_{31}^2 & \boldsymbol{K}_{33}^2\end{bmatrix}$$

单元③：$\cos\theta=\alpha=0$；$\cos\phi=\beta=1$；$l=a/\sqrt{3}$。$\bar{\boldsymbol{K}}^3$ 为

$$\bar{\boldsymbol{K}}^3=\frac{\sqrt{3}EA}{a}\begin{bmatrix}0 & 0 & 0 & 0\\ 0 & 1 & 0 & -1\\ 0 & 0 & 0 & 0\\ 0 & -1 & 0 & 1\end{bmatrix}=\begin{bmatrix}\boldsymbol{K}_{33}^3 & \boldsymbol{K}_{32}^3\\ \boldsymbol{K}_{23}^3 & \boldsymbol{K}_{22}^3\end{bmatrix}$$

单元④：$\cos\theta=\alpha=\dfrac{\sqrt{3}}{2}$；$\cos\phi=\beta=-\dfrac{1}{2}$；$l=\dfrac{2a\sqrt{3}}{3}$。$\bar{\boldsymbol{K}}^4$ 为

$$\bar{\boldsymbol{K}}^4=\frac{\sqrt{3}EA}{2a}\begin{bmatrix}\frac{3}{4} & -\frac{\sqrt{3}}{4} & -\frac{3}{4} & \frac{\sqrt{3}}{4}\\ -\frac{\sqrt{3}}{4} & \frac{1}{4} & \frac{\sqrt{3}}{4} & -\frac{1}{4}\\ -\frac{3}{4} & \frac{\sqrt{3}}{4} & \frac{3}{4} & -\frac{\sqrt{3}}{4}\\ \frac{\sqrt{3}}{4} & -\frac{1}{4} & -\frac{\sqrt{3}}{4} & \frac{1}{4}\end{bmatrix}=\begin{bmatrix}\boldsymbol{K}_{22}^4 & \boldsymbol{K}_{24}^4\\ \boldsymbol{K}_{42}^4 & \boldsymbol{K}_{44}^4\end{bmatrix}$$

单元⑤：$\cos\theta=\alpha=1$；$\cos\phi=\beta=0$；$l=a$。$\bar{\boldsymbol{K}}^5$ 为

$$\bar{\boldsymbol{K}}^5=\frac{EA}{a}\begin{bmatrix}1&0&-1&0\\0&0&0&0\\-1&0&1&0\\0&0&0&0\end{bmatrix}=\begin{bmatrix}\boldsymbol{K}_{33}^5&\boldsymbol{K}_{34}^5\\\boldsymbol{K}_{43}^5&\boldsymbol{K}_{44}^5\end{bmatrix}$$

(3) 单元组装，建立结构有限元方程组

由第 3 章分析可知通过单元结点变换矩阵 $\boldsymbol{H}^e$ 可把单元刚度矩阵 $\boldsymbol{k}^e$、单元等效结点力列阵 $\boldsymbol{F}^e$ 放大成整体刚度矩阵 $\boldsymbol{K}$、结构结点载荷列阵 $\boldsymbol{F}$ 大小，并把 $\boldsymbol{k}^e$、$\boldsymbol{F}^e$ 中各子块放到 $\boldsymbol{K}$、$\boldsymbol{F}$ 对应的行列中。在实际操作中，可不构造 $\boldsymbol{H}^e$，而是按结点信息数组中结点信息，分析完每个单元的单元特性矩阵后直接把有关子块叠加到整体刚度矩阵和结构结点载荷列阵中对应结点分块位置。

因结点数为 $N=4$，平面问题中每个结点有两个位移分量，即两个自由度，整体刚度矩阵为 8×8 的矩阵，写成分块矩阵形式为

$$\boldsymbol{K}=\begin{bmatrix}\boldsymbol{K}_{11}&\boldsymbol{K}_{12}&\boldsymbol{K}_{13}&\boldsymbol{K}_{14}\\\boldsymbol{K}_{21}&\boldsymbol{K}_{22}&\boldsymbol{K}_{23}&\boldsymbol{K}_{24}\\\boldsymbol{K}_{31}&\boldsymbol{K}_{32}&\boldsymbol{K}_{33}&\boldsymbol{K}_{34}\\\boldsymbol{K}_{41}&\boldsymbol{K}_{42}&\boldsymbol{K}_{43}&\boldsymbol{K}_{44}\end{bmatrix}=\begin{bmatrix}0&0&0&0\\0&0&0&0\\0&0&0&0\\0&0&0&0\end{bmatrix}$$

相应于结点自由度，组装前 $\boldsymbol{K}$ 中每个子块均赋值为 2×2 零矩阵。

结构结点载荷列阵 $\boldsymbol{F}$ 为 8×1 的矩阵，写成分块矩阵形式为

$$\boldsymbol{F}=[F_1\quad F_2\quad F_3\quad F_4]^{\mathrm{T}}=[0\quad 0\quad 0\quad 0]^{\mathrm{T}}$$

组装前 $\boldsymbol{F}$ 中每个子块均赋值为 2×1 零矩阵。

整体位移列向量 $\boldsymbol{Q}$ 为

$$\boldsymbol{Q}=[u_1\quad v_1\quad u_2\quad v_2\quad u_3\quad v_3\quad u_4\quad v_4]^{\mathrm{T}}$$

对单元①，由单元结点信息数组 **JS** 可知，结点顺序号为 1、2，因此把 $\bar{\boldsymbol{K}}^1$ 中的四个子块叠加到整体刚度矩阵对应的子块位置，有

$$\boldsymbol{K}=\begin{bmatrix}\boldsymbol{K}_{11}&\boldsymbol{K}_{12}&\boldsymbol{K}_{13}&\boldsymbol{K}_{14}\\\boldsymbol{K}_{21}&\boldsymbol{K}_{22}&\boldsymbol{K}_{23}&\boldsymbol{K}_{24}\\\boldsymbol{K}_{31}&\boldsymbol{K}_{32}&\boldsymbol{K}_{33}&\boldsymbol{K}_{34}\\\boldsymbol{K}_{41}&\boldsymbol{K}_{42}&\boldsymbol{K}_{43}&\boldsymbol{K}_{44}\end{bmatrix}=\begin{bmatrix}\boldsymbol{K}_{11}^1&\boldsymbol{K}_{12}^1&0&0\\\boldsymbol{K}_{21}^1&\boldsymbol{K}_{21}^1&0&0\\0&0&0&0\\0&0&0&0\end{bmatrix}$$

对本算例，单元①上无单元等效结点力，则结构结点载荷列阵 $\boldsymbol{F}$ 不变。

对单元②，由单元结点信息数组 **JS** 可知，结点顺序号为 1、3，因此把 $\bar{\boldsymbol{K}}^1$ 中的四个子块叠加到整体刚度矩阵对应的子块位置，有

$$\boldsymbol{K}=\begin{bmatrix}\boldsymbol{K}_{11}&\boldsymbol{K}_{12}&\boldsymbol{K}_{13}&\boldsymbol{K}_{14}\\\boldsymbol{K}_{21}&\boldsymbol{K}_{22}&\boldsymbol{K}_{23}&\boldsymbol{K}_{24}\\\boldsymbol{K}_{31}&\boldsymbol{K}_{32}&\boldsymbol{K}_{33}&\boldsymbol{K}_{34}\\\boldsymbol{K}_{41}&\boldsymbol{K}_{42}&\boldsymbol{K}_{43}&\boldsymbol{K}_{44}\end{bmatrix}=\begin{bmatrix}\boldsymbol{K}_{11}^1+\boldsymbol{K}_{11}^2&\boldsymbol{K}_{12}^1&\boldsymbol{K}_{13}^2&0\\\boldsymbol{K}_{21}^1&\boldsymbol{K}_{21}^1&0&0\\\boldsymbol{K}_{31}^2&0&\boldsymbol{K}_{33}^2&0\\0&0&0&0\end{bmatrix}$$

因为单元②上也无单元等效结点力，则结构结点载荷列阵 $\boldsymbol{F}$ 同样不变。

同理组装单元③～⑤，可得整体矩阵 $\boldsymbol{K}$ 为

$$\boldsymbol{K}=\begin{bmatrix}\boldsymbol{K}_{11}^1+\boldsymbol{K}_{11}^2&\boldsymbol{K}_{12}^1&\boldsymbol{K}_{13}^2&0\\\boldsymbol{K}_{21}^1&\boldsymbol{K}_{22}^1+\boldsymbol{K}_{22}^3+\boldsymbol{K}_{22}^4&\boldsymbol{K}_{23}^3&\boldsymbol{K}_{24}^4\\\boldsymbol{K}_{31}^2&\boldsymbol{K}_{32}^3&\boldsymbol{K}_{33}^2+\boldsymbol{K}_{33}^5+\boldsymbol{K}_{33}^3&\boldsymbol{K}_{34}^5\\0&\boldsymbol{K}_{42}^4&\boldsymbol{K}_{43}^5&\boldsymbol{K}_{44}^5+\boldsymbol{K}_{44}^4\end{bmatrix}$$

结构结点载荷列阵 $\boldsymbol{F}$ 无叠加。

$$\boldsymbol{F}=[F_1 \quad F_2 \quad F_3 \quad F_4]^{\mathrm{T}}=[0 \quad 0 \quad 0 \quad 0]^{\mathrm{T}}$$

计算后为

$$\boldsymbol{K}=\frac{EA}{a}\begin{bmatrix} \frac{3\sqrt{3}+8}{8} & \frac{3}{8} & -\frac{3\sqrt{3}}{8} & -\frac{3}{8} & -1 & 0 & 0 & 0 \\ \frac{3}{8} & \frac{\sqrt{3}}{8} & -\frac{3}{8} & -\frac{\sqrt{3}}{8} & 0 & 0 & 0 & 0 \\ -\frac{3\sqrt{3}}{8} & -\frac{3}{8} & \frac{3\sqrt{3}}{4} & 0 & 0 & 0 & -\frac{3\sqrt{3}}{8} & \frac{3}{8} \\ -\frac{3}{8} & -\frac{\sqrt{3}}{8} & 0 & \frac{5\sqrt{3}}{4} & 0 & -\sqrt{3} & \frac{3}{8} & -\frac{\sqrt{3}}{8} \\ -1 & 0 & 0 & 0 & 2 & 0 & -1 & 0 \\ 0 & 0 & 0 & -\sqrt{3} & 0 & \sqrt{3} & 0 & 0 \\ 0 & 0 & -\frac{3\sqrt{3}}{8} & \frac{3}{8} & -1 & 0 & \frac{3\sqrt{3}+8}{8} & -\frac{3}{8} \\ 0 & 0 & \frac{3}{8} & -\frac{\sqrt{3}}{8} & 0 & 0 & -\frac{3}{8} & \frac{\sqrt{3}}{8} \end{bmatrix}$$

前面分析可知，结构结点载荷列阵 $\boldsymbol{F}$ 除了要叠加每个单元上等效的结点力外，还得考虑作用在结点上的集中力。由第一步离散化可知：作用在结点 1 上有约束力 F_{1y}，结点 4 上有约束力 F_{4x}、F_{4y}，作用在结点 3 上 y 向有主动力 P。把这些集中力叠加到结构结点载荷列阵 $\boldsymbol{F}$ 中对应结点对应方向上有

$$\boldsymbol{F}=[F_1 \quad F_2 \quad F_3 \quad F_4]^{\mathrm{T}}=[0 \quad F_{1y} \quad 0 \quad 0 \quad 0 \quad -P \quad F_{4x} \quad F_{4y}]^{\mathrm{T}}$$

结构有限元方程组 $\boldsymbol{KQ}=\boldsymbol{F}$ 展开为

$$\frac{EA}{a}\begin{bmatrix} \frac{3\sqrt{3}+8}{8} & \frac{3}{8} & -\frac{3\sqrt{3}}{8} & -\frac{3}{8} & -1 & 0 & 0 & 0 \\ \frac{3}{8} & \frac{\sqrt{3}}{8} & -\frac{3}{8} & -\frac{\sqrt{3}}{8} & 0 & 0 & 0 & 0 \\ -\frac{3\sqrt{3}}{8} & -\frac{3}{8} & \frac{3\sqrt{3}}{4} & 0 & 0 & 0 & -\frac{3\sqrt{3}}{8} & \frac{3}{8} \\ -\frac{3}{8} & -\frac{\sqrt{3}}{8} & 0 & \frac{5\sqrt{3}}{4} & 0 & -\sqrt{3} & \frac{3}{8} & -\frac{\sqrt{3}}{8} \\ -1 & 0 & 0 & 0 & 2 & 0 & -1 & 0 \\ 0 & 0 & 0 & -\sqrt{3} & 0 & \sqrt{3} & 0 & 0 \\ 0 & 0 & -\frac{3\sqrt{3}}{8} & \frac{3}{8} & -1 & 0 & \frac{3\sqrt{3}+8}{8} & -\frac{3}{8} \\ 0 & 0 & \frac{3}{8} & -\frac{\sqrt{3}}{8} & 0 & 0 & -\frac{3}{8} & \frac{\sqrt{3}}{8} \end{bmatrix}\begin{bmatrix} u_1 \\ v_1 \\ u_2 \\ v_2 \\ u_3 \\ v_3 \\ u_4 \\ v_4 \end{bmatrix}=\begin{bmatrix} 0 \\ F_{1y} \\ 0 \\ 0 \\ 0 \\ -P \\ F_{4x} \\ F_{4y} \end{bmatrix}$$

(4) 施加位移约束，引入位移边界条件修正有限元方程组

根据有限元模型可知，位移约束边界条件为 $v_1=u_4=v_4=0$。采用删行删列法，删掉有限元方程组对应边界条件的第 2、7、8 的行和列。$\boldsymbol{K}$ 由 8×8 阶矩阵降维为 5×5 阶；$\boldsymbol{F}$ 由 8×1 列向量变为 5×1 列向量；整体位移列向量 $\boldsymbol{Q}$ 相应由 8×1 列向量变为 5×1 列向量。修

正后的有限元方程 $\boldsymbol{K}^*\boldsymbol{Q}^*=\boldsymbol{F}^*$ 为

$$\frac{EA}{a}\begin{bmatrix} \frac{3\sqrt{3}+8}{8} & -\frac{3\sqrt{3}}{8} & -\frac{3}{8} & -1 & 0 \\ -\frac{3\sqrt{3}}{8} & \frac{3\sqrt{3}}{4} & 0 & 0 & 0 \\ -\frac{3}{8} & 0 & \frac{5\sqrt{3}}{4} & 0 & -\sqrt{3} \\ -1 & 0 & 0 & 2 & 0 \\ 0 & 0 & -\sqrt{3} & 0 & \sqrt{3} \end{bmatrix}\begin{bmatrix} u_1 \\ u_2 \\ v_2 \\ u_3 \\ v_3 \end{bmatrix}=\begin{bmatrix} 0 \\ 0 \\ 0 \\ 0 \\ -P \end{bmatrix}$$

(5) 有限元方程组求解

求解上述 5 阶线性方程组，保留 4 位小数得

$$\begin{bmatrix} u_1 \\ u_2 \\ v_2 \\ u_3 \\ v_3 \end{bmatrix}=\frac{aP}{EA}\begin{bmatrix} -1.7321 \\ -0.8660 \\ -3.8094 \\ -0.8660 \\ -4.3868 \end{bmatrix}$$

则整体位移列向量 $\boldsymbol{Q}$ 为

$$\boldsymbol{Q}=\frac{aP}{EA}[-1.7321 \quad 0 \quad -0.8660 \quad -3.8094 \quad -0.8660 \quad -4.3868 \quad 0 \quad 0]^{\mathrm{T}}$$

(6) 回代，其余未知量计算

把整体位移列向量 $\boldsymbol{Q}$ 代入未修正前的有限元方程有

$$\frac{EA}{a}\begin{bmatrix} \frac{3\sqrt{3}+8}{8} & \frac{3}{8} & -\frac{3\sqrt{3}}{8} & -\frac{3}{8} & -1 & 0 & 0 & 0 \\ \frac{3}{8} & \frac{\sqrt{3}}{8} & -\frac{3}{8} & -\frac{\sqrt{3}}{8} & 0 & 0 & 0 & 0 \\ -\frac{3\sqrt{3}}{8} & -\frac{3}{8} & \frac{3\sqrt{3}}{4} & 0 & 0 & 0 & -\frac{3\sqrt{3}}{8} & \frac{3}{8} \\ -\frac{3}{8} & -\frac{\sqrt{3}}{8} & 0 & \frac{5\sqrt{3}}{4} & 0 & -\sqrt{3} & \frac{3}{8} & -\frac{\sqrt{3}}{8} \\ -1 & 0 & 0 & 0 & 2 & 0 & -1 & 0 \\ 0 & 0 & 0 & -\sqrt{3} & 0 & \sqrt{3} & 0 & 0 \\ 0 & 0 & -\frac{3\sqrt{3}}{8} & \frac{3}{8} & -1 & 0 & \frac{3\sqrt{3}+8}{8} & -\frac{3}{8} \\ 0 & 0 & \frac{3}{8} & -\frac{\sqrt{3}}{8} & 0 & 0 & -\frac{3}{8} & \frac{\sqrt{3}}{8} \end{bmatrix}\frac{aP}{EA}\begin{bmatrix} -1.7321 \\ 0 \\ -0.8660 \\ -3.8094 \\ -0.8860 \\ -4.3868 \\ 0 \\ 0 \end{bmatrix}=\begin{bmatrix} 0 \\ F_{1y} \\ 0 \\ 0 \\ 0 \\ -P \\ F_{4x} \\ F_{4y} \end{bmatrix}$$

$\boldsymbol{Q}$ 已知，从而解出三个约束力为

$$F_{1y}=F_{4y}=0.499P, F_{4x}=-0.0000415P\approx 0$$

下面以求②杆单元的内力为例说明有限元分析中回代求单元未知量步骤。由单元结点信息数组 **JS** 可知，②杆单元的结点顺序号为 1、3。从整体位移列向量 $\boldsymbol{Q}$ 取出结点 1、3 的位移并形成整体坐标系下单元结点位移列阵为

$$\boldsymbol{a}^2=[u_1 \quad v_1 \quad u_3 \quad v_3]^{\mathrm{T}}=\frac{aP}{EA}[-1.7321 \quad 0 \quad -0.8660 \quad -4.3868]^{\mathrm{T}}$$

由前可知，对于②杆单元，$\cos\theta=\alpha=1$；$\cos\phi=\beta=0$；$l=a$，由式(9-83)得局部坐标系下的单元结点位移列阵为 $\boldsymbol{q}^e$ 为

$$\boldsymbol{q}^2=\begin{bmatrix}\alpha & \beta & 0 & 0\\0 & 0 & \alpha & \beta\end{bmatrix}\begin{bmatrix}u_1\\v_1\\u_3\\v_3\end{bmatrix}=\frac{aP}{EA}\begin{bmatrix}-1.7321\\-0.8660\end{bmatrix}$$

由单元结点位移列阵为 $\boldsymbol{q}^e$ 可求出用 $\boldsymbol{q}^e$ 表示的单元其余未知量，如应力。由式(9-17)得②杆单元横截面上应力为

$$\boldsymbol{\sigma}=\boldsymbol{S}^e\boldsymbol{q}^e=\frac{aP}{EA}\left(-\frac{E}{a},\frac{E}{a}\right)\begin{bmatrix}-1.7321\\-0.8660\end{bmatrix}=0.8661\frac{P}{A}$$

拉压基本变形下，杆横截面上的内力为轴力 F_{N}，有

$$F_{\mathrm{N}}^2=\sigma A=0.8661P$$

9.2.2 空间桁架结构杆单元的坐标变换

相比平面桁架结构中的杆单元，空间桁架结构的杆单元在整体坐标系中多了一维方向，但坐标变换是类似的。如图 9-14 所示为一空间桁架结构杆单元，单元长度为 l，两个结点编号分别为 i 和 j；δ_i、δ_j 为结点沿轴线的局部坐标系下的位移；$O\overline{xyz}$ 为整体坐标系，对所有杆单元一致，每个结点在整体坐标系下的位移分量为 u,v,w，两个结点的整体坐标为 $\bar{x}_i,\bar{y}_i$、$\bar{z}_i,\bar{x}_j$、$\bar{y}_j$、$\bar{z}_j$。

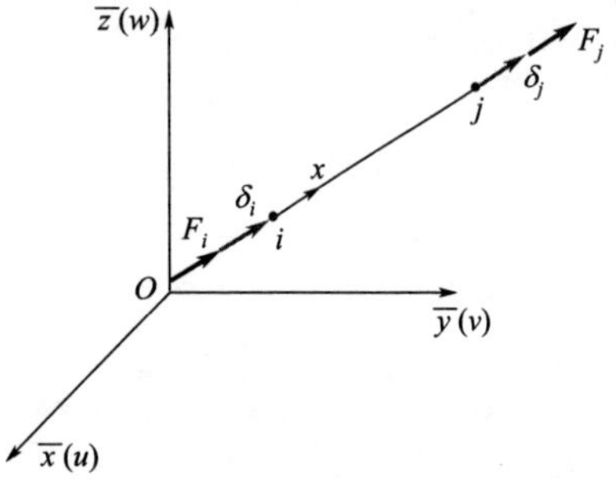

图 9-14　空间桁架结构杆单元

在局部坐标系中的单元结点位移列阵和单元结点力列阵为

$$\boldsymbol{q}^e=(\delta_i,\delta_j)^{\mathrm{T}}，\ \boldsymbol{F}^e=(F_i,F_j)^{\mathrm{T}} \tag{9-92}$$

在整体坐标系 $O\overline{xyz}$ 中的单元结点位移列阵和单元结点力列阵为

$$\boldsymbol{a}^e=(u_i,v_i,w_i,u_j,v_j,w_j)^{\mathrm{T}} \tag{9-93}$$
$$\boldsymbol{P}^e=(F_{ix},F_{iy},F_{iz},F_{jx},F_{jy},F_{jz})^{\mathrm{T}}$$

杆单元轴线与三个整体坐标轴的夹角余弦为

$$\cos(x,\bar{x})=\frac{\bar{x}_j-\bar{x}_i}{l}=\alpha,\ \cos(x,\bar{y})=\frac{\bar{y}_j-\bar{y}_i}{l}=\beta,\ \cos(x,\bar{z})=\frac{\bar{z}_j-\bar{z}_i}{l}=\gamma \tag{9-94}$$

局部坐标系下的单元结点位移可用整体坐标下的位移分量描述为

$$\begin{cases}\delta_i=u_i\alpha+v_i\beta+w_i\gamma\\\delta_j=u_j\alpha+v_j\beta+w_j\gamma\end{cases} \tag{9-95}$$

式(9-95) 写为矩阵形式为

$$\boldsymbol{q}^e=\begin{bmatrix}\alpha & \beta & \gamma & 0 & 0 & 0\\0 & 0 & 0 & \alpha & \beta & \gamma\end{bmatrix}\begin{bmatrix}u_i\\v_i\\w_i\\u_j\\v_j\\w_j\end{bmatrix}=\boldsymbol{T}^e\boldsymbol{a}^e \tag{9-96}$$

其中 $\boldsymbol{T}^e$ 为坐标转换矩阵：

$$\boldsymbol{T}^e=\begin{bmatrix}\alpha & \beta & \gamma & 0 & 0 & 0\\ 0 & 0 & 0 & \alpha & \beta & \gamma\end{bmatrix} \tag{9-97}$$

同理，两种坐标系下的单元结点力列阵有如下关系：

$$\boldsymbol{F}^e=\boldsymbol{T}^e\boldsymbol{P}^e \quad 或 \quad \boldsymbol{P}^e=\boldsymbol{T}^{e\mathrm{T}}\boldsymbol{F}^e \tag{9-98}$$

相应的，整体坐标系下的整体刚度矩阵为

$$\bar{\boldsymbol{K}}^e=\boldsymbol{T}^{e\mathrm{T}}\boldsymbol{k}^e\boldsymbol{T}^e \tag{9-99}$$

将式(9-23) 和式(9-97) 代入式(9-99)，通过矩阵运算得 $\bar{\boldsymbol{K}}^e$ 为

$$\bar{\boldsymbol{K}}^e=\frac{EA}{l}\begin{bmatrix}\alpha^2 & \alpha\beta & \alpha\gamma & -\alpha^2 & -\alpha\beta & -\alpha\gamma\\ \alpha\beta & \beta^2 & \beta\gamma & -\alpha\beta & -\beta^2 & -\beta\gamma\\ \alpha\gamma & \beta\gamma & \gamma^2 & -\alpha\gamma & -\beta\gamma & -\gamma^2\\ -\alpha^2 & -\alpha\beta & -\alpha\gamma & \alpha^2 & \alpha\beta & \alpha\gamma\\ -\alpha\beta & -\beta^2 & -\beta\gamma & \alpha\beta & \beta^2 & \beta\gamma\\ -\alpha\gamma & -\beta\gamma & -\gamma^2 & \alpha\gamma & \beta\gamma & \gamma^2\end{bmatrix} \tag{9-100}$$

整体坐标系下的单元结点平衡方程为

$$\bar{\boldsymbol{K}}^e\boldsymbol{a}^e=\boldsymbol{P}^e \tag{9-101}$$

得到整体坐标下的各单元特性矩阵后，其余有限元法分析步骤类似平面桁架结构分析，在此就不赘述。

9.3　刚架结构的有限元分析

刚架结构是由不同取向的杆件，通过杆端相互刚性连接而组成的结构。根据结构中各杆件空间位置可分为平面刚架结构和空间刚架结构。本节讨论两种刚架结构有限元分析中单元特性矩阵的构造。

9.3.1　平面刚架结构有限元分析

平面刚架结构中的杆元件横截面上的内力一般有轴力 F_{N}、弯矩 M、剪力 F_{s} 相应的杆件会同时受到拉伸及弯曲变形。在有限元分析中，平面刚架结构中的杆单元可看成由杆单元和弯曲梁单元组成的一种平面梁单元。为了便于引用相关单元分析的结果，引入整体坐标系 $\bar{x}O\bar{y}$ 以区别单元局部坐标系 xoy，如图 9-15 所示。单元有两个结点——i 点和 j 点，单元长度为 l。

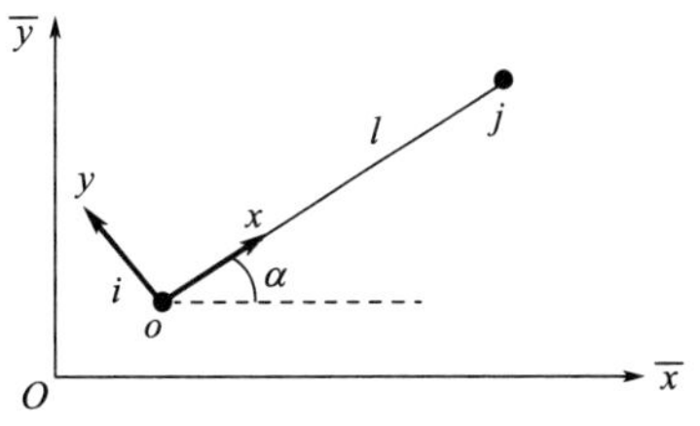

图 9-15　平面梁单元

(1) 局部坐标系中的平面梁单元

局部坐标系下考虑拉伸和弯曲的平面梁单元的结点位移列阵为

$$\boldsymbol{q}^e=\begin{bmatrix}u_i & v_i & \left(\dfrac{\mathrm{d}v}{\mathrm{d}x}\right)_i & u_j & v_j & \left(\dfrac{\mathrm{d}v}{\mathrm{d}x}\right)_j\end{bmatrix}^{\mathrm{T}} \tag{9-102}$$

单元等效结点力列阵为

$$\boldsymbol{F}^e=\begin{bmatrix}F_{ix} & F_{iy} & M_{zi} & F_{jx} & F_{jy} & M_{zj}\end{bmatrix} \tag{9-103}$$

结合拉压杆单元的单元刚度矩阵［式(9-23)］和弯曲梁单元的单元刚度矩阵［式(9-49)］，可以得到组合下的平面梁单元的单元刚度矩阵为

$$\boldsymbol{k}^e=\begin{bmatrix}\frac{EA}{l} & 0 & 0 & -\frac{EA}{l} & 0 & 0\\ 0 & \frac{12EI_z}{l^3} & \frac{6EI_z}{l^2} & 0 & -\frac{12EI_z}{l^3} & \frac{6EI_z}{l^2}\\ 0 & \frac{6EI_z}{l^2} & \frac{4EI_z}{l} & 0 & -\frac{6EI_z}{l^2} & \frac{2EI_z}{l}\\ -\frac{EA}{l} & 0 & 0 & \frac{EA}{l} & 0 & 0\\ 0 & -\frac{12EI_z}{l^3} & -\frac{6EI_z}{l^2} & 0 & \frac{12EI_z}{l^3} & -\frac{6EI_z}{l^2}\\ 0 & \frac{6EI_z}{l^2} & \frac{2EI_z}{l} & 0 & -\frac{6EI_z}{l^2} & \frac{4EI_z}{l}\end{bmatrix} \tag{9-104}$$

当单元轴线 x 方向作用有均布分布力 f 和 y 方向的均布载荷 q_0 时，$\boldsymbol{F}^e$ 为

$$\boldsymbol{F}^e=\begin{bmatrix}\frac{lf}{2} & \frac{q_0 l}{2} & \frac{q_0 l^2}{12} & \frac{lf}{2} & \frac{q_0 l}{2} & -\frac{q_0 l^2}{12}\end{bmatrix} \tag{9-105}$$

局部坐标系中的单元结点平衡方程为

$$\boldsymbol{k}^e\boldsymbol{q}^e=\boldsymbol{F}^e \tag{9-106}$$

当刚架离散为不同方向的杆单元时，结点位移与结点力等单元分析量必须用整体坐标系来描述。

(2) 整体坐标系中的平面梁单元

在整体坐标系中，单元结点位移列阵 $\boldsymbol{a}^e$ 为

$$\boldsymbol{a}^e=\begin{bmatrix}\bar{u}_i & \bar{v}_i & \bar{\theta}_i & \bar{u}_j & \bar{v}_j & \bar{\theta}_j\end{bmatrix}^{\mathrm{T}} \tag{9-107}$$

单元等效结点力列阵 $\boldsymbol{P}^e$ 为

$$\boldsymbol{P}^e=\begin{bmatrix}\bar{F}_{ix} & \bar{F}_{iy} & M_{zi} & \bar{F}_{jx} & \bar{F}_{jy} & M_{zj}\end{bmatrix} \tag{9-108}$$

设两个结点在整体坐标系 $\bar{x}O\bar{y}$ 中的坐标分别为$(\bar{x}_i \quad \bar{y}_i)$、$(\bar{x}_j \quad \bar{y}_j)$，则有关系式

$$\cos\alpha=\frac{\bar{x}_j-\bar{x}_i}{l},\sin\alpha=\frac{\bar{y}_j-\bar{y}_i}{l} \tag{9-109}$$

整体坐标系中的 i 结点位移 $[\bar{u}_i,\ \bar{v}_i,\ \bar{\theta}_i]$ 与局部坐标系中位移 $\left[u_i,\ w_i,\ \left(\frac{\mathrm{d}v}{\mathrm{d}x}\right)_i\right]$ 有如下变换：

$$\begin{cases}u_i=\bar{u}_i\cos\alpha+\bar{v}_i\sin\alpha\\ v_i=-\bar{u}_i\sin\alpha+\bar{v}_i\cos\alpha\\ \left(\frac{\mathrm{d}v}{\mathrm{d}x}\right)_i=\bar{\theta}_i\end{cases} \tag{9-110}$$

将式(9-110) 改写为矩阵形式

$$\begin{bmatrix} u_i \\ v_i \\ \left(\frac{\mathrm{d}v}{\mathrm{d}x}\right)_i \end{bmatrix} = \begin{bmatrix} \cos\alpha & \sin\alpha & 0 \\ -\sin\alpha & \cos\alpha & 0 \\ 0 & 0 & 1 \end{bmatrix} \begin{bmatrix} \bar{u}_i \\ \bar{v}_i \\ \bar{\theta}_i \end{bmatrix} \tag{9-111}$$

令

$$\boldsymbol{T}_0^e = \begin{bmatrix} \cos\alpha & -\sin\alpha & 0 \\ \sin\alpha & \cos\alpha & 0 \\ 0 & 0 & 1 \end{bmatrix} \tag{9-112}$$

两组坐标系下单元结点位移列阵 $\boldsymbol{a}^e$ 和 $\boldsymbol{q}^e$ 变换为

$$\boldsymbol{q}^e = \begin{bmatrix} u_i \\ v_i \\ \left(\frac{\mathrm{d}v}{\mathrm{d}x}\right)_i \\ u_j \\ v_j \\ \left(\frac{\mathrm{d}v}{\mathrm{d}x}\right)_j \end{bmatrix} = \begin{bmatrix} \cos\alpha & \sin\alpha & 0 & 0 & 0 & 0 \\ -\sin\alpha & \cos\alpha & 0 & 0 & 0 & 0 \\ 0 & 0 & 1 & 0 & 0 & 0 \\ 0 & 0 & 0 & \cos\alpha & \sin\alpha & 0 \\ 0 & 0 & 0 & -\sin\alpha & \cos\alpha & 0 \\ 0 & 0 & 0 & 0 & 0 & 1 \end{bmatrix} \begin{bmatrix} \bar{u}_i \\ \bar{v}_i \\ \bar{\theta}_j \\ \bar{u}_j \\ \bar{v}_j \\ \bar{\theta}_j \end{bmatrix} = \boldsymbol{T}^e \boldsymbol{a}^e \tag{9-113}$$

其中 $\boldsymbol{T}^e$ 为坐标变换矩阵，有

$$\boldsymbol{T}^e = \begin{bmatrix} \boldsymbol{T}_0 & 0 \\ 0 & \boldsymbol{T}_0 \end{bmatrix} = \begin{bmatrix} \cos\alpha & \sin\alpha & 0 & 0 & 0 & 0 \\ -\sin\alpha & \cos\alpha & 0 & 0 & 0 & 0 \\ 0 & 0 & 1 & 0 & 0 & 0 \\ 0 & 0 & 0 & \cos\alpha & \sin\alpha & 0 \\ 0 & 0 & 0 & -\sin\alpha & \cos\alpha & 0 \\ 0 & 0 & 0 & 0 & 0 & 1 \end{bmatrix} \tag{9-114}$$

两组坐标系下单元结点力列阵 $\boldsymbol{F}^e$ 和 $\boldsymbol{P}^e$ 变换为

$$\boldsymbol{F}^e = \boldsymbol{T}^e \boldsymbol{P}^e \quad \text{或} \quad \boldsymbol{P}^e = \boldsymbol{T}^{e\mathrm{T}} \boldsymbol{F}^e \tag{9-115}$$

整体坐标系下的结点平衡方程为

$$\overline{\boldsymbol{K}}^e \boldsymbol{a}^e = \boldsymbol{P}^e \tag{9-116}$$

整体坐标系下的单元刚度矩阵为

$$\overline{\boldsymbol{K}}^e = \boldsymbol{T}^{e\mathrm{T}} \boldsymbol{k}^e \boldsymbol{T}^e \tag{9-117}$$

当所有单元的刚度矩阵、结点位移（已知与未知的）和结点载荷都统一在整体坐标下后，就能按有限元分析步骤组织整体结构的有限元方程组，解出来的是结点在总体坐标系下的位移。当要计算单元内力时，则要将总体坐标系下的单元结点位移转换为局部坐标系下的单元结点位移。

9.3.2 空间刚架结构有限元分析

空间钢架结构是生活和工程中常见的一类结构。空间的梁既可能弯曲，也可能会伸缩、扭转。因此，每个结点有 6 个自由度，即沿着三个坐标轴的移动（u,v,w）以及围绕三个坐标轴的转动（$\theta_x,\theta_y,\theta_z$）。参照平面刚架结构中平面梁单元分析，可导出空间刚架结构中空

间梁单元的单元形式。

(1) 局部坐标系中的空间梁单元

空间梁单元两端结点的位移和受力可以简化为一个力矢量和一个力偶矢量，各有三个分量如图 9-16 所示。局部坐标系下单元结点位移列阵为

$$\boldsymbol{q}^e=\begin{bmatrix}u_i & v_i & w_i & \theta_{ix} & \theta_{iy} & \theta_{iz} & u_j & v_j & w_j & \theta_{jx} & \theta_{jy} & \theta_{jz}\end{bmatrix}^{\mathrm{T}} \tag{9-118}$$

单元结点力列阵为

$$\boldsymbol{F}^e=\begin{bmatrix}F_{ix} & F_{iy} & F_{iz} & M_{ix} & M_{iy} & M_{iz} & F_{xj} & F_{yj} & F_{zj} & M_{jx} & M_{jy} & M_{jz}\end{bmatrix}^{\mathrm{T}} \tag{9-119}$$

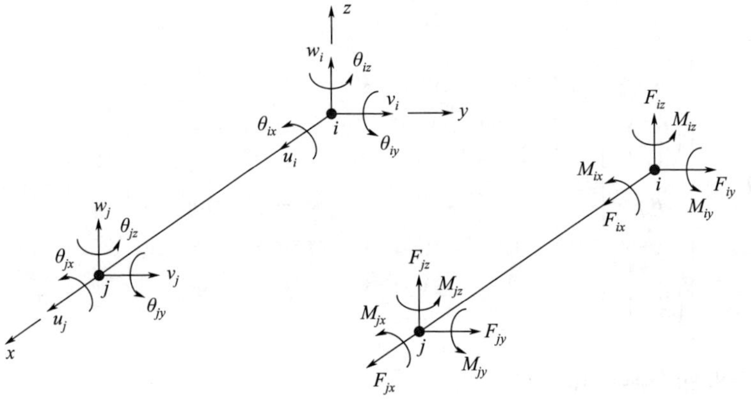

图 9-16 空间梁单元结点的位移与受力

通过受力分析可知：x 方向的轴力 F_x 会使杆件产生轴向拉压变形；M_x 会使杆件产生扭转变形；F_y 与 M_z 会使梁在 xy 平面内弯曲，F_z 与 M_y 会使梁在 xz 平面内弯曲。因此空间梁单元在局部坐标系中的单元特性矩阵可以由拉压杆单元、扭转单元及两个面内的弯曲梁单元的单元特性矩阵按位移叠加求得。

注意，截面转角在小变形下可近似当作矢量，其中有

$$\theta_y=-\frac{\mathrm{d}w}{\mathrm{d}x},\ \theta_z=\frac{\mathrm{d}v}{\mathrm{d}x} \tag{9-120}$$

对于拉压杆变形，由式(9-23) 可知，单元刚度矩阵为

$$\boldsymbol{k}^e=\begin{matrix} & u_i & u_j & \\ & \left[\begin{matrix}\dfrac{EA}{l} \\[2ex] -\dfrac{EA}{l}\end{matrix}\right. & \left.\begin{matrix}-\dfrac{EA}{l} \\[2ex] \dfrac{EA}{l}\end{matrix}\right] & \begin{matrix}u_i \\[2ex] u_j\end{matrix}\end{matrix} \tag{9-121}$$

对于扭转变形，由式(9-32) 可知，单元刚度矩阵为

$$\boldsymbol{k}^e=\begin{matrix} & \theta_{ix} & \theta_{jx} & \\ & \left[\begin{matrix}\dfrac{GI_{\mathrm{P}}}{l} \\[2ex] -\dfrac{GI_{\mathrm{P}}}{l}\end{matrix}\right. & \left.\begin{matrix}-\dfrac{GI_{\mathrm{P}}}{l} \\[2ex] \dfrac{GI_{\mathrm{P}}}{l}\end{matrix}\right] & \begin{matrix}\theta_{ix} \\[2ex] \theta_{jx}\end{matrix}\end{matrix} \tag{9-122}$$

在 xy 面内弯曲，单元的刚度矩阵为

$$\boldsymbol{k}^e=\begin{array}{c} \begin{array}{cccc} v_i & \theta_{iz} & v_j & \theta_{jz} \end{array} \\ \begin{bmatrix} \dfrac{12EI_z}{l^3} & \dfrac{6EI_z}{l^2} & -\dfrac{12EI_z}{l^3} & \dfrac{6EI_z}{l^2} \\ \dfrac{6EI_z}{l^2} & \dfrac{4EI_z}{l} & -\dfrac{6EI_z}{l^2} & \dfrac{2EI_z}{l} \\ -\dfrac{12EI_z}{l^3} & -\dfrac{6EI_z}{l^2} & \dfrac{12EI_z}{l^3} & -\dfrac{6EI_z}{l^2} \\ \dfrac{6EI_z}{l^2} & \dfrac{2EI_z}{l} & -\dfrac{6EI_z}{l^2} & \dfrac{4EI_z}{l} \end{bmatrix} \begin{array}{c} v_i \\ \theta_{iz} \\ v_j \\ \theta_{jz} \end{array} \end{array} \tag{9-123}$$

在 xz 面内弯曲，单元的刚度矩阵为

$$\boldsymbol{k}^e=\begin{array}{c} \begin{array}{cccc} w_i & \theta_{iy} & w_j & \theta_{jy} \end{array} \\ \begin{bmatrix} \dfrac{12EI_y}{l^3} & -\dfrac{6EI_y}{l^2} & -\dfrac{12EI_y}{l^3} & -\dfrac{6EI_y}{l^2} \\ -\dfrac{6EI_y}{l^2} & \dfrac{4EI_y}{l} & \dfrac{6EI_y}{l^2} & \dfrac{2EI_y}{l} \\ -\dfrac{12EI_y}{l^3} & \dfrac{6EI_y}{l^2} & \dfrac{12EI_y}{l^3} & \dfrac{6EI_y}{l^2} \\ -\dfrac{6EI_y}{l^2} & \dfrac{2EI_y}{l} & \dfrac{6EI_y}{l^2} & \dfrac{4EI_y}{l} \end{bmatrix} \begin{array}{c} w_i \\ \theta_{iy} \\ w_j \\ \theta_{jy} \end{array} \end{array} \tag{9-124}$$

对式(9-121)～式(9-124)，按照完整的单元结点位移次序进行拓展并整合可以得到单元结点平衡方程为

$$\begin{bmatrix} \frac{EA}{l} & 0 & 0 & 0 & 0 & 0 & -\frac{EA}{l} & 0 & 0 & 0 & 0 & 0 \\ 0 & \frac{12EI_z}{l^3} & 0 & 0 & 0 & \frac{6EI_z}{l^2} & 0 & \frac{-12EI_z}{l^3} & 0 & 0 & 0 & \frac{6EI_z}{l^2} \\ 0 & 0 & \frac{12EI_y}{l^3} & 0 & \frac{-6EI_y}{l^2} & 0 & 0 & 0 & \frac{-12EI_y}{l^3} & 0 & \frac{-6EI_y}{l^2} & 0 \\ 0 & 0 & 0 & \frac{GI_P}{l} & 0 & 0 & 0 & 0 & 0 & \frac{-GI_P}{l} & 0 & 0 \\ 0 & 0 & \frac{-6EI_y}{l^2} & 0 & \frac{4EI_y}{l} & 0 & 0 & 0 & \frac{6EI_y}{l^2} & 0 & \frac{2EI_y}{l} & 0 \\ 0 & \frac{6EI_z}{l^2} & 0 & 0 & 0 & \frac{4EI_z}{l} & 0 & \frac{-6EI_z}{l^2} & 0 & 0 & 0 & \frac{2EI_z}{l} \\ -\frac{EA}{l} & 0 & 0 & 0 & 0 & 0 & \frac{EA}{l} & 0 & 0 & 0 & 0 & 0 \\ 0 & \frac{-12EI_z}{l^3} & 0 & 0 & 0 & \frac{-6EI_z}{l^2} & 0 & \frac{12EI_z}{l^3} & 0 & 0 & 0 & \frac{-6EI_z}{l^2} \\ 0 & 0 & \frac{-12EI_y}{l^3} & 0 & \frac{6EI_y}{l^2} & 0 & 0 & 0 & \frac{12EI_y}{l^3} & 0 & \frac{6EI_y}{l^2} & 0 \\ 0 & 0 & 0 & \frac{-GI_P}{l} & 0 & 0 & 0 & 0 & 0 & \frac{GI_P}{l} & 0 & 0 \\ 0 & 0 & \frac{-6EI_y}{l^2} & 0 & \frac{2EI_y}{l} & 0 & 0 & 0 & \frac{6EI_y}{l^2} & 0 & \frac{4EI_y}{l} & 0 \\ 0 & \frac{6EI_z}{l^2} & 0 & 0 & 0 & \frac{2EI_z}{l} & 0 & \frac{-6EI_z}{l^2} & 0 & 0 & 0 & \frac{4EI_z}{l} \end{bmatrix} \begin{bmatrix} u_i \\ v_i \\ w_i \\ \theta_{ix} \\ \theta_{iy} \\ \theta_{iz} \\ u_j \\ v_j \\ w_j \\ \theta_{jx} \\ \theta_{jy} \\ \theta_{jz} \end{bmatrix} = \begin{bmatrix} F_{ix} \\ F_{iy} \\ F_{iz} \\ M_{ix} \\ M_{iy} \\ M_{iz} \\ F_{jx} \\ F_{jy} \\ F_{jz} \\ M_{jx} \\ M_{jy} \\ M_{jz} \end{bmatrix} \tag{9-125}$$

(2) 整体坐标系中的空间梁单元

空间刚架结构中的杆件在空间可能是任意方向，因此必须将单元局部坐标系下的结点位移、结点力、单元刚度矩阵等转化到整体坐标系下，才能组装整体有限元方程，最终解出结点位移。

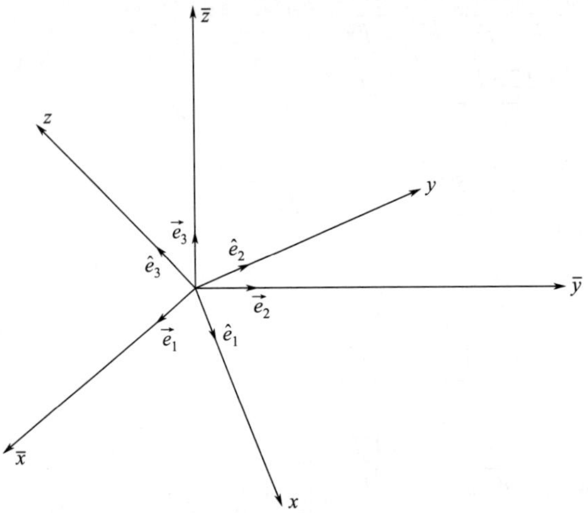

图 9-17 整体坐标系基矢量与局部坐标系基矢量的关系

梁是一维数学模型，如前面的梁单元只有 i、j 两个结点。要建立单元空间坐标必须另取一个参考点。一般地取在 xy 面内的某一点 t，以 $\overrightarrow{ij}$ 为 x 方向，以 $\overrightarrow{ij}\times\overrightarrow{it}$ 的方向为 z 方向，由右手螺旋定则，y 方向也就确定了。具体表达式读者可自行列出。

设单元局部坐标系单位长度的坐标基矢量为 $\hat{e}_1$、$\hat{e}_2$、$\hat{e}_3$，整体坐标系的坐标基矢量为 $\vec{e}_1$、$\vec{e}_2$、$\vec{e}_3$，如图 9-17 所示。矢量 $\boldsymbol{r}$ 在单元坐标系下，坐标为 (x, y, z)，在整体坐标系下坐标为 $(\bar{x}, \bar{y}, \bar{z})$，其间关系为

$$\begin{bmatrix} x \\ y \\ z \end{bmatrix} = \begin{bmatrix} \cos(\hat{e}_1, \vec{e}_1) & \cos(\hat{e}_1, \vec{e}_2) & \cos(\hat{e}_1, \vec{e}_3) \\ \cos(\hat{e}_2, \vec{e}_1) & \cos(\hat{e}_2, \vec{e}_2) & \cos(\hat{e}_2, \vec{e}_3) \\ \cos(\hat{e}_3, \vec{e}_1) & \cos(\hat{e}_3, \vec{e}_2) & \cos(\hat{e}_3, \vec{e}_3) \end{bmatrix} \begin{bmatrix} \bar{x} \\ \bar{y} \\ \bar{z} \end{bmatrix} \tag{9-126}$$

令

$$\boldsymbol{T}_0 = \begin{bmatrix} \cos(\hat{e}_1, \vec{e}_1) & \cos(\hat{e}_1, \vec{e}_2) & \cos(\hat{e}_1, \vec{e}_3) \\ \cos(\hat{e}_2, \vec{e}_1) & \cos(\hat{e}_2, \vec{e}_2) & \cos(\hat{e}_2, \vec{e}_3) \\ \cos(\hat{e}_3, \vec{e}_1) & \cos(\hat{e}_3, \vec{e}_2) & \cos(\hat{e}_3, \vec{e}_3) \end{bmatrix} \tag{9-127}$$

因此，式(9-126) 可以写为

$$\begin{bmatrix} x \\ y \\ z \end{bmatrix} = \boldsymbol{T}_0 \begin{bmatrix} \bar{x} \\ \bar{y} \\ \bar{z} \end{bmatrix} \tag{9-128}$$

整体坐标系下单元结点位移列阵为

$$\boldsymbol{a}^e = \begin{bmatrix} \bar{u}_i & \bar{v}_i & \bar{w}_i & \bar{\theta}_{ix} & \bar{\theta}_{iy} & \bar{\theta}_{iz} & \bar{u}_j & \bar{v}_j & \bar{w}_j & \bar{\theta}_{jx} & \bar{\theta}_{jy} & \bar{\theta}_{jz} \end{bmatrix}^{\mathrm{T}} \tag{9-129}$$

单元结点力列阵为

$$\boldsymbol{P}^e = \begin{bmatrix} \bar{F}_{xi} & \bar{F}_{yi} & \bar{F}_{zi} & \bar{M}_{ix} & \bar{M}_{iy} & \bar{M}_{iz} & \bar{F}_{jx} & \bar{F}_{jy} & \bar{F}_{jz} & \bar{M}_{jx} & \bar{M}_{jy} & \bar{M}_{jz} \end{bmatrix}^{\mathrm{T}} \tag{9-130}$$

根据上述坐标变换关系，可以得到结点 i 位移矢量的坐标变换关系

$$\begin{bmatrix} u_i \\ v_i \\ w_i \end{bmatrix} = \boldsymbol{T}_0 \begin{bmatrix} \bar{u}_i \\ \bar{v}_i \\ \bar{w}_i \end{bmatrix} \tag{9-131}$$

对于小变形时，截面转角可视为矢量，有

$$\begin{bmatrix} \theta_{ix} \\ \theta_{iy} \\ \theta_{iz} \end{bmatrix} = \boldsymbol{T}_0 \begin{bmatrix} \bar{\theta}_{ix} \\ \bar{\theta}_{iy} \\ \bar{\theta}_{iz} \end{bmatrix} \tag{9-132}$$

令

$$\boldsymbol{T}^e = \begin{bmatrix} \boldsymbol{T}_0 & 0 & 0 & 0 \\ 0 & \boldsymbol{T}_0 & 0 & 0 \\ 0 & 0 & \boldsymbol{T}_0 & 0 \\ 0 & 0 & 0 & \boldsymbol{T}_0 \end{bmatrix} \tag{9-133}$$

其中 $\boldsymbol{T}^e$ 为转换矩阵，是 12×12 的矩阵。对于一个具有二结点的空间梁单元，局部和整体坐标系下的单元结点位移列阵关系为

$$\boldsymbol{q}^e = \boldsymbol{T}^e \boldsymbol{a}^e \tag{9-134}$$

两组坐标系下单元结点力列阵 $\boldsymbol{F}^e$ 和 $\boldsymbol{P}^e$ 变换为

$$\boldsymbol{F}^e = \boldsymbol{T}^e \boldsymbol{P}^e \tag{9-135}$$

整体坐标系下的结点平衡方程为

$$\overline{\boldsymbol{K}}^e \boldsymbol{a}^e = \boldsymbol{P}^e \tag{9-136}$$

整体坐标系下的单元刚度矩阵

$$\overline{\boldsymbol{K}}^e = \boldsymbol{T}^{e\mathrm{T}} \boldsymbol{k}^e \boldsymbol{T}^e \tag{9-137}$$

如果有一均布载荷施加在单元上，其沿 y 轴和 z 轴分量为 q_y 和 q_z（力/单位长度），则等效在单元两端的局部坐标系下的单元结点力为

$$\boldsymbol{F}^e = \left(0, \frac{q_y l}{2}, \frac{q_z l}{2}, 0, -\frac{q_z l^2}{12}, \frac{q_y l^2}{12}, 0, \frac{q_y l}{2}, \frac{q_z l}{2}, 0, \frac{q_z l^2}{12}, -\frac{q_y l^2}{12}\right)^{\mathrm{T}} \tag{9-138}$$

通过坐标变换，可得整体坐标系下的单元等效结点力为

$$\boldsymbol{P}^e = \boldsymbol{T}^{e\mathrm{T}} \boldsymbol{F}^e \tag{9-139}$$

当单元刚度矩阵、单元位移列阵和单元载荷列阵都变换到整体坐标系下时，不同方向的单元便可以进行组装。

习　题

9-1　空间单元中，四面体单元的每一个结点有几个自由度？梁单元结点有几个自由度？为什么会有这样的差异？在不同单元类型连接、约束施加等方面需要注意哪些问题？

9-2　有一个变截面的杆结构如图 9-18 所示，承受沿轴向的均匀分布载荷，试采用如图 9-18(b) 所示的多种建模方式来进行分析，得到整个结构所有的力学信息，并比较几种建模方式的结果及特点。

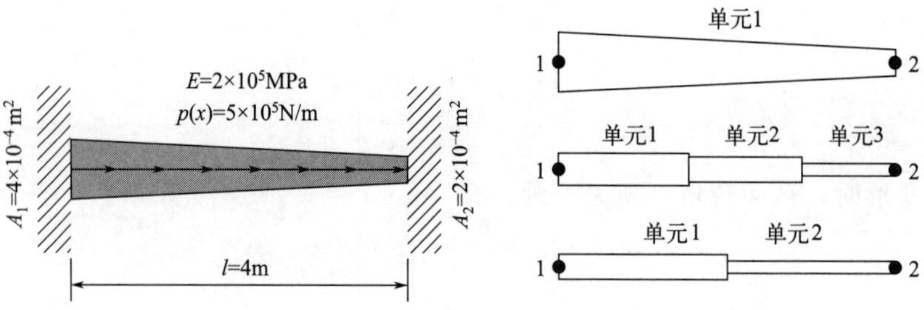

(a) 变截面杆结构　　(b) 三种计算模型

图 9-18　习题 9-2 图

9-3　有一个变截面的梁结构，承受梯形分布的垂直载荷，如图 9-19(a) 所示，试采用如图 9-19(b) 所示的多种建模方式来进行分析，得到整个结构所有的力学信息，并比较几种建模方式的结果和特点。

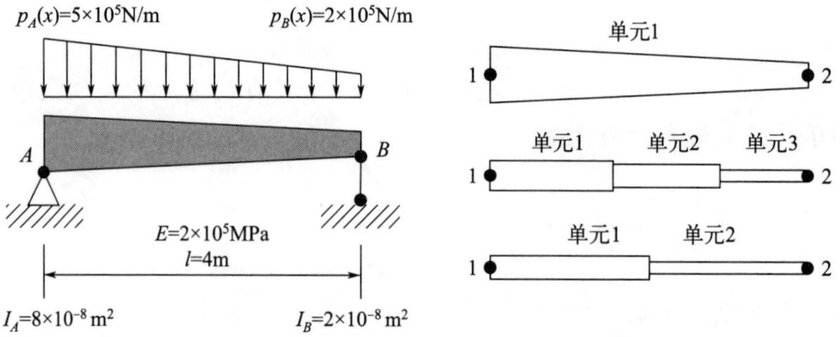

(a) 变截面梁结构　　(b) 三种计算模型

图 9-19　习题 9-3 图

9-4　如图 9-20 所示，虎门大桥是典型的悬索桥。2020 年 5 月 5 日，大桥发生异常抖动，暂停通行，引起社会广泛关注。如果让你利用有限元方法对虎门大桥的力学特性进行分析，请给出你的建模方案和分析思路。

具体应该包括：

① 对于桥梁立柱、主桥面、悬索结构，你准备分别采用什么单元类型？为什么？

② 你认为计算时都需要考虑哪些载荷？

③ 对于体力、面力、集中作用力等不同类型的载荷，有限元程序在计算时是用什么方法或原理等效到结点上的？请画出对应的原理示意图。

图 9-20　虎门大桥结构示意图

第10章 工程案例分析

如前所述，有限元法在国家重大装备和关键零部件的研发中有着非常关键的作用，本章以高端透平机械研发中遇到的气流激振下叶片振动及动应力分析、转子轴系的动力学分析以及基于干气密封的流-热-固耦合的可靠性分析为主要内容，让读者体会如何运用有限元方法解决复杂工程问题。

10.1 气流激振下叶片振动及动应力分析

10.1.1 概述

运行中的叶片处于气动载荷的影响下，当叶片的频率与激振力倍频接近或相等时，就有可能发生强迫振动甚至产生共振，从而产生极大的动应力，当动应力超过材料的疲劳极限时，长期处于高应力状态下，叶片便会因疲劳而发生破坏。因此，为预防叶片出现高周疲劳损伤，准确获得叶片的振动特性和动应力是前期设计和事后故障分析的重要部分。

对于叶片动应力评价，包含两个重要的部分——叶片表面复杂激振力的获取，以及叶片阻尼数值的确定，这两部分关系着动应力计算的结果是否准确。

关于轴流叶片气动激励、气动阻尼方面的研究，国内外学者进行了大量的实验研究及仿真模拟，目前已有较为成熟的计算方法与流程。然而在叶片动应力计算方面，多采用简化载荷、阻尼的方式进行研究，将气流激振与叶片阻尼同时纳入的研究较少，这也就导致了叶片动应力评价的不准确。因此，提出一套考虑完备的叶片动应力计算流程及评价方式是十分有必要的。

本章以国内某矿井用动调式轴流风机叶片出现裂纹故障为背景，提出了气流激振力下叶片动应力求解流程，通过分析计算给出了叶片产生裂纹故障的原因，并给出了几种预防叶片疲劳失效的方法。首先基于流体分析软件 CFX，获得了动叶在不同角度下以及不同叶间相位角下的气动阻尼数值，随后通过瞬态叶栅计算，获得了不同阶次气流激振力下叶片表面的压力载荷，在此基础上，将获得的压力载荷映射至叶片结构，通过叶片坎贝尔图与干涉图相结合的方式，获得叶片共振点，并计算获得动调式叶片在不同角度下的动应力，最后结合现场叶片损坏状况，对叶片做出安全评定。

10.1.2 气流激振下叶片动应力求解流程

如图 10-1 所示为本文采用的动应力求解计算流程，从计算角度可以分为结构计算部分、流体计算部分以及测试部分，三部分之间以单向 FSI（流-固耦合）的方式进行数据传递。

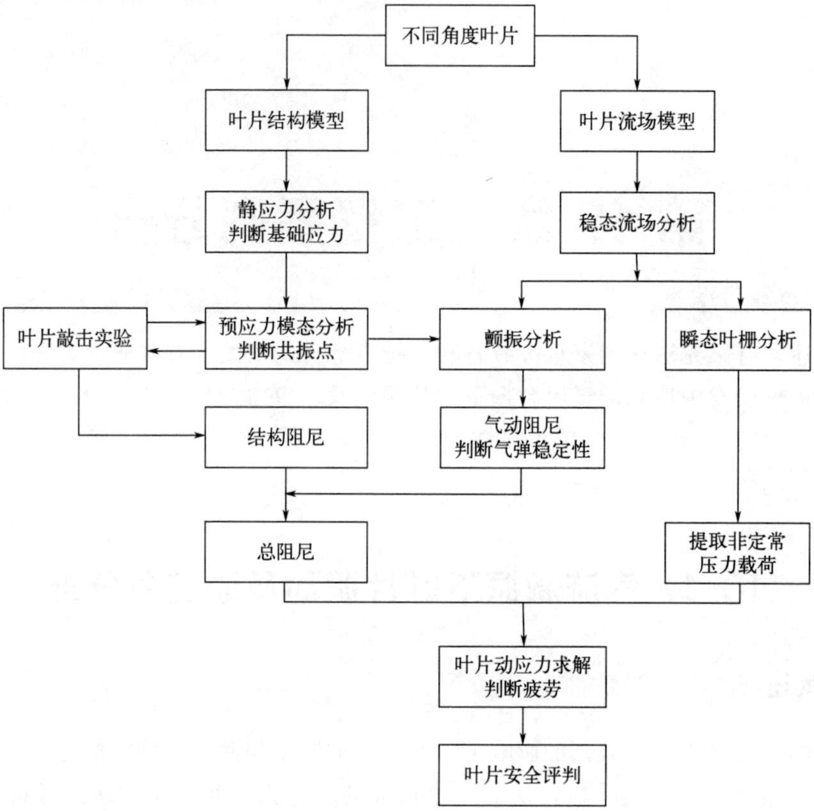

图 10-1 动应力求解流程

流体部分主要完成以下工作：

① 获得叶片流场分布情况，判断流域是否稳定；

② 计算获得叶片气动阻尼数值；

③ 计算获得叶片在不同角度下的气动力分布。

结构部分主要完成如下内容：

① 叶片结构静强度分析；

② 绘制叶片坎贝尔图及干涉图并判断共振点；

③ 结合测试获得的阻尼、流体分析获得的不同阶次激振力及气动阻尼，进行强迫振动分析，来获得叶片结构动应力；

④ 叶片疲劳安全分析评价。

测试部分主要完成以下工作：

① 获得叶片结构阻尼；

② 获得叶片振型，并与计算仿真结果比较。

10.1.3 叶片结构及流体建模

本章的研究对象为某矿用大型轴流通风机，如图 10-2 所示，结构入口直径约为 4.28m，动叶片的轮毂直径约为 2.2m，单个动叶片高约 1m，包含两级动叶与静叶，动叶数为 20，静叶数为 17，动叶片安装角度可调，最大开度为 45°，如图 10-2 中所示，工作转速为 590r/min。本文选取角度为 6°、12°、24°、30°、36°、45°共计六种不同角度的叶片进行分析研究。由于计算规模较大，分析中对结构进行一定的简化，不考虑整流罩及尾椎部分。

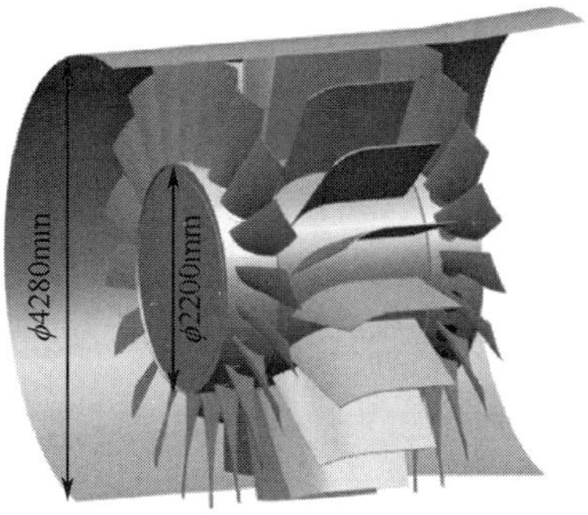

图 10-2　风机结构及动叶

10.1.3.1 叶片结构分析建模

分析中不考虑实际叶片-轮盘结构中的失谐因素，认为每只叶片都是相同的，满足循环对称条件，因此对于动叶的力学分析，建立一个扇区模型，设置循环对称边界即可。在对叶片划分网格前，需要做好叶片几何清理工作，包括切分扇区、修剪不必要几何细节、创建虚拟拓扑等过程。叶片是分析中需要重点关注的部分，通过扫略进行网格划分，均为高质量六面体网格，叶片沿高度、弦长和叶片厚度方向的单元数分别为 109、47、2，轮盘部分由于循环对称边界采用四面体单元进行划分，整个结构单元总数约为 1.7 万，经计算，满足网格无关性要求。叶片材料为铸铝 HF-T6，密度为 2770kg/m^3，弹性模量为 71GPa，泊松比为 0.33。扩展后的整圈叶片有限元模型、单个叶片有限元模型分别见图 10-3、图 10-4。

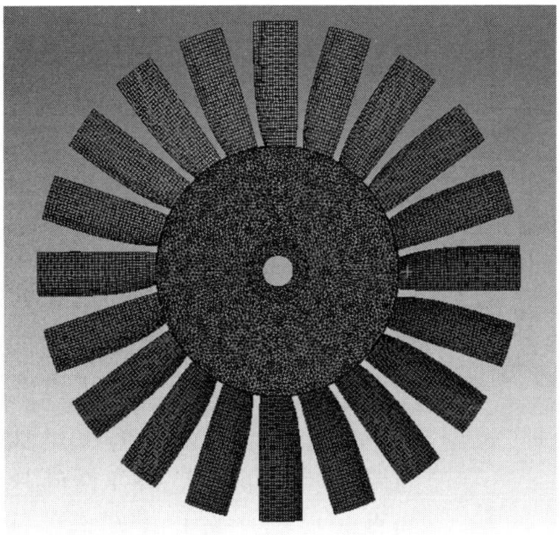

图 10-3　扩展后的整圈叶片有限元模型

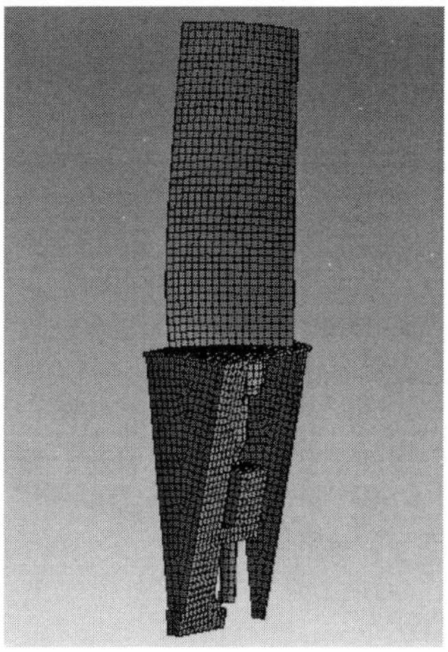

图 10-4　单个叶片有限元模型

10.1.3.2 叶片流体分析建模

① 通过 UG 软件提取包含叶片围带边界型线、叶片型线（推荐 5 条以上，以减少误差。若叶片叶型复杂，需要增加数量）、轮毂边界型线。若结构包含多个静叶片及动叶片，需要注意围带及轮毂边界型线相连。

② 在 ANSYS Workbench 平台中选择 BladeGen 模块，进入后导入型线，通过引导逐步生成叶片，在叶型拟合过程中需多次调整，以减小误差。生成后需设置叶片单位属性以及类型。

③ 将生成好的 BladeGen 模块与 Turbo Mesh 模块相连，采用旋转机械网格划分软件 Turbo Mesh 进行划分，环绕叶片周围的区域采用 O 型拓扑网格，距离叶片壁面较远的区域采用 H 型网格，为确保计算精度，网格拓扑划分精度选择中等，沿叶片高度方向划分 80 层单元，靠近围带及轮毂侧加密，整个流体域的总结点数约 55 万。

④ 将不同的静叶片及动叶片分别划分好网格，导入 ANSYS CFX 模块。

通过以上 4 个步骤即可获得叶栅流场计算模型。如图 10-5 所示为计算模块流程图。所得叶栅流场网格如图 10-6 所示。

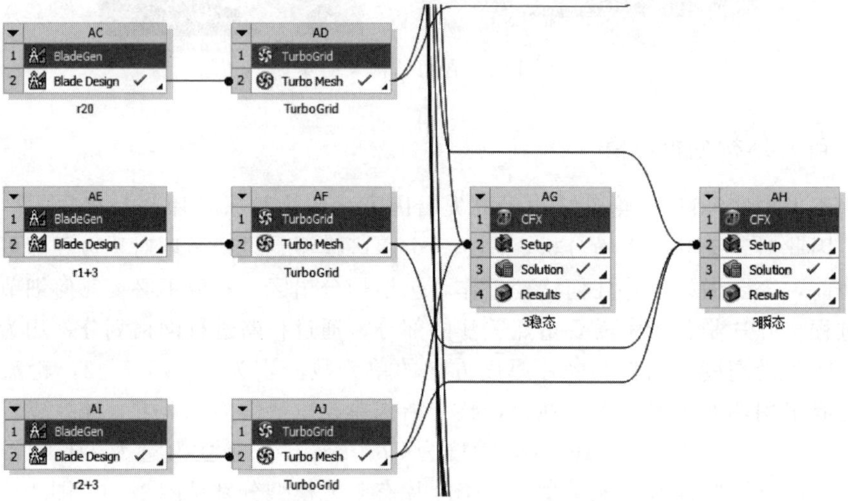

图 10-5 计算模块流程图

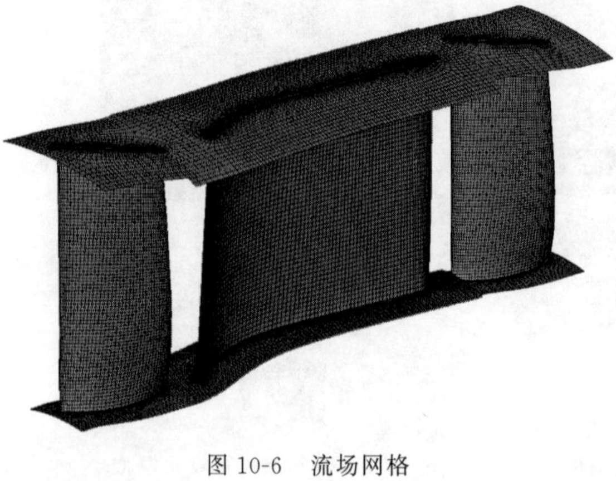

图 10-6 流场网格

10.1.4 叶片的气动阻尼计算

10.1.4.1 气动阻尼数值计算方法

气动阻尼计算被广泛应用在涡轮、压缩机和风机设计中，用来防止叶片出现颤振失效，同时确定叶片的使用寿命周期。通过气动弹性分析可获得结构气动阻尼并判断叶片是否会出现气弹失稳问题。叶片颤振是指弹性叶片在气流中的自激振动，当叶片发生振动时，如果从流体中接收的能量多于阻尼所损耗的能量，振动加剧，颤振发生。叶片颤振分析的主要任务是获得气动阻尼，或者每个振动循环的功，一旦获得了瞬态周期解，即可采用能量平衡法去计算阻尼，计算得到叶片在不同振动频率及每个节径下的系统稳定性。阻尼值为正，则表示叶片不会出现颤振。每个振动循环的功可以通过式(10-1) 计算：

$$\xi_{aero}=\frac{-W_{aero}}{2\pi B^2\omega^2} \tag{10-1}$$

式中，ξ_{aero} 为气动阻尼比；B 为正则化模态振幅；W_{aero} 是气动力在叶片一个振动周期内所做的功，通过 CFD（计算流体动力学）分析获得；ω 表示叶片无阻尼固有频率，可通过模态分析获得。

叶片颤振分析以及气动阻尼的数值计算采用流体分析软件 CFX 求解叶片在流体中做预定位移下的振动来获得。颤振通常发生在叶片-轮盘系统固有频率附近，在做流体分析之前，需要编制特定的 CSV（逗号分隔值）文件，文件中包含单个叶片轮廓位移、振动频率、固有频率，可通过 ANSYS Mechanic 获得。进行气弹分析时，将叶片表面结点位移变化坐标以文件的形式导入，指定叶片表面网格按照正弦规律运动；为了使用这种单叶片模式形状进行多个叶片流动模拟，配置文件必须在 CFX 中进行复制扩展。这个复制的配置文件包含一个扇区号，从原始配置文件中识别每个复制的部分。此扇区数在叶片转轴周围按照右手规则增加。叶片扇区信息可以用来确定相位移的方向，也就是说，它可以用来确定叶片位移是在高还是低位置。

进行叶片颤振分析计算时，考虑相邻叶片的气动效应很重要。对于叶片轮盘组合体，包含 N 个叶片，存在确定数目的节径。当 ND（无量纲节径，简称节径）$=0$ 时，所有的叶片以同样的相位振动，叶间相位角（IBPA）为 0。然而，对于其他的节径，每个叶片相对于其他叶片由于叶间相位角的存在而异向。叶间相位角的计算如下：

$$\mathrm{IBPA}=\frac{2\pi}{N_{BL}}\mathrm{ND} \tag{10-2}$$

式中 ND$=0$，…，$N_{BL}-1$。N_{BL} 为整圈叶片数。

IBPA 形式的叶片振动导致了行波模式，如图 10-7 给出了几种不同的行波模式。前行波指的是振动波传播方向与叶片旋转方向相同，为正 IBPA 值，如图 10-7(a) 所示；逆行波指的是振动波传播方向与叶片旋转方向相反，为负 IBPA 值，如图 10-7(b) 所示；如果模型仅有静止部分，比如静叶叶栅，如图 10-7(c) 所示，前行波指的是振动波沿着编号增大的方向传递，逆行波指的是振动波沿着编号减小的方向传递。

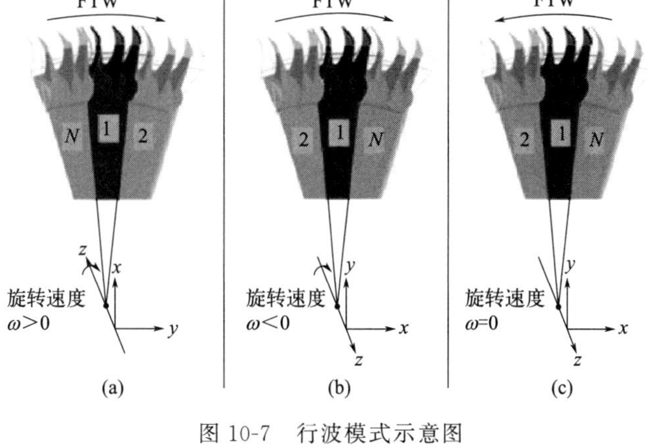

图 10-7　行波模式示意图

CFX 软件中采用傅里叶通道变换模型，同时用时间积分以及谐波平衡瞬态方法来建立瞬态叶栅颤振模拟，从而获得气动阻尼。由于在不同时刻下，相邻叶片的边界具有周期对称性，因此不需要存储整个周期中所有叶片边界上的信息，只需储存傅里叶系数 A_m，通过展开即可获得任意时刻的解。时间傅里叶级数展开式如下：

$$f(t)=\sum_{m=-M}^{M} A_m e^{-j(\omega m t)} \tag{10-3}$$

采用傅里叶通道变换方法进行计算，需要建立如图 10-8 所示的双叶片通道。在进行计算准备时，需对两个叶片通道之间的交界面进行特别设置，这是因为在分析过程中，程序需要计算交界面上的傅里叶系数。交界面距离周期对称边界越远，采集到的信息质量越高，计算结果则更为精确。采用谐波平衡瞬变法和傅里叶变换模型可以各自独立地缩短求解时间，合并后进一步缩短了求解时间。

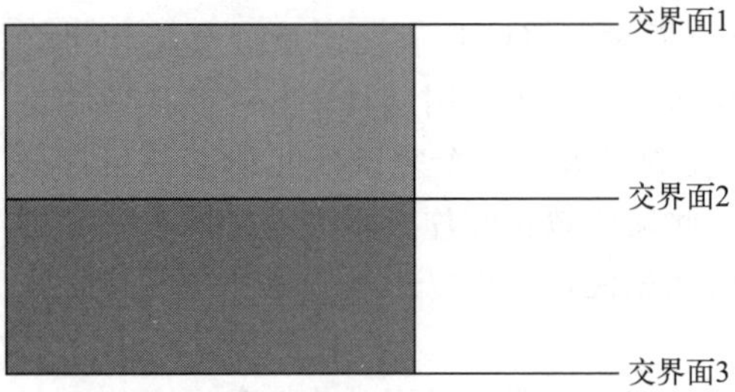

图 10-8　双叶片通道示意图

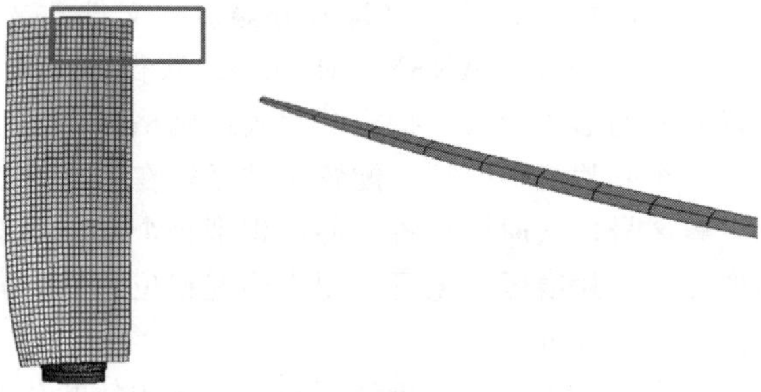
图 10-9　叶片有限元网格

10.1.4.2　气弹分析边界条件

正如 10.1.4.1 节中所述，在进行颤振分析前需要通过模态分析，得到包含叶片轮廓位移、振动频率、固有频率的 CSV 文件。对不同动叶角度下的叶片进行分析计算，有限元模型如图 10-9 所示，划分方法同 10.1.3.1 节。

在模态分析中取叶片底部固支，在设计转速 590r/min 下，通过预应力模态分析得到叶片各阶振型及对应的固有频率。经过计算发现，在仅考虑转速情况下，叶片模态振型及固有频率与叶片角度无关。图 10-10 所示为叶片前 4 阶固有频率、模态位移及模态应力分布情况。

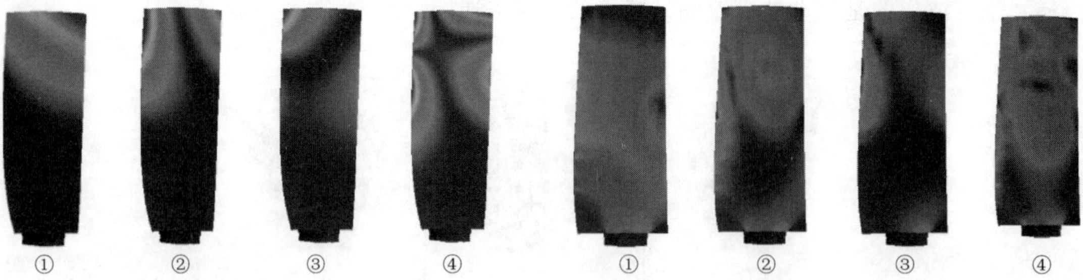

(a) 模态位移云图　　(b) 模态应力分布云图

图 10-10　叶片模态位移、模态应力分布及固有频率

①—1 阶弯曲模态 48Hz；②—2 阶扭转模态 110Hz；③—3 阶弯曲模态 166Hz；④—4 阶混合模态 248Hz

提取叶片轮廓表面结点的原始结点坐标以及 XYZ 三个方向变形量，构建后续流体计算所需 CSV 文件，如图 10-11 所示。

[Spatial Fields]						
Initial X	Initial Y	Initial Z				
[Data]						
Initial X [m]	Initial Y [m]	Initial Z [m]	meshdisptot x [m]	meshdisptot y [m]	meshdisptot z [m]	Sector Tag [m]
2.084	-0.109	-2.550	0.039	0.793	-0.619	1.000
2.086	-0.096	-2.538	0.032	0.781	-0.604	1.000

图 10-11　数据文件格式

如图 10-12 所示为进行颤振分析所采用的双流道模型，网格划分方法同 10.1.3.2 节。在进行非定常傅里叶瞬态求解前，先进行稳态流场分析，再将所得到的结果作为瞬态分析的初值，加快瞬态分析收敛速度。

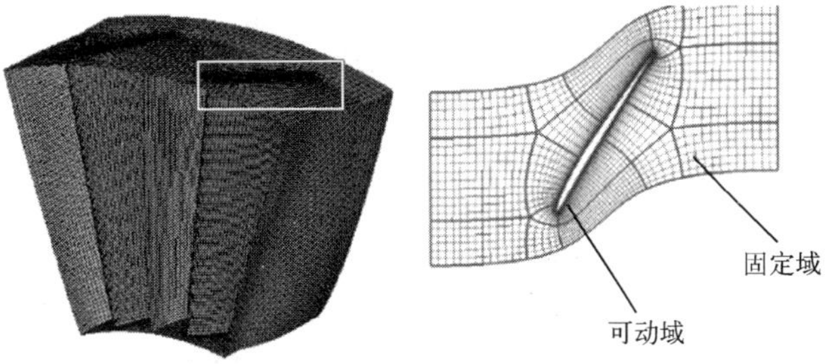

图 10-12　颤振分析双流道网格

流体边界条件如下：

① 气体介质为理想空气，流体控制方程选用湍流 N-S 方程，湍流模型采用标准模型 SST 模型；

② 风机入口条件为标准状态，总温为 300K，总压为 1atm（101.325kPa），进气方向为轴向，出口给定平均静压；

③ R_1、R_2 为动叶旋转计算域半径，设定转速 590r/min；

④ 在稳态分析时，叶片壁面、轮毂表面给定绝热、无滑移、光滑壁面条件，轮缘表面给定旋转边界条件，两侧循环对称面设置周期对称边界；整个流域中，不考虑叶尖间隙的影响；

⑤ 在瞬态颤振分析时，指定叶片表面按照给定位移、给定频率、给定 IBPA 进行正弦振动，颤振分析采用谐波平衡方法提高计算速度，监测求解过程气动阻尼变化情况。

10.1.4.3　气动阻尼计算结果讨论

分别计算了动叶角度为 6°、12°、24°下，叶间相位角 IBPA＝0 时的前 4 阶模态气动阻尼。以动叶角度为 24°为例，说明计算结果。

叶片气动阻尼计算收敛曲线如图 10-13。可以看出，开始计算时，气动阻尼变化较大，

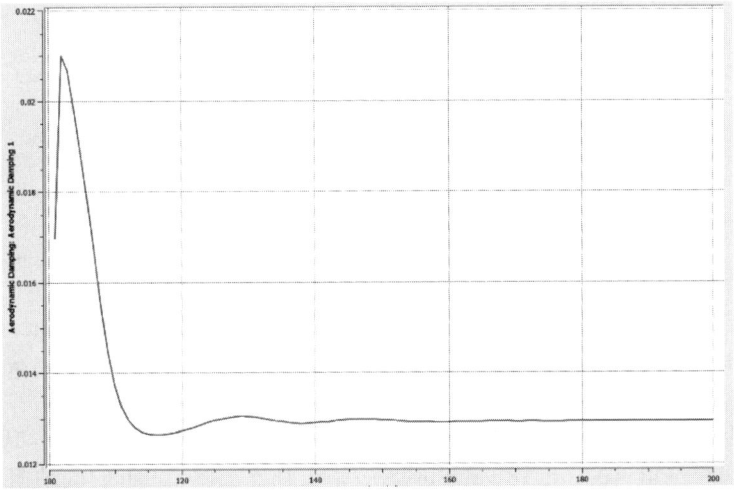

图 10-13　叶片气动阻尼收敛曲线

经过 200 步的计算，气动阻尼趋于稳定，为 0.0124。

如图 10-14 所示为某时刻叶片壁面总体位移变形云图，可以看出表面按照指定的位移变形效果。如图 10-15 所示为某时刻气流对叶片壁面所做功的分布云图，可以看到，气流对叶片的背弧侧与内弧侧叶片分别做负功与正功，计算此时气流对叶片做功平均值为 −3.05J。

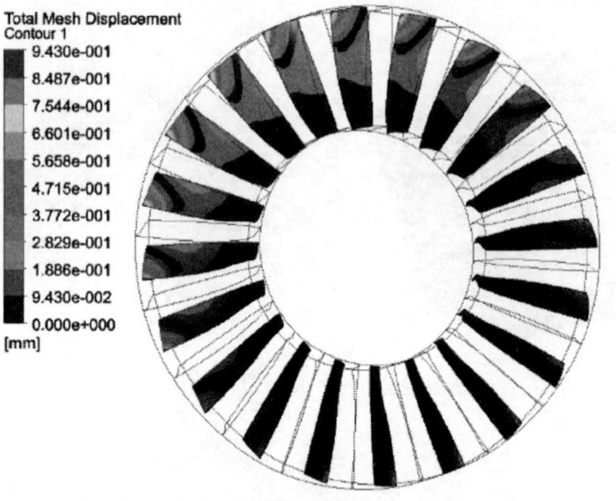

图 10-14　叶片壁面总体位移变形云图

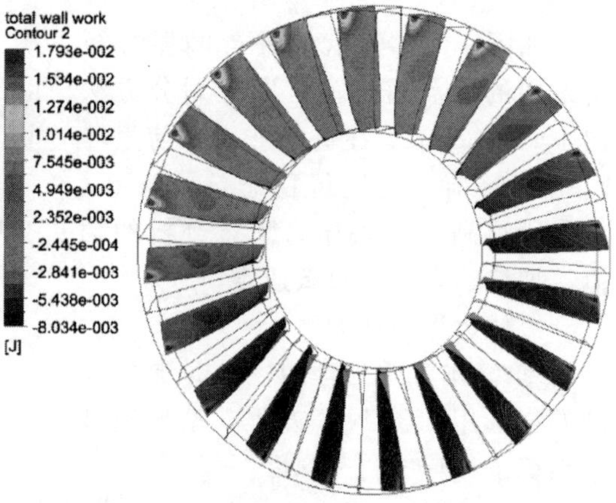

图 10-15　气动功分布云图

按照同样的计算方法，得到动叶角度为 6°、12°、24°下的前 4 阶模态气动阻尼比，如图 10-16 所示。

从图 10-16 中可以看出，1 阶模态下气动阻尼比数值最小，4 阶模态最大，后者能提供约前者 10 倍的气动阻尼；3 阶模态气动阻尼比数值小于 2 阶模态。其中，最小气动阻尼比出现在 1 阶模态、24°动叶角度下，此时气动阻尼比数值为 0.0016。随着动叶角度增加，叶片 1、2、4 阶模态气动阻尼比呈现先上升后下降的趋势，而 3 阶模态阻尼比呈现出单调下降的趋势，但总体变化趋势平缓。

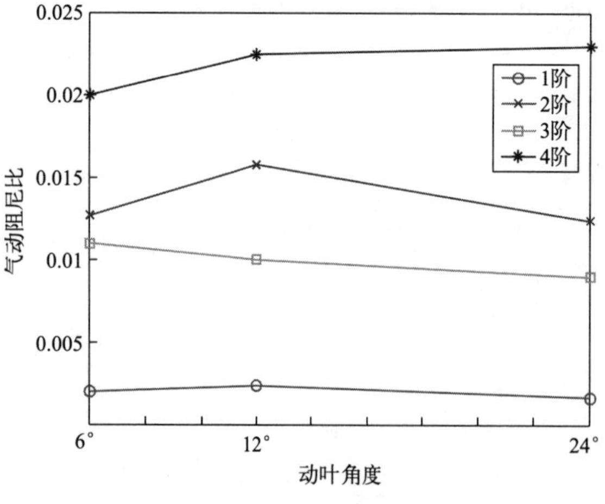

图 10-16　不同动叶角度下的气动阻尼比

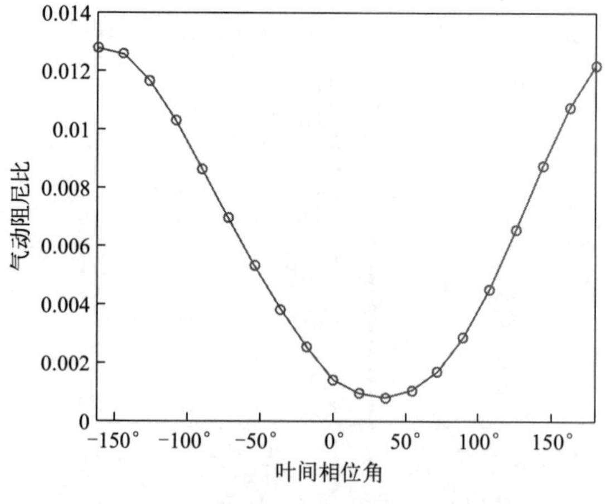

图 10-17　不同叶间相位角下气动阻尼比

在此基础上，为验证叶间相位角对叶片气动阻尼的影响，计算了 24°动叶角度下，1 阶模态在不同叶间相位角（0°，±18°，±36°，…，±162°，180°）下的气动阻尼比如图 10-17 所示。

可以看出，气动阻尼比随叶间相位角的变化呈现出正弦变化的规律，且叶间相位角对气动阻尼比数值影响明显。|IBPA|一定的前提下，正行波（正叶间相位角）下气动阻尼比小于逆行波（负叶间相位角）下的气动阻尼。正反行波模态的固有频率是一致的，同时振动模态相似，但有相反的相位，呈现出物理对称特点。然而由于叶片转动的方向性，即使有相同的固有频率、相同的振型，模态气动力也不同，因此，气动阻尼不同。对于同一相位驻波模式(IBPA＝0°）和相对相位驻波模式(IBPA＝180°)，后者可提供 8.6 倍的气动阻尼。气动弹性最不稳定状态（最小值）对应 IBPA＝36°，此时气动阻尼值为 0.0008，大于零。

综合来看，在不同角度以及不同叶间相位角下，叶片的气动阻尼均大于零，因此，可认为叶片不会出现气动弹性问题。

10.2　转子轴系的动力学分析

建立转轴-齿轮-轴承整体系统全自由度动力学模型，考虑齿轮啮合刚度，齿轮啮合单元能更精确地实现轴系弯-扭耦合，建立混合动力学模型。

以增速齿轮箱平行轴系为例，忽略轴系中倒角和键槽等对有限元分析结果影响较小的结构，如图 10-18 和图 10-19 所示分别建立轴系有限元二维和三维模型，轴和齿轮的材料全部选用 42CrMo，密度是 7850kg/m^3，泊松比为 0.3，弹性模量为 2.1×10^{11}Pa。图中转轴主体部分用 Timoshenko 梁单元建模，弹簧代表了支承转轴的滑动轴承和滚动轴承。该模型由 100 个单元、104 个结点组成，其中低速齿轮轴工作转速为 2970.5r/min，由 20 个单元、21 个结点组成；中间叶轮所在的轴（中速轴）工作转速为 13174r/min，由 29 个单元、30 个结点组成；高速齿轮轴工作转速为 100000r/min，由 22 个单元、23 个结点组成。

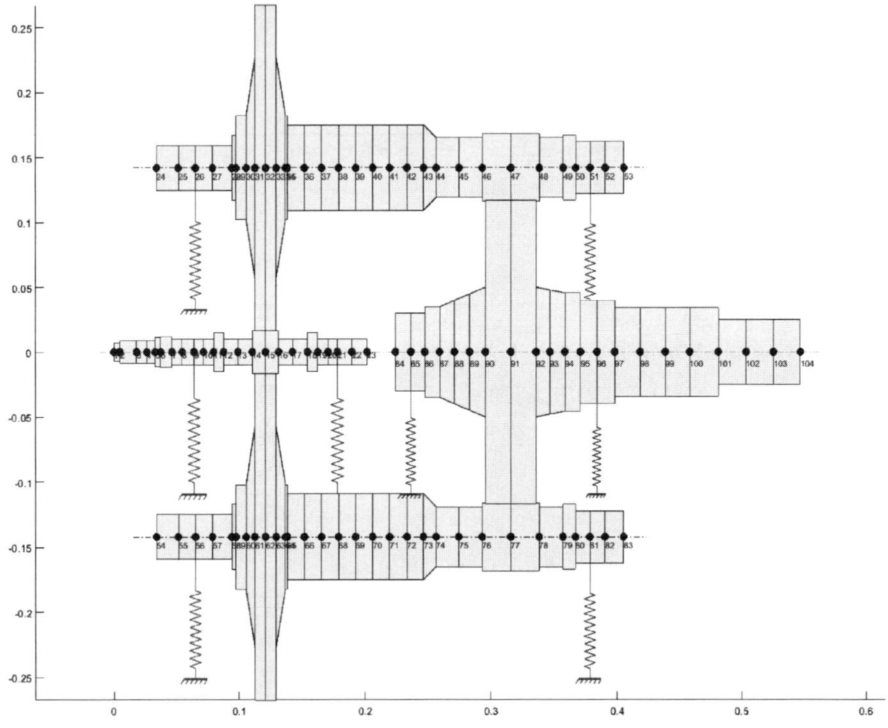

图 10-18　转子轴系二维有限元模型

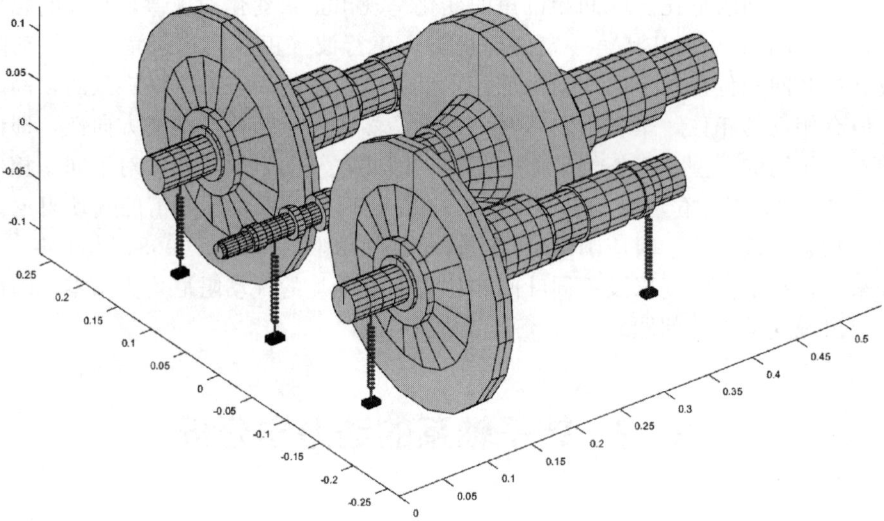

图 10-19 转子轴系三维有限元模型

10.2.1 轴-齿轮-轴承耦合动力学模型

有限元法将连续的阶梯轴段分解为有限个离散单元，每个轴段单元通过单元内径、外径获得相应的截面惯性矩和极惯性矩，结合单元长度、弹性模量、剪切模量、泊松比和密度等结构参数，根据前人理论推导工作可以得出单元质量、刚度、陀螺矩阵。依靠不同单元间的连接结点即可获得阶梯轴的特征矩阵方程。

四根平行轴在已知工作转速的情况下，根据厂家提供的齿轮齿数关系可求得低速轴与中间轴、中间轴与高速轴之间的速比约为 1/4.43，1/7.59。厂家提供的增速齿轮箱基本参数如表 10-1 所示。

表 10-1 增速齿轮箱基本参数

轴类别	转速 n/(r/min)	扭矩 T/Nm	功率 P/kW	齿轮齿数 Z	转子质量 m/kg
高速轴	100000	19.1	200	22	0.81269
中间轴	13174/13174	72.5/72.5	100/100	23/167	14.194/14.194
低速轴	2970.5	643.0	200	102	21.84

模型中的齿轮和叶轮等效为某结点上的刚性集中质量。其中叶轮集中参数由厂家给出，齿轮的集中质量参数由 CAD（计算机辅助设计）软件来求得。在低速轴和中间轴齿轮的左端点建立原点坐标，对大齿轮轮廓单独创建面域，所得面域旋转一周，查询其质量特性，提取出质量、直径转动惯量和极转动惯量，结合齿轮的密度属性，计算出的质量和转动惯量如表 10-2 所示。

表 10-2 集中质量参数

集中质量位置	结点号	质量/kg	直径转动惯量/(kg·m^2)	极转动惯量/(kg·m^2)
低速轴大齿轮	91	7.80	0.028	0.055
中间轴大齿轮 1	32	7.80	0.028	0.055
中间轴大齿轮 2	62	7.80	0.028	0.055

该二级齿轮增速轴系有 6 个齿轮，每对啮合参与作业，不论是大齿轮还是小齿轮，全部采用直齿轮，压力角取 20°。根据齿宽、啮合齿轮各自的弹性模量可计算平均啮合刚度。子刚度则需要用到螺旋角、压力角、大小齿轮的分度圆半径、小齿轮方位角。齿轮啮合单元用 Stringer 开发的 12×12 啮合刚度矩阵。通过以上参数，可得大齿轮和中间轴齿轮啮合刚度矩阵 $\boldsymbol{K}$。

轮盘和齿轮都可以看作集中质量，相同之处是，只用一个结点就可以表示其集中特性；不同的是，齿轮啮合必须考虑齿轮副的两个啮合点 i 和 j，不仅在主方向有啮合刚度，还存在 6×6 阶的交叉刚度矩阵 $\boldsymbol{K}_{ij}$ 和 $\boldsymbol{K}_{ji}$，进而考虑在齿轮啮合之后，系统特征和稳定性会发生改变，高速齿轮系统的弯-扭耦合性质体现得更加充分。

10.2.2　静载荷计算

在带齿轮的轴系结构中，要进行受力分析，首先要考虑结构自身的重量、对轴承处产生的静载荷，同时还要考虑齿轮轴系在满负荷运行工况下其受力条件的变化。根据平面力系的力和力矩平衡原理可以计算各轴承支点的受力，如图 10-20 所示。

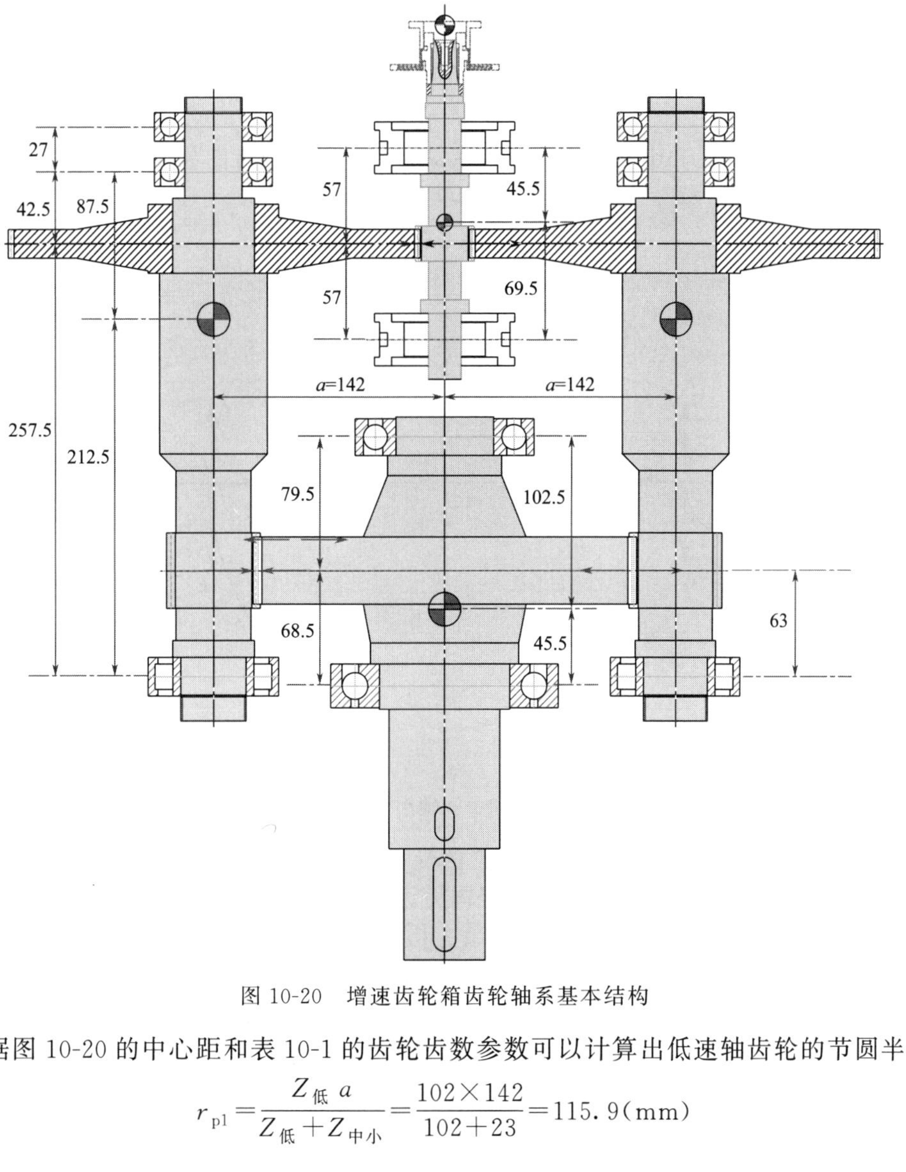

图 10-20　增速齿轮箱齿轮轴系基本结构

根据图 10-20 的中心距和表 10-1 的齿轮齿数参数可以计算出低速轴齿轮的节圆半径为

$$r_{p1}=\frac{Z_{低}\,a}{Z_{低}+Z_{中小}}=\frac{102\times142}{102+23}=115.9(\mathrm{mm}) \tag{10-4}$$

同理可以计算出中间轴小齿轮的节圆半径为

$$r_{p2}=\frac{Z_{中小}\ a}{Z_{低}+Z_{中小}}=\frac{23\times142}{102+23}=26.1(mm) \tag{10-5}$$

中间轴大齿轮的节圆半径为

$$r_{p3}=\frac{Z_{中大}\ a}{Z_{高}+Z_{中大}}=\frac{167\times142}{22+167}=125.5(mm) \tag{10-6}$$

高速轴齿轮的节圆半径为

$$r_{p4}=\frac{Z_{高}\ a}{Z_{高}+Z_{中大}}=\frac{22\times142}{22+167}=16.5(mm) \tag{10-7}$$

根据各个转子的扭矩、节圆半径以及齿轮的压力角（此处取压力角 20°）可以计算出低速轴齿轮的切向力、径向力分别为

$$F_{t1}=\frac{T_1}{2r_{p1}}=\frac{643}{2\times115.9\times10^{-3}}=2773.9(N) \tag{10-8}$$

$$F_{r1}=F_{t1}\times\tan\phi_p=2773.9\times\tan20^\circ=1009.6(N) \tag{10-9}$$

根据作用力和反作用力可以得到中间轴小齿轮的切向力、径向力分别为

$$F_{t2}=-2773.9N \tag{10-10}$$

$$F_{r2}=-1009.6N \tag{10-11}$$

低速轴齿轮（主动）和中间轴小齿轮（从动）之间受力示意图如图 10-21 所示。

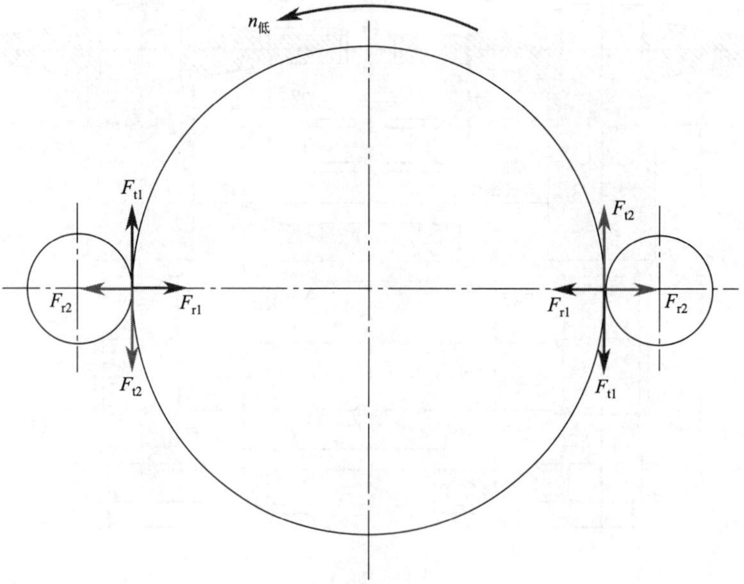

图 10-21　低速轴齿轮（主动）和中间轴小齿轮（从动）之间的受力示意图

注意，上式中负号仅表示中间轴小齿轮的受力方向与低速轴齿轮的受力方向相反，下同。同理，在高速轴上的齿轮的切向力和径向力为

$$F_{t4}=\frac{T_4}{2r_{p4}}=\frac{19.1}{2\times16.5\times10^{-3}}=578.8(N) \tag{10-12}$$

$$F_{r4}=F_{t4}\times\tan\phi_p=578.8\times\tan20^\circ=210.7(N) \tag{10-13}$$

根据作用力和反作用力可以得到中间轴大齿轮的切向力、径向力分别为

$$F_{t3}=-578.8N \tag{10-14}$$

$$F_{r3}=-210.7N \tag{10-15}$$

高速轴齿轮（从动）和中间轴大齿轮（主动）之间受力示意图如图 10-22 所示。

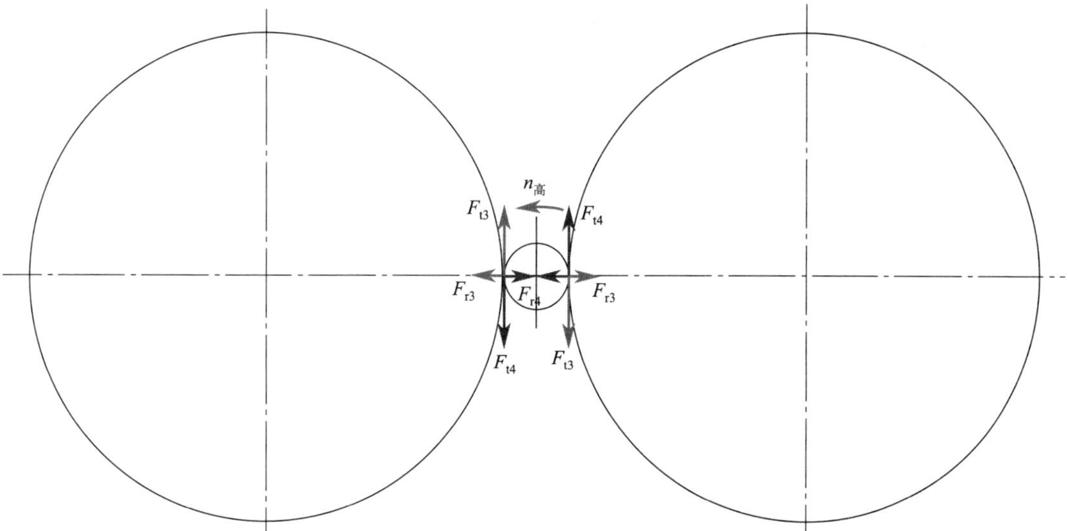

图 10-22　高速轴齿轮（从动）和中间轴大齿轮（主动）之间的受力示意图

下面针对低速轴、中间轴和高速轴进行受力分析，并计算出各轴在轴承位置的支反力。对于低速轴分别画出其在 yoz 平面内和 xoz 平面内的受力示意图，中间轴和高速轴同理可以进行受力分析，并列出力系的平衡方程。

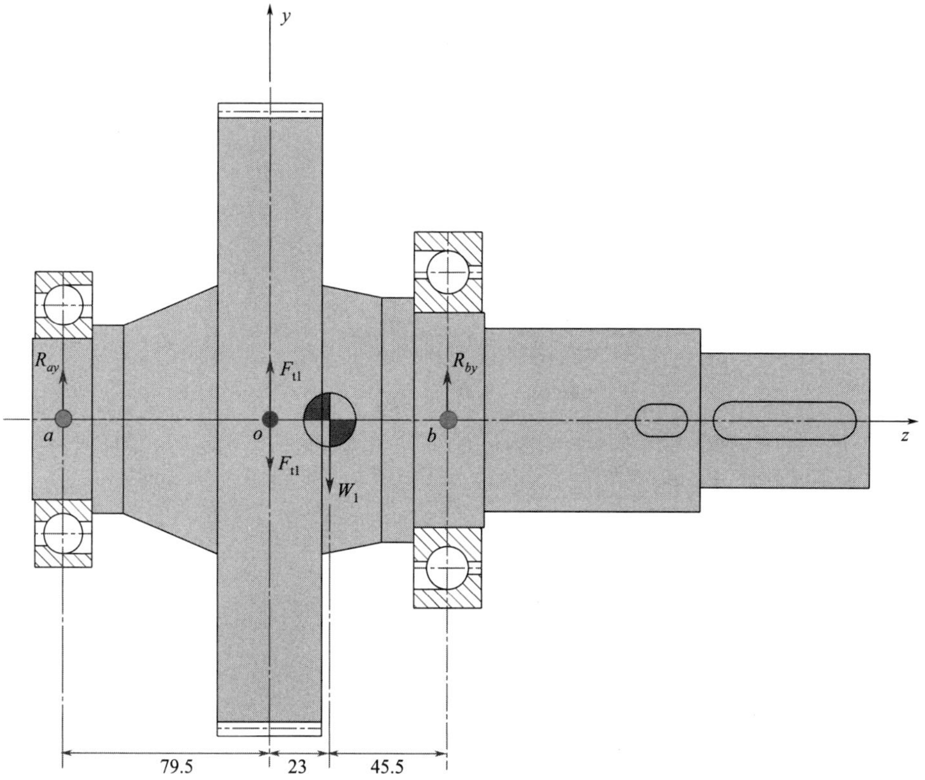

图 10-23　低速轴在 yoz 平面内受力示意图

根据图 10-23 所示受力示意图，列出 yoz 平面内的力和力矩的平衡方程：

$$\sum F_y=0\Rightarrow R_{ay}+R_{by}+F_{t1}-F_{t1}-W_1=0 \tag{10-16}$$

$$\sum M_a=0\Rightarrow F_{t1}\times 0.0795-F_{t1}\times 0.0795-W_1\times(0.0795+0.023)+R_{by}\times(0.0795+0.023+0.0455)=0 \tag{10-17}$$

求解上述方程组可以得到

$$\begin{cases}R_{ay}=65.87\text{N} & (10\text{-}18)\\ R_{by}=148.38\text{N} & (10\text{-}19)\end{cases}$$

根据图 10-24 所示受力示意图，列出 xoz 平面内的力和力矩的平衡方程：

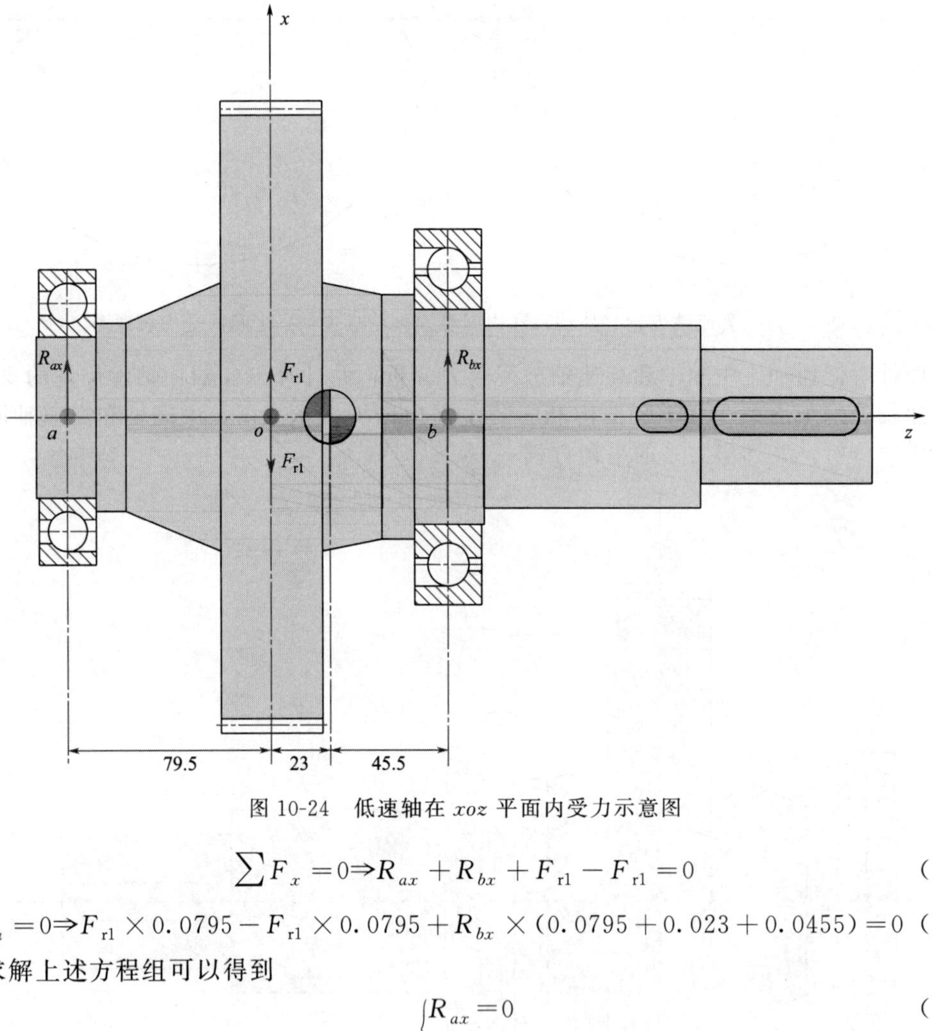

图 10-24 低速轴在 xoz 平面内受力示意图

$$\sum F_x=0\Rightarrow R_{ax}+R_{bx}+F_{r1}-F_{r1}=0 \tag{10-20}$$

$$\sum M_a=0\Rightarrow F_{r1}\times 0.0795-F_{r1}\times 0.0795+R_{bx}\times(0.0795+0.023+0.0455)=0 \tag{10-21}$$

求解上述方程组可以得到

$$\begin{cases}R_{ax}=0 & (10\text{-}22)\\ R_{bx}=0 & (10\text{-}23)\end{cases}$$

根据图 10-25 所示受力示意图，列出中间轴在 yoz 平面内的力和力矩的平衡方程：

$$\sum F_y=0\Rightarrow R_{ey}+R_{fy}+R_{hy}+F_{t3}-F_{t2}-W_2=0 \tag{10-24}$$

$$\sum M_{e-f}=0\Rightarrow F_{t3}\times(0.0135+0.0425)-F_{t2}\times(0.0135+0.0425+0.045+0.1495)-W_2\times(0.0135+0.0425+0.045)+R_{hy}\times(0.0135+0.0425+0.045+0.1495+0.063)=0 \tag{10-25}$$

注意，在式(10-24) 中，由于中间轴左端受到两个轴承的约束，存在过约束，为了顺序求解，将 R_{ey} 和 R_{fy} 合并到点 e 和点 f 的中点处，记为 R_{ef}，与图 10-26 类似。

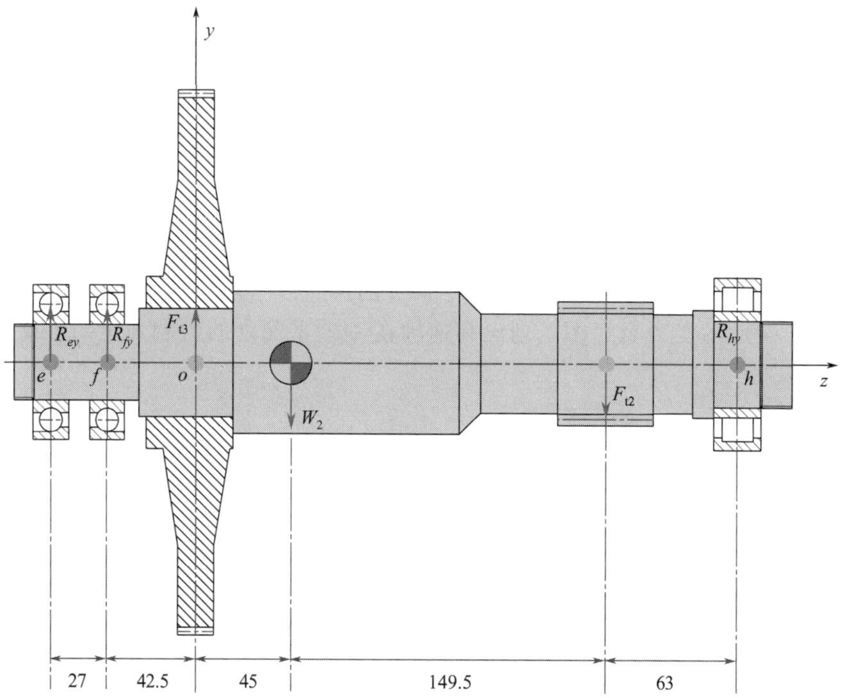

图 10-25　中间轴在 yoz 平面内受力示意图

求解上述方程组可以得到：

$$R_{efy}=R_{ey}+R_{fy}=171.64\text{N} \tag{10-26}$$

$$R_{hy}=2139.0\text{N} \tag{10-27}$$

根据图 10-26 所示受力示意图，列出中间轴在 xoz 平面内的力和力矩的平衡方程：

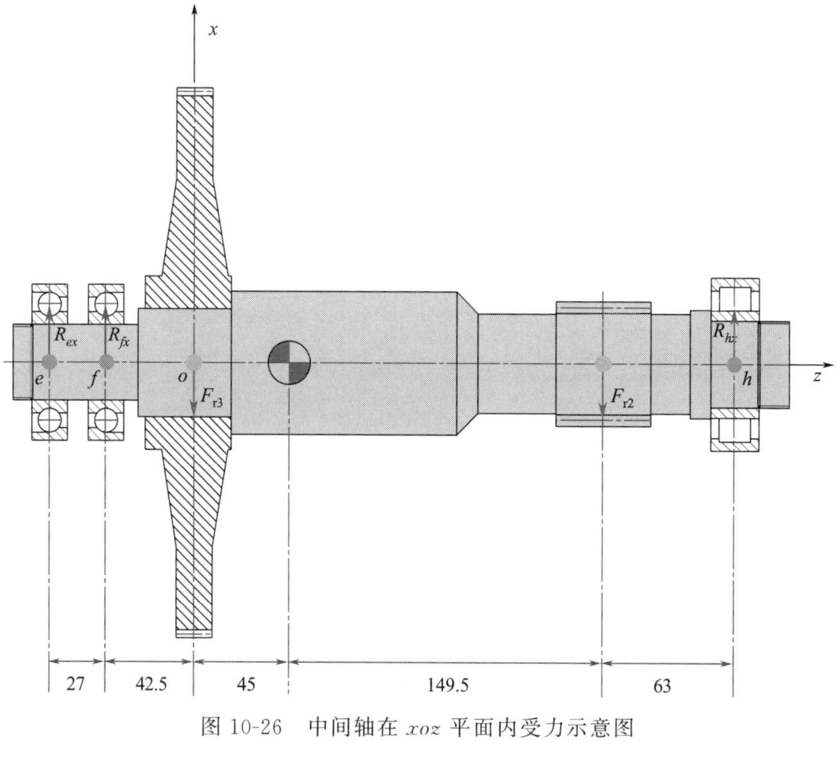

图 10-26　中间轴在 xoz 平面内受力示意图

$$\sum F_x = 0 \Rightarrow R_{ex} + R_{fx} + R_{hx} + F_{r3} - F_{r2} = 0 \quad (10\text{-}28)$$

$$\sum M_{e-f} = 0 \Rightarrow F_{r3} \times (0.0135 + 0.0425) - F_{r2} \times (0.0135 + 0.0425 + 0.045 + 0.1495) + R_{hx} \times (0.0135 + 0.0425 + 0.045 + 0.1495 + 0.063) = 0 \quad (10\text{-}29)$$

求解上述方程组可以得到：

$$R_{efx} = R_{ex} + R_{fx} = 28.09\text{N} \quad (10\text{-}30)$$

$$R_{hx} = 762.21\text{N} \quad (10\text{-}31)$$

根据图 10-27 所示受力示意图，列出高速轴在 yoz 平面内的力和力矩的平衡方程：

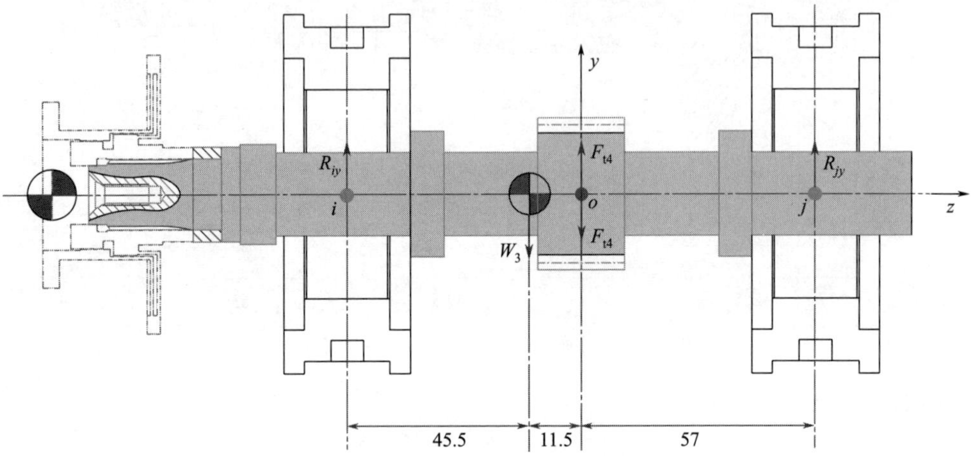

图 10-27　高速轴在 yoz 平面内受力示意图

$$\sum F_y = 0 \Rightarrow R_{iy} + R_{jy} + F_{t4} - F_{t4} - W_3 = 0 \quad (10\text{-}32)$$

$$\sum M_i = 0 \Rightarrow F_{t4} \times (0.0455 + 0.0115) - F_{t4} \times (0.0455 + 0.0115) - W_3 \times 0.0455 + R_{jy} \times (0.0455 + 0.0115 + 0.057) = 0 \quad (10\text{-}33)$$

求解上述方程组可以得到：

$$R_{iy} = 3.18\text{N} \quad (10\text{-}34)$$

$$R_{jy} = 4.79\text{N} \quad (10\text{-}35)$$

根据图 10-28 所示受力示意图，列出高速轴在 xoz 平面内的力和力矩的平衡方程：

$$\sum F_x = 0 \Rightarrow R_{ix} + R_{jx} + F_{r4} - F_{r4} = 0 \quad (10\text{-}36)$$

$$\sum M_i = 0 \Rightarrow F_{r4} \times (0.0455 + 0.0115) - F_{r4} \times (0.0455 + 0.0115) + R_{jx} \times (0.0455 + 0.0115 + 0.057) = 0 \quad (10\text{-}37)$$

求解上述方程组可以得到：

$$R_{ix} = 0 \quad (10\text{-}38)$$

$$R_{jx} = 0 \quad (10\text{-}39)$$

10.2.3　高速轴轴承动态特性参数计算

低速齿轮轴和中间轴转速不高，选用的是滚动轴承；而高速轴的轴承全部选用稳定性较高的 5 瓦可倾瓦轴承，轴承的承载方式为瓦上受载。结合轴承预负荷、宽径比、轴承间隙和

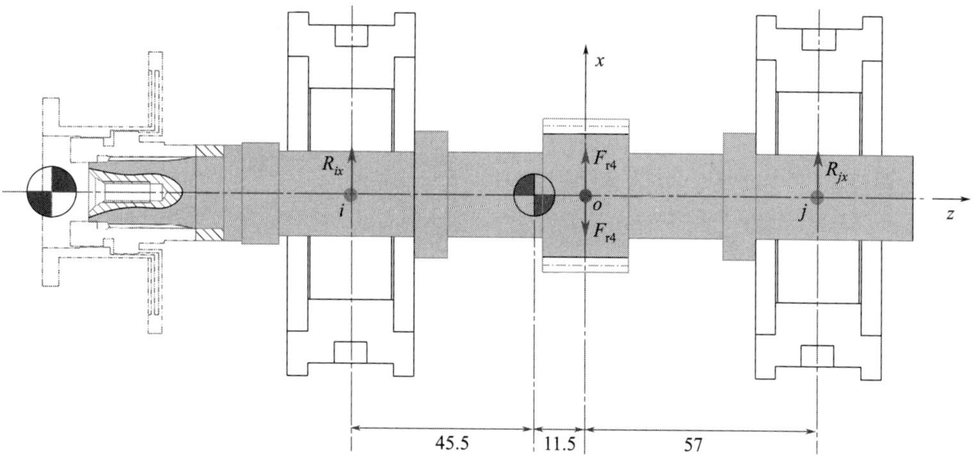

图 10-28 高速轴在 xoz 平面内受力示意图

受载方式等结构参数，计算轴承动态特性系数，进一步便可得到轴-齿轮-轴承耦合系统的动力学特性参数。

结合表 10-3 轴承各项基本参数，借助轴承动力学计算软件，可以分析高速轴轴承的静力学特性。轴承刚度系数和阻尼系数等各项动力学参数如图 10-29 所示。

表 10-3 可倾瓦轴承基本参数表

轴颈直径	40mm	40mm
轴承半径间隙	0.040mm	0.040mm
预负荷	0.3	0.3
轴瓦包角	60°	60°
轴承轴向宽度	18mm	18mm
支点偏置因子	0.5	0.5
润滑油牌号	ISO VG 32	ISO VG 32
轴承载荷	3.18N	4.79N
转速	100000r/min	100000r/min

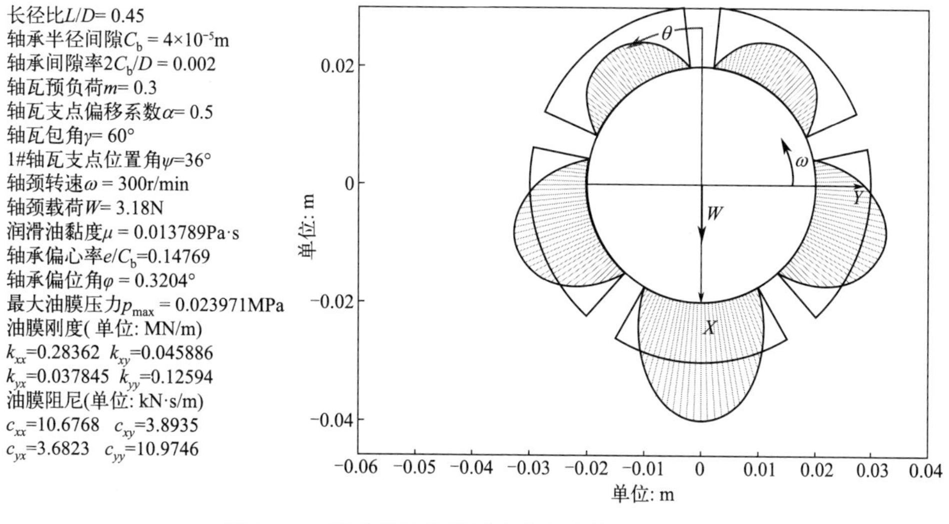

图 10-29 滑动轴承油膜压力分布及其动力学参数

其余各轴采用滚动轴承，滚动轴承的刚度系数为 $k_{xx}=k_{yy}=2\times10^{7}\sim1\times10^{9}\text{N/m}$，无交叉刚度项 $k_{xy}=k_{yx}=0$，滚动轴承的阻尼非常小，一般可以忽略不计。

10.2.4　齿轮耦合轴系多模态特征研究

根据有限元原理，转子动力学运动微分方程可以写作

$$\boldsymbol{M}\ddot{\boldsymbol{q}}+\boldsymbol{C}\dot{\boldsymbol{q}}+\boldsymbol{K}\boldsymbol{q}=\boldsymbol{F} \tag{10-40}$$

$\boldsymbol{M}$、$\boldsymbol{C}$、$\boldsymbol{K}$ 分别表示质量矩阵、阻尼矩阵和刚度矩阵，$\boldsymbol{F}$ 表示激励列阵，$\boldsymbol{q}$ 表示单元的位移。

求解式(10-40) 的二阶线性齐次微分方程，设其解为

$$[q]=[\phi]\mathrm{e}^{\lambda t} \tag{10-41}$$

将式(10-41) 代入齐次微分方程可得

$$[-\lambda^{2}\boldsymbol{M}+\lambda\boldsymbol{C}+\boldsymbol{K}][\phi]=\boldsymbol{0} \tag{10-42}$$

特征方程为

$$|-\lambda^{2}\boldsymbol{M}+\lambda\boldsymbol{C}+\boldsymbol{K}|=0 \tag{10-43}$$

求解特征方程，可得模态频率 λ 和振型 ϕ。比较啮合前后的模态特征值可知，多平行轴耦合轴系的振型表现出多样性，如图 10-30 所示。

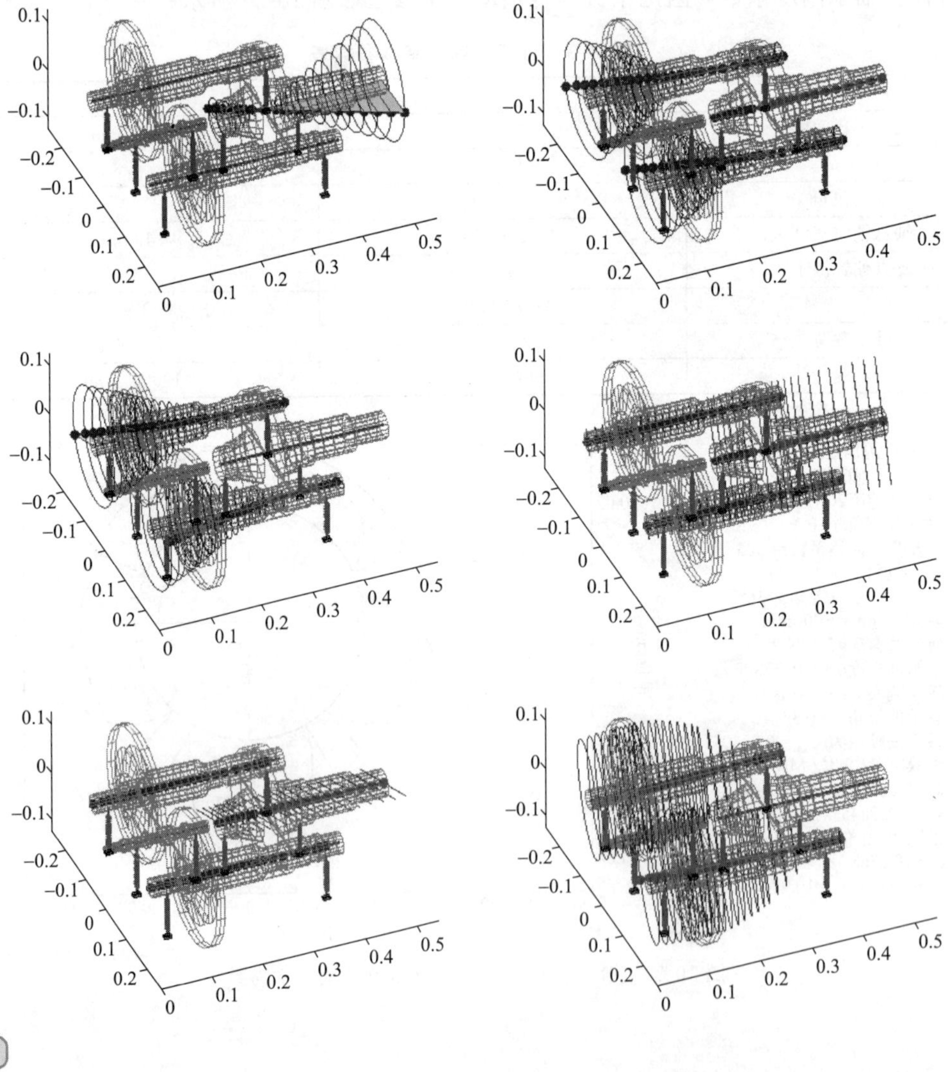

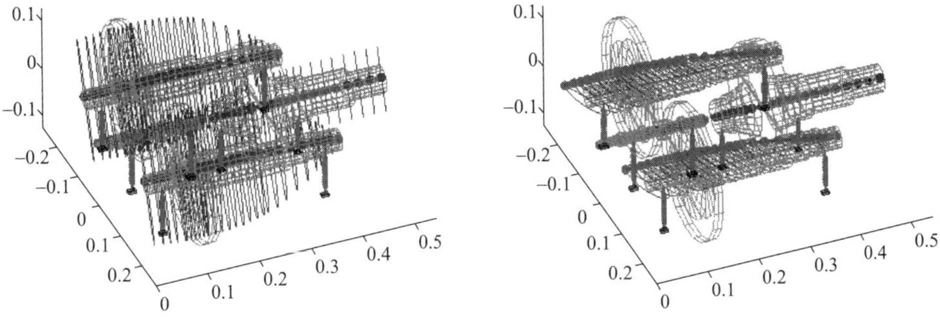

图 10-30　轴-齿轮-轴承耦合轴系的前 8 阶振型

10.3　基于干气密封流-热-固耦合的可靠性分析

干气密封自 1969 年引入工业应用以来，以极低的泄漏量和优秀的耐磨特性在工业界得到了成功的应用。高参数化（高压、高速、高温、大直径）是目前干气密封发展的方向。然而，在其向大直径、高转速应用场合发展的过程中，一方面，保证大端面的平面度变得困难，这需要较高的加工技术水平。另一方面，大端面干气密封在运行过程中，由于大的压力和温度效应导致的密封端面的变形对密封性能的影响更为显著。图 10-31 所示为一干气密封运行过程中气膜的压力和温度分布，它们的不均匀分布可能会使得两密封端面之间的间隙收敛或发散，发散的间隙对干气密封的影响是灾难性的，因为它可能使得密封端面在外缘接触，从而切断密封气体进入密封间隙的通道，致使气膜的稳定性遭到破坏。如果密封间隙收敛的程度超过了允许的范围，就有可能导致密封的失效，因为这会降低气膜的刚度，以至于密封环受到轴向或周向扰动时，会增加动静环接触的机会。

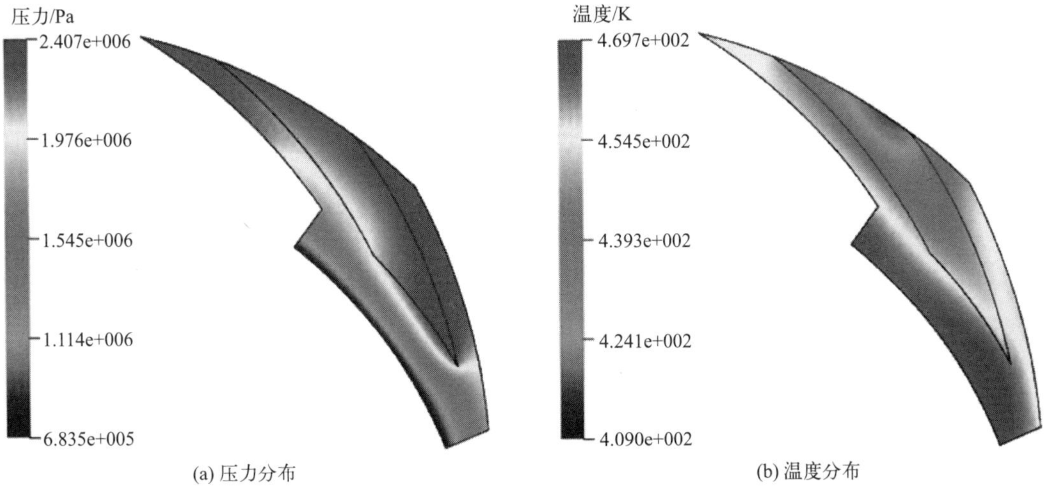

(a) 压力分布　　(b) 温度分布

图 10-31　干气密封内气膜的压力和温度分布

本案例运用现代的固体力学和流体力学数值计算方法，主要研究大端面干气密封在运行过程中端面的温度和变形，一方面为大端面干气密封的结构优化提供理论支持，另一方面也为密封的可靠性评价提供依据。同时，用大型有限元软件提供的 APDL（ANSYS 参数化设计语言）和计算流体力学软件提供的 CCL 语言进行二次开发，编制出基于干气密封流-热-

固耦合的可靠性分析程序。

10.3.1 干气密封系统流场-温度场耦合分析

10.3.1.1 干气密封的热量平衡

密封装置在运行过程中由于旋转件之间和密封流体内部的摩擦以及密封副对密封介质的搅拌作用等都会产生一定的热量，这些热量会使得密封环及其端面之间的流体膜温度升高。当密封环及端面间流体膜的温度过高时就会影响密封正常工作。例如，密封面的热裂或热变形会造成密封热弹性失稳，温度升高会促使磨损和腐蚀加剧。因此，为了保证螺旋槽密封的正常运转，控制端面间流体膜及密封件本身的温度，使密封件的热变形处在一个允许的范围内，对螺旋槽密封端面流体膜和密封件的温度场分析研究是十分重要的工作。

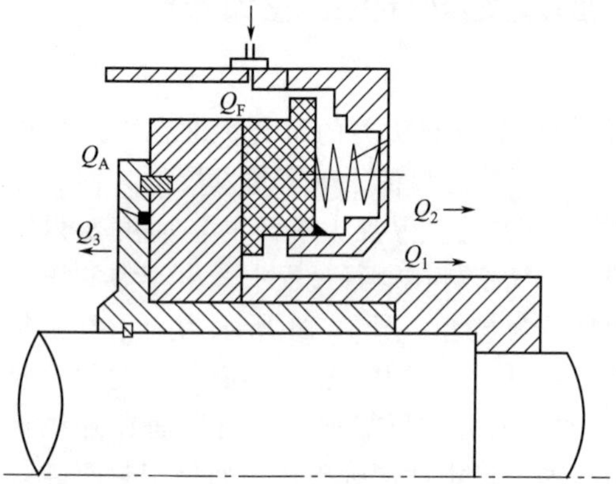

图 10-32　干气密封的热量平衡示意图

气体端面密封副的温度场分析，主要是分析在密封运行过程中各种热量的转化和转移，以及找到热量平衡状态的关系。密封运行过程中的各种热量如图 10-32 所示。Q_F 是密封运行过程中流体内部的摩擦生热，又称摩擦功耗，亦即剪应力做功，是干气密封系统中最主要的热源。Q_A 是密封旋转元件和周围的密封介质摩擦产生的热量，称为搅拌热。Q_1 为通过泄漏流体带走的热量，Q_2 为通过静环传递给周围介质的热量，Q_3 为通过动环及轴套传递给周围密封介质的热量。在本分析中忽略了辅助元件的振动和摩擦产生的热量。综上，气体端面密封的热量平衡方程为

$$Q_F + Q_A = Q_1 + Q_2 + Q_3 \tag{10-44}$$

本案例的目的主要是研究用流-固耦合的方法研究气体端面密封温度场的分布以及力、热变形。对于对流传热系数，气体强制对流的传热系数为 20～100W/(m^2·K)。这里采用已知标准气体对流传热系数 h=62.3W/(m^2·℃)。取该传热系数为初始值，然后对该值在 20～100W/(m^2·K) 范围内变化，检查密封环的温度场分布对对流换热系数的敏感程度，从而确定分析结果的可靠性。

如图 10-33 所示为干气密封系统流场-温度场耦合分析模型。

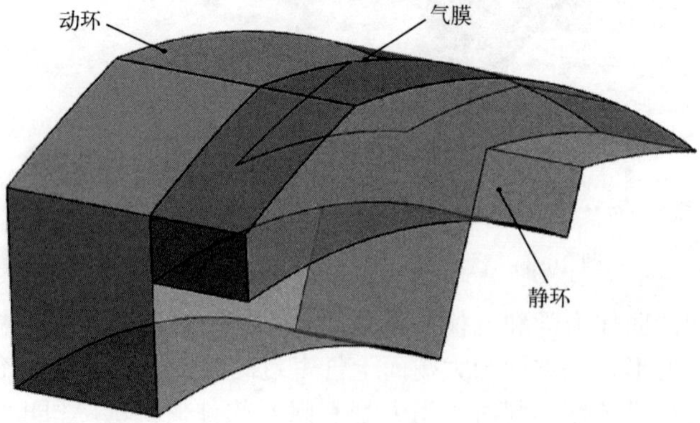

图 10-33　干气密封系统流场-温度场耦合分析模型

10.3.1.2 干气密封系统的工况参数和初步非等温流场分析

(1) 计算所取的工况参数

表 10-4 所示为端面材料的物理性质。本分析中选用的材料配对为钴烧结 SiC-SiC。动环的厚度取为 12mm，静环的厚度取为 8mm。

表 10-4 端面材料的物理性质

材料	热导率 λ /(W·m^{-1}·K^{-1})	线膨胀系数 α/10^{6}K^{-1}	弹性模量 E/GPa	强度		维氏硬度 HV/GPa	密度 ρ /(kg·m^{-3})	热扩散率 κ /(mm^2·s^{-1})
				抗拉 /MPa	抗压 /MPa			
95%① 氧化铝	30	6.9	365	240	3200	18	3900	10
反应熔结 SiC	200	4.3	410	249	—	30	3100	62
钴黏结 SiC	70	4.8	390	240	10000	25	3100	—
钴烧结 SiC-SiC	105	4.5	650	880	6900	18	15000	—

① 指质量分数。

(2) 温度场数值计算结果分析

在本分析中所述的结构尺寸和运行工况下干气密封摩擦功率损耗为

$$Q_F=\frac{T_n}{9550}=0.97\text{kW} \tag{10-45}$$

图 10-34 所示为动环厚度一半处（$z=6$mm）的温度分布，从中可以看出，在螺旋槽入口处，由于吸入了温度较低的密封气体，密封环的部分热量用来加热泄漏的流体，因此，此处温度分布较低，并且随着螺旋槽呈周期性分布。在密封环的内径处温度最高。一方面密封环内侧为绝热边界，忽略了通过该边界的热量传递；另一方面，气体进入密封间隙后，在瞬间被高温的密封环加热，在从外径向内径泄漏的过程中，由于流体内部的摩擦，产生热量，摩擦热一部分通过密封环向外传递，一方面变成气体的内能，气膜温度逐步升高，内径处温度较外径处温度高，最大温差为 14℃，这种温度分布在密封运行过程中，将会使得密封端面间的间隙趋于收敛，如果温差合适，对气膜的稳定性是有益的。图 10-35 所示为静环厚度一半处（$z=-4$mm）的温度分布，温度分布趋势和动环端面相似。静环端面内侧的最高温度低于动环端面，这是因为静环端面内侧具有一定的散热能力的缘故。图 10-36 所示为动环和静环在密封端面内径处沿轴向的温度分布，从图可以看出静环的温度分布更加趋于均匀，

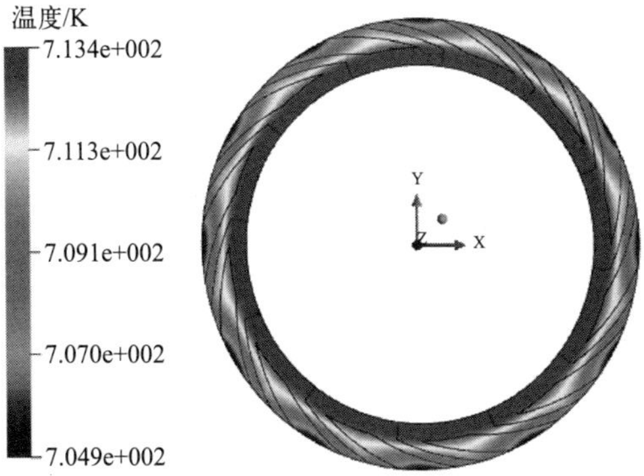

图 10-34 动环厚度一半处（$z=6$mm）的温度分布

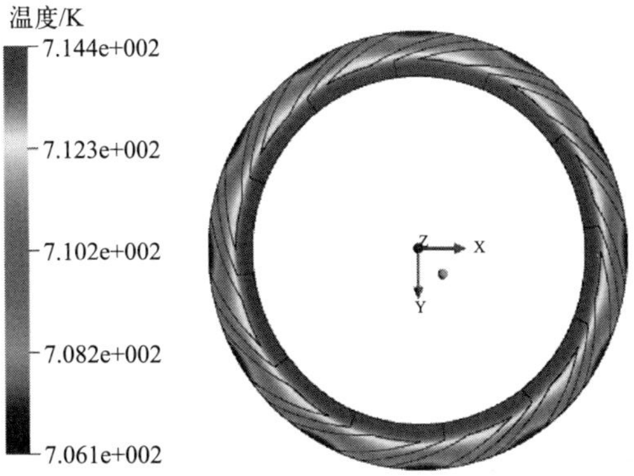

图 10-35 静环厚度一半处（$z=-4$mm）的温度分布

这是由于静环比较薄而传热面积较小，密封端面两侧的最大温差为 16℃，由于这种温差的存在，密封端面间会产生热应力。

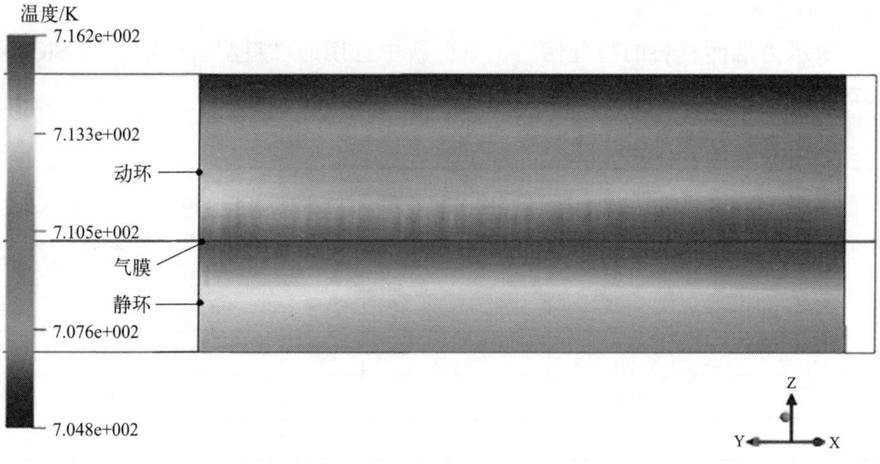

图 10-36　干气密封系统沿轴向的温度分布

单从温度分布也许看不出该干气密封设计的失误。但从温度分布的数值看，密封端面的最高温度为 714K，这是由于该密封设计时追求了密封性能，而没有考虑密封发热量的问题。从计算的结果看，密封环的温度已经超过了碳化硅材料的温度极限，而且如此高的温度，对辅助密封也是无法承受的，因此，必须对密封系统结构参数进行优化。

10.3.1.3　干气密封系统参数优化及温度场分析结果

综合考虑了在平衡盘处安装干气密封所需要的泄漏量、密封面宽度、摩擦扭矩、气膜刚度以及平衡系数，根据等温流场的分析结果，选取合理的密封结构参数。可以用流-固耦合的方法分析其非等温流场，图 10-37 为动环厚度一半处（$z=6$mm）的温度分布，和图 10-34 不同的是，密封环周向的温度呈不均匀分布。导致这种不均匀分布的原因主要是密封端面窄，密封端面在径向的面积热阻较轴向的面积热阻小。在窄端面密封的情况下，其本来的摩擦功率就较小，而且热量更容易散发。综合两种因素的影响，产生了沿轴向的不均匀温度分布。这种温度分布会同时造成不均匀的热膨胀，导致密封端面的周向波度产生。这种波度有助于产生动压效应，但是如何合理地控制波度的大小，需要进行深入的研究。图 10-38 为静环厚度一半处（$z=-4$mm）的温度分布，图 10-39 为干气密封系统沿轴向的温度分布。

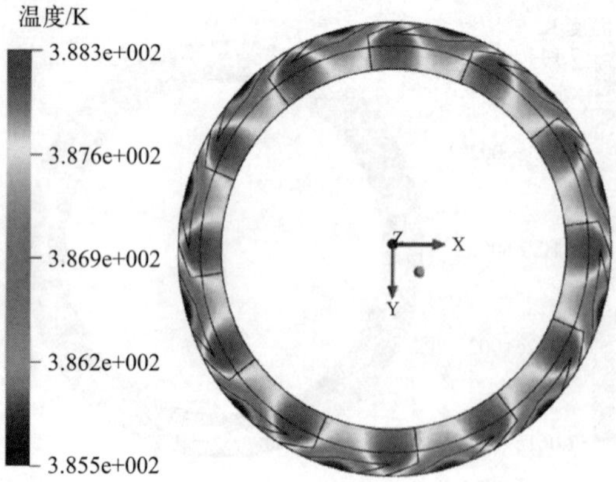

图 10-37　动环厚度一半处（$z=6$mm）的温度分布

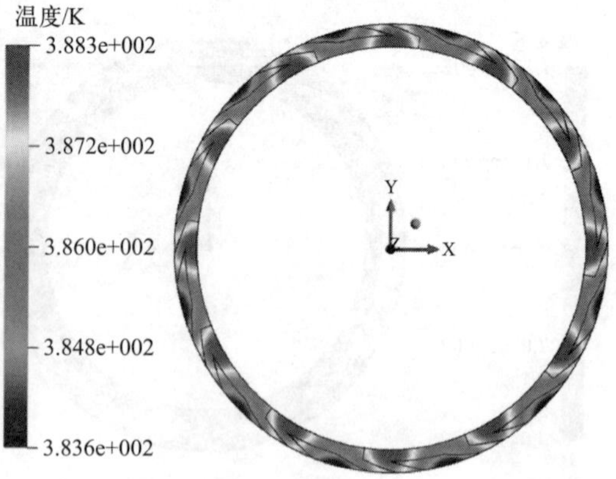

图 10-38　静环厚度一半处（$z=-4$mm）的温度分布

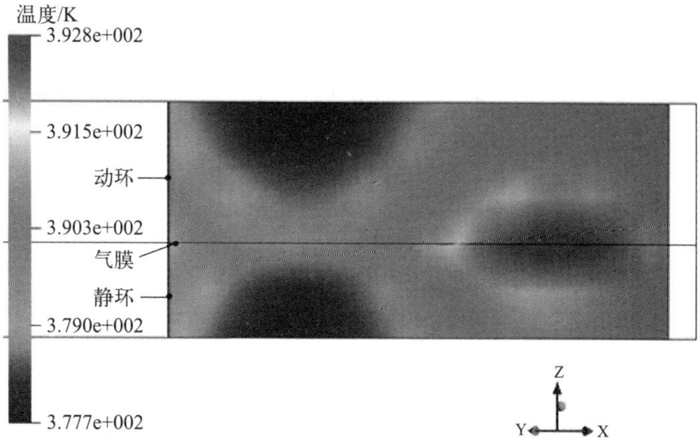

图 10-39　干气密封系统沿轴向的温度分布

10.3.1.4　小结

因为动、静环表面摩擦热与系统摩擦功耗相近，所以可以将热量等效分配到动、静环侧，进行导热计算。这一简化方法只能得到粗略的温度估算值。本实例综合考虑了动、静环及气膜三部分的温度场，进行了详尽的数值模拟分析，得到了动环、气膜、静环的温度场分布，得出了动、静环的温度基本上沿着轴向和径向近似为直线分布；得出气膜处的温度最高，且内径处的温度高于外径处的温度、气膜侧处的温度为非等温分布的结论。

因此，为了满足高性能参数的非接触式的螺旋槽气体密封的要求，得出精确的温度分布，并准确计算出密封环的变形，在分析温度场的时候，必须考虑端面气膜的影响。因此，建立三维模型是十分必要的。

10.3.2　干气密封系统流-热-固耦合研究

端面密封副的密封环（静、动环）在实际使用中会发现端面磨损不均匀，有的靠内径处磨损较大，有的靠外径处磨损较大。究其原因，是由温度分布不均匀或作用在环上的压力不均匀造成密封环变形所产生的。端面密封的密封环变形包括力变形、热变形和残余变形。影响端面密封缝隙形状变化的主要因素是轴向力、径向力、轴向温度梯度和径向温度梯度。对于非接触式端面密封，应尽可能使变形后仍能保持合适的密封面间隙，来保证密封工作的稳定性，防止密封面接触，延长密封寿命。

10.3.2.1　密封环的力变形和热变形

端面密封不论力变形或者热变形均会破坏端面摩擦副密封面的平面度和平行性，产生各种动、静压效应，造成密封面承载能力过大而被打开或者承载能力过小而严重磨损，为此，应尽可能使接触式机械密封保持密封面平行，使非接触式机械密封具有稳定的密封面间隙形状。

图 10-40 所示为干气密封端面变形模式。图 10-40(a) 所示为端面变形后仍然保持平行，这是接触式端面密封最理想的变形模式。图 10-40(b) 所示为密封端面在变形后，外径处分开最大，并向内径收敛。这种变形模式主要是由于密封环的热膨胀引起，由前文对非等温流场的分析可知，当气体流过密封间隙时，在黏性作用下，温度逐渐升高，因此，密封环内径处的温度高于外径处，这样就会导致密封环内径处具有比外径处更大的膨胀量，而形成收敛的间隙。适当的收敛间隙对非接触式端面密封是有利的，因为密封环的动压效应，会使得密

封端面更容易脱开，从而降低摩擦；然而，随着收敛程度的加大，气膜的刚度下降。因此，在密封设计时保持适量的收敛间隙是很有必要的。图 10-40(c) 所示为密封端面变形后，外径处分开最小，形成发散间隙。这种形状的间隙主要是由密封环在压力的作用下旋转导致的。发散的间隙将会使得气膜不稳定，而且可能使得密封端面在外缘接触，切断气体的流道，进而使得密封失效。在密封设计过程中，要避免密封在运行过程中出现发散的间隙。

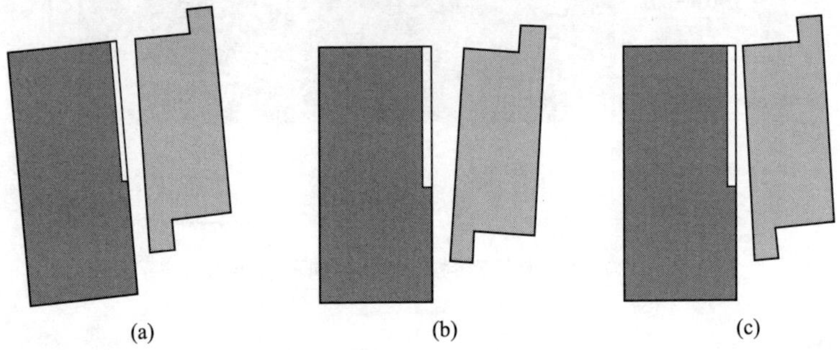

图 10-40　干气密封端面变形模式

10.3.2.2　力变形和热变形的影响因素

在端面密封中需要考虑的是力变形和热变形，起影响的是压力差和温度差，产生的结果主要表现在密封端面上产生径向锥度（压力锥度和热锥度）和表面波度（周向波度和径向波度）。其影响因素有结构、材料和工作状况，主要表现在以下几个方面：

① 轴对称载荷　径向和轴向作用的轴对称载荷产生径向锥度。

② 密封端面不均匀载荷（压力和摩擦力）　如图 10-41，由于流体的动压效应，在密封圈的径向以及轴向均有不均匀的流体膜压力，还包括由于黏性摩擦的剪切应力。

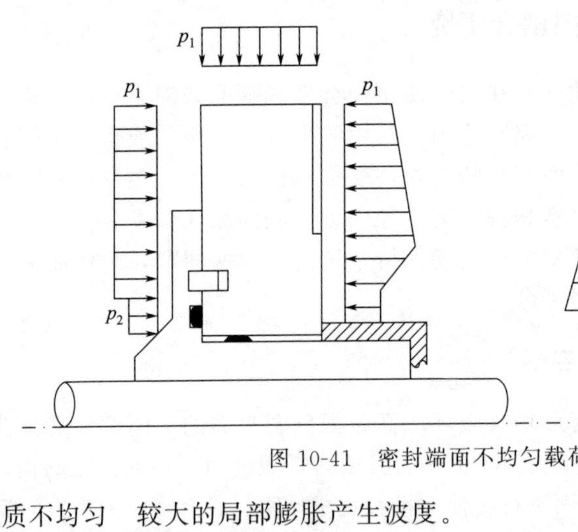

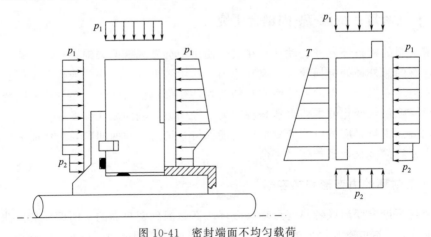

图 10-41　密封端面不均匀载荷

③ 材质不均匀　较大的局部膨胀产生波度。

④ 温度不均匀　摩擦热使环截面内温度分布不均匀和附加的高温介质加热。轴向的温度不均匀产生热锥度和压力锥度，周向的不均匀产生波度。

⑤ 截面不均匀　部分环有连接螺栓孔，会使密封环面积减小，且螺栓刚度较小，从而产生波度；在有传动销开口的情况下，面积减小，高载荷作用下也会产生波度。

⑥ 弹簧载荷　单弹簧偏心会产生一个或两个波，i 个小弹簧产生 i 个波，但是，在 $i>2$ 时，产生的波度较小。

从上面的分析可知，多种因素以一种复杂的方式对密封环产生作用，因此，寻找一种综合考虑力、热的影响的方法，从而精确预测密封运行过程中的刚度、泄漏量、摩擦扭矩，并提出优化方案，具有理论价值和工程应用意义。本案例通过对密封系统进行非等温流场分析，得到密封环内的温度分布和密封端面上的压力分布。可以将这些温度和压力作为密封环的力边界条件和温度载荷，来分析密封环的力变形和热变形。

10.3.2.3　耦合分析模型介绍

采用大型有限元仿真程序 ANSYS 中的 SOLID185 单元对密封端面进行离散，用以求解密封环的力变形和热变形。在密封环和流体耦合的部分划分表面效应单元（SURF154 单元），用以考虑气膜对密封环的正应力和剪应力。在 CFX 软件中进行密封系统的非等温流场分析后，利用其提供的接口，输出以 SOLID70 单元为基础的密封环温度分布。静环和动环的有限元网格模型分别如图 10-42(a)、(b) 所示。静环模型由 16826 个结点、10877 个单元组成；动环模型由 45480 个结点、34394 个单元组成。由于螺旋槽绕环的中心周期性分布，和分析气膜时一样，动环和静环分别取一个槽和其对应的密封堰、密封坝，组成一个槽台周期。在周期性边界上，通过对结点（如图 10-42 中的结点 1 和结点 2）写约束方程的方法，使两点的位移一致。

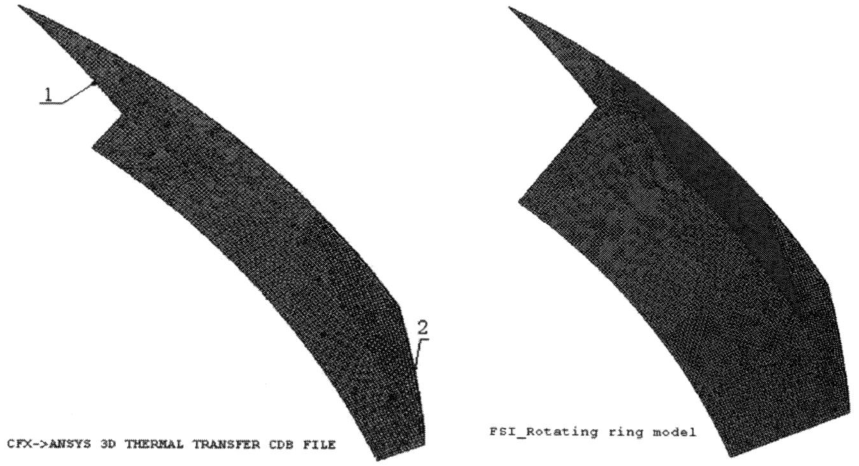

(a) 静环　　(b) 动环

图 10-42　耦合分析动、静环有限元模型网格图

10.3.2.4　静环变形计算

通过在计算流体力学软件 CFX 内对干气密封进行流-热耦合分析，得到干气密封系统的非等温流场。运用间接法顺序耦合的流-固耦合方法，将非等温流场分析的结果作为热变形和力变形分析的载荷，施加到用固体力学软件 ANSYS 建立的有限元模型上。完全的流-固耦合应该考虑动环和静环的变形对流场分布的影响，但是目前限于计算流体力学技术的发展和受到计算机计算能力的限制，只能进行间接的顺序耦合分析。

静环的热变形如图 10-43 所示，从图可以看出，环的热变形由环的内缘到外缘逐步增大。图 10-44 所示为静环热变形的轴向分量，这正是人们所关心的。

研究环的变形主要是研究密封环在运转状况下，密封间隙在径向的变化，控制密封间隙尽可能地保持平行或适当的收敛形状，如图 10-40(a)、(b) 所示。通过分析得到密封环的热变形和热力共同作用下的变形，考察其气膜侧的变形轴向分量沿半径的变化情况。

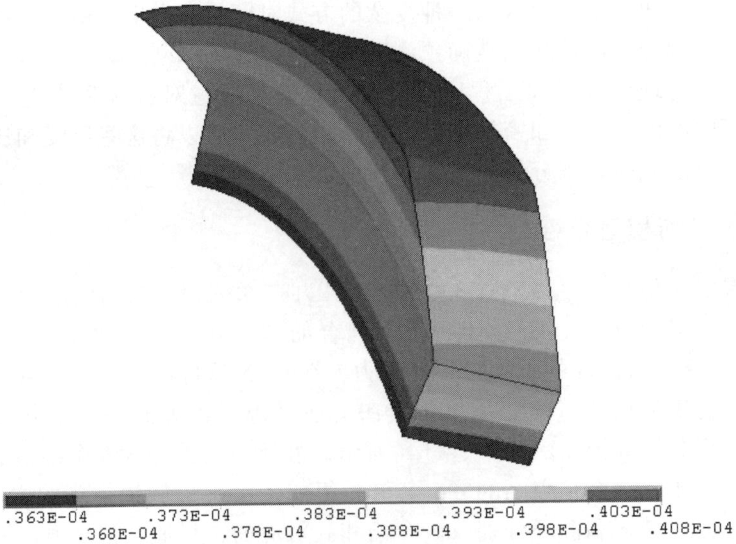

图 10-43　静环的热变形

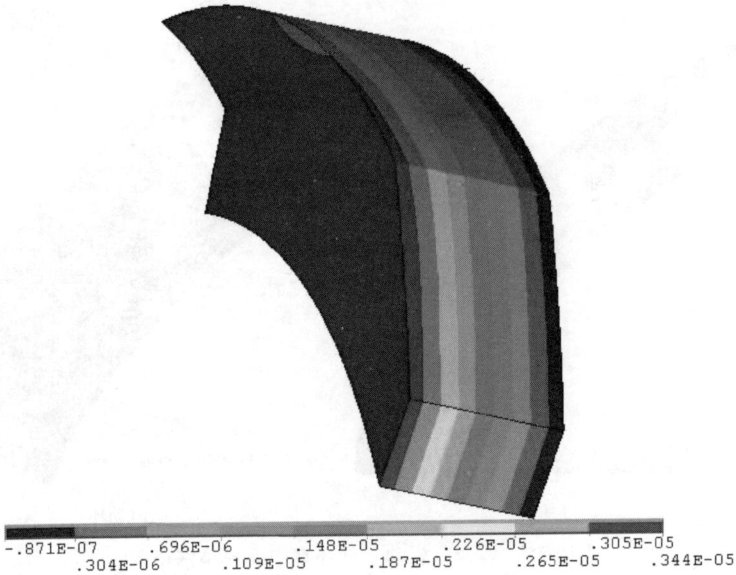

图 10-44　静环热变形的轴向（z 向）分量

为研究这种气膜间隙的变化行为，采用路径操作的方法，研究变形的轴向分量沿路径 1 和路径 2 的分布，如图 10-45 所示。为使得路径更为直观，运用坐标变换将变形沿路径 1 的轴向分量显示在柱坐标中，如图 10-46 所示。

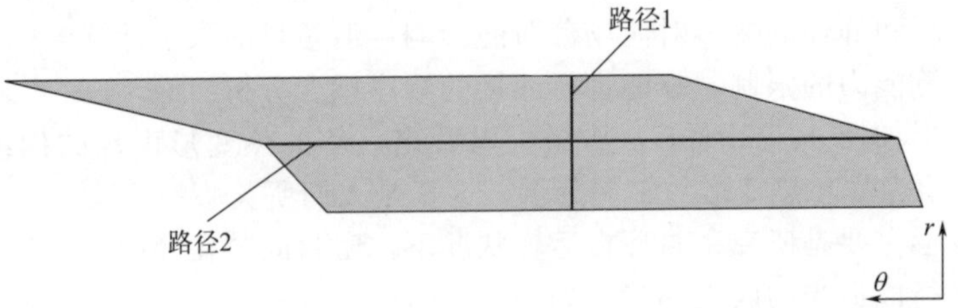

图 10-45　静环路径操作的路径图

从图 10-46 可以看出，热变形导致的轴向分量在内径处最大，然后随着半径的增大而减小。在不考虑动环变形的情况下，静环的这种变形使得间隙形状趋于收敛。静环内缘和外缘变形导致的轴向分量相差 0.3μm。

在密封环的实际运行过程中要受到压力载荷和热载荷的共同作用，一般压力载荷往往导致密封间隙趋于发散，而热载荷会使得密封间隙趋于收敛。通过对热变形和力变形的分析以及对密封端面的合理设计，能够使得这种作用相互抵消。图 10-47 为力变形和热变形共同作用下静环变形轴向分量沿路径 1 的分布，从图可以看出，密封面的变形在中心处最大，边缘最小，而且密封环端面的变形差为 0.062μm，因此，可以认为端面的轴向变形是均匀的。

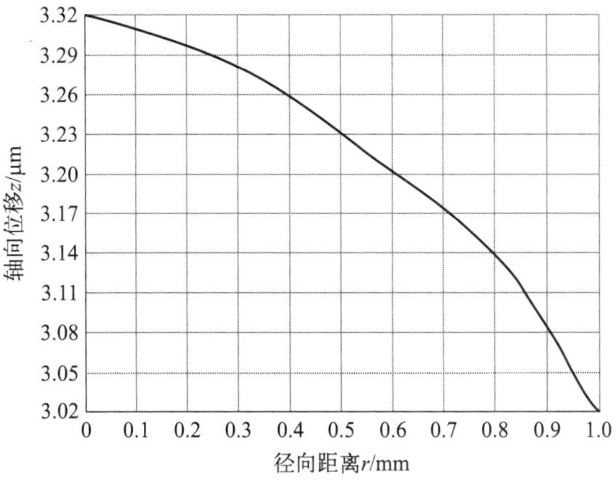

图 10-46　静环的热变形轴向分量（轴向位移）沿路径 1 的分布

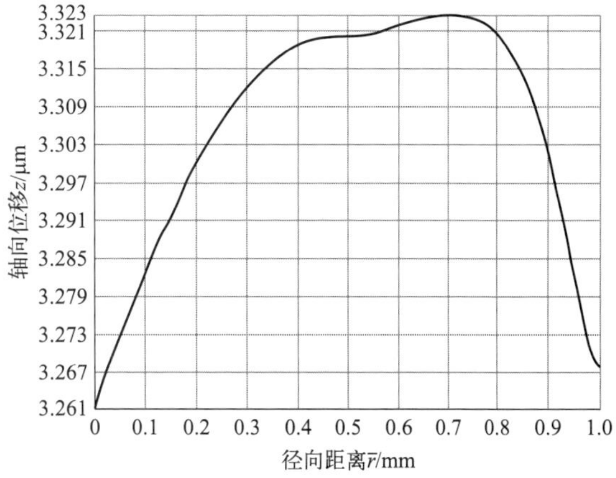

图 10-47　静环力和热共同作用下变形轴向分量（轴向位移）沿路径 1 的分布

图 10-48 所示为静环的热变形轴向分量沿路径 2 的分布，从图可以看出，由于不均匀的温度分布存在，引起端面沿圆周方向的不均匀变形，这种变形近似成正弦函数分布。图 10-49 所示为力变形和热变形共同作用下变形轴向分量沿路径 2 的分布。比较图 10-48 和图 10-49 以看出，压力虽然可以消除热变形导致的径向的不均匀变形，但是不能消除周向的不均匀变形。在密封设计过程中，必须考虑这种波度，以避免密封间隙过量开启而导致泄漏量增大。

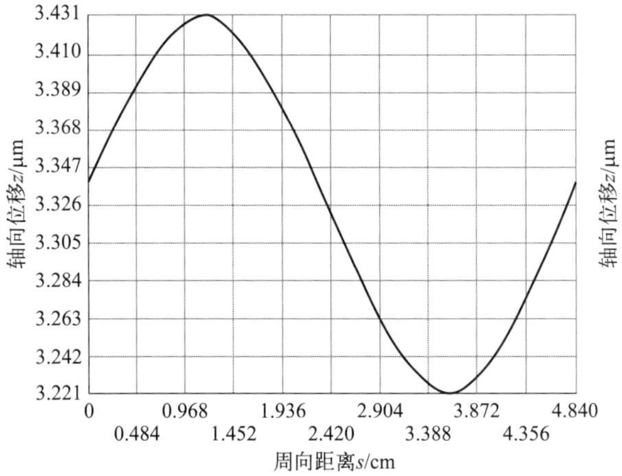

图 10-48　静环的热变形轴向分量（轴向位移）沿路径 2 的分布

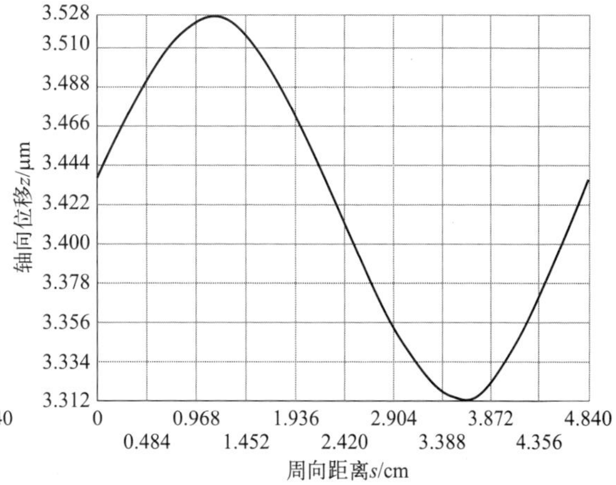

图 10-49　静环力和热共同作用下变形轴向分量（轴向位移）沿路径 2 的分布

习 题

10-1　请根据图 10-2 所示结构，完成以下工作：

(1) 获得叶片流场分布情况，判断流域是否稳定；

(2) 计算获得叶片气动阻尼数值；

(3) 计算获得叶片在不同角度下的气动力分布。

10-2　请根据图 10-2 所示结构完成如下工作：

(1) 叶片结构静强度分析；

(2) 绘制叶片坎贝尔图及干涉图，并判断共振点；

(3) 结合测试获得的阻尼、流体分析获得的不同阶次激振力及气动阻尼，进行强迫振动分析，来获得叶片结构动应力；

(4) 叶片疲劳安全分析评价。

参考文献

[1] Reddy J N. Introduction to the Finite Element Method. 4th edition[M]. New York：McGraw-Hill Education，2019.

[2] Baskharone E A. The Finite Element Method with Heat Transfer and Fluid Mechanics Applications[M]. Cambridgeshire：Cambridge University Press，2013.

[3] Daryl L L. A First Course in the Finite Element Method[M]. Boston：Cengage Learning，2016.

[4] EA de Souza Neto，Peric D，Owen D R J. Computational Methods for Plasticity Theory and Applications[M]. Hoboken：John Wiley & Sons Inc.，2009.

[5] Klaus J B. Finite Element Procedures，Second Edition[M]. London：Prentice Hall，2016.

[6] Fish J，Belytschko T. A First Course in Finite Elements[M]. Hoboken：John Wiley & Sons Inc.，2007.

[7] Zienkiewicz O C，Taylor R L. Fox D. The Finite Element Method for Solid and Structural Mechanics. 5th edition[M]. Oxford：Butterworth-Heinemann，2014.

[8] Peter I K. Matlab Guide to Finite Elements an Interactive Approach[M]. Berlin：Springer-Verlag，2008.

[9] 屈维．轴流透平叶片高周疲劳寿命分析与预防方法研究[D]. 北京：北京化工大学，2018.

[10] 户东方．涡轮叶片动应力场重构关键技术研究[D]. 北京：北京化工大学，2020.

[11] Chandrupatla T R，Belegundu A D. 工程中的有限元方法[M]. 曾攀 雷丽萍，译．北京：机械工业出版社，2014.

[12] Smith I M，Griffiths D V，Margetts L. 有限元方法编程[M]. 张新春 慈铁军 范伟丽，译．北京：电子工业出版社，2017.

[13] 冷纪桐，赵军，张娅．有限元技术基础[M]. 北京：化学工业出版社，2007.

[14] 张雄．有限元法基础[M]. 北京：高等教育出版社，2023.

[15] 曾攀．有限元分析及应用[M]. 北京：清华大学出版社，2004.

[16] 徐斌，高跃飞，余龙．Matlab 有限元结构动力学分析与工程应用[M]. 北京：清华大学出版社，2010.

[17] 崔济东，沈雪龙．有限单元法-编程与软件应用[M]. 北京：中国建筑工业出版社，2019.

[18] 陈道礼，饶刚，魏国前．结构分析有限元法的基本原理及工程应用[M]. 北京：冶金工业出版社，2012.

[19] 王勖成．有限单元法[M]. 北京：清华大学出版社，2003.